国家哲学社会科学基金年度项目课题

光明社科文库
GUANGMING DAILY PRESS:
A SOCIAL SCIENCE SERIES

·经济与管理书系·

城市群生态文明协同发展机制与政策研究

张 欢 江 芬 陈虹宇｜著

光明日报出版社

图书在版编目（CIP）数据

城市群生态文明协同发展机制与政策研究 / 张欢，
江芬，陈虹宇著 . -- 北京：光明日报出版社，2021.12
ISBN 978 - 7 - 5194 - 6390 - 8

Ⅰ.①城… Ⅱ.①张… ②江… ③陈… Ⅲ.①城市群
—生态文明—文明建设—研究—中国 Ⅳ.①X321.2

中国版本图书馆 CIP 数据核字（2021）第 266257 号

城市群生态文明协同发展机制与政策研究
CHENGSHIQUN SHENGTAI WENMING XIETONG FAZHAN JIZHI YU
ZHENGCE YANJIU

著　　者：张　欢　江　芬　陈虹宇

责任编辑：史　宁　　　　　　　　责任校对：张晓璐
封面设计：中联华文　　　　　　　责任印制：曹　净

出版发行：光明日报出版社
地　　址：北京市西城区永安路 106 号，100050
电　　话：010 - 63169890（咨询），010 - 63131930（邮购）
传　　真：010 - 63131930
网　　址：http://book.gmw.cn
E - mail：gmrbcbs@ gmw.cn
法律顾问：北京市兰台律师事务所龚柳方律师

印　　刷：三河市华东印刷有限公司
装　　订：三河市华东印刷有限公司
本书如有破损、缺页、装订错误，请与本社联系调换，电话：010-63131930

开　　本：170mm×240mm
字　　数：431 千字　　　　　　　印　　张：24
版　　次：2022 年 6 月第 1 版　　　印　　次：2022 年 6 月第 1 次印刷
书　　号：ISBN 978 - 7 - 5194 - 6390 - 8
定　　价：99.00 元

前　言

习近平总书记在 2019 年第 24 期《求是》杂志发文指出，"我国经济发展的空间结构正在发生深刻变化，中心城市和城市群正在成为承载发展要素的主要形式"。改革开放以来，我国北京、上海、深圳、广州、天津、重庆、杭州、成都、武汉、南京等中心城市也快速地成长为特大超大型城市，以其为中心，形成和发展了京津冀、长三角、珠三角、长江中游、成渝 5 个跨区型城市群和中原、关中、哈长、山东半岛、辽中南、海峡两岸、江淮、北部湾、天山北坡、晋中、兰西、滇中等近 20 个区域型城市群或地区型城市群。这些中心城市和城市群承载着我国 60% 以上的人口和 80% 以上的国内生产总值，大约有 70% 的城镇人口集中在这些城市群，是我国改革开放的巨大成就。2021 年 3 月，十三届全国人大四次会议通过的《中华人民共和国国民经济和社会发展第十四个五年规划和 2035 年远景目标纲要》提出，"开拓高质量发展的重要动力源"要"以中心城市和城市群等经济发展优势区域为重点，增强经济和人口承载能力，带动全国经济效率整体提升"。

我国中心城市和城市群在取得巨大经济社会成就的同时，也成为我国资源环境问题突出的地区。新中国成立以后，我国倾向于将石化、钢铁、有色、建材等重化工产业以及机电、汽车、建筑、纺织等劳动密集型产业布局于北京、上海、深圳、广州、天津、重庆、杭州、成都、武汉、南京等直辖市、省会、特区、计划单列市等中心城市。这对工业的集聚发展、中心城市及城市群的快速形成和壮大十分有利，但由于我国工业化、城镇化速度较快，规模较大，这种大规模工业和人口的集中布局产生了与中心城市、城市群地理分布趋同的大气、水、土壤污染和城市拥挤、生态负载过重等突出资源环境问题。中心城市级别越高、功能越多，城市群辐射范围就越大，中心城市治理大气、水、土壤的污染和城市拥挤、生态负载过重等问题更为严峻、紧迫。

发挥中心城市和城市群综合带动作用的关键是实现城市群生态文明协同发展。我国已开启全面建设社会主义现代化国家新征程。到 2035 年，我国将完成城镇化，并基本实现城镇现代化，单靠北京、上海、深圳、广州、天津、重庆、杭州、成都、武汉、南京等中心城市难以承载巨量人口的城镇化，中心城市单打独斗地应对突出资源环境问题，对策十分有限。以中心城市和城市群等经济发展优势区域为重点，推进城市群一体化增强经济和人口的承载能力，是实现我国大规模、集中城镇化发展的长期策略。其中，形成城市群生态文明协同发展的长效机制，是应对城市群资源环境可持续问题，推动城市群高质量一体化发展的基本支撑策略。构建和完善城市群生态文明协同发展体系，有利于发挥地区比较优势，统筹城市群国土空间布局、绿色发展、资源环境保护和生态修复，从而增强城市群和中心城市对经济与人口的承载能力，实现城市群人与自然的和谐共生。

基于此，本研究以习近平总书记生态文明思想和党的十九大精神，及全面建设社会主义现代化国家新征程各项目标为指导，贯彻党的十九大关于"加快生态文明体制改革、建设美丽中国"和"以城市群为主体，构建大中小城市和小城镇协调发展的城镇格局"方针，在全面探讨我国大型城镇化、城市群化发展阶段我国城市群发展及其资源环境可持续发展问题的基础上，解析我国城市群生态文明建设及其协同发展的现实选择，剖析了我国城市群生态文明协同发展的体制机制格局，提出完善我国城市群生态文明协同发展的机制与政策的思路、方案。

本研究采取综合研究、案例研究和专题研究的路径，研究共分五个部分。其中，第一部分到第三部分为综合研究，第四部分为案例研究，第五部分为专题研究。各部分内容如下：

第一部分 我国城市群生态文明建设及其协同发展的现实选择，包括第一章、第二章。总结了改革开放以来我国城镇化、城市群化发展的成就，以及以城市群一体化作为我国大规模城镇化基本策略的原因。梳理了美国大西洋沿岸城市群、北美五大湖城市群、日本太平洋沿岸城市群、英国伦敦城市群、欧洲西北部城市群等国际城市群资源环境协同管理的经验。剖析了我国以城市群生态文明协同发展作为应对中心城市和城市群突出的资源环境问题，以及实现城市群高质量发展的现实原因。

第二部分 我国城市群生态文明协同发展的体制机制特征与改革挑战，包括第三章。描述了我国城市群生态文明建设及其协同发展存在的机制与政策特征，总结了我国城市群生态文明协同发展面临的主要问题，探讨了我国城市群推进生态文明及其协同发展的体制机制与改革挑战。

第三部分 健全和完善我国城市群生态文明协同发展的机制与政策的主要内容与框架体系，包括第四章到第八章。一是解析了我国城市群突出环境问题协同治理、自然资源协同管理、绿色协同转型发展这三个生态文明协同发展方面的主要内容，探讨了这三个方面的我国城市群生态文明协同发展的机制与政策格局及其存在的主要问题，并分别提出了健全和完善我国城市群突出环境问题协同治理、自然资源协同管理、绿色协同转型发展体制与政策建议。二是解析了我国城市群一体化发展和地方政府合作机制在城市群生态文明协同发展中的关键作用，分别探讨了我国城市群城镇空间体系形态和地方政府生态文明建设合作机制及其存在的主要问题，分别提出了以城市群一体化和地方政府合作机制建设推进城市群生态文明协同发展机制与政策的具体内容。

第四部分 案例研究：健全和完善武汉城市圈生态文明协同发展的机制与政策研究，包括第九章。基于综合研究，以武汉城市圈为案例，探究了武汉城市圈近10年来生态文明建设的主要成效和存在的主要问题，总结和归纳了武汉城市圈生态文明建设及其协同发展的体制机制概况，测度了武汉城市圈近10年来生态文明建设水平的状态及区域差异，描述了武汉城市圈生态文明协同发展的进展及其时空特征，找寻了影响武汉城市圈生态文明协同发展的主要障碍因素，提出了推进武汉城市圈生态文明协同发展的机制与政策建议。

第五部分 专题研究，包括三个专题：长三角城市群生态宜居宜业融合协同发展、京津冀城市群大气污染排放总量与强度双控、珠三角城市群国土空间开发格局协同优化。基于综合研究和案例研究，以长三角城市群、京津冀城市群、珠三角城市群为研究对象，把握不同城市群生态文明协同发展目标、状态、响应内容的侧重点，探索这三个城市群生态文明协同发展相应侧重方面的发展过程、影响因素，并提出机制与政策完善建议。具体来讲：一是探索了长三角城市群近年来生态宜居和宜业建设水平及其二者协同融合的水平、发展轨迹与收敛性趋势，提炼了长三角城市群生态宜居与宜业融合协同发展的政策建议；

二是基于城市规模分组，探究了京津冀城市群近年来多种空气污染物排放总量及强度的影响因素，提炼了京津冀城市群大气污染联防联控的政策建议；三是探索了珠三角城市群近年来生产空间、生活空间、生态空间协同优化的变化及其影响因素，提炼了珠三角城市群国土空间格局优化的机制与政策建议。

　　本书系国家社会科学基金青年项目"城市群生态文明协同发展机制与政策研究"（立项编号：15CJY012）的成果，由课题负责人张欢副教授负责章节设计、调研组织、统稿、定稿。参加课题研究及本书出版的人员有江芬、陈虹宇、郑晓雨、王德运、钱程、耿志润、袁一仁、吕孙林、郭一鸣、孙洋、谭英夏、王金兰、王喆、韩雪歆。特别感谢中国地质大学（武汉）成金华教授、陈军教授、李通屏教授、王来峰副教授、张意翔副教授；国务院发展研究中心资源与环境政策研究所的谷树忠研究员、李维明副研究员；中国科学院地理科学与资源研究所的王礼茂研究员及匿名评审专家对本课题的执行和完善提出的宝贵意见和建议。

目　录
CONTENTS

第一章

我国城市群发展及其资源环境可持续发展问题

随着经济社会的快速发展，我国的城镇化已经进入大型城镇化、城市群化发展阶段。当前，城市群已成为承载我国经济社会发展要素的主要空间形态。城市群生态文明建设的重要性伴随着中心城市和城市群环境可持续问题的突出性不断加强。城市群地区在开启全面建设现代化征程，推进"五位一体"建设进程中，其生态文明建设及协同发展是高质量发展的重要内容。本章将总结改革开放以来我国城镇化、城市群化发展取得的巨大成就，剖析我国城市群发展的过程及其一体化发展格局，全面解析我国城市群地区突出的生态资源环境可持续发展问题，以找寻推进我国城市群生态文明建设及其协同发展的现实原因。

第一节　改革开放以来我国城镇化取得的巨大成就

自 1978 年我国实施改革开放以来，我国城镇化迅速发展，并取得了令人瞩目的成就。这主要体现在城镇就业人口已经成为我国全社会就业人口的主导部分，城镇就业人口规模的快速扩大拉动我国城镇常住人口数量的迅速增长，城镇化极大程度地提升了我国人民群众的物质生活水平。

一、改革开放以来我国城镇就业人口规模持续扩大

城镇就业规模的扩大推动着城镇化的发展。改革开放以来，我国经济社会发展取得了极大的成就，全社会就业规模得到大幅度的提升，其中城镇就业规模更是发展迅速。如图 1-1 所示，1978 年我国全社会就业人口合计 4.02 亿人，其中，城镇就业人口达到 0.95 亿人，城镇就业人口占全社会就业人口总数的 23.69%。到 2018 年我国就业总人口增长到 7.76 亿人，其中，城镇就业人口为

4.34 亿人，城镇就业人口占全社会就业总人口的 55.96%。40 年间，全社会就业人口增长了 0.93 倍，城镇就业人口增长了 3.57 倍，城镇就业人口占全社会就业人口比重上升了 1.36 倍。

图 1-1　1978 年以来我国城镇就业人口和比重

数据来源：历年中国统计年鉴。

二、城镇就业规模的快速扩张带动了城镇常住人口数量的快速增长

得益于城镇就业规模的快速扩张，我国城镇常住人口数量和城镇化水平得到很大程度的提升。如图 1-2 所示，1978 年我国城镇常住人口达到 1.72 亿人，城镇化率 17.92%；到 2018 年，城镇常住人口增长为 8.31 亿人，城镇化率提升到 59.58%，处于快速发展阶段。在这 40 年间，我国城镇常住人口规模增长了 3.83 倍，平均每年复合增长 3.41%；我国城镇化率增长了 2.32 倍，平均每年复合增长 2.13%。相对于美国近 3 亿人口、英国约 6000 万人口、德国约 8000 万人口、法国约 6000 万人口等长达上百年的缓慢城镇化进程，和日本约 1.2 亿人口、韩国约 5000 万人口经过 30~40 年的快速城镇化进程，我国城镇化具有规模巨大、进程较快等突出特征。

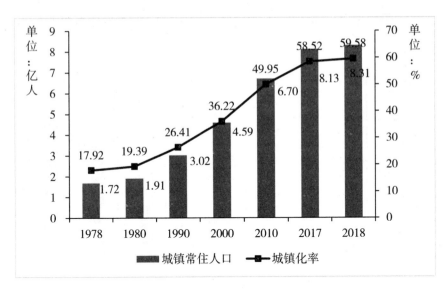

图1-2　1978以来我国城镇常住人口规模及城镇化率

数据来源：历年中国统计年鉴。

三、我国城镇化大幅度提高了居民的生活水平

人均产出水平和可支配收入的提高是城镇化水平的重要体现。如图1-3所示，1978年我国的人均国内生产总值仅仅385元（当年价，下同），城镇居民人均可支配收入也只有343元；到2018年，二者分别提高到6.46万元、3.93万元。经过改革开放40年的发展，我国已从一个低产出、低收入的国家，成为一个中等产出和中等收入国家，城镇就业质量出现根本性提升。2019年，我国人均国内生产总值达到7.09万元。按照国际中等收入国家的收入标准，即人均国内生产总值达到1.1万美元，我国已成为中等收入国家。我国社会主义现代化征程已然开启，将在未来10~20年内迈向中高等收入国家，我国的城镇化水平将继续显著提升。

城镇居民人均可支配收入的增加显著提升了我国城镇居民的消费水平。1990年，我国城镇居民消费支出的人均水平达到1279元，2018年提高为2.61万元。居民消费支出的大幅度增加，明显地改善了居民的生活水平，汽车、彩电等生活耐用品实现从无到有。2018年我国每百户居民拥有汽车、彩电、洗衣机、空调、电话、计算机分别达到33辆、119台、94台、109台、249部、53

台。这些家庭耐用品保有数量的增加已成为我国步入小康社会的主要证据。

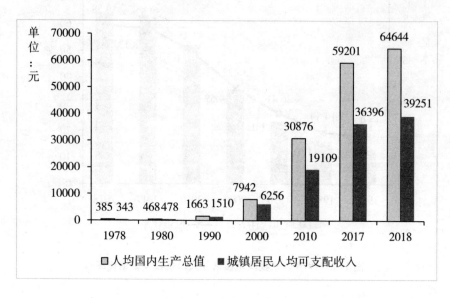

图1-3　1978年以来中国城镇居民收入水平

数据来源：历年中国统计年鉴。

第二节　我国城市群的形成和一体化发展政策格局

当前，我国城市的发展阶段已经成功从改革开放初期的以中小型城市为主体，发展到以大型城市为主体的阶段。在这一阶段，中心城市作为引领者，引领着我国经济社会的发展，城市群作为最主要的承载空间形态，承载着我国经济社会发展要素。以中心城市和城市群等经济发展优势区域为重点，推进城市群一体化增强经济和人口的承载能力，是实现我国大规模、集中城镇化发展的长期策略。

一、我国城市体系已进入大型城市为主体阶段

自1978年我国实施改革开放以来，城镇化水平的迅速提升促进了城市的兴起和发展。1978年，我国拥有地级以上城市共99个。其中，城区非农人口达到

200 万以上的城市有 3 座，100 万~200 万的城市 8 座，城区非农人口达到 100 万以上的城市数的比例为 5.7%。到 1998 年，我国拥有城区非农人口达到 200 万以上的城市 13 座，100 万~200 万的城市 24 座，城区非农人口达到 100 万以上的城市数的比例为 5.54%。数据表明，在这一时期我国的人口主要分布在中小型城市。到 2018 年，我国拥有地级以上城市共 297 座。其中，城市市辖区人口达到 400 万以上的城市有 20 座，200 万~400 万的城市 42 座，100 万~200 万的城市 99 座，城市市辖区人口达到 100 万以上的城市数的占比为 54.21%（见表1-1）。数据表明，进入 21 世纪后，我国的城市规模实现了从中小城市为主导转向为以大型城市为主导。

表 1-1　2000—2018 年我国城市规模变化表

城市规模分组	2000	2005	2010	2015	2018
市辖区年末总人口达到 400 万以上的地级及以上城市数	8	13	14	15	20
市辖区年末总人口为 200 万~400 万的地级及以上城市数	12	25	30	38	42
市辖区年末总人口为 100 万~200 万的地级及以上城市数	70	75	81	94	99
市辖区年末总人口为 50 万~100 万的地级及以上城市数	103	108	109	92	88
市辖区年末总人口为 20 万~50 万的地级及以上城市数	66	61	49	49	40
市辖区年末总人口为 20 万以下的地级及以上城市数	3	4	4	7	8
全部地级及以上城市数（个）	262	286	287	295	297

数据来源：历年中国统计年鉴。

二、中心城市和城市群引领我国城镇化发展

在 2018 年我国市辖区人口达到 400 万以上的 20 座城市，均为直辖市、省会城市、特区或计划单列市，是我国中心城市；市辖区人口达到 200 万~400 万的

42 座城市多为计划单列市或省域内的副中心城市。以北京市、上海市、深圳市、广州市、天津市、重庆市、成都市、武汉市、南京市、杭州市和石家庄市等 20 个市辖区人口达到 400 万的城市和 42 座市辖区人口达到 200 万~400 万以上的城市为中心和支点，我国形成了京津冀城市群、长三角城市群、珠三角城市群、长江中游城市群、成渝城市群 5 大跨区域型城市群和中原城市群、关中城市群、哈长城市群等近 20 个地区型或区域型城市群。

　　我国 5 大跨区域型城市群中，京津冀城市群、长三角城市群、珠三角城市群沿我国东部自上而下分布，成渝城市群、长江中游城市群、长三角城市群沿我国长江流域自西向东分布。如表 1-2 所示，2018 年，这 5 大跨区域型城市群以不足我国 12% 的国土面积，所创造的国内生产总值占全国的 53.54%，是引领我国经济快速增长和参与国际经济分工与竞争合作的主要平台。我国城镇化空间格局已呈现出以城市群为空间节点和支撑的"两横三纵"城镇化格局。

　　如表 1-3 所示，我国 15 个区域型和地区型城市群中，即哈长城市群、山东半岛城市群、辽中南城市群、海峡西岸城市群、关中城市群、中原城市群、江淮城市群、北部湾城市群、天山北坡城市群、呼包鄂榆城市群、晋中城市群、宁夏沿黄城市群、兰西城市群、滇中城市群和黔中城市群。这些区域型城市群涉及除了我国西藏、我国台湾以外的其他省份，其中心城市和核心城市基本均为省会中心城市，带动和引领着区域经济的发展。一般而言，这些中心城市都是全国或者区域性的经济、政治、文化、教育、信息和交通中心。经不完全统计，2018 年这些中心城市和城市群集中了我国大约 70% 以上的有色、钢铁、石化、建材等重化工产业以及建筑、机电、汽车、纺织等劳动密集产业，也集中了我国 80% 以上的航天航空、电子、新能源、人工智能及生物医药等高新技术产业。通过统计 2016 年我国的城市规模、财政支出、消费规模和高等教育机构发现，2016 年北京、上海、深圳、广州 4 座超大城市和天津、重庆、成都、武汉、东莞、南京、杭州、苏州、青岛、西安、郑州、沈阳、佛山、哈尔滨 14 座特大城市，财政支出的全国占比为 30.63%，消费总额的全国占比为 31.43%，高等教育机构数量的全国占比为 34.18%，其中北京、上海、深圳、广州 4 个超级城市在这 18 个特大超大城市中财政支出、消费总额和高等教育机构数量均分别占比 40% 左右。

表1-2 2018年我国五大跨区域型城市群城市及中心城市发展基本情况

城市群名称	所涉区域	中心城市(中心城市人口比重、中心城市国内生产总值占城市群比重)	城市群占全国人口和国内生产总值比重
京津冀城市群	北京市,天津市,河北省(11城:保定市,唐山市,石家庄市,廊坊市,秦皇岛市,张家口市,承德市,沧州市,衡水市,邢台市,邯郸市),河南省(安阳市)	北京(12.80%,34.95%)、天津(10.06%,21.68%)、石家庄(9.13%,7.01%)	7.21% 9.44%
长三角城市群	上海市,江苏省(9城:南京市,无锡市,常州市,苏州市,南通市,扬州市,镇江市,盐城市,泰州市),浙江省(8城:杭州市,宁波市,湖州市,嘉兴市,绍兴市,金华市,舟山市,台州市),安徽省(8城:合肥市,芜湖市,马鞍山市,铜陵市,安庆市,滁州市,池州市,宣城市)	上海(10.44%,17.70%)、南京(4.98%,6.94%)、杭州(5.53%,7.32%)、合肥(5.41%,4.24%)	10.03% 20.09%
珠三角城市群	广东省(9城:广州市,深圳市,佛山市,东莞市,惠州市,中山市,江门市,珠海市,肇庆市),香港特别行政区,澳门特别行政区	深圳(12.68%,29.89%)、广州(25.88%,28.20%)	2.55% 8.56%
长江中游城市群	湖北省(13城:武汉市,黄石市,鄂州市,黄冈市,孝感市,咸宁市,仙桃市,潜江市,天门市,宜昌市,荆州市,荆门市),湖南省(8城:长沙市,株洲市,湘潭市,岳阳市,常德市,衡阳市,娄底市,益阳市),江西省(10城:南昌市,九江市,景德镇市,鹰潭市,新余市,宜春市,萍乡市,上饶市,抚州市,吉安市)	香港(20.87%,29.61%)、澳门(1.86%,4.45%)、武汉(8.51%,17.57%)、长沙(6.27%,12.02%)、南昌(3.76%,3.19%)	9.33% 9.19%
成渝城市群	重庆市,四川省(15城:成都市,自贡市,泸州市,德阳市,绵阳市,遂宁市,内江市,乐山市,南充市,宜宾市,广安市,达州市,雅安市,资阳市),眉山市	重庆(30.96%,35.40%)、成都(16.30%,26.68%)	7.18% 6.26%

数据来源:基于2019年中国城市统计年鉴和2019年各省统计年鉴人口和经济相关指标数据测算。由于统计口径差异,本研究在国内生产总值统计中暂时没有计算我国香港特别行政区和澳门特别行政区及我国台湾省相关数据。

表1-3 2018年我国区域型和地区型城市群一览表

城市群名称	所涉区域	中心城市（中心城市人口占城市群人口比重、中心城市国内生产总值占城市群比重）
哈长城市群	黑龙江省（哈尔滨市、大庆市、齐齐哈尔市、绥化市、牡丹江市）、吉林省（长春市、吉林市、四平市、辽源市、松原市、延边朝鲜族自治州）	哈尔滨（20.63%，24.77%）、长春（16.27%，28.22%）
山东半岛城市群	山东省（济南市、青岛市、烟台市、淄博市、潍坊市、东营市、济宁市、泰安市、威海市、日照市、莱芜区、滨州市、德州市、聊城市、菏泽市、枣庄市、临沂市）	济南（7.43%，10.09%）、青岛（9.35%，15.41%）
辽中南城市群	辽宁省（沈阳市、大连市、鞍山市、抚顺市、丹东市、辽阳市、营口市、盘锦市、本溪市）	沈阳（26.56%，28.82%）、大连（21.18%，35.12%）
海峡西岸城市群	福建省（福州市、厦门市、泉州市、莆田市、漳州市、三明市、南平市、宁德市、龙岩市）、浙江省（温州市、丽水市、衢州市）、江西省（上饶市、鹰潭市、抚州市、赣州市）、广东省（汕头市、潮州市、揭阳市、梅州市）	福州（7.28%，13.38%）、厦门（2.52%，8.16%）、泉州（7.82%，14.42%）、温州（8.59%，10.23%）、汕头（5.90%，4.28%）
关中平原城市群	陕西省（西安市、宝鸡市、咸阳市、铜川市、渭南市、商洛市、杨凌农业高新技术产业示范区）、山西省（运城市、临汾市）、甘肃省（天水市、平凉市、庆阳市）	西安（21.99%，43.54%）
中原城市群	河南省（郑州、开封、洛阳、南阳、安阳、商丘、新乡、平顶山、许昌、焦作、周口、信阳、驻马店、鹤壁、濮阳、漯河、三门峡、济源）、山西省（长治、晋城、运河）、河北省（邢台、邯郸）、山东省（聊城、菏泽）、安徽省（淮北、蚌埠、宿州、阜阳、亳州）	郑州（6.04%，13.47%）

续表

城市群名称	所涉区域	中心城市（中心城市人口占城市群人口比重、中心城市国内生产总值占城市群比重）
江淮城市群	安徽省（合肥市、淮南市、六安市、蚌埠市、滁州市、芜湖市、马鞍山市、铜陵市、池州市、安庆市）	合肥（18.70%，34.34%）
北部湾城市群	广西壮族自治区（南宁市、北海市、钦州市、防城港市、玉林市、崇左市），广东省（湛江市、茂名市、阳江市），海南省（海口市、儋州市、东方市、澄迈县、临高县、昌江县）	南宁（29.68%，38.77%）
天山北坡城市群	新疆维吾尔自治区（乌鲁木齐市、昌吉市、米泉市、阜康市、呼图壁县、玛纳斯县、石河子市、沙湾县、乌苏市、奎屯市、克拉玛依市）	乌鲁木齐（37.78%，43.95%）、石河子（10.09%，5.10%）、克拉玛依（5.28%，12.73%）
呼包鄂榆城市群	内蒙古自治区（呼和浩特市、包头市、鄂尔多斯市），陕西省（榆林市）	呼和浩特（24.21%，21.56%）、包头（22.05%，21.92%）
晋中城市群	山西省（太原市、晋中市、阳泉市、忻州市）	太原（30.33%，55.06%）、晋中（30.06%，20.52%）
宁夏沿黄城市群	宁夏回族自治区（银川市、石嘴山市、吴忠市、中卫市、平罗县、青铜峡市、灵武市、贺兰县、永宁县、中宁县）	银川（27.30%，43.56%）
兰西城市群	甘肃省（兰州市、白银市、定西市、临夏回族自治州），青海省（西宁市、海东市、海北藏族自治州、海南藏族自治州、黄南藏族自治州）	兰州（27.19%，46.46%）西宁（19.56%，25.61%）

城市群名称	所涉区域	中心城市（中心城市人口占城市群人口比重、中心城市国内生产总值占城市群比重）
滇中城市群	云南省（昆明市、曲靖市、玉溪市、楚雄彝族自治州、开远市、个旧市、蒙自市、弥勒市、泸西县、石屏县、建水县）	昆明（29.95%，48.74%）
黔中城市群	贵州省（贵阳市、遵义市、毕节市、安顺市、黔南州、黔东南州）	贵阳（17.93%，31.87%）

数据来源：2019 年中国城市统计年鉴、2019 年各省统计年鉴和 2018 年各市国民经济和社会发展统计公报。

三、城市群一体化是我国大规模城镇化的基本策略

随着工业化、城镇化的持续推进，我国将中心城市和城市群作为社会发展要素的主要空间承载形式。2018 年我国的城镇常住人口总数为 8.31 亿人，城镇化率实现 59.58%。按照国际经验，到 2035 年我国城镇化率可能提升到 70%，将基本完成城镇化。假设 2030 年人口总数仍然保持在 2018 年年底的 13.95 亿人，也就是今后的 15 年有将近 1.45 亿人实现城镇化。

截至 2018 年年底，在我国城镇常住人口数量超过 400 万的 20 座城市中，北京市、上海市、深圳市、广州市发展成为城镇常住人口数量超过 1000 万的超大城市，天津市、重庆市、成都市、武汉市、东莞市、南京市、杭州市、苏州市、青岛市、西安市、郑州市、沈阳市、佛山市、石家庄市、哈尔滨市、济南市 16 座城市成为城镇常住人口数量超过 500 万的特大城市。在这 20 个特大超大城市中，4 个超大城市承载人口已接近极限，16 座特大城市也难以吸纳 1.45 亿人口的城镇化。虽然长沙市、南昌市、南宁市、太原市等中心城市仍然持续加大人口承载空间，但 1.45 亿人口与大量中小型城市人口向中心城市的集聚叠加，中心城市难以承载我国巨量人口的城镇化，以城市群一体化提高其对人口的吸纳能力是我国大规模城镇化的基本策略。就目前而言，京津冀、长三角、珠三角、成渝、武汉、长株潭、辽中南、哈长、关中、中原、海西及山东半岛等城市群是我国城镇人口流入、数量增长较快的地方。

西方发达国家在完成工业化、城镇化后，也呈现出以中心城市为核心，以城市群为人口承载空间的城市体系。例如，位于美国的波士华城市群，占据了全美2%的国土面积，会中了全国17%的人口数量，创造了全国20%的国内生产总值；位于日本的太平洋沿岸城市群，占据了全国9%的国土面积，汇集了日本53%的人口，创造了整个国家60%的国内生产总值。在位于英国的大伦敦地区、位于法国的大巴黎地区以及德国的莱茵-鲁尔地区，也是如此。虽然在美国、日本和西欧等发达国家，人口城镇化水平已经进入稳定发展阶段，但从整个发展趋势来看，以几个大城市为核心的城市群区域仍存在人口和经济持续流入的现象。

（一）我国跨区域性城市群发展坚持城市群一体化发展政策

在我国跨区域性城市群中，其城市群规模将一体化发展作为其发展方向。

2015年4月13日，国家发展改革委发布的《长江中游城市群发展规划》，对长江中游城市间的联合合作及一体化发展起到了指导和促进作用。该规划在加强完善一体化发展机制、积极促进"五个协同发展"、支撑长江经济带发展等方面发挥着重要的作用。

2015年6月，中共中央、国务院印发了《京津冀协同发展规划纲要》。该规划提出，"推动北京、天津和河北地区形成经济、交通、要素市场、公共服务、生态环境保护地区一体化格局，成为我国具有较强国际影响力、国际竞争力的区域，带动和支撑全国经济社会发展"。

2016年4月，国家发展改革委、住房城乡建设部印发了《成渝城市群发展规划》。该规划提出，"加快川渝市场一体化步伐，不断建立区域交通互联互通、公共服务设施共建共享、生态环境联防联控联治、创新资源高效配置和开放共享的机制，推动川渝合作、各类城际合作取得实质性进展，真正实现对长江经济带的战略支撑，建设国家推进新型城镇化的重要示范区"。

2019年2月，中共中央、国务院印发了《粤港澳大湾区发展规划纲要》。该纲要提出，"加强并深化广东、香港、澳门之间的合作，提高大湾区市场一体化发展水平，构建开放型融合发展的区域协同创新共同体，显著增强区域发展协调性，建设富有活力和国际竞争力的一流湾区和世界级城市群"。

2019年12月，中共中央、国务院颁布了《长江三角洲区域一体化发展规划纲要》，该纲要强调，"发挥上海龙头带动作用，苏浙皖各扬所长，加强跨区域协调互动，提升都市圈一体化水平，推动城乡融合发展，构建区域联动协作、城乡融合发展、优势充分发挥的协调发展新格局"。

（二）我国区域型城市群和地区型城市群坚持一体化发展政策

为推进我国区域型和地区型城市群发展，各区域型和地区型城市群也将一体化作为城市群发展的重要方向和基本策略。在区域型和地区型城市群发展规划中：

2009年10月，湖北省发展和改革委员会印发的《武汉城市圈总体规划纲要》提出，"加快经济一体化进程，逐步实现'八同'，即规划同筹、交通同网、信息同享、金融同城、市场同体、产业同链、科技同兴、环保同治，最终实现武汉城市圈经济社会的协调发展，人与自然的和谐发展"。

2010年12月，福建省人民政府印发的《海峡西岸城市群发展规划（2008—2020年）》提出，"充分发挥福建省的比较优势，优化整合内部空间格局，联动周边省区，推进两岸合作交流，逐步形成两岸一体化发展的国际性城市群——'海峡城市群'，构筑我国区域经济发展的重要'增长区域'"。

2011年9月，宁夏回族自治区住房与城乡建设厅发布的《沿黄经济区城市带发展规划》提出，"实施统筹全局、优势互补、分工协作的城市带一体化战略，围绕城乡规划编制、基础设施建设、产业集群发展、环境保护治理、基本公共服务、区域市场建设六个一体化，进一步强化城市综合承载能力和服务功能，优化各城市的特色和分工协作效益，提升城市带的综合竞争力"。

2016年3月，国家发展改革委印发的《哈长城市群发展规划》提出，"探索建立哈长一体化发展示范区，在统一规划编制、基础设施共建、公共服务共享、体制机制协同等方面进行探索和试点"。

2016年12月，国家发展改革委印发的《中原城市群发展规划》提出，"推进基础设施互联互通，深化产业体系分工合作，加强生态环境同治共保，促进公共服务共建共享，推动城乡统筹协调发展，构建网络化、开放式、一体化的中原城市群发展新格局"。

2017年2月，国家发展改革委、住房城乡建设部印发的《北部湾城市群发展规划》提出，"建立健全城市群协同发展机制。打破行政壁垒，强化协作协同，释放市场活力，探索建立以市场体系一开放、公共服务共建共享、基础设施互联互通、生态环境联防联治等为重点的城市群协同发展模式，大力促进一体化发展"。

2017年2月，山东省人民政府发布的《山东半岛城市群发展规划（2016—2030年）》提出，"建立开放合作、互利共赢、共建共享的一体化发展机制，在推进生态共保、设施共建、服务共享、市场共育等重点领域取得实质性进展"。

2017 年 8 月，贵州省发展和改革委员会发布的《黔中城市群发展规划》提出，"做大做强黔中核心经济圈，坚持规划共绘、产业共兴、设施共建、环境共治、生态共保、社会共享，先行推进核心经济圈一体化、网络化发展，建设成为带动黔中城市群及贵州发展的核心增长极"。

2018 年 2 月，国家发展改革委、住房城乡建设部印发的《关中平原城市群发展规划》提出，"以统筹规划、协同发展为基本原则，建立健全城乡发展一体化体制机制，强化错位协同发展；基本消除阻碍生产要素自由流动的行政壁垒和体制机制障碍，基本建立市场一体化、公共服务共建共享、生态共建环境共保、成本共担利益共享机制"。

2018 年 2 月，国家发展改革委印发的《呼包鄂榆城市群发展规划》提出，"着力推进生态环境共建共保，着力构建开放合作新格局，着力创新协同发展体制机制，着力引导产业协同发展，着力加快基础设施互联互通，努力提升人口和经济集聚水平，将呼包鄂榆城市群培育发展成为中西部地区具有重要影响力的城市群"。

2018 年 3 月，国家发展改革委、住房城乡建设部印发的《兰州—西宁城市群发展规划》提出，"构建'一带双圈多节点'空间格局，建立健全协同发展机制。加快区域市场一体化步伐，不断完善交通基础设施互联互通、公共服务设施共建共享、生态环境联防联控联治、创新资源高效配置的机制，不断创新城市群成本共担和利益共享机制，基本形成一体化发展格局"。

2018 年 7 月，江西省住房城乡建设厅颁发的《环鄱阳湖生态城市群规划（2015—2030）》提出，"构筑'都市核心区（中心城区）、外围县城、重点镇、专业镇、中心村社'的城乡一体化发展格局，推进产业经济、公共交通、住房保障、文化旅游、城乡公共服务、城乡社会保障、市政基础设施、地下空间开发利用、生态环境保护的一体化建设"。

2020 年 7 月，云南省人民政府印发的《滇中城市群发展规划》提出，"促进生产要素自由流动，推动公共服务均等化，加快城乡融合发展，健全城市群利益协调机制，推进生态环境联防联控联治，探索城市间协同管理模式，推动滇中城市群一体化发展"。

2020 年 2 月，安徽省发展改革委颁发的《合肥都市圈一体化发展行动计划（2019—2021 年）》提出，"突出更高质量一体化发展，以推进基础设施、科技创新、产业发展、开放合作、生态文明、公共服务等八大领域一体化为抓手，着力解决制约高质量一体化发展的体制机制问题，构建一体化协同发展的新格局"。

2021年6月，中共湖南省委办公厅、湖南省人民政府办公厅印发《长株潭一体化发展五年行动计划（2021—2025年）》提出，"围绕打造中部地区高质量发展核心区、全国城市群一体化发展示范区、全国生态文明建设先行区，加快推动长株潭规划同图、设施同网、三市同城、市场同治、产业同兴、生态同建、创新同为、开放同步、平台同体、服务同享"。

第三节　我国城市群资源环境可持续发展
问题的突出表现

城市群在成为承载我国经济社会发展主要要素的过程中，由于大规模的人口和经济的集聚，城镇的密集发展、绿色发展尚待继续进步等原因，在城市群地区出现了突出的、集中的和治理紧迫的资源环境问题，需要促进城市群地区生态文明建设，并进一步提升其协同发展水平。

一、城市群是我国"雾霾遮城"集中地区

近十年来，我国雾霾常发于华北、西北等区域，以及河南省、江苏省、安徽省、湖北省、四川省等省份，频发于京津冀城市群、山东半岛城市群、长三角城市群等地。在这些地区形成了粉尘、酸雨、温室气体等多种大气污染严重的复合型空气污染带。根据《2017中国生态环境状况公报》可知，大气环境质量较差的城市均位于各类城市群地区。例如，京津冀城市群中有5个城市的空气质量处在排名靠后的位置。这些区域中，天津市、北京市、郑州市、武汉市、南京市、成都市等特大超大城市，因燃煤杂质、汽车尾气、工程建筑粉尘等多种空气污染物交织，空气净化能力和扩散条件受限等原因，其城市环境空气污染物浓度不同程度高于全国平均水平，其空气质量优良天数不同程度低于各周边城市。成为多个大气环境污染严峻，而且具有常发性、持久性等突出特征的空气污染集中地。

二、"污水绕城"等水土污染不同程度地出现在我国主要城市群

良好的水土条件是城市群初期形成和发展壮大所需的基本资源条件。经过改革开放以来的发展，城市群地区污水排放规模大幅增长，与大规模的污水排放相对的则是有限的污水治理能力。城市群地区河流、湖泊、湿地的污水净化负荷整体较高，水质较差。据 2017 年《全国环境统计公报》数据表明，我国七大流域和浙闽片河流、西北诸河、西南诸河水质断面统计中，Ⅳ类及Ⅳ类以下水质主要集中在大型、特大型及以上城市地区。在城市水资源统计报告中，我国大型及以上城市不同程度存在着市内及近郊湖泊、河段、沟渠黑臭水体和劣质水体占比较高等突出问题。水土污染交织影响，严重的水污染致使水质性缺水问题突出，对周围的土壤也产生了严重的污染。2014 年《全国土壤污染状况调查公报》在论述中指出，我国土壤污染问题较为明显的地区主要分布在长江三角洲、珠江三角洲、东北老工业基地等部分区域。这说明中国城市群地区的土壤环境污染形势不容乐观。

三、"交通堵城"凸显中心城市职住分离等空间无序发展的弊端

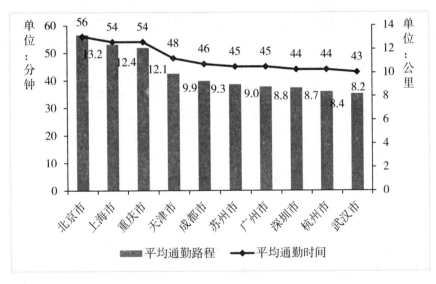

图 1-4　2018 年我国城市通勤耗时最长的 10 大城市

数据来源：2018 年 6 月极光大数据发布的《2018 年中国城市通勤研究报告》。

据《中国统计年鉴 2016》显示，2015 年北京市、上海市、广州市城区人均道路面积分别为 7.46 平方米、7.96 平方米、11.04 平方米，汽车平均道路面积分别为 26 平方米、32 平方米、19 平方米。这一数据表明我国北京市、上海市、广州市比纽约市、东京市拥挤。《2018 年中国城市通勤研究报告》指出，2018 年我国平均通勤距离和耗时最长的 10 个城市中，北京市平均通勤距离和时间最长，达到 13.2 千米和 56 分钟，上海市、重庆市位列第二和第三，分别为 12.4 千米、54 分钟和 12.1 千米、54 分钟，天津市、成都市、苏州市、广州市、深圳市、杭州市、武汉市等城市平均通勤距离超过 8 千米，平均通勤时间超过 40 分钟（见图 1-4）。

四、土地资源紧张大幅度提高了居民的居住成本

进入 21 世纪后，我国人口快速向中心城市和城市群的集聚，快速增加了这些城市的房地产需求，并成为主导中心城市房地产价格高企的最重要因素。日益高企的房屋价格大幅度增加了人们的工作负担，对人们生活质量的提升产生巨大的负向作用。中心城市不仅房价高企，主城区价格更是远高于均价。据凤凰网房地产板块 2020 年 4 月统计显示，2020 年 3 月，北京市住房均价有所下降，但仍然高于 6 万元/平方米，其中西城区、东城区、海淀区等主城区超过 15.4 万元/平方米、11.5 万元/平方米和接近 10 万元/平方米；上海市住房均价超过 6 万元/平方米，其中黄浦区、徐汇区、虹口区分别超过 13 万元/平方米、12 万元/平方米、10 万元/平方米；深圳市住房均价 5.7 万元/平方米，其中南山区、福田区接近 10 万元/平方米。广州市、杭州市、厦门市、南京市、天津市、福州市、苏州市、青岛市、宁波市、武汉市、合肥市、郑州市、重庆市、成都市、长沙市、西安市等中心城市房价与北京市、上海市等城市相似，不仅房价持续上涨，且各主城区间差距较大。高企的房价不仅给居民带来巨大经济负担，也严重降低了居民的生活质量。高昂的房价和房租正成为年轻大学生在北京市、上海市、深圳市和广州市等中心城市追求梦想的首要障碍。

五、城市群人口大规模集中所产生的公共卫生防疫难题

2020 年春季 COVID—2019（新型冠状病毒肺炎）疫情在湖北省武汉市尤为严重，一个重要原因是湖北省武汉市在探索大型城市应对重大公共卫生事件防疫的能力和水平有待进一步提升。为防止 COVID—2019 疫情的扩散，湖北省武汉市在 2020 年 1 月 23 日按下了城市活动的停止键，这对有效阻止 COVID—2019 疫情传播发挥了重要作用。在中国共产党和干部群众的共同努力下，截至 2020

年 5 月 25 日，在湖北省武汉市和其他地级市 COVID—2019 疫情确诊病例为 6.78 万和 5 万。在湖北省，疫情发展较为严重的地区主要分布在处于武汉城市圈的武汉市、孝感市、黄冈市、黄石市等市。除病毒高传染性特征外，1000 万人在武汉市的大规模集聚和医疗资源的短时期紧缺也是重要原因，这暴露出大型城市应对重大公共卫生事件防疫的难题。

2020 年第 7 期《求是》杂志发表习近平总书记的重要文章《在湖北省考察新冠肺炎疫情防控工作时的讲话》。文章指出，要着力完善城市治理体系和城乡基层治理体系，树立"全周期管理"意识，努力探索超大城市现代化治理新路子。中心城市和城市群如何应对人口大规模集中所产生的公共卫生防疫问题，已成为城市群可持续发展的"必答题"。

第二章

城市群生态文明协同发展的国外经验借鉴
与我国现实选择

西方发达国家在进入工业化、城镇化后期阶段普遍形成了以城市群为主要空间发展形态的经济社会发展特征，也普遍在城市群地区实施协同的资源环境管理策略。发达国家城市群资源环境协同管理的体制机制经验对健全和完善我国城市群地区生态文明建设及其协同发展体制机制起到了很好的借鉴作用。我国已经进入全面建设社会主义现代化新征程，我国城市群生态文明建设及其协同发展，是我国城镇化进入大型城市化、城市群化发展阶段，实现城市群一体化和高质量发展的现实选择。本章为形成对我国城市群生态文明协同发展的总体认识，将介绍和归纳发达国家城市群资源环境协同管理的机制与政策经验，论证提高我国城市群生态文明协同水平是城市群资源环境可持续发展的现实选择。

第一节　城市群资源环境协同管理的国外经验

美国、英国、德国、日本等国家在进入工业化后期和城镇化快速发展阶段，其城镇形态表现出以中心城市为引领和以城市群为发展要素主要承载形式的空间特征。位于美国东北部的大西洋沿岸城市群、位于北美洲的五大湖城市群、位于日本的太平洋沿岸城市群、位于英国的伦敦城市群以及欧洲西北部城市群等城市群均采取了合作协同的管理政策保护区域资源环境。这些政策对于保护利用自然资源和生态环境恢复治理起到了巨大作用，为我国城市群生态文明协同发展提供了启示。

一、采取多级发展的城镇体系应对中心城市"巨人症"问题

位于美国东北部的大西洋沿岸城市群包括纽约、波士顿、费城、巴尔的摩、华盛顿5个中心城市，次级中心城市有纽瓦克、卡姆登、安纳波利斯等城市。

该城市群由中心城市逐步向次级中心城市、支点城市、卫星城市外辐射和拓展，各等级城市交通便利、互联互通。其中，纽约的人口大约占到美国东北部大西洋沿岸人口规模的四成①。城市群中，人口规模超过 100 万的城市有 9 个，人口规模在 50 万到 100 万的城市有 29 个，这两类规模的城市集中了城市群人口规模的 65%。此外，城市群中 34 个城市的人口数量介于 20 万~50 万之间，剩下 116 个城市的人口数量均低于 20 万，平均拥有 6.4 万人。

北美五大湖城市群环绕北美五大湖呈现出半月形分布状态，以美国的密尔沃基—芝加哥走廊和横跨美国和加拿大两国的底特律—多伦多走廊为核心，包括宾夕法尼亚州、纽约州在内的美国的中西部，及加拿大的南安大略省和魁北克地区。北美五大湖城市群有芝加哥等多个中心城市，形成了以大型城市、中型城市和小型城市的有机组合，此外，卫星城市的建设形成了完善的城市体系。北美五大湖城市群总面积约为 16.4 万平方千米，城市数量达到 35 个，其中约 60% 的人口分布在城市总人口达百万的城市中。

太平洋城市群是位于日本境内的一个巨型城市群，主要覆盖范围涉及东京都、神奈川县、埼玉县、千叶县、群马县、茨城县、栃木县、山梨县等地区，并由此形成三大都市圈，推进城市群的发展②。该城市群以 3.6 万平方千米的土地面积，大约占据了全国 9.6% 的土地面积。日本太平洋沿岸城市群的城镇化率水平超过 80%，2013 年该城市群以 4354 万的人口占据了全社会 34.2% 的人口，并占据了全国国内生产总值总量的 38%。其中，东京作为城市群的中心城市，集中了全国总人口规模的 26%。为缓解和应对东京市因人口规模巨大和人口高度密集，所产生的交通拥挤、环境质量不高等严重城市病问题，通过构建贯穿东京、川崎、横滨的经济带，建设日本首都圈轨道交通等基础设施，加快支点城市和卫星城镇的增长。近年来，人口逐渐向东京周边区县流出，这在一定程度上减轻了东京的环境压力，缓解了居民、企业负担快速增长问题。

英伦城市群以伦敦为中心，由伦敦—利物浦一线的城市组成，具体包括曼彻斯特、利兹、伯明翰、谢菲尔德等大城市和众多中小型城镇。英伦城市群是产业革命后英国主要生产基地，占据了 4.5 万平方千米土地面积，并且以 3650 万的人口数量占据了全国约 60% 的人口总数，城市人口密度较大。城市群注重"小而精"的发展路径，各个大城市通过加强政府规划实现紧密合作，促进城市

---

① 潘芳，田爽. 美国东北部大西洋沿岸城市群发展的经验与启示 [J]. 前线，2018（02）：74-76.

② 王凯，周密. 日本首都圈协同发展及对京津冀都市圈发展的启示 [J]. 现代日本经济，2015（01）：65-74.

功能协调发展。中小城市通过优先规划从而确定自身功能，与城市群内的核心城市协调发展。由于家用汽车的普及和政府的支持与行动，英伦城市群率先出现了"逆城市化现象"，即人口并未向大城市聚集，而是向小城镇转移。

欧洲西北部城市群位于大西洋东岸地区，占据了 145 万平方千米土地面积，会聚了 4600 万人口，其中有 40 多座城市的人口数量超过 10 万。城市群以国家为单元，形成了法国的大巴黎地区城市群、荷兰兰斯塔德城市群和德国的莱茵—鲁尔区城市群。这个"三心多核"的欧洲西北部城市群，沿莱茵河、塞纳河等河流分布，涵盖了巴黎、阿姆斯特丹、鹿特丹、海牙、安特卫普、杜塞尔多夫、布鲁塞尔、科隆等城市①。城市群内各个国家能够有效地协调区、城市乃至国家之间的利益关系，并形成了较完善的地区合作体制机制。

二、构建以中心城市为核心的城市群产业层级分工体系

由于西方国家城市群发展较早，截至目前，美国东北部大西洋沿岸城市群已经形成较完备的产业层级结构：纽约基于其优越的地理位置及发达的经济发展水平，成为城市群的核心城市，属于区域内产业层级的顶层，辐射带动着周围地区的发展；波士顿、费城、华盛顿和巴尔的摩作为城市群的中心城市，处于产业层级结构的中间层，发挥着重要的过渡作用，与核心城市一道实现产业高速发展，并辐射带动周边中小城市的产业发展；广泛分布的中小型城市为接续中心城市产业和服务中心城市生产、生活提供基础设施与便利。美国东北部大西洋沿岸城市群通过构筑协同均衡的产业发展空间体系，实现不同层级定位的城市发挥比较优势，通过城市功能的互补定位，深化与其他城市的合作和竞争关系。

北美五大湖城市群形成了专业化程度较高、联系密切的产业分工结构，是大型城市、中型城市、小型城市的有机结合。城市群内部制造业集群优势明显，卫星城市的建设也使得城市群建立了完善的城市体系。城市间注重互联互通建设，水运交通便捷，铁路网及高速公路建设齐全，航运业也较发达，立体交通体系完备，交通便捷度较高。从 20 世纪 80 年代至今，经济转型、产业升级和环境重建成为各个中心城市发展的侧重点。基于这一发展目标，城市群内部通过逐步淘汰耗能高、污染重的产业和企业促进城市间的生态环境治理和保护，并充分利用技术创新大力发展服务业，增加第三产业比重。目前，芝加哥实现经济结构的多元化，发展成为北美第二大金融中心和国际金融中心；汽车城底

---

① 李娣. 欧洲西北部城市群发展经验与启示 [J]. 全球化, 2015 (10)：41-52+15+134.

特律和钢铁城匹兹堡已经分别实现从汽车产业、钢铁产业主导向生产性服务产业主导的转变，大大提高了产业发展的竞争力①；加拿大的蒙特利尔通过发展设计产业来引领城市经济的发展，并成为该类城市发展的世界典型；作为加拿大的经济核心城市，多伦多充分利用竞争力强的新兴行业积极拉动城市经济发展，成功转向知识型经济。

日本太平洋沿岸城市群产业分工以市场选择为主。东京由于地价和劳动力成本高昂等原因，主要承担大型企业的总部功能，第三产业占比已接近90%，出版印刷业、电信业等产业在工业结构中占比较高。山梨县、茨城县、栃木县、群马县等东京近距离辐射地区，交通便利，土地价格相对低廉，承接了东京转移的制造业，形成了有色金属、机械制造、石化工业等不同工业产业集群的主要分布地。这一发展过程一方面助推东京打破了产业发展的困境，另一方面也构建了日本第一大工业带——"京滨工业地带"。由于自身生态资源禀赋和功能定位具有差异，首都圈各县市基于地理位置和产业基础，因地制宜，坚持以市场化发展为导向，开创了具有互补性的特色产业。

三、通过府际合作协议和机构管理城市群资源环境问题

北美五大湖城市群囊括了美国的中西部及加拿大部分地区。1909年1月，美国和加拿大两国共同制定了《边界水域条约》，就水资源、水质、水量、水生态等内容进行协商，确定了美国和加拿大协调处理双边争端和防止水质污染的原则和机制，为湖区水资源的有效管理描绘了蓝图。1972年，美国和加拿大政府制定了《五大湖水质协议》，该协议规定了两国五大湖水质管理的目标和应对外侵物种、减少有毒化学物质、水质富营养化物质排放的任务，由水污染监督扩大为水生态系统监督，从而推动保护五大湖区生态安全。该协议在1978年的修订中提出一系列统一水质的目标，并引入了"五大湖流域生态系统"的概念，开始重视空气、水、土地、生态系统与人类之间的相互作用关系；在1987年的修订中，强调对面源污染、地下水污染以及空中污染物的治理，第一次提出污染排放总量控制的管理措施，制定湖区污染控制目标和指标体系，促进五大湖区实施一体化的生态系统管理。1985年，美国和加拿大两国经过谈判和协商签署《五大湖宪章》，规定两国在五大湖周边的州、省共同管理五大湖水资源，之后这些地区共同签署了《五大湖宪章》的补充条例，对湖区水资源的保护和治

---

① 王玉明. 北美五大湖区城市群环境合作治理的经验［J］. 四川行政学院学报，2016（06）：16-19.

理进行了更具体的规定。美国和加拿大在 1991 年签署了《空气质量协定》，提出了缩减酸雨发生频率的目标。安大略省、密执安省、明尼苏达州和威斯康星州在 1991 年协商建立了"恢复和保护苏必利尔湖流域计划"。2006 年，加拿大安大略省、魁北克省与美国 8 个州协商签署了《五大湖区—圣劳伦斯河盆地可持续水资源协议》，禁止大规模地调用五大湖区—圣劳伦斯河盆地地区的水资源①。

为跨域治理五大湖区水环境污染，切实保障五大湖流域水质保护行动的实施，美国和加拿大两国建立了包括国际航道委员会、国际联合委员会、大湖渔业委员会、五大湖州长委员会、"五湖联盟"等在内的协调监督机构，加强监督。1905 年，美国和加拿大两国政府建立了国际航道委员会，协调湖区水平面和水量管理以及双边电力市场发展。1909 年，美国和加拿大两国协商成立了五大湖的最高管理机构——国际联合委员会，作为实施《边界水域条约》的非营利性专门机构，该委员会通过行使审批权、进行调查研究、仲裁具体纠纷，预防和处理了由涉及美国和加拿大两国利益所引起的水资源矛盾和冲突。20 世纪50 年代，美国和加拿大两国联合成立五大湖渔业委员会，负责协调发展大湖区的研究计划，制定和实施程序，加强对湖区内共同鱼类资源的保护。20 世纪 80年代，五大湖区的各级政府通过成立非官方的五大湖州长理事会，处理五大湖区州省之间的利益区分和纠纷，构筑公共部门、私人部门合作渠道和机制，共同应对经济与环境的矛盾和冲突，实现五大湖区的经济社会的可持续发展。2002 年，芝加哥市携手多伦多、魁北克和蒙特利尔等大型城市成立了"五湖联盟"（大湖及圣劳伦斯河计划），号召湖区市长共同参与并定期互换信息以促进合作，协商共同应对污染治理。1 年后，共同建立了包括五大湖地区 51 个城市的区域协调委员会。以上实践经验表明，五大湖流域各城市在水资源保护和治理方面展开了长期密切合作，协同治理城市群资源环境。

四、多主体联动的城市群资源环境管理合作管理体制

美国东北部大西洋沿岸城市群基本形成了政府、行业、市场多主体合作和联动的城市群资源环境管理合作体制。政府引导方面，联邦政府通过出台各项资源环境管理问题法案，并与各地政府合作进行相应的基础设施建设。在非政府组织层面，民间组织在区域治理中也扮演了不可忽视的角色，如在美国东北

---

① 吴湘玲，叶汉雄. 国外湖泊水污染跨域治理的经验与启示 [J]. 中共贵州省委党校学报，2013（05）：77-81.

部成立的独立的非营利性地方规划组织——纽约区域规划协会,该协会与诸多学术团体及研究机构保持长期密切合作,形成了一个包含多种利益相关者在内的发展联盟。在市场机制层面,由于各城市间的自然条件、基础设施等方面不尽相同,在发挥市场竞争合作机制的同时,引导各城市发挥比较优势,实现错位发展。

从五大湖区域环境治理的实践来看,各级政府起到主导作用,政府采取多种行动和方式,与机构、地方团队、非营利性组织等环境治理主体,共同应对和解决区域环境治理问题。参与北美五大湖区水污染治理实践的机构包括加拿大两省和美国的八个州政府、数千个地方区域和有特别功能的主管团体,其中非营利性组织作为重要治理主体之一,与政府、企业、社会公众等其他主体共同进行跨域协调,共同推动跨域水污染治理和环境保护,这对五大湖区的环境保护和污染治理发挥了重要作用,最终取得显著成效。2004 年 12 月,多方代表在芝加哥签署了《五大湖宣言》,对保护、恢复和改善五大湖生态系统做出相关承诺。美国环境保护局原局长迈克·莱维特曾对此评论说:"这是以五大湖流域的环境保护与经济发展为中心内容开展的活动中最为广泛的正式合作。"

第二节　我国城市群生态文明协同发展的现实选择

我国中心城市是城市群地区环境资源环境问题集中、突出和治理紧迫的地区,单靠中心城市难以解决其突出的资源环境问题。城市群内各城市携手应对其突出的生态资源环境问题、突破可持续发展的资源环境困境是城市群实现生态文明发展的现实选择。提高生态文明协同发展的水平,是促进城市群生态文明发展的关键。

一、单靠中心城市难以解决其突出的资源环境可持续问题

如第一章第三节所论述,城市群是我国资源环境可持续问题突出、集中和治理紧迫的地区,尤其以中心城市更为严峻。按照市区人口数量超过 1000 万的城市为超大城市、500 万~1000 万的城市为特大城市的城市规划分标准:截至 2016 年,北京市、上海市、深圳市、广州市 4 座城市人口超过 1000 万,称为超大城市;天津市、重庆市、成都市、武汉市、东莞市、南京市、杭州市、苏州市、青岛市、西安市、郑州市、沈阳市、佛山市、哈尔滨市 14 座城市人口为 500 万~1000 万,称为特大城市。这 18 座中心城市以全国 2.92% 的土地面积,

承载了中国 16.78% 的人口，并创造了全国 32.46% 的国内生产总值。这些中心城市在集聚发展创造和繁荣经济的同时，也集中化、高强度开发利用资源带来了较为严重的生态环境影响。这些中心城市在形成和带动城市群发展的过程中，产生了相对于其他规模城市更为突出，治理更为紧迫，并被广泛关注的资源环境问题，这也是城市群地区要实施生态文明协同发展的根本原因①。

（一）空气污染排放总量依然较大

以 2015 年为例，18 座中心城市产生了占据全国 11.65% 的工业 SO_2（二氧化硫）总量、6.44% 的工业（烟）粉尘总量，其单位国土面积工业 SO_2 和工业（烟）粉尘排放强度分别是全国平均强度的 4.11 倍和 2.37 倍。18 座特大超大城市客运总量、汽车保有量、出租车保有量分别占全国的 10.26%、24.43% 和 37.73%，大大高于其国土面积比重和人口规模比重，说明中心城市汽车尾气排放强度更高。

（二）水资源短缺

在占我国城市数 1/6 的缺水城市中，这些中心城市缺水问题更为集中和严重。按照国际标准，水资源极度匮乏是指地区人均水资源量在 500 立方米以下，水资源重度匮乏是指地区人均水资源量 500~1000 立方米之间，而水资源中度匮乏是指地区人均水资源量在 1000~1700 立方米之间。按照这一标准，北京市、上海市、天津市、深圳市、青岛市、西安市、沈阳市、重庆市、郑州市、南京市是水资源极度匮乏城市，成都市、苏州市、哈尔滨市、武汉市、广州市、佛山市、东莞市为水资源重度和中度匮乏城市。其中，北京市、天津市、上海市和深圳市是我国特大超大城市中最为缺水的城市。这四个城市 2015 年人均水资源量分别为 123 立方米、84 立方米、265 立方米、162 立方米，是同年各城人均水资源消耗量的 69.49%、50%、61.77%、91.53%。中心城市大规模超采水源和外调水源，引发水库干枯、河流断流、地下水位下降、海水倒灌等问题。

（三）污水排放规模和强度偏大

2015 年 18 座中心城市产生的工业废水总量在全国占比 19.52%，其单位国土面积工业废水排放强度是全国平均水平的 6.77 倍。大规模、高强度废水排放增加了水资源净化负荷，加快了水体恶化。虽然特大超大城市污水处理率整体高于其他规模城市，但受限于过低的水资源量和规模过大的污水排放量，中心

---

① 张欢，钱程. 着力解决特大超大城市资源环境问题［N］. 中国社会科学报，2018-12-27（009）.

城市水资源的入河污水净化负荷整体较高。大量生物性有机物、重金属、持久性有机化学物在河流、湖泊等湿地和土壤中富集，引发湖泊、河流、农田生态功能的下降，加剧了缺水现象。特大超大城市普遍存在市内、近郊湖泊、河段、沟渠黑臭水体占比较高的问题。

（四）资源过度利用，国土过度开发造成生态宜居程度不高局面仍未改变

以 2015 年为例，18 座中心城市消耗了全国总供水量的 48.47%、全社会用电量的 38.33%、总供气量的 50.08%。其单位国土面积用水、用电、用气强度分别达到我国平均强度的 16.88 倍、13.38 倍、17.37 倍。2002—2016 年，18 座特大超大城市建成区面积从 0.59 万平方千米扩大到 1.52 万平方千米，扩大到 2.59 倍，占全国建成区面积比重从 22.65% 增加到 28.02%。

应对中心城市突出的资源环境可持续发展问题，受限于当前我国以中心城市为目标地、以城市群为人口和经济承载主体的城镇化发展路径，中心城市继续增加的人口规模和城镇规模，以及相对紧张的生态环境容量和资源供给，使得中心城市应对突出资源环境问题的对策相对有限，单靠中心城市难以解决其突出的资源环境问题，唯有依靠城市群一体化发展，通过城市群生态文明协同发展，实现生态文明建设水平的整体提升。

二、城市群生态文明发展的关键是生态文明的协同发展

细解中心城市突出的资源环境可持续问题的产生原因，这也进一步说明城市群生态文明发展的关键是生态文明的协同发展。限制中心城市的资源环境实现可持续的原因主要表现在以下几个方面：

（一）城市功能在中心城市的过度集聚和持续增强

这些中心城市在全国或区域内都充当了功能中心的角色，是我国首都、直辖市、省会城市、特区，也是全国或区域性政治、经济、文化、教育、信息和交通中心。在 2016 年，18 个中心城市就支出了全国财政支出总额的 30.63%，消费了全社会商品零售总额的 31.43%，并集聚了全国 34.18% 的高等教育机构，体现了非中心城市无法比拟的城市化水平。实际上，当城市功能越多，对人口、物资、资金和信息等要素的吸引力就越强，进而人口和经济的"虹吸效应"与城市规模扩张的"马太效应"又提供了特大、超大型城市持续扩大规模和持续增强多种功能的基本动力。由此，人口和企业快速增加导致了对水土资源和环境要素需求的快速增加，进而导致资源总量和环境容量大规模持续减少，最终

形成了城市功能和资源环境"一增一减"的矛盾，诱发了大型城市的资源环境问题。

（二）资源型和劳动密集型企业在中心城市的扎堆布局

根据 2016 年城市经济发展年报、环境公报可知，特大、超大型城市产生了全国规模以上工业产值的 27.54%；与此同时，特大、超大型城市重点布局的石化、冶金、火电、建材和造纸等资源型和劳动密集型企业消耗了城市 40% 左右的能源和供水，排放了 40% 左右的废弃物和垃圾。以煤为主的能源结构和劳动密集型的产业结构，使得资源型和劳动密集型企业越集聚，多种污染物的复合污染效应和城市"热岛效应"越强。当城市进入大型阶段以后，继续依靠资源型、劳动密集型企业促进经济增长和就业的路线就会对大气、水、土壤造成严重污染，造成土地、能源和水资源供应紧张，环境舒适性难以改善，加剧了超级城市资源环境问题。

（三）中心城市边界无序扩张和开发空间结构失衡

快速扩张的开发区和大规模工商业用地供给，是当前阶段地方政府主导"国内生产总值倍增"和"工业倍增"的主要手段之一，也是人口城镇化落后于土地城镇化、城市边界蔓延式扩张等问题产生的重要原因。2002—2016 年我国特大超大城市建成区面积年均扩大 7.03%，略低于国内生产总值增速。建设中心城市和国际都市的施政倾向，直接或间接导致了特大超大城市的无序扩张。不断上涨的土地价格和房地产价格，提高了公共用地、生态用地存在的机会成本，直接或间接地压缩了生态空间和生活空间。生态用地和居住用地供给的碎片化导致了生态廊道的闭塞。

如何应对中心城市突出的资源环境问题，面对我国继续城镇化和工业化的巨大人口压力，依靠城市群解决中心城市突出的资源环境问题是基本策略，实现地区发展一体化是城市群生态文明协同发展的基本保障。

第三章

我国城市群生态文明协同发展的体制机制特征与改革挑战

中心城市和城市群资源环境可持续发展问题的突出性，决定着城市群生态文明建设是我国生态文明建设的主战场和重点领域。我国自上而下，以省级政府和中心城市为主导，以治理突出环境问题和保护自然资源为重点，跨省市联动推进的城市群生态文明协同发展体制已经基本形成，并已作为我国城市群一体化建设的重要内容。然而，受到我国发展阶段、发展体量和区域发展不均衡等原因影响，我国城市群生态文明建设及其协同发展仍然存在着一些体制机制问题，亟须改革。本章将解析我国城市群协同发展的体制机制特征，找寻我国城市群生态文明协同发展过程中存在的主要体制机制问题，探索我国城市群生态文明协同发展的体制机制改革挑战。

第一节　我国城市群生态文明协同发展的体制机制特征

2012 年 11 月，党的十八大第一次将生态文明建设放置于中国特色社会主义"五位一体"总体布局的重要位置上，提出要"加快建立生态文明制度，健全国土空间开发、资源节约、生态环境保护的体制机制，推动形成人与自然和谐发展现代化建设新格局"。2013 年 11 月，中国共产党第十八届中央委员会第三次全体会议审议通过的《中共中央关于全面深化改革若干重大问题的决定》就"加快生态文明制度建设"提出一系列总体的生态文明体制机制。2015 年 4 月，中共中央、国务院出台的《关于加快推进生态文明建设的意见》中，又强调生态文明建设要在主体功能区规划、国家新型城镇化规划的框架下进行布局。2015 年 9 月，中央政治局会议通过的《生态文明体制改革总体方案》等中共中央、国务院文件都表明了生态文明体制机制建设的重要性。2017 年 10 月，党的十九大对"加快生态文明体制改革，建设美丽中国"做出部署和要求。在这些政策文件的指示下，我国城市群的发展规划也都包含了生态文明体制机制建设规划，将生态文明建设置于城市群协同发展的重要位置上，树立生态优先、保护优先理念，实现发展与保护的内在统一、相互促进。

一、将生态文明协同发展作为城市群规划的重要内容

2018 年 11 月 18 日，中共中央、国务院发布的《关于建立更加有效的区域协调发展新机制的意见》明确指出，"推动国家重大区域战略融合发展，建立以中心城市引领城市群发展、城市群带动区域发展新模式，推动区域板块之间融合互动发展"。自 2015 年始，国务院便陆续批复了包括长江中游城市群、长江三角洲城市群在内的十个城市群规划，在已发布的城市群规划中，生态文明协同发展都是规划中的重要一环。目前，我国的城市群规划大致可划分为三个层次，包括跨区域型城市群、区域型城市群和地区型城市群。

跨区域型城市群包括长江三角洲城市群、粤港澳城市群、京津冀城市群、长江中游城市群和成渝城市群五大跨区域型城市群。在跨区域型城市群的相关规划中，都强调了要将绿色城镇化理念全面融入城市群建设中，推进城市群生态共保和环境共治的目标，并对城市群发展过程中的生态文明建设进行全面的布局与规划。总的来说，五大跨区域型城市群的生态文明协同发展体制机制主要围绕开展保护修复重要生态系统功能，建立跨区域生态安全屏障和城市生态廊道，深化水、大气、土壤、危险废弃物等污染联防联控机制，推进绿色城市建设这四个方面进行。

2015 年 6 月，中共中央、国务院印发的《京津冀协同发展规划纲要》指出，"北京市、天津市和河北省三地实现协同发展的首要核心任务是有序疏解北京的非首都功能，进而调整经济结构和空间结构，走出一条内涵集约发展的新路子，探索出一种人口经济密集地区优化开发的模式，促进区域协调发展，形成新增长极"。

2016 年 6 月，国家发展改革委、住房城乡建设部印发的《长江三角洲城市群发展规划》提出长三角城市群生态文明建设的目标是"基本形成一体化、多层次、功能复合的区域生态网络，使多元化生态要素得到有效保护；不断健全生态环境联防联治机制，构建与资源环境承载能力相适应、相协调的城市群格局"。规划的内容包括："强化省际统筹，依托资源环境共筑包括长江、滨海、大别山等多道自然生态屏障，严格保护水源、海域等多处重要生态空间，实施湿地修复、水土流失治理、矿山废弃地恢复治理等多项生态建设修复工程；深化跨区域水污染联防联治，联手打好大气污染防治攻坚战，全面开展土壤污染防治，严格防范有毒有害危险品造成的环境风险；在绿色城市建设方面使产业生态化，扩大城市生态空间，倡导生活方式低碳化；在环境影响评价方面建立统一、高效的环境监测体系和跨行政区环境污染与生态破坏联合防治协调机制。"

2019 年 2 月，中共中央、国务院发布的《粤港澳大湾区发展规划纲要》指出，粤港澳大湾区生态文明建设的目标是"全面建成资源节约集约利用水平显著提高、生态环境得到有效保护、宜居宜业宜游的国际一流湾区，初步确立绿色智慧节能低碳的生产生活方式和城市建设运营模式"。规划的内容包括："加强生态系统的保护和修护，提升生态系统质量和稳定性；划定并严守生态保护红线，强化自然生态空间用途管制；开展水资源项目合作和水污染治理，构建全区域绿色生态水网；强化区域大气污染联防联治；建立环境污染'黑名单'制度，健全环保信用评价、严惩重罚等制度；加强低碳环保技术的交流合作，推进低碳试点示范；开展绿色低碳发展评价，构建绿色产业体系；加快节能环保与大数据的融合；倡导低碳生活，加强城市绿色公共慢行系统建设等。"

2015 年 4 月 13 日，国家发展改革委发布的《长江中游城市群发展规划》提出，"要不断完善融合发展的体制机制，推动长江中游城市群集约集聚发展；优化城市群空间形态和空间布局，提高城镇综合承载能力；建设与山脉水系相融合的宜居宜业城市，促进城乡融合互动，推动建立长江中游城市群一体化发展模式"。

2016 年 4 月，国家发展改革委、住房城乡建设部印发的《成渝城市群发展规划》指出，"要在城市群内基本形成生态安全格局和环境分区管制制度，生态环境联防联控联治的相关区域协同发展体制机制更加完善。规划内容包括：以加快重点生态功能区建设筑牢城市群生态安全屏障，以加强流域水生态系统保护修复共建生态廊道，以划定生态保护红线共保城市群生态空间。协同开展生态保护与环境治理工程，深化水污染、大气污染、固废危废污染联防联控机制。推进产业生态化、居民生活低碳化、城市建设绿色化。加强环境影响评价，保证生态文明建设规划的落实"。

在重点建设五大跨区域型城市群以外，我国也在逐步开发多个区域型城市群（国家二级城市群），积极培育新的区域型和地区型城市群。区域型和地区型城市群的内容较为广泛，如表 1-3 所示，还包括哈长城市群、山东半岛城市群、辽中南城市群、海峡西岸城市群、关中城市群、中原城市群、江淮城市群、北部湾城市群、天山北坡城市群、呼包鄂榆城市群、晋中城市群、宁夏沿黄城市群、兰西城市群、滇中城市群和黔中城市群等城市群。

与跨区域型城市群相比，区域型城市群和地区型城市群围绕发展的特大城市通常为一个，因此发展规模较小于五大跨区域型城市群。但是我国在稳步建设各区域型城市群和地区型城市群时，仍然坚持新发展理念，在城市群内建立互利共赢、共享共建的一体化发展机制，同时在协同发展中也高度重视生态效益。在区域型城市群和地区型城市群的规划中，"生态优先，绿色发展"的基本规划原则都有迹可循，对建立区域生态屏障、优化生态环境的城市群发展目标都设定了相关的评价指标。与五大跨区域型城市群的生态文明协同发展体制机制相似，区域型城市群和地区型城市群的生态协同建设也围绕建立区域生态屏障，开展保护修复重要生态空间工程，以及针对水、大气、土壤等污染联防联控，建设绿色城市这四大方面进行。

二、跨省市建立的政府生态文明协同机制

与区域型和地区型城市群相比，我国五大跨区域型城市群经济社会等多方面发展更为全面，并且在城市群内具有多个大型城市作为城市群中心，辐射带动周边中小型城市的范围大多数是跨省行政区域的。区域型和地区型城市群内协同发展的体制机制大都是在省（直辖市）级政府的共同协调下建立的。

城市群的作用是为了更好地打破行政壁垒，强化协作协同，探索建立以市场体系统一开放、公共服务共建共享、基础设施互联互通、生态环境联防联治等为重点的城市群协同发展模式，大力促进一体化发展。当前，我国城市群在生态环境联防共治方面的合作主要是通过探索建立城市群一体化发展基金，建立跨行政区资源开发利用、生态环境保护和生态补偿机制，建立跨行政区污染联防联控治理模式三种途径实现。

（一）建立城市群一体化发展基金

城市群一体化发展基金以市场化手段撬动社会资本，通过建立基金的方式，再将基金投向城市群一体化建设的各个方面，尤其是城市群内公共建设、生态环境保护等公益性较强的方面。这是我国多个城市群发展规划的创新之处，体现了城市群一体化的成本共担、利益共享原则，通过设计基金运转机制引入社会资本，减轻各城市财政资本负担，更有利于推动城市群一体化。

已公布的关于城市群一体化发展投资基金，大多笼统以"根据城市群建设实际需求研究筹建城市群一体化发展基金，积极引入各类社会资本"概括，而并没有就如何引入社会资金、基金机制的运转、基金筹建的方式与参与方进行解释。在已公布的城市群规划中，2016年4月国家发展改革委、住房城乡建设部印发的《成渝城市群发展规划》中明确提到"借鉴欧盟结构基金和凝聚基金运作经验",以及 2016 年 6 月,国家发展改革委、住房城乡建设部印发的《长江三角洲城市群发展规划》中明确提到"分期确定基金规模,采用直接投资与参股设立子基金相结合的运作模式,鼓励社会资本参与基金设立和运营"。虽然在城市群总体规划中,这两种说法仍旧比较模糊,无法直接指示工作落实,但相较于其他城市群规划中相关部门的描述,已经比较清晰地透露出在该城市群建立一体化发展投资基金的决心。

（二）建立跨行政区资源开发利用、生态环境保护和生态补偿机制

该途径在各大城市群生态文明协同建设中是主要途径。首先,跨行政区资源开发利用指的是城市群内多个城市对同一自然资源的共同开发利用,以及对该自然资源的共同保护,如北部湾城市群建立跨行政区水资源开发利用。其次,在跨行政区生态环境保护中,主要采取推进城市群生态屏障一体化建设、划定严守生态保护红线、实施生态保护修复工程等措施。生态廊道、生态屏障是依据城市群的地理条件和自然资源分布情况因地制宜规划形成的,城市群生态屏障在城市群的一体化建设中通常会伴随该区域的生态安全格局的构建,其原因在于廊道和屏障的联结最终会在城市群跨行政区内架起生态安全格局的"骨架"。最后,城市群内的生态补偿机制主要指的是在城市群内鼓励采取"飞地经济"、共享公共资源等方式,建立生态受益地区对生态保护地区的横向补偿机制或跨地区的环境污染赔偿机制,具体的相关实践有新安江流域水环境补偿等。

（三）建立跨地区污染联防联控治理模式

该模式是针对城市群区域内生态环境治理的联合立法和协同执法,是对区域内共同的污染问题治理的联动模式。随着城镇化的深入发展,伴随以往粗放式的经济发展模式,直接导致了全国范围内的各大城市群都出现不同严重程度的水污染、大气污染、土壤污染等生态环境突出问题。由于水污染和大气污染本身流动性的特质,城市群区域内针对跨界的污染建立跨地区联防联控治理模式是"对症下药"的举措。在联防联控的治理模式下,还体现了城市群内各城市对于制造污染的互相约束和监督的契约精神。

三、以省级政府和中心城市为协调中心的生态文明协作机制

相较于跨省市建立的城市群而言,在同一省级政府领导下的城市群更具有一体化发展的优势。但是,在同一省级政府领导下的城市群内部仍然缺少统一的管理协调平台,尚未建立现代治理体系,已然存在着行政区划束缚和地方政

策差异使得城市群内生态文明协同发展统筹不够，因此，要全面深化城市群的体制机制改革，使城市间加快推进多层次合作，以期突破行政区划束缚。

（一）下级市县以省级或中心城市为指导的生态文明建设路线

在区域型和地区型城市群，省级政府主导和中心城市引领城市群完善城镇体系、产业结构转型升级和区域协调发展，其中中心城市在"五位一体"建设中处于引领地位。在跨省城市群，多中心城市共同引领城市群"五位一体"建设。省级政府通过共同的资源环境管理和生态环境的联防联控，合作推进城市群生态文明协同发展。中央政府在城市群间，推动城市群与城市群的对接合作，自上而下将城市群生态文明对接融入城市群发展的区域战略。

（二）城市群发展更具有一体性，措施推动更有效率

相较于跨省市建立的城市群而言，在同一省级政府统领下的城市群有行政区划的便利，城市群生态文明建设以省级政府政策指示落实各方面工作，从而使各县市的行政壁垒在城市群的协同发展中更容易消弭。省级政府在全省区域内通常会出台行政区划规划或者各方面法律条例，如山东半岛城市群发展规划的制定依据之一就是山东省人民政府2014年10月颁布的《山东省新型城镇化规划（2014—2020年）》，这就意味着以省级政府为协调中心的协作机制使得城市群更容易具有统一的法律依据，大大减少了跨省市建立协同发展一体化条例的障碍。以省级政府为协调中心的城市群内各城市对于规划任务的落实，可以由上下级政府的管辖关系提供一定保障。

（三）城市群协同发展体制机制更具有创新空间

在免去跨省市城市群一体化协调发展的烦琐前提下，以省级政府为协调中心的城市群更有余力创新一体化发展体制机制，如山东半岛城市群的规划实施中就有"建立城市群检测约谈制度，推动协调发展取得实效"的创新。城市群协同发展体制机制的创新背后，不仅是省级政府作为协调中心保证发展任务顺利，还有省级政府的管辖权力作为保障。相较于跨省市城市群中多省级政府参与协同治理时往往费心考虑"牵头责任""主动权归属"，听从指令调配的同一省级政府管辖的城市群则会更加容易贴近规划任务及目标。

四、以治理突出问题环境为重点的城市群生态文明协调机制

我国城市群生态文明协同发展十分注重突出环境问题的协同治理，并形成了以治理突出环境问题为工作重点的城市群内协调机制。这种协调机制正是基于区域联防联控的基本思想，促成多省市或者城市群就某一突出环境问题集中

精力一体化行动。这种协调机制主要是由国务院牵头，相关的各省市政府参与，通过建立环境突出问题协作治理的小组进行。2013 年 9 月，国务院印发《大气污染防治行动计划》（简称"大气十条"），明确提出"建立京津冀、长三角区域大气污染防治协作机制，协调解决区域突出环境问题"。2015 年 4 月，国务院印发《水污染防治行动计划》（简称"水十条"），要求"建立全国水污染防治工作协作机制"，"京津冀、长三角、珠三角等区域要于 2015 年年底前建立水污染防治联动协作机制"。

（一）京津冀城市群

京津冀城市群的大气污染问题一直备受全国关注，除了北京市、天津市本身经济发展过程中产生的污染，作为京津冀城市群的一部分，华北平原的大气污染物也借由地理条件在京津冀洼地处集聚。在我国大气污染治理历程中，区域联防联控无疑是重要经验之一。京津冀城市群因其大气污染问题突出和敏感，成为我国率先实施大气污染联防联控的地区。自国务院发布"大气十条"，2013 年年底，京津冀及周边地区大气污染防治协作小组成立，建立了包括北京市、天津市和河北省三地在内的共享大气污染联防联控资源、共担其污染治理责任的联防联控工作机制。2020 年 5 月 1 日起，北京市、天津市和河北省同步实施《机动车和非道路移动机械排放污染防治条例》，该条例是推动京津冀协同发展战略实施的首个污染排放治理协同条例，也是我国首部对污染防治领域做出全面规定的区域性协同立法，是京津冀及周边地区大气污染防治协作小组的宝贵经验应用。

（二）长江三角洲城市群

2013 年年底，盘桓在长江三角洲城市群上空近十天的雾霾给长三角每一座城市都敲响了警钟，提醒着大气污染治理的紧迫。自国务院发布"大气十条"后，次年长三角城市群就建立了长三角区域大气污染防治协作小组。长三角城市群治理大气污染联防联控的关键基础之一，是组建了国家环境保护城市大气复合污染成因与防治重点实验室，为长三角城市群治理大气污染一体化协作提供了更专业科学的防治路径。长三角的三省一市在污染防治小组的共同协定下分别制定污染防治相关条例，协同推进燃煤机、车船排放改造工作，共享污染防治信息，不断深化长三角大气污染联防协作机制。除此之外，三省一市还制订了专项保障方案，共同采取有力措施，大力保障了南京青奥会、G20 峰会等国家重要赛事和活动以及年度的浙江世界互联网大会等重要活动的环境质量保障工作。在针对大气污染的联防联治下，长三角城市群的大气环境焕然一新。

　　长三角城市群同时也是全国水污染最为严重的地区之一，并直接影响到了局部地区的饮用水水质安全。长三角城市群的水污染呈现分布不均的特点，处于饮用水水源地的江苏省和浙江省的水质相对较好，而处于下游的上海市各地饮用水水质则存在不同程度的污染。另外，长三角区域水体富营养化特征明显，其中以太湖问题较为突出。无独有偶，在长三角大气污染防治协作小组之后，长三角城市群又建立起水污染防治相关协作机制，围绕突出的水污染问题协同治理、整改落实。2019 年 5 月，三省一市联合签署了《关于一体化生态环境综合治理工作合作框架协议》《太湖流域水生态环境综合治理信息共享备忘录》，共同推进长三角区域内的水环境保障。

（三）珠江三角洲城市群

　　2015 年 4 月，国务院印发的"水十条"明确提出要求珠三角地区在 2015 年年底建立水污染防治联防联动机制；2016 年，广东省签订了原环保部下发的《水污染防治目标责任书》。2016 年 9 月，原环境保护部与广东省人民政府签署了部省共建协议，该协议提出要积极打造珠江三角洲国家绿色发展示范区。作为国家经济发展的主力之一，珠三角城市群的水污染也不容乐观。除了省内的重要水生态环境修复工程和城市的水污染治理，跨省流域的水污染治理也是珠三角水污染防治联防联动机制的重要内容。2016 年 3 月，广东省分别与广西壮族自治区、福建省两省（区）签订了"九洲江、汀江—韩江流域横向生态补偿协议"，加强跨区域联防联治，推动实现区域环保一体化发展。

五、以保护自然资源为重点的城市群生态文明协调机制

　　随着经济的快速发展，资源消耗也日益严重，不当的资源消耗方式还带来了严重的环境污染，最终使生态系统进一步恶化。习近平总书记提出"两山论"，指出"绿水青山就是金山银山"。2015 年 4 月，中共中央、国务院出台的《关于加快推进生态文明建设的意见》中明确指出，"在资源开发与节约中，要把节约放在优先位置，以最少的资源消耗支撑经济社会持续发展"。在加快形成人与自然和谐发展的现代化建设新格局的要求下，要坚持节约资源和保护环境的基本国策，全面促进资源节约利用，开创社会主义生态文明新时代。因此，在建设城市群生态文明过程中，也要统一遵守以保护自然资源为中心的协调机制。

（一）健全自然资源资产产权制度和用途管制制度

　　党的十八届三中全会提出，"要健全自然资源资产产权制度和用途管制制度"。当前，我国自然资源管理正迈入统一行使全民所有自然资源资产所有者权责的新时代。2015 年 4 月，中共中央、国务院出台的《关于加快推进生态文明建设的意见》指出，"健全自然资源资产产权制度指的是对水流、森林、山岭等自然生态空间进行统一确权登记，明确国土空间的自然资源资产所有者、监管者及其责任"；"完善自然资源资产用途管制制度，明确各类国土空间开发、利用、保护边界的基础上，划定生产、生活、生态空间开发管制界限，实现能源、水资源、矿产资源合理利用的目标"。自然资源产权不明晰的直接后果是造成资源的掠夺性使用，而健全自然资源资产产权制度，明确自然资源资产的产权，则有利于实现其经济效益、生态效益和社会效益的最好配置。

（二）推动科技创新，发展绿色产业

发展绿色产业和循环经济，是城市群内保护自然资源的两大有利举措。2015 年 4 月，中共中央、国务院出台的《关于加快推进生态文明建设的意见》指出，推动技术创新和国家经济结构调整，是从根本上缓解经济发展与资源环境之间矛盾的有效途径。构建资源消耗低、环境污染少的科技化产业结构，促进生产方式绿色化、清洁化，大幅提升经济发展绿色化水平，减少对资源环境的牺牲。绿色产业作为新型产业的重要组成，在城市群的产业布局中，都占有一席之地。绿色产业强调因地制宜，在城市群内的农业主产区和生态功能区，常以发展现代农业、特色农业、有机农业以及现代林业、特色林业、森林旅游等产业为主导，不仅促进了经济发展，也保障了生态安全。

（三）发展循环经济，推动资源高效利用

发展循环经济有利于推动资源利用方式从根本上进行转变。在社会再生产各环节积极推进循环经济，在一定程度上能提高各类资源的利用效率。大力发展循环经济，加快建立循环型工业、农业、服务业体系，提高全社会资源消耗的产出率，最终推进产业生成方式的循环式组合，大幅度推动资源高效利用和节约利用水平。在发展循环经济之余，也要加强资源节约，发展高效节水技术，促进水资源节约；加强土地规划管控，严格土地用途管制。

（四）树立底线思维，严守资源红线

在现代化建设新格局下，要设定并验收资源能源的消耗上限，以资源环境与生态承载力为底线，协调处理好生产、生活、生态发展的各项目标和要求，确定开发强度，确保各类开发活动都在底线以上。2015 年 4 月，中共中央、国务院出台的《关于加快推进生态文明建设的意见》指出，水资源管理上，"要继续实施水资源开发利用和取水总量控制、用水效率和用水强度控制、水功能区限制纳污规模和水质量控制三条红线管理"；在生态资源管理上，"在重点生态功能区、生态环境敏感区和脆弱区等区域划定生态红线"以及"科学划定森林、草原、湿地、海洋等领域生态红线"。要保障自然资源和生态空间的面积性质不变，遏制生态系统退化。除了生态红线机制，还需建立并完善资源环境承载能力检测预警机制，对生态环境承载能力接近临界值的地区，及时采取区域限批等限制性措施。

第二节　我国城市群生态文明协同发展
存在的主要体制机制问题

自党的十七大确立发展生态文明以来，我国生态文明体制机制改革取得了巨大成就，生态文明建设也从观念引导向全面推动转变。在此过程中，健全和完善城市群生态文明协同发展体制机制的改革也正在蓬勃发展。各类城市群在践行以省级政府和中心城市为主导和"自上而下"建立与完善城市群生态文明协同发展体制机制的过程中，由于完善和健全城市群生态文明协同发展体制机制的复杂性，虽然取得了巨大成就，但仍然存在以下主要问题。

一、需要加强城市间和部门间协同与合作

我国城市群同跨流域、跨省市等跨地区推进生态文明建设面临的问题一样，在流域水资源分配，治理跨区大气和水污染，推进生态核心区、永久基本农田区保护与自然生态开发等领域中，普遍存在地区本位主义和辖区利益至上的问题。城市群地区在推进自然资源开发和环境要素利用过程中的利益区域化、利益部门化、部门利益单位化、单位利益个人化等现象仍然时有发生，增加了城市群生态文明建设及其协同发展的难度。

为推进跨区、沿湖沿江沿海岸线生态文明建设，各级政府积极推进土地、林权等自然资源确权和湖长制、林长制等自然资源管理权责体制，但距离实现环境的外部性内生化和自然资源资产权责一致的自然资源管理目标还有一定差距。本位主义、辖区利益至上，既降低了城市群地区城市间、部门间合作和协作配合意识，也不利于城市群达成自然资源和生态环境保护的协议，成立相关合作机构。

本位主义和辖区利益至上也不利于全面落实中央和上级部门推进城市群生态文明建设的政策、方针和方案，降低了城市群内部各区域达成的生态文明建

设协议的积极性和合作推进机构的执行力度。

在面对和治理城市群突出资源环境问题时，在推进城市群生态文明建设及其协同发展过程中，需要全面改革"本位主义和辖区利益至上"这种观念和做派，否则城市群生态文明的协同发展将很难开展，也会对构建以城市群为主体的我国城镇化和城市群一体化进程产生冲击，进而影响到我国社会主义现代化"五位一体"建设的全面推进。生态文明建设关系民生福祉，生态文明建设的大局意识和公益性已逐步为人们所接受。城市群生态文明建设及其协同管理必须杜绝本位主义、辖区利益至上，必须坚定大局意识和公益性，坚定共同发展、均衡发展、绿色发展、共享发展理念，全面改变城市群生态文明协同发展中的区域抵触、部门掣肘等问题，构建城市群生态文明协同发展的长效机制。

二、需厘清和明确地方政府在城市群生态文明协同管理中的职责

强有力的政府执行力是我国改革开放的重要经验之一。我国是"大政府"体系，在自然资源管理中，政府兼有自然资源所有者、自然资产投资者、自然资源开发社会管理者多种职责。在生态环境治理中，政府兼有污染排放的监管者、生态环境保护的管理者、生态环境设施的建设者和运行者、生态环境质量的监测者和考核者多种角色职责。在土地、石油等重要资源的政府垄断经营中，政府还承担企业经营者角色。政府在资源环境要素中身兼多职的管理体系对于发挥政府的宏观调控作用，调动自然资源要素为经济社会发展持续繁荣提供强有力的基础性作用发挥着重要作用。由于政府身兼多职，不可避免地会产生对资源环境要素管理各司其职、相互监督、综合管理机制的权限不清或执行强度不够等问题，也是致使部分政府官员在资源环境要素管理中存在未能正确履行自身职责的原因。随着市场经济的全面推进和发挥市场决定性作用的不断凸显，政府身兼数职在统筹自然资源的保护与开发中的问题不断深化，政府需要厘清在生态文明建设中的职责，并建立系统、权责一致的生态文明协同发展职责体系。

很多政府管理官员对生态文明建设的认识还停留在治理污染排放和自然资源利用的经济价值上，加上现阶段我国对综合性、分类性自然资源开发利用和环境保护治理部门的协同管控机制仍在完善，致使一些政府管理者对推进生态文明建设的举措的理解与应用只限于罚款、有偿使用等方面。各级政府也知晓生态文明建设的重要性，但生态文明建设到底包括哪些，本部门生态文明建设的职责及当生态文明建设与本部门的主要职责存在不一致时，如何统筹生态文明建设与本部门的职责，缺乏措施和抓手。而在生态文明建设的实践中，对如何更加有效地保护自然资源，提升生态环境质量，一些政府部门缺乏清晰的管理思路和切实的政策措施。

面对城市群内各类自然资源和环境要素存在跨区域流动和多功能使用、产权存在交错的情形，各地区无法明晰管理边界和配合措施，政府有必要加强对城市群生态文明区域协同所涉及的内容和管理边界的认识。如对于多个城市交界处的水域、野生动物等流动性自然资源，各城市相关管理部门难以彻底认定该资源属于本区域所有，在管理上未必会尽到职责。在有利益和权利时相互争取，在面临成本和责任时相互推诿，成为区域资源管理的"盲区"和"死角"。自然资源与生态环境资源的交织性和共生性及经济性决定了自然资源要素和生态环境要素的复杂性，其分布区域性、效益外部性、功能多宜性都要求管理者在处理自然资源保护与跨区域协同管理时要考虑到这些特征。

三、需要加强城市群生态文明建设的政府联合管理机制

西方发达国家在实施跨区域生态文明建设过程中建立了行之有效的多机构、多地区政府联合、协调、统一管理的思路。当前，以政府为主导，"自上而下"的生态文明建设是我国生态文明建设的主体架构，政府是我国城市群生态文明协同发展管理的具体实施主体。其中，横向主体是城市群各地方政府，主要按行政区划划分管理任务；纵向主体是各省（直辖市）的厅局，如自然资源厅、农业厅、生态环境厅、水利厅、住建厅、国资委等，管理对象中的自然资源（水资源、土地资源、矿产资源、林业资源）、能源、污染排放（粉尘、二氧化硫、氮氧化物）、废水等也全部实行"归口管理"。整体的自然资源和环境资源完全按种类分开给各部门管理，这种分工管理模式有利于各部门各司其职，并井有条地实施自然资源和生态环境要素管理。

机制和政策的制定及其实施是基于特定时期、特定问题的占优策略。在我国，城市群生态文明协同发展的多机构、多部门联合、协调、统一管理体制仍处于完善之中。当前我国各司其职的生态文明建设模式是基于我国不同时期经济社会发展和资源环境要素管理的需求而建立，也运行了较长时间。我国自然资源和环境要素各司其职的"归口管理"体制，由于自然环境要素的资源属性、生态属性和经济属性的交织，难以避免地会碰到部门间争夺权利，碰到管理难题、管理纠纷则相互推诿、扯皮的问题。在管理实践中，资源开发利用与环境保护治理又相互分割开来，这种过度分割的现象忽视了自然资源的整体性、资源与环境的一体性，更降低了城市群资源与环境的治理效率。例如，对于跨省、跨城、跨流域水污染治理，除了上下游衔接合作外，水利部门、生态环境部门、

交通部门均有职责，在面对不同程度水污染问题，需要实施不同手段的水污染治理措施时，以哪个部门为管辖主体，以哪个部门为辅助仍需厘清。城市群生态文明建设机制与政策改革上首先要解决协调、统一问题，而后再提高效率、精简组织。

四、需要完善政府主导下的生态文明建设全民化参与机制

与资源环境要素管理过度依赖于政府部门相对应，我国目前生态文明建设还是主要依靠政府的直接行政推动。而在其他一些国家，由社会形成的多主体网络化管理模式已有相当程度的发展。例如，在绿色金融上，赋予银行社会责任并要求践行，以此督促银行去考察和监督贷款企业的生产行为，而不是由政府直接限制某些企业不能贷款或者直接取缔其生产资格；在绿色生产上，由行业领头企业制定标准，然后依靠领头企业的影响力促使相关企业也自觉提高绿色标准；在绿色政府采购上，由民间协会制定标准，只有符合这个标准的企业才能进入政府采购名单。这种社会化、网络化的全面参与治理模式大大地延伸了政府的管理触角，也减少了政府的管理成本，提高了政府的管理效率。随着我国市场经济体系的不断完善和发展，我国生态文明建设及其管理模式也将逐渐从政府独大的局面，逐渐向社会化、网络化、全民化发展模式转变，也必将形成城市群生态文明协同发展的有利体制与政策发展路径。

面对城市群生态文明建设的多区域合作、多部门协管、多主体协同推进的困境，以政府为主导的生态文明建设成为城市群生态文明协同发展的重要机制，其主要依据于我国自然资源的全民所有，各级政府代表全民行使自然资源全民所有权。这种高度依赖于政府的管理模式使自然资源环境资产管理无法实现全面"无死角"管理，需要创新机制与政策，让居民参与到自然资源和生态环境要素的管理中，给予居民实施有效监督的机制，树立那是我们"自己的环境""自己的家园"意识，理应人人参与保护。

从发展趋势来讲，城市群生态文明建设必须发挥市场的决定性作用和政府的引导性作用，必须变革生态文明建设管理中政府独大的局面。如何形成现代的开放式、网络化、多主体的城市群生态文明协同发展模式。如何唤醒民众的生态文明建设激情与义务，并进行引导和推进。未来的生态文明建设必须更具有开放性和包容性，吸收广大民众参与管理，接受民众监督。在加强对政府主导城市群生态文明建设及其协同发展任务重要性认识的同时，需要创新机制和政策，重视居民和企业两类主体在城市群生态文明建设及其协同发展中的推动作用。一方面需要在法律上确认民众参与积极推进资源管理和环境保护的合法

权利性，另一方面政府还应承诺对区域资源环境进行治理或维护，治理过程、治理措施向社会公布并征求民众意见，积极吸收民众意见进行改进并定期反馈治理效果。这样就可以既发挥我国政府主导的城市群生态文明建设优越性，也能吸收资源社会化管理的先进性和高效性。

五、完善利益分配机制以激励地方政府协同实施跨区生态文明建设

在推进城市群生态文明协同发展过程中，城市群生态文明发展受到资源环境约束、技术进步、生产组织方式、市场需求和政府政策推动等因素的影响。在众多影响因素中，成本效益是城市群生态文明协同发展的基本动力源，现有的地区间利益分配机制不利于激励地方政府实施跨区生态文明建设。

生态文明建设和非生态文明行为具有外部性，能带来效益的同时也需要支付治污成本。由于发展速度较快等原因，生态环境脆弱区和生态功能保护区管理机制和政策尚待完善，污染出效益、资源开发产生经济回报等非生态文明行为的观念和论断仍然存在，不利于生态文明建设的全面推进，也形成了城市群生态文明建设及其协同发展的重要障碍。

我国行政区域范围的设置考虑到资源环境要素的地理分布，但二者并不完全重合，存在区域经济社会发展管理与自然资源和生态环境要素管理的区际冲突。经济社会发展条件较好的区域多位于沿海、沿大江大河的地区和土地资源丰富的平原地区，而高山、荒漠地区和水土资源禀赋相对较差地区经济社会发展相对滞后。经济社会发展条件较好地区财政状况较好，自然资源和生态环境保护的压力相对较低；经济社会发展条件较差的地区财政状况相对较差，自然资源和生态环境保护的压力相对较高。经济越繁荣，居民和政府对美好生态环境的支付意愿和能力越强，支持生态文明建设的能力和手段更多。经济社会发展相对滞后的地区，在权衡发展的自然资源开发中经济社会发展为主导。城市群生态文明建设不应依赖于各城市经济社会发展程度，如何统一协调两类地区的经济社会发展和自然资源与生态环境保护，必然存在矛盾，需要建立跨区的生态补偿制度和转移支付体系。

六、以行政性为主向以标准化和法律化管理为主转变

城市群内各城市经济社会发展状态存在差别，城市分工和功能定位各有侧重。城市群内各地区如何落实好城市群生态文明建设的总体目标，不仅需要各城市考虑其经济社会发展阶段和资源环境状态以及城市群的共同目标，而且各城市需要开展组织有重点、目标有差异的生态文明建设，这就需要提高各城市

生态文明协同建设的管理技术水平。

尽管行政管理在城市群生态文明协同发展中十分重要，但由于城市群生态文明建设所涉及的城市和主体众多，特别是同一层级地方政府之间缺乏管辖权，难免使得行政管理出现协调难题。西方发达国家在城市群内通过正式的法律和非正式的协议，通过设立相互认可的共同的资源环境要素保护与开发利用的标准和行为规范，对城市群进行标准化和法律化管理。这可为我国各地方生态文明协同发展的相互行为提供借鉴。当前，我国城市群间各城市相互协同的资源环境要素开发与保护利用的协作机制和标准体系正在建立和完善中，必然对城市群生态文明协同发展起到基础性作用。

城市群生态文明建设及其协同发展营造标准化和法律化机制与政策环境，就是基于城市群生态文明建设的重要性及其协同发展的关键性，以及各地区、各部门、各主体协同推进生态文明建设的关系复杂性和生态文明协同发展的内容复杂性，对城市群生态文明建设及其协同发展的重要问题、复杂问题做出规定，以统一认识、行动标准，做到有法可依。在城市群的框架下，各城市群要加快相关资源、环境有关规章制度的修订或制定，如加快修订完善城市群地区土地管理法、矿产资源法、水法、草原法、森林法等资源法律法规的配套政策。

第三节　我国城市群生态文明协同发展体制机制改革的挑战

近年来，我国在取得巨大经济社会发展成就的同时，由于发展速度较快、发展规模较大和人民日益增长的美好生活的需要，难以避免地出现资源环境要素对经济社会发展的长远支撑能力相对下降，资源环境、经济、社会的协同发展矛盾突出等现实问题，这对构建和完善我国城市群生态文明协同发展体制机制形成现实挑战。

一、资源环境对经济社会发展的长期支撑能力挑战

经过几十年的快速发展，我国工业化城镇化取得巨大成就，当前正处于向全面工业化后期发展阶段。中心城市和城市群地区在取得巨大经济社会发展成就的过程中，也付出了突出、沉重的资源环境代价。

一是经济发展面临的资源约束趋紧。中心城市和城市群地区是我国经济集聚发展的地区，承载着我国绝大部分的人口和产值。虽然我国水资源、土地资

源丰富，但我国人均水资源量为 2007 立方米（2012），仅为世界人均水平的
28%。中国人均耕地面积 1.52 亩，大大低于世界人均耕地面积 4.8 亩的水平，
人地关系紧张。在我国能源结构中，我国缺煤、少油、乏气。2018 年全年中国
石油净进口量和天然气进口量分别达到 4.4 亿吨、1254 亿立方米，二者对外依
存度相对应地升至 69.8%、45.3%。我国是世界上最大的铁矿、铜矿、铂族金
属、钾盐等矿产资源的进口国。在我国以城市群为主体的城镇化过程中，必须
实施绿色发展，保护利用好这些有限的自然资源，以应对这些资源约束。

　　二是环境状况总体恶化情况尚未得到根本遏制。2018 年，我国工业废气排
放总量为 88 万亿立方米。除工业废气排放外，汽车废气也是近年来导致我国城
市空气恶化的主要原因。2018 年，我国汽车保有量 23121.8 万辆，每百人 16.57
辆。大量废气和污染气体的排放，降低了居民居住环境的舒适度，从而排斥居
住人口，阻碍城市化。据生态环境部发布的《2019 中国生态环境状况公报》，
在大气方面，2019 年全国 168 个重点区域城市以及省会城市和计划单列市平均
优良天数比例为 72.7%；平均超标天数比例为 27.3%，其中以 O_3（臭氧）、PM
2.5（细颗粒物）、PM 10（可吸入颗粒物）、NO_2（二氧化氮）和 CO（一氧化
碳）为首要污染物的超标天数分别占总超标天数的 46.4%、45.8%、7.2%、
0.9% 和不足 0.1%，并没有产生以 SO_2 为首要污染物的超标天。与 2018 年相比，
PM 10 和 SO_2 的排放浓度有所下降，而 O_3 的排放浓度出现上升，其他污染物排放
浓度则与 2018 年持平。

　　我国中心城市和城市群地区资源环境面临的突出问题已成为制约经济持续
发展的重大要素。这与我国经济社会所处的特殊发展阶段有关，但更深层次的
原因则是城市群地区生态文明建设体制及其协同发展体制的不完善。一些体制
性障碍是制约城市群地区综合资源保护和环境治理体系以及生态文明治理能力
现代化发展的一个重要因素。因此，随着全面深化改革步伐的加快和市场经济
的不断完善，城市群地区要加强生态文明协同发展体制的完善与改革，要从国
家和社会的角度，科学把握国内外发展大势，科学把握城市群地区经济发展规
律性特征，科学把握政府权力和市场活力的关系，科学把握人民群众的新期待，
统筹谋划国家生态文明建设下城市群生态文明协同发展的总体发展思路和战略
部署，促进经济社会实现全面、协调和可持续发展。

二、如何发挥市场机制推进城市群生态文明协同发展

　　市场机制是生态文明建设及其协同发展的根本动力源泉。发挥市场的决定
性作用的基本前提是拥有完整的产权关系。正如上文所论述，我国现行体制虽

有明确的资源环境要素所有者、管理者，但仍然存在着所有权人不到位、权益主体不明的问题。

在自然资源要素管理中，我国宪法和法律规定，我国自然资源以国有产权为主体，国家对大部分水资源、矿产资源、海洋资源等自然资源拥有所有权。集体所有制经济组织对集体土地、草原、湖泊等自然资源拥有所有权①。在行使全民所有自然资源管理时，通常是由各级政府的行政管理部门行使属于全民所有的自然资源的所有者代表的职能。比如，虽然国家没有明确界定国有土地所有权的代表，但在土地管理的具体制度安排上却允许地方政府以出让、抵押、招标、拍卖、挂牌等方式经营土地，事实上允许了政府的土地管理部门成为国有土地所有权的代表。

改革开放初期，"谁开发、谁所有、谁受益"对于快速提高我国自然资源产品产量、支持经济社会发展发挥重要作用，但一定程度上也造成国家的所有者权益被开发者、少数利益团体所垄断和瓜分。在这种思想奉行下，部分国有垄断企业完全垄断占有了国有资源，却没有完整地履行缴纳自然资源费的义务；某些企事业单位为了获取高额利润或者换取人情，擅自以低于市场的价格将国有自然资源出租给他人经营；部分国有企事业单位享有了占有资源的权利，却没有付出成本，更有甚者为了一己私利，通过不正确的方式将属于全体人民的自然资源交给他人使用和经营等。

自然环境要素的所有者与管理者以及开发者界限不分，资产所有权人不到位，所有权人权益不落实，其结果往往是归全民所有的利益实际上沦为了"归谁管理就归谁所有、归谁开发就归谁所有"，老百姓的利益受到侵犯，由此引发了许多自然环境要素管理中的突出问题。同时也是导致自然资源和环境要素保护与开发市场机制缺乏的重要原因，不利于保护资源环境，也必将对城市群生态文明建设及其协同发展产生不利影响。现行自然环境要素的所有者代表职能、行政监管的职能、开发者对自然环境要素进行开发使用的权益必须进行改革，发挥市场的决定性作用，按照权责一致要求，统一全民所有与集体所有的资源环境要素监管和开发规则。

三、如何构建城市群自然资源联合管理体系

发达国家在城市群跨区资源环境管理中，采用了较为广泛的联合管理和跨

---

① 左正强. 我国自然资源产权制度变迁和改革绩效评价 [J]. 生态经济，2008（11）：78-82.

区合作体制。在我国现行体制中，分类分级与集中统一管理跟实践的结合不够、综合协调能力不足，存在协调机制失灵的问题。理论上，土地、矿产、水利、林业、草业、农业、畜牧业、渔业、城建等管理部门在资源与环境的综合治理上都可以相互协调、密切配合，把资源环境要素的用途管制和生态环境修复的责任落到实处。但实践中这种分类管理、条块分割的管理模式难以避免地出现部门间相互掣肘的问题，使得部门间无法形成合力，从而出现种树的只管种树、治水的只管治水、护田的单纯护田的情形，导致山水林田湖综合治理的顾此失彼，也是形成生态系统性破坏的重要原因。

基于分类分级管理和集中管理形成的自然资源条块分割治理的模式，用得好会让复杂的管理实践变得井井有条，用得不好却会造成部门之间数据相互"打架"、政策相互"打架""不管不问不负责任"的扯皮推诿现象以及形成行业之间"块块垄断"。这种情况在实践中并不少见。例如，土地管理部门和林业部门对某一块土地可能会产生不同的界定，土地部门所认为的合法开发利用活动，可能在林业部门看来就违反了法律，由此造成部门的监管相互冲突。

农村土地承包、流转引发的纠纷处理涉及土地部门、城建部门、规划部门多个部门，甚至民政部门和公安部门都能参与管理。但由于矛盾性之复杂、管理难度大、协调难度高，加之部门之间职能分工不明，"谁都可以管"变成了"谁都不去管"，有的纠纷经常遭遇投诉无门、解决无门。还有对能源行业的监管，我国能源监管机构既有专业化程度较高的煤矿安全监察局、国家电力监管委员会，也有发改委、国家能源局这样的能源行政管理部门。但现实情况仍然是煤炭、电力、核能、石油天然气等能源节能效率监管职能不到位，导致我国节能降耗减排的发展目标总是难以实现。深究其原因，主要包括两点：一是涉利部门对同一领域的内容重复监管，二是相关部门对没有利益的领域则互相推诿。

行业垄断的存在也对联合管理产生不利影响。在石油和天然气行业，从资源开采、加工提炼到产品销售形成了事实上的上中下游一体化垄断经营；在钢铁行业，大型国有企业对国内铁矿石资源形成了天然的垄断，国企背景的钢铁公司比民营钢企具有更多的资源优势；在电力系统中，长期以来调度与输配电合二为一，监督者和实施者的角色糅杂在一起，电力资源配置效率较低下。这些现象都是行业垄断与政企不分的典型体现。

造成自然资源和生态环境管理"数出多门、政出多门"的局面和部门之间扯皮打架、推诿责任以及行业垄断尾大不掉的原因：一是条块分割管理体制的综合协调机制不健全，致使协调失灵，综合监管难度过大；二是条块分割过于碎片化，缺乏系统管理，比如，林业部门对林地的管理与土地部门对土地的管理，还有水利部门对地表水的管理和自然资源部门对地下水的管理，分散的能源监管机构，不利于自然资源和生态环境要素管理；三是行业权力滥用和失去监督，该竞争的不去竞争，该公益的却商业化。城市群生态文明建设及其协同发展要建立有效的协调机制，在加强监督的前提下，建立自然资源和生态环境要素统一管理和部门联合管理体系。2013 年 11 月，习近平总书记在《中共中央关于全面深化改革若干重大问题的决定》中指出，"由一个部门负责领土范围内所有国土空间用途管制职责，对山水林田湖进行统一保护、统一修复是十分必要的"。

四、以产权为核心推进城市群资源环境要素的协调管理

科斯定理表明，明确的产权，保持成本较低的自然资源要素开发利用的联络、谈判、签约成本，有利于提高自然资源的利用效率[1]。要稳定资源环境要素的产权，强化对资源环境要素的保护力度，避免掠夺性开发利用。在我国，资源环境要素还未纳入国民经济核算体系，资源环境要素由谁占有、使用、消耗，资产恢复和增值活动情况如何，资产负债表是正还是负，此类情况还是一概不清。城市群生态文明建设要在城市群的框架下，把合理评估资源环境要素产权与国民收入的核算结合起来，作为衡量城市群资源环境要素管理绩效的重要指标，这种模式还在探索之中。

我国现行体制中的产权制度缺位、产权管理的不到位在一定程度上导致我国资源环境要素管理与资产管理存在障碍。一般来讲，资源环境要素的管理目标既包括对资源实物形态的质量、数量统一管理，也包括对资源环境要素的产权管理。现行的管理体制比较重视的是对资源环境要素实物形态的分部门分类归口管理，但对资源环境要素的产权管理的思路还不是十分清晰，甚至还被扭曲。

我国正在积极推进自然资源确权工作和创新湖长制、林长制等自然资源管理体制，资源环境要素的所有权、使用权和管理权的合理界定与科学组合问题也正在有序展开。然而，根据资源环境要素产权多样化的特征，分门别类建立起多样的土地使用权、探矿权、采矿权、取水权、林业权、渔业权、捕捞权、排污权等所有权、使用权和管理权体系的工作还远未完成。一些资源环境要素

---

① 诺斯. 制度、制度变迁与经济绩效 [M]. 刘守英，译. 上海：上海三联书店，1994：126.

的产权主体不明晰、权能不完整、边界不清楚，还有许多资源环境要素生态空间和资源产权模糊，如水域内包含水产资源和地下水资源，其产权边界界定则较难。这些都不利于这些自然资源要素的定价和交易，同时也刺激了对这些自然资源的短期开发行为。

我国的资源环境要素产权交易市场发展历史较短，发育水平较低，各种市场准则也不够完备，统一完善的产权交易市场并没有形成。这一发展现状导致资源环境要素产权配置、保护和流转处于无序的状态，对资源环境要素利用结构调整和自然资源市场配置产生负面作用。构建城市群框架下的自然资源产权交易将是我国资源环境要素产权交易的不错选择。

五、按照山水林田湖草生命共同体管理城市群资源环境要素

资源环境要素兼具资源属性、生态环境属性和经济属性。在现行体制中，在以经济社会发展为导向的资源环境要素开发与保护分割，必然会弱化资源环境要素的生态环境功能，导致资源环境要素保护的目标定位迷失问题。比如，水流、森林、山岭、草原、荒地、滩涂等自然生态系统或者生态空间，既能为人类提供绿色农产品、林果产品和可再生资源等经济生产价值，又能提供维持大自然生态循环、保持环境平衡、保障任何动物在自然环境中持续健康生存等生态价值，如净化空气、消纳污染物、调节气候、提供动植物栖息地等。后者就是自然资源保护的外部经济性。

环境影响评价制度是约束资源环境要素管理偏重经济效益，而忽视生态效益的重要机制。但当前经济体制下，资源环境要素的环境影响评价实际操作很少考虑生态损害成本和修复效益。由于必要的激励机制尚待完善，在技术受限的条件下，资源环境要素开发形成了自然生态环境破坏的主要原因。比如，矿业开发中，矿业企业通过煤炭、石油、有色金属等矿产资源的开采获取巨大的经济收益，但伴随矿产资源开采所造成的植被破坏、水土流失、环境污染给经济社会的高质量发展和人民美好宜居生活带来诸多不利影响。

水资源是经济社会发展的最重要资源之一。我国节约工作取得巨大成就，但工业、农业和城市用水的效率仍然较为粗放，相对于我国人均水资源贫乏和区域水资源分布不均的布局，我国节约水资源的工作任重道远。此外，在我国城镇地区较为集中的水污染和不合理的水资源开发等问题，使得我国本已经十分脆弱的水资源形势更趋严峻。部分地区遇到用水紧张时，就采用深打井、广修渠、高筑坝等各种水利工程措施，在可利用水源中增加水资源量。由于大规模修建工程和过度的水资源开发，部分地区的水资源循环受到阻碍和破坏，水

资源循环恢复的路径、通量出现变化，引发水资源、水环境、水生态的系列反应，导致出现了江河断流、水质恶化、湿地退化、湖泊萎缩等现象。

按照山水林田湖生命共同体理念管理资源环境要素是习近平总书记生态文明思想的重要内容。山水林田湖等一切资源环境要素的管理都具有密切的内在联系。2016年夏季，汉江流域发生了历史上罕见的特大洪灾，水灾的根本原因就是森林采伐和植被减少所造成的水土流失和泥沙淤积。经过这样的大灾大难，资源开发型企业和有关管理部门的意识再一次觉醒。森林、湿地、草原、水域、矿产等自然资源的生态效益和社会效益绝非木材、草料、金属、燃料等产品的直接经济效益所能比的，这些自然资源在生态环境建设中的作用也是任何其他行业都不能替代的。

第四章

健全和完善我国城市群突出环境问题协同治理机制与政策

党的十九大报告将环境污染防治攻坚战作为新时期我国社会主义现代化国家建设的三大攻坚战之一。中心城市和城市群地区突出的环境可持续问题，及其在国家经济社会及区域经济社会发展中的主导性地位决定着城市群地区资源环境问题的治理，是我国环境污染防治攻坚战的主战场。城市群突出环境问题的防治，不仅要发挥各地区的主动性，还要实施以大气、水环境等为重点的联防联治。我国以生态环境部门为主导，多部门分管理的生态环境管理体制正在形成和完善。我国城市群的生态环境管理体制是建立在此基础上，并在协同管理体制机制上得到补充和发展。本章将总结和归纳我国城市群突出环境问题治理取得的成就，及其突出的环境污染形势，总结我国城市群环境问题治理的体制机制格局，按照我国城市群突出环境问题治理的发展要求，提出我国城市群突出环境问题协同防治体制机制完善的对策建议。

第一节　我国城市群生态环境治理的形势

近年来，伴随我国生态文明建设的持续推进，我国城市群生态环境质量总体得到改善。我们也看到，我国城市群建设用地扩张迅速，生态用地紧张；能源消耗量大，污染物排放量居高不下；城市群内部地域性生态环境问题突出等形势严峻。

一、我国城市群生态环境质量持续改善

（一）大气环境质量整体良好

在大气环境质量方面，2018 年，我国 338 个地级及以上城市（以下简称城市）平均优良天数比例为 79.3%。其中，优良天数比例达到 100%水平的城市有

7 个，处于 80%～100% 之间的城市有 186 个，处于 50%～80% 之间的城市有 120 个，仅有 25 个城市的优良天数比例小于 50%。

在我国 5 大跨区域性城市群中，2018 年，京津冀城市群平均优良天数达到 201 天、长三角城市群达到 284 天、珠三角城市群达到 312 天、长江中游城市群达到 307 天、成渝城市群达到 198 天。其中，珠三角城市群和长江中游城市群大气环境质量较好，长三角城市群和长江中游城市群空气治理效果显著。如表 4-1 所示，在五大跨区域型城市群的环境空气年平均浓度中，京津冀城市群 2018 年 PM 10 和 NO$_2$ 两种污染物的年平均浓度均未达到环境空气二级标准，SO$_2$ 污染物的浓度达到环境空气一级标准，环境空气污染整体呈现较差情形；长三角城市群、珠三角城市群和成渝城市群 2018 年 PM 10 污染物的年平均浓度达到环境

表 4-1　2018 年五大跨区域型城市群大气污染物平均浓度

地区	指标	浓度（微克/立方米）（微克/立方米）	达到空气质量标准
京津冀城市群	PM 10	102	未达二级标准
	SO$_2$	19	达一级标准
	NO$_2$	44	未达二级标准
长三角城市群	PM 10	70	达二级标准
	SO$_2$	11	达一级标准
	NO$_2$	35	达一级标准
珠三角城市群	PM 10	47	达二级标准
	SO$_2$	9	达一级标准
	NO$_2$	33	达一级标准
长江中游城市群	PM 10	72	未达二级标准
	SO$_2$	10	达一级标准
	NO$_2$	28	达一级标准
成渝城市群	PM 10	69	达二级标准
	SO$_2$	11	达一级标准
	NO$_2$	33	达一级标准

数据来源：按照省域环境空气质量均值统计口径，依据相关省份 2018 年和 2019 年生态环境状况公报发布数据整理。长三角城市群数据来源于《2018 中国生态环境状况公报》，珠三角城市群数据来源于《粤港澳珠江三角洲区域空气监测网络 2018 年监测结果报

告（简体版）》，包括香港、澳门特别行政区。

注：旧二级标准是指《环境空气质量标准》（GB3096-1996）中的国家二级标准，新二级标准是指《环境空气质量标准》（GB3096-2012）中的国家二级标准，2015年全省开始实行《环境空气质量标准》（GB3096-2012），"达到空气质量标准"一列是依据《环境空气质量标准》（GB3096-2012），其中PM 10、SO_2、NO_2年均浓度一级标准值分别为40微克/立方米、20微克/立方米、40微克/立方米，二级标准值分别为70微克/立方米、60微克/立方米、40微克/立方米。

空气二级标准，SO_2和NO_2两种污染物的浓度达到环境空气一级标准，环境空气污染整体呈现改善情形；长江中游城市群2018年PM 10污染物的年平均浓度未达到环境空气二级标准，SO_2和NO_2两种污染物的浓度达到环境空气一级标准，环境空气污染整体呈现较差情形。整体来说，中国五大跨区域型城市群空气质量正在改善，大气污染物治理不断推进，空气中的主要污染物减少。

（二）水环境质量状况整体良好

2018年，全国544个重要省界河流水质断面中，Ⅰ～Ⅲ类断面占比为69.9%、Ⅳ～Ⅴ类为21.1%、劣Ⅴ类为9.0%。其中，2018年京津冀城市群Ⅰ～Ⅲ类水质断面的平均比例为45.1%，劣Ⅴ类断面平均比例为21.2%；长三角城市群的水质断面中，达到优良水平的平均比例为62.4%，劣Ⅴ类断面平均比例为2.9%；珠三角城市群Ⅰ～Ⅲ类水质断面的平均比例为72.8%，而劣Ⅴ类断面平均比例为12.0%；长江中游城市群Ⅰ～Ⅲ类水质断面的平均比例为93.97%，劣Ⅴ类断面平均比例保持较低的水平，为0.67%；成渝城市群Ⅰ～Ⅲ类水质断面的平均比例为89.55%，劣Ⅴ类断面平均比例也保持较低的水平为1.3%。整体来说，五大跨区域型城市群的地表水质断面的优良比率高于中国平均水平，水质较好，且五大跨区域型城市群的地表水质断面均呈现出污染程度下降的良好发展态势。

二、我国城市群生态环境问题依然严峻

虽然近年来中国城市群生态环境综合治理取得积极成效，但是城市扩张迅速，生态用地紧张；能源消耗量大，污染物排放量居高不下；城市群内空气、水污染和生态脆弱问题依然严峻。

（一）城市扩张迅速，生态用地紧张

城镇化进行的核心要素是土地。在推进城镇化的进程中，各大城市对土地进行高度开发利用，2018 年中国城镇化率到达 59.58%，人口、产业持续向发达地区集聚并呈现出不断加快的发展趋势。公开数据显示，自 2000 年到 2010 年，这 10 年间我国城市建成区面积和城镇人口数量分别增长了 78.5%、46.1%，土地城镇化的进程明显快于人口城镇化的进程。但是，受人多地少这一基本国情的约束，能进行大规模、高强度开发利用的国土空间面积有限。2018 年，上海市和深圳市的国土开发强度已经超过 30% 的适宜度开发警戒水平，分别达到 36.5% 和 46.9%，这说明这两个城市用地十分紧张。根据《中国城市统计年鉴》，2018 年中国五大跨区域型城市群的建设用地面积达到 22510.25 平方千米，较去年同比上涨 0.6%，占全国建设用地总面积的 40.14%。城市建设用地面积的持续扩大，严重威胁并破坏了地区生态环境，加剧了资源环境约束与经济社会发展之间的冲突，降低了可持续发展能力。

（二）能源消耗量大，污染物排放量居高不下

2018 年我国的原煤生产总量和原油生产总量总分别约为 26.13 亿吨、2.70 亿吨，而五大跨区域型城市群的规模以上工业企业原煤和原油的消费量分别为 12.30 亿吨、1.35 亿吨，分别占据全国能源生产量的 47.06% 和 49.77%。由于工业较发达，五大跨区域型城市群的基本能源需求量大，能源供应趋紧。在实现快速化、规模化生产的背后是污染物的大量排放，五大跨区域型城市群的废污水排放量也在持续增加。

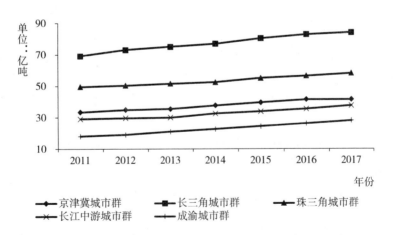

图 4-1　2011—2017 年我国五大跨区域型城市群废污水排放总量变化趋势

数据来源：通过整理 2012—2018 年《中国城市统计年鉴》所得。

其中，2018 年，京津冀城市群的废污水排放量达到 41.42 亿吨、长三角城市群达到 84 亿吨、珠三角城市群达到 58.06 亿吨、长江中游城市群达到 37.55 亿吨、成渝城市群 28.04 亿吨，五大跨区域型城市群的废污水排放总量在全国占据 67.19%，是中国废污水生产及排放的主要区域。其河网中各类污染物不断积累，大大超出水体的自净能力，导致水质不断恶化。与此同时，2017 年五大跨区域型城市群工业 SO_2 和工业烟（粉）尘的排放量在全国占据 20.43% 和 24.19%，虽然这一比例较之前有所下降，但各个城市群生产及生活所产生的污染物始终严重影响着地区的空气环境质量，威胁着人们的健康生活，进一步加剧生态环境的恶化。

（三）城市群内部地域性生态环境问题突出

1. 京津冀城市群空气污染严重

我国近年来过快的城市化进程是城市群大气污染的主要诱因之一，人们生产生活产生大量污染物并直接排放，导致空气质量的快速恶化。如 21 世纪初北京城镇化快速发展时，北京空气中的可吸入颗粒物、二氧化硫和二氧化氮的年日均值最高分别为 166 微克/立方米、67 微克/立方米、76 微克/立方米。此外，受地形和气候等因素的影响，京津冀地区的空气污染常存在持续时间长、污染范围广的问题。

2. 长三角城市群和长江中游城市群地区水污染压力较大

长江沿岸布局有大量化工、钢铁、有色等重化工产业园，形成了长江经济带的长三角城市群、长江中游城市群和成渝城市群的重大环境风险点。此外，危险化学品货物转运的码头和船舶、汽车货运可能存在的泄漏风险，形成了长江水质威胁的风险源。长三角城市群由于长期以来的水资源大规模开采，所形成的大面积地下水位漏斗和海水倒灌，打破了地下水的平衡①。虽然长江中游地区水资源丰富，拥有鄱阳湖、洞庭湖、汉江、清江等江河湖泊，但该地区是赣鄂湘三省经济社会发展的集聚地区，随着工业化和城镇化的快速推进，水体富营养化加剧、水环境容量降低。总体而言，长江经济带三大城市群由于水资源的过度开采和复合型水污染，污染性缺水、资源性缺水和饮用水安全问题正在不断凸显。

3. 珠三角城市群水体污染严重

广东省河湖众多、水系发达，尤其是珠三角地区水网密布，河道纵横交错。

---

① 张慧，高吉喜，宫继萍，等. 长三角地区生态环境保护形势、问题与建议 [J]. 中国发展，2017, 17 (02): 3-9.

这一优越地理条件在促进经济社会发展的同时，也产生了污染物的运输扩散风险，扩大了污染范围。2019年2月，中共中央、国务院发布的《粤港澳大湾区发展规划纲要》，明确提出重点整治珠江东西两岸污染，规范入河（海）排污口设置，强化深圳河等重污染河流系统治理，推进城市黑臭水体环境综合整治等环境保护和治理规划。

4. 成渝城市群生态环境脆弱

受地形及气候等自然因素的影响，我国中西部地区干燥少雨，水资源较短缺，生态系统较脆弱。此外，由于前期经济、社会等人文条件发展较落后，当地人进行资源开发利用后没能及时治理环境，生态破坏严重。有数据显示，四川省目前仍是全国水土流失最严重的省份之一，全省水土流失面积12.1万平方千米。2016年4月，国家发展改革委、住房城乡建设部印发的《成渝城市群发展规划》，强调要实施生态共建环境共治，保护长江上游地区重要生态屏障。

第二节　我国城市群环境突出问题协同管理的机制与政策格局

我国生态环境管理体制服务于经济社会发展需要而设置，历经多年我国应对不同时期经济社会发展需要而改革。当前，我国生态环境管理体制机制以生态环境部门为主导的，多部门分类管理的生态环境管理体制正在形成和发展。我国城市群的生态环境管理体制也建立在此基础上，并在城市群内生态环境协同管理体制机制上得到了补充和发展。

一、以生态环境部门为主导的我国区域生态环境协同管理体制

我国生态环境管理体制从20世纪90年代开始不断趋于成熟。我国生态环境管理体制格局自上而下设置。在国家治理体系和机构改革要求下，几经分分合合，我国生态环境管理体制格局形成了以生态环境部门为主导，自然资源、水利、农业农村、住建、发展改革等多部门分工管理的体制机制格局。这种生态环境的管理体制格局对我国生态环境保护发挥了重要作用。

如表4-2所示的我国生态环境管理部门（单位）权责分工，生态环境部门负责我国生态环境管理的15项职能，在我国生态环境管理中居于主导性地位。自然资源部门统筹国土空间修复，住建部门管控城镇污水处理和环卫、市容工作。发改委负责生态环境工程项目的审批工作。长江、黄河、淮河、海河、松

辽、珠江、太湖等流域水利委员会主要负责保障长江等江河湖水环境监控与保护等工作。南水北调管理局负责中线南水北调水源地及途经地区水环境监控与保护工作。

表4-2 中央生态环境管理部门权责分工

部门（单位）	权责分工
生态环境 部门	1. 负责建立健全生态环境基本制度。 2. 负责重大生态环境问题的统筹协调和监督管理。 3. 负责监督管理国家减排目标的落实。 4. 负责生态环境领域固定资产投资规模和方向、国家财政性资金安排的建议。 5. 负责环境污染防治的监督管理。 6. 指导协调和监督生态保护修复工作。 7. 负责核与辐射安全的监督管理。 8. 负责生态环境准入的监督管理。 9. 负责生态环境监测工作。 10. 负责应对气候变化工作。 11. 组织开展中央生态环境保护督察。 12. 统一负责生态环境监督执法。 13. 组织指导和协调生态环境宣传教育工作。 14. 开展生态环境国际合作交流。 15. 转变职能。
自然资源 部门	负责统筹国土空间生态修复。
住建 部门	将城市管理的具体职责交给城市人民政府，并由城市人民政府确定市政公用事业、绿化、供水、节水、排水、污水处理、城市客运、市政设施、园林、市容、环卫和建设档案等方面的管理体制。

资料来源：国务院政府各部门网站。

二、我国城市群生态环境协同管理取得积极进展

以生态环境部门为主导的我国生态环境管理的分类管理和区域协同，提升了我国生态环境管理的效率，对于保障我国生态环境健康发挥了巨大作用。我

国各城市群在生态环境部门的主导下，在区域大气联防联控、水污染联合治理、土壤污染防治等方面做出了大量积极探索，制定了一系列城市群生态环境协同管理体制机制，加快了我国城市群一体化发展进程，为城市群区域生态环境共治共建共享奠定了坚实基础，也为其他城市群生态环境协同发展提供了样板。

（一）京津冀城市群

1. 制订区域大气污染联防联控相关规划和工作方案

自 2013 年中共中央国务院提出在京津冀城市群率先建立区域大气污染联防联控机制以来，各部门及所辖的京津冀三地出台了一系列方案和规划。2013 年 9 月，原环境保护部等部委联合印发了《京津冀及周边地区落实大气污染防治行动计划实施细则》，标志着京津冀及周边地区的联合抗霾体的形成。2014 年《京津冀地区生态保护整体方案》出台。2014 年和 2015 年京津冀及周边地区大气污染防治协作小组办公室制定基于各年度的《京津冀及周边地区大气污染联防联控重点工作》。2015 年 12 月 3 日，京津冀三地原环境保护厅局签署《京津冀区域环境保护率先突破合作框架协议》。同年 12 月底，国家发改委发布了《京津冀协同发展生态环境保护规划》。2016 年和 2017 年，原环境保护部组织制定了《京津冀大气污染防治强化措施（2016—2017 年）》《京津冀及周边地区 2017 年大气污染防治工作方案》《京津冀及周边地区 2017—2018 年秋冬季大气污染综合治理攻坚行动方案》等方案。2018 年 9 月，生态环境部制定《京津冀及周边地区 2018—2019 年秋冬季大气污染综合治理攻坚行动方案》等。这些规划和方案，为推进京津冀地区大气污染联防联控提供了关键的行动依据和制度引领。

2. 成立跨区域大气污染防治协调机构

2013 年年底，国家发改委、财政部、原环境保护部、工信部等七部委携手，由北京市牵头，天津市、河北省、山西省、内蒙古自治区、山东省六省、自治区、直辖市建立了京津冀及周边地区大气污染防治协作小组，按照"责任共担、信息共享、协商统筹、联防联控"的原则，共同研究和部署京津冀及周边地区大气污染联防联控重点工作①。2014 年 3 月，北京市原环境保护局成立了大气污染综合治理协调处，这是京津冀第一个区域大气污染治理协调机构，专门负责地区大气污染防治协作、联防联控的具体联络协调工作。2015 年 5 月，京津

---

① 阎育梅. 京津冀及周边地区大气污染防治协作机制建设 [J]. 中国机构改革与管理，2018（01）：51-53.

冀及周边地区大气污染防治协作小组第四次工作会议提出将北京市、天津市、唐山市、廊坊市、保定市、沧州市6个城市划为京津冀大气污染防治核心区，形成"2+4"合作工作机制，加快了京津冀大气污染治理步伐。2018年7月，经党中央、国务院同意，将京津冀及周边地区大气污染防治协作小组调整为京津冀及周边地区大气污染防治领导小组，有效保证京津冀大气污染联防联控规划政策的落实，提高区域协作力度和整体效能①。

3. 深化京津冀大气污染联防联控工作机制

京津冀大气污染治理合作领域逐步深化，建立了信息共享、空气污染预报预警、联动应急响应、环评会商、联合执法和治理结对工作等机制。北京市、天津市、河北省三地依托国家现有信息技术，建立了区域空气质量监测、污染源监管等专项信息平台，共享监测信息，为解决地区重大环境问题提供了信息支撑；在全国率先建立了空气重污染应急预警机制，确定了空气重污染分级标准，建立区域空气重污染监测预警体系，实施预警的信息互通和统一；建立区域重污染天气的联动应急响应机制，京津冀三地共同商讨空气质量问题，当预判可能出现大范围的空气重污染时，能及时启动空气重污染预警，共同启动应急预案采取应急措施，遏制重大污染的发生；设立环评会商机制，从区域、部门、社会三个层面开展规划环境影响评价和建设项目环境影响评价会商，提高区域内规划和项目的科学性和环境友好度；建立京津冀及周边地区机动车排放控制协作机制、京津冀环境执法联动工作机制，形成良好的环境监察执法局面；北京市分别与保定市、廊坊市，天津市、唐山市、沧州市建立了一对一的大气污染治理工作机制，大幅度地推动了河北省相关地市的锅炉淘汰管理和散煤清洁化工作。

4. 稳步推进跨区域生态补偿试点

京津冀面临水生态脆弱、水资源短缺的环境保护难题，推进区域生态补偿协作已成为京津冀地区生态文明协同发展的必然选择。2017年9月，河北省与天津市签订了《关于引滦入津上下游横向生态补偿的协议》，由河北省、天津市共同出资总额为6亿元的引滦入津水环境补偿资金，用于上游地区水污染治理，使入津流域水质得到极大提升。2020年2月，河北省政府与天津市政府签署《关于引滦入津上下游横向生态补偿的协议（第二期）》，通过深化跨界流域横

---

① 赵新峰，袁宗威. 京津冀区域政府间大气污染治理政策协调问题研究［J］. 中国行政管理，2014（11）：18-23.

向生态补偿机制，推进区域生态环境综合治理，确保水质改善成果的长期稳定。

密云水库是北京市供水的主要来源。为保护密云水库上游水源涵养区水环境，2018 年 11 月，北京市与河北省又签署了《密云水库上游潮白河流域水源涵养区横向生态保护补偿协议》，以"成本共担、效益共享、合作共治"为生态保护原则，共同保护密云水库上游潮白河流域水源涵养区的生态环境，促进京冀生态环境保护协同发展。

5. 携手打造生态修复环境改善示范区

2016 年京津冀加大对城市群西北部生态涵养区建设，携手打造京津保森林湿地生态修复环境改善示范区。在通州马驹桥、大兴机场周边地区，通过造林绿化、恢复湿地及建设湿地公园等方式，治理其突出的地下水严重超采问题；构建京廊保城市群大规模森林湿地板块，在北京、廊坊、保定等地区开展景观生态林建设，在毗邻北京的廊坊、保定等地区开展重点生态廊道建设和荒山绿化建设；在北京市平谷区、天津市蓟州区、廊坊北等区县，跨区建立京津冀生态屏障。

（二）长三角城市群

1. 制订区域生态环境治理相关规划和工作方案

推动长江三角洲区域一体化发展是我国区域发展的一项重大战略。2018 年 10 月，上海市、江苏省、浙江省、安徽省签署了《长三角区域环境保护标准协调统一工作备忘录》，对长三角地区的大气和水污染防治协作、联防联控制定了统一标准。2019 年 5 月，长三角区域大气污染防治协作小组第八次工作会议暨长三角区域水污染防治协作小组第五次工作会议审议通过《长三角区域柴油货车污染协同治理行动方案（2018—2020 年）》《长三角区域港口货运和集装箱转运专项治理（含岸电使用）实施方案》，会前签署了《加强长三角临界地区省级以下生态环境协作机制建设工作备忘录》《关于一体化生态环境综合治理工作合作框架协议》《太湖流域水生态环境综合治理信息共享备忘录》。2019 年 10 月，国家发改委发布《长三角生态绿色一体化发展示范区总体方案》，将绿色发展融入长三角一体化的规划和实践中，强调生态环境保护和绿色发展对于长三角一体化发展的重要性。2020 年，浙江省推进长三角一体化发展工作领导小组办公室印发了《浙江省推进长三角生态环境保护一体化发展专项行动计划》。随着一系列长三角区域生态环境治理制度协同稳步推进，长三角一体化的生态合作水平不断得到提升。

2. 成立跨区域大气和水污染防治协调机构

2014年1月，浙江省、上海市、安徽省、江苏省四省市会同八部委成立了长三角区域大气污染防治协作小组，并召开长三角区域大气污染防治协作机制工作会议，确定了控制煤炭消费总量、加强产业结构调整、防治机动车船污染、强化污染协同减排等六大重点，对区域大气污染防治重点工作进行规划统筹和协调部署。同年，用于共享大气污染监测数据的长三角区域空气质量预报预警中心于上海筹备建立。2016年12月，长三角区域大气污染防治协作小组审议通过了《长三角区域水污染防治协作小组工作章程》，组建由三省一市及十二个部委组成的长三角区域水污染防治协作小组，与大气污染防治协作机制相衔接，机构合署、议事合一。2018年1月，为了进一步推进长三角一体化建设，由上海市牵头，浙江省、安徽省、江苏省协同，三省一市共同组建，长三角区域合作办公室在上海正式设立。作为一个跨行政区划的区域协调机构，长三角区域合作办公室贯彻落实长三角更高质量一体化发展的要求，为长三角区域环境协同治理的持续推进提供了重要的合作平台。

3. 成立长三角区域大气和水污染防治协作机制

2004年6月，江苏省、浙江省与上海市共同签署了全国第一份区域环境合作的宣言——《长江三角洲区域环境合作宣言》，指出要通过各城市的协调合作，应对跨区域环境问题，并使之成为推动区域经济一体化发展的重要组成。2008年12月，江苏省、浙江省、上海市共同签订《长江三角洲地区环境保护工作合作协议（2009—2010年）》，提出"要制定和形成长三角城市群多层面生态治理协调机制和环境保护合作联席会议制度"。2013年4月，长三角城市群22个城市签署了《长三角城市环境保护合作（合肥）宣言》，提出要推进长三角城市群一体化，共同建立区域环境保护体系，制定统一的区域环境保护防范体系标准[1]。2014年1月，"长三角区域大气污染防治协作机制"正式启动，明确了长三角区域大气污染防治协作机制的五项具体职能，涵盖了长三角区域在大气污染防治中的中央政策的贯彻落实、重大问题协调解决、防治工作进展和大气环境质量状况的通报、环境标准的逐步对接统一、信息共享等方面的内容。除贯彻落实"水十条"重点工作之外，长三角地区合作推进饮用水水源保护，开展长江经济带饮用水水源地环境执法专项行动，研究区域水环境大数据信息

---

① 席恺媛，朱虹. 长三角区域生态一体化的实践探索与困境摆脱 [J]. 改革，2019（03）：87—96.

库，逐步实现水环境质量、污染源、生态状况等信息共享。

4. 稳步推进跨区域生态补偿试点

新安江上游位于安徽省黄山市，下游位于浙江省杭州市，新安江水域的环境状况关系到下游的供水安全。作为我国跨省流域横向生态补偿的首次实践，在安徽省、浙江省和国家发展改革委等部委联合推动下，新安江流域生态补偿机制在 2012—2014 年、2015—2017 年、2018—2020 年开展了三轮试点。通过共同设立新安江流域上下游横向生态补偿资金，共同推进新安江流域上下游生态环境保护与可持续发展。新安江流域生态补偿机制试点启动以来，随着补偿机制的逐渐完善，水域生态环境明显改善，带来了上下游的经济效益和社会效益的增长。

5. 共建绿色一体化发展示范区

2019 年 10 月，国家发改委发布《长三角生态绿色一体化发展示范区总体方案》，指出建设长三角生态绿色一体化发展示范区是实施长三角一体化发展战略的着手点。方案确定长三角生态绿色一体化发展示范区范围包括上海市青浦区、江苏省苏州市吴江区、浙江省嘉兴市嘉善县，面积约 2300 平方千米。2019 年 5 月，两区一县共同签订了《关于一体化生态环境综合治理工作合作框架协议》，坚持"区域共建、属地负责、预防为主"三大原则，对三地今后的"区域发展协作、环境污染治理、环境安全防控"等三个方面工作内容进行具体规定，在"规划契合、合作机制、共建共保、环境标准、信息共享、联动执法、预警联动、共治共保"等十个方面加强合作。示范区将重点打造协调共生的生态体系、绿色创新的发展体系、统筹协调的环境制度体系、集成一体的环境管理体系四大体系，通过打破行政壁垒、协同保护生态的一体化模式积极构建生态绿色一体化发展示范区，成为我国城市群一体化发展示范区的典范。

（三）粤港澳大湾区

1. 制订区域生态环境治理相关规划和工作方案

粤港澳大湾区树立绿色发展理念，实行严格的生态环境保护制度，促进大湾区一体化可持续发展。香港与深圳分别于 2007 年 12 月和 2008 年 11 月签署旨在加强环保合作，推动清洁生产的协议。2014 年 9 月粤港澳三地签订《粤港澳区域大气污染联防联治合作协议书》，推进三地大气污染联防联治合作，优化区域空气监测网络。为进一步加强区内的空气质量监测、水环境保护及自然保育，粤港于 2016 年 9 月签订《2016—2020 年粤港环保合作协议》，并于 2017 年完成珠三角地区空气污染物减排目标中期回顾研究，总结 2015 年的减排成果及确立 2020 年的减排目标。2018 年 10 月，华南环境科学研究所发布《粤港澳大湾区绿色发展环境策略研究报告》，提出了大湾区生态环境建设重点领域与具体对策。中国气象局于 2020 年 4 月 29 日公布《粤港澳大湾区气象发展规划（2020—2035 年）》，进一步加强粤港澳三地在气象方面的合作，包括气象资料共享、气象科研创新、气象人才培训等范畴。

2. 成立跨区域大气和水污染防治协调机构

粤港澳地区通过成立粤港持续发展与环保合作小组、粤港清洁生产合作专责小组和港澳环境保护合作会议，在多个环保议题上交流合作，共同应对解决区域性的生态环境问题。2014—2017 年，粤港澳进行"粤港澳区域性 PM 2.5 联合研究"，持续改善珠三角地区空气质量。粤港已逐步在区域网络加入常规监测大气中 VOC（挥发性有机化合物）浓度的工作，双方亦于 2016 年成立了"粤港海洋环境管理专题小组"，就海漂垃圾和应对跨境海上重大环境事故等海洋环境事宜加强沟通和合作，并于 2017 年成立"粤港跨境海漂垃圾事件通报机制"。针对珠江流域污染防治工作，广东省成立了省污染防治攻坚战指挥部，全面排查梳理 82 条入海河流，带动全省全面开展水污染治理攻坚战。同时，粤港澳开展水污染防治工作也获得了中央财政资金的大力支持。2018 年，汕头市、惠州市、东莞市、揭阳市等地市获得 2.31 亿元中央水污染防治资金的支持。

3. 建立区域生态环境治理协调和合作机制

通过多年的交流与合作，粤港澳地区就环境保护建立了紧密的合作机制。在粤港持续发展与环保合作小组和粤澳环保合作专责小组框架下，已设立了 7 个专题小组，加强粤港澳共同关注的水、空气、环境监测突发环境事件等事项的合作与交流，积极促进大湾区海洋生态环境保护。同时，广东省积极发挥主导作用，联合香港、澳门环境保护部门编制了粤港澳大湾区生态环境保护规划（建议稿），积极创新并完善粤港澳生态环境保护合作机制，并进一步研究粤港澳三地生态环境保护合作机制，推动三地共同研究、协商、解决粤港澳大湾区的环境污染重大问题，努力实现粤港澳大湾区海洋环境质量持续好转。

（四）长江中游城市群

1. 制订区域生态环境治理相关规划和工作方案

2011 年 9 月，原环境保护部联合发改委、财政部、住建部、水利部等部委，颁发了《长江中下游流域水污染防治规划（2011—2015 年）》，提出要改善流域环境质量、提升流域生态安全水平的工作重点。2017 年 7 月，原环境保护部、发改委、水利部三部委颁布了《长江经济带生态环境保护规划》，指出，"以保护一江清水为主线，严控环境风险，强化共抓大保护，统筹推进水资源、水生态、水环境保护"。江西省人民政府 2018 年 5 月制定了《鄱阳湖生态环境综合整治三年行动计划（2018—2020 年）》，确立要推进工业污染防治、水污染治理、饮用水水源地保护、城乡环境综合整治、农业面源污染治理、岸线综合整治、生态保护和修复七个方面的工作重点，以推进鄱阳湖生态环境综合整治，筑牢长江中游生态安全屏障。2018 年 12 月，国家发改委、自然资源部等七部门印发《洞庭湖水环境综合治理规划》，着力保障长江中下游防洪、供水、生态和航运安全，促进洞庭湖流域特别是洞庭湖生态经济区可持续发展。2019 年 10 月，湖南省政府印发《湖南省洞庭湖水环境综合治理规划实施方案（2018—2025 年）》，对洞庭湖供水安全保障、水污染防治、水生态保护与修复等方面做出了规划安排。

湖北省作为长江中游城市群的重要组成部分，为建设生态长江做出了一系列顶层设计，展示了生态建设的"湖北样本"。2017 年 5 月，湖北省人民政府颁布了《湖北长江经济带生态保护和绿色发展总体规划》，并通过配套专项规划的形式在生态环境保护、综合立体绿色交通走廊建设、产业绿色发展、绿色宜居城镇建设、文化建设等方面做出具体部署。面对严峻的水污染、空气污染、土壤污染和长江生态环境失衡，湖北省委、省政府出台《湖北省水污染防治条例》《关于农作物秸秆露天禁烧和综合利用的决定》《湖北省土壤污染防治条例》《关于大力推进长江经济带生态保护和绿色发展的决定》，织起了保护沿江区域生态的"保护网"。

2. 成立长江中游水环境治理保护机构

1950 年创建的长江中游水文水资源勘测局/长江中游水环境监测中心，是为长江流域综合治理、防汛抗旱、水资源开发和管理、水利水电工程建设及其他国民经济建设收集提供水文、河道勘测、水质监测资料和成果的专业机构，它为长江中游地区的防洪抗旱、水资源开发利用、水环境保护等做出了积极的贡献。

3. 建立区域生态环境治理协调和合作机制

自 2012 年 2 月签订《加快构建长江中游城市集群战略合作框架协议》以来，湖北、江西、湖南三省积极展开区域环境治理领域的各项合作，签署了《武汉共识》《长沙宣言》《南昌行动》等协议，共同推进大江大湖综合治理等环境重点合作领域的建设。2016 年 12 月，湖北、江西、湖南三省签署《关于建立长江中游地区省际协商合作机制的协议》，建立了长江中游地区省际协商合作机制，在协同推进生态环境联防联控方面开展区域合作。2016 年 12 月，湖北、江西、湖南三省还签署了《长江中游湖泊湿地保护与生态修复联合宣言》，提出"要制订实施湖泊保护与生态修复，协同保护湖泊湿地，修复长江生态的共同规划，建立制度体系、推动工程实施"。

4. 以生态补偿推动共抓长江大保护

近年来，在国家有关部委的大力推动下，长江经济带正在形成全流域、多方位的生态补偿体系，以生态补偿为抓手推进"共抓大保护"的探索将成为长江经济带上下游开展综合治理的重要手段。然而，长江流域涉及多个地区及省份，产生环境污染后协调各方利益进行生态补偿的难度较大、可操作性小。因此，长江经济带推进跨省生态补偿的进展仍比较迟缓，突破省际生态补偿机制仍存在诸多挑战。

（五）成渝城市群

1. 制订区域生态环境治理工作方案

2018 年 6 月，四川省、重庆市两省市签署《深化川渝合作深入推动长江经济带发展行动计划（2018—2022 年）》，明确推动生态环境联防联控联治是深化合作的重中之重，加强跨界河流、大气污染联防联控联治，协同保护江河水源涵养林、水土保持林建设等，共筑长江上游生态屏障。2018 年 6 月，四川省生态环境厅和重庆市生态环境厅签订了《共同推进长江上游生态环境保护合作协议》，提出在川渝两省市开展水污染联防联治、大气污染联防联控等八项机制。同月，川渝两省市河长制办公室签订了《跨界河流联防联控合作协议》《川渝跨界河流管理保护联合宣言》，推动压实河长责任，强化部门联动，共同保护水资源、防治水污染、改善水环境、修复水生态。在 2020 年 4 月推动成渝地区双城经济圈建设生态环境保护工作联席会议上，川渝两省市签订《深化川渝两地大气污染联合防治协议》，强调完善川渝两地大气污染防治联防联控工作机制；签订《危险废物跨省市转移"白名单"合作机制》，加强两地固体废物联动管理，防范危险废物环境风险；签订《联合执法工作机制》，提出建立川渝两地生态环境保护联合执法工作协调小组，确立实施联合执法，跨界惩治生态环境违法行为。2020 年 5 月，川渝两地自然资源部门签署《深化规划和自然资源领域合作助推成渝地区双城经济圈建设合作协议》，提出两地在国土空间规划编制、区域经济布局、筑牢长江上游重要生态屏障、自然资源领域改革试点、综合防灾减灾能力建设等九个方面深入合作。同月，川渝两地林业部门签订《筑牢长江上游重要生态屏障助推成渝地区双城经济圈建设合作协议》，围绕筑牢长江上游重要生态屏障加强统一协作，将成渝地区建成生态优先、绿色发展的生态文明示范区。

2. 成立跨区域大气和水污染防治协调机构

2020 年 4 月，签订《深化川渝两地大气污染联合防治协议》，组建深化川渝两地大气污染联合防治推进工作领导小组。在川渝河长制工作联席会议上，川渝两地河长制办公室决定双方将共建"川渝河长制联合推进办公室"，负责统筹协调川渝两省市跨界河流，全面落实河长制工作，定期组织召开会议，研究水资源保护过程中所产生的问题，建立流域生态环境事故协商处置制度并指导落实等工作。

3. 川渝合作示范区开展生态环境共治

2011 年 5 月，国家发展改革委发布的《成渝经济区区域规划》提出"在川渝毗邻的潼南、广安建设川渝合作示范区"。2016 年 4 月，国家发展改革委、住房城乡建设部印发的《成渝城市群发展规划》也提出深入推进广安、川渝合作示范区建设，支持潼南、铜梁、合江等地建设川渝合作示范区。2017 年经重庆市政府批准，市发展改革委正式批复《川渝合作示范区（潼南片区）建设工作方案》，对川渝合作示范区（潼南片区）的建设成果进行展望。通过一系列合作的深入开展，2020 年示范区建设已初见成效，已初步形成联护联保的跨区域生态屏障；到 2025 年示范区建设成果不断巩固，基本与周边毗邻地区实现一体化发展，区域农业生态保障功能全面彰显。2018 年 4 月，四川省人民政府办公厅印发《2018 年川渝合作示范区（广安片区）建设重点工作方案》，在推进生态共建环境共治方面，川渝两地将针对川渝合作示范区（广安片区）的区域大气污染防治、土壤污染防治、水环境质量监测及污染防治、山水林田湖生态修复治理等问题开展协作。

三、我国城市群生态环境协同管理存在的主要问题

由于我国城市群及城市群内部各城市之间经济社会发展状态和目标、生态环境质量及其承载力存在较大差异，直接或间接地提高了我国城市群突出环境问题协同治理的难度。当前，我国城市群突出环境问题协同治理中存在的主要问题表现在以下几个方面。

（一）生态环境协同治理的行动和标准存在区域差异

虽然我国城市群各级党和政府非常重视污染防治攻坚战，并将其作为各级政府工作的一项重要内容，也按照国家标准或上级政府指示的高于国家标准的标准执行生态环境治理。但在实际的执行过程中，中心城市由于突出环境问题治理的紧迫性更强，因此相对于支点城市和卫星城市，其执行力度更大。部分支点城市和经济社会发展水平偏低的城市即使执行城市群的统一标准，但落实可能较为宽松。这种城市间执行标准的不一致，必然会影响城市群内突出环境问题的治理标准、要求和管理的统一。实施因城施策，差异化环境突出问题治理标准可以凸显城市环境问题治理的主动性，但也造成城市群地区共同标准的缺失，不利于协同应对城市群突出环境问题。

环境标准控制项目的类别和包含内容不统一。由于我国的环保法尚未对省级地方政府环境污染制定标准做具体规定，地方政府应对生态环境具体问题及其自身发展状态，以不低于国家环境污染物排放标准的要求制定地方性污染标准。由于各地区的经济发展状况不同，对于环境污染的治理能力和治理意愿也各不相同。一般情况下，经济发达的地区对环境污染的治理能力和治理意愿要比欠发达地区高，因此，这些地区环境污染标准控制项目的类别更多，所涵盖的内容更加全面。以我国京津冀地区为例，北京市相对于天津市和河北省，其所出台的各项排污标准更高，也涵盖了关于大气、水、固体废弃物、噪声等污染排放更多的方面①。

环境污染的排放标准值不统一。京津冀地区在污水排放标准的制定过程中，污水排放的分级不同，最高限值也不同。2015 年，在上海市发布的有关大气污染物综合排放标准的文件中，对大气污染物的排放限值均高于国家标准，但是江苏省与浙江省的大气污染标准值依然以国家标准为最高限值，没有进行调整。环境污染排放值的不统一，将会导致污染的跨区域转移，高污染高能耗的企业会转移到环境污染标准限值较低的地区，从而加剧该地区的环境污染程度，污染源在地区之间的转移并不会使区域污染总量下降。

（二）城市群生态环境治理缺乏强有力的联合行政机构

在城市群的框架下，我国城市群积极探索突出环境问题联防联控体制机制。2013 年京津冀城市群成立京津冀及周边地区大气污染防治协作小组；2018 年长

---

① 孟庆瑜. 京津冀污染物排放区域协同政策法律问题研究［J］. 法学论坛，2016，31（04）：87-95.

三角城市群在上海设有长三角一体化办公室。这些协作小组和机构的设立对于在城市群地区联防联控应对突出环境问题发挥了重要作用，但距离形成一个城市群生态环境治理强有力的联合行政机构还相差甚远。城市群突出环境问题治理联合行政机构的缺位的突出表现是，协调落实推进城市群环境协同管理尚未形成"决策—协调—执行—落地"的工作闭环，使得很多决策事项难以真正落地和执行。

长江、黄河、淮河、海河、松辽、珠江、太湖等流域水利委员会在协调流域和湖区水环境管控中，取得了一些积极效果。但这些机构不是政府行政部门，主要从事的是服务于政府行政的技术性工作，其所具有的事物执行权与监控权有限，缺乏对行政主体、企事业单位执法的权力。

（三）城市群跨区突出环境治理的共享机制和成本分摊机制尚不完善

正如第三章所论述，在城市群应对跨区突出环境治理的过程中，利益共享机制和成本分摊机制尚不完善，使得城市群在应对跨区突出环境问题的利益分配和治理中协调机制难以持续。这主要表现在由于突出环境问题治理的外部性和利益、成本内生化困难，在城市群内部环境治理责任的分担、突出环境治理成效的共享、跨区环境质量整体提升的生态补偿等方面存在困难。虽然城市群内部在积极探索碳排放权交易市场化等共享发展的市场机制，但其覆盖面仍然偏低。

城市群大气污染的防治需要控制总体的排放规模，实施基于大气环境质量安全的联防联控制度。水污染防治更依赖于流域上下游的协同配合，目前存在流域上下游目标、标准和管理不一致不协调等情况，归根结底是区域发展和利益平衡问题。生态资源保护不仅依赖对林地、湿地等地区修复大规模的投入，也存在"禁止开发"的机会成本，存在突出的保护与发展问题。

（四）城市群生态环境协同治理的法制法规建设相对滞后

借鉴五大湖城市群、日本大西洋沿岸城市群等城市群地区通过实施城市群生态环境协同治理的法律法规体系，依法治理环境突出问题的经验。当前，我国除了长三角城市群、京津冀城市群和珠三角城市群发展相对成熟外，长江中游城市群、成渝城市群、中原城市群等城市群还处于发展初期，关于城市群生态环境协同治理的法律法规难免建设滞后。这就导致我国城市群地区，依法治理跨区突出环境问题时法律依据相对不足，难以对跨区环境突出问题实施强有力的法律约束。在推进我国城市群环境突出问题跨区治理的法律法规体系中，我国城市群地区探索构建共同的环境突出问题治理的标准、执法、检测、应急机制等将是今后工作的一个重点内容。

第三节　我国城市群环境突出问题协同治理机制
与政策完善的主要内容

我国城市群环境突出问题的协同治理体系十分复杂，需要构建以生态环境部门为主导的城市群环境治理联合行政部门，以稳步推进大气污染联防联控和水生态环境协同保护为重点，构建城市群统一的生态环境保护标准体系，实现环境污染成本的内生化，降低政府的治理成本，提高政府合作的积极性。

一、构建以生态环境部门为主导的环境治理联合行政部门

城市群内地方政府分管治理有利于提高生态环境治理的地区主体积极性，但是单个城市的政府在不同城市目标和利益要求下，难以实行有效的、统一的污染防治计划。正如在第二章所论述，欧洲西北部城市群、北美五大湖城市群等国际性城市群，普遍采取联合行政的方式，协同治理跨区生态环境问题。这对我国城市群地区建立环境治理联合行政部门提供了借鉴。

在城市群生态文明推进的新形势下，遵循生态环境保护治理体系原理、职责分配和事权划分，整合部门管辖范围，避免政府职能交叉、政出多门、多头管理，从而提高行政效率，降低行政成本。具体来讲，建议在跨省城市群中，以生态环境部为主导，构筑跨省城市群的环境协同治理的联合行政部门。在省内城市群中，以省生态环境厅为主导，构筑跨市城市群的环境治理联合行政部门，统筹生态保护与污染防治。

生态环境治理联合行政部门，应摒弃本位主义和辖区利益至上的做法，坚持以城市群生态文明建设的大局和公众利益为重。增强政府制定公共行政管理政策的针对性和实用性的同时，创新公众参与的体制机制。在推进城市群生态文明协同防治各项建设中引入竞争机制，促进提高管理效率，通过大量利益的产生和驱动，促进城市群生态环境管理工作形成科学、合理、高效的长效机制。构筑城市群环境突出问题共同防治的法律法规制度，是联合行政可持续的依据。同时通过法律法规的形式，规定所辖地方政府参与城市群环境突出问题协同防治的权力和义务、途径和方式。

二、稳步推进大气污染联防联控体制机制

在国际经验中，联防联控机制是解决区域污染治理的有力举措，能更好地发挥区域协同管控作用。欧盟采取的综合性与组织管理体系建立、多样化的区域保护管理协调机制、跨界大气污染防治合作机制、区域大气污染防治的信息通报与报告机制、区域大气污染防治技术支持机制、采用市场基础上的环境经济政策、公众参与环境污染治理等八项举措①。美国则采用了建立立体化与纵横向相结合的区域大气污染联防联控管理机构、健全区域大气污染防治立法、建立高效准确即时的区域大气污染检测体系、鼓励公众深度全方位参与大气污染治理、运用建立在市场机制基础上的多项环境经济政策、构建以大气污染防治技术发展为基础的技术支持机制等六项举措。

当前，各城市群及各地方政府已经认识到，城市群内大气污染变化过程存在明显同步性，区域性污染特征十分显著。各地区城际政府"各自为战"的模式并不能形成区域性的治污合力，对区域性的大气污染问题治理效率低下。2013 年 9 月，国务院印发的《大气污染防治行动计划》对逐步形成我国大气污染联合防治的政策、法规、标准体系，并付诸实践提供了政策保障。

如表 4-3 所示，大气污染联防联控机制在我国长三角和京津冀、珠三角等地区已获成效，为我国其他地区开展相关工作提供了借鉴作用。作为率先开展大气污染联防联控的地区，京津冀和珠三角在贯彻落实一系列政策措施后取得了显著的治理成就：珠三角城市群环境空气 PM 2.5 平均浓度连续 3 年达标。2017 年京津冀城市群环境空气 PM 2.5 平均浓度下降了约 4 成，其中北京市环境空气 PM 2.5 平均浓度下降了 34.8%，达到 58 微克/立方米，且呈逐年下降态势②。长三角地区在大气污染联防联控上的协作效果也逐渐显现出来，上海市空气质量得到显著改善，周边城市的空气质量也呈现稳定向好状态。城市群环境污染协同防治机制的建立正成为各类城市群一体化建设的重点。

---

① 石晓飞，李天宝，白蛟，等. 基于区域大气污染联防联控应用于智慧城市群建设［J］. 数字通信世界，2018（04）：28-29+34.
② 王珊，王琳琳. 区域联防联控凝聚治气合力［N］. 中国环境报，2018-03-14（006）.

表4-3 京津冀、长三角、珠三角城市群大气污染联防联控机制重要内容一览

城市群	主要大气污染物	体制机制	实践经验
京津冀城市群	PM 2.5占60%以上	1.《关于推进大气污染联防联控工作改善区域空气质量的指导意见》 2.《京津冀协同发展规划纲要》 3.《京津冀大气污染防治强化措施（2016—2017年）》 4.《京津冀及周边地区2017年大气污染防治工作方案》 5.《关于进一步加强环境保护推进生态文明建设的决定》	以中国环境科学研究院为主要依托单位，联合直属单位、相关高校和科研院所等290多家单位，成立跨部门多学科的国家大气污染防治攻关联合中心。 1. 建立了2016年、2017年"2+26"城市精细化的大气污染源排放清单，是迄今为止收集数据量最大、调查最全的污染物调查摸排清单，摸清了"2+26"城市圈内污染物排放的空间分布、城市污染源结构等； 2. 初步厘清了区域内能源、产业、交通三大结构特征，提出了深化治理的重点区域和重点行业； 3. 提出重点行业最佳可行技术和综合整治方案，评估各种措施的减排潜力，并在初步试点研究中获得突出成效； 4. 提出VOCs挥发性有机物及氨排放深化治理技术并进行示范应用。
长三角城市群	PM 2.5为主要重污染来源	1.《关于推进大气污染联防联控工作改善区域空气质量的指导意见》 2.《大气污染防治行动计划》 3.《江苏省大气污染防治条例》 4.《上海市大气污染防治条例》 5.《浙江省大气污染防治条例》（修订草案）	1. 2010年上海世博会。以主要污染源控制和环境综合整治为基本方针，针对重点工业污染源、重点高架污染源、机动车排气污染以及秸秆污染等进行重点整治；建立信息共享平台，进行空气质量联合监测和48小时预报，并建立空气质量预警机制。世博会期间，依靠这套信息共享平台，共进行199次长三角地区空气质量日报和预报，举行区域会商50余次，启动预警联动5次，促使污染物排放大幅降低，空气质量明显好转。 2. 2014年南京青奥会。针对工业污染、机动车污染、扬尘污染、秸秆焚烧、挥发性有机物污染等进行重点防治，23市每日进行会商，实现空气质量数据共享、监测预警、联动执法。在青奥会期间，长三角区域空气质量预测预报体系发布专报20多份，较平时，南京少排放"3764吨PM 10和1750吨PM 2.5，下降比例达到44%和36%，空气质量'优良'等级预报准确率达到75%-80%"。

续表

城市群	主要大气污染物	体制机制	实践经验
珠三角城市群	70%是臭氧污染	1.《广东省环境保护和生态建设"十二五"规划》 2.《关于进一步加强环境保护推进生态文明建设的决定》 3.《广东省珠江三角洲大气污染防治办法》 4.《广东省珠江三角洲清洁空气行动计划》 5.《珠江三角洲清洁空气行动计划2011年度实施方案》 6.《珠江三角洲清洁空气行动计划2013—2015年度实施方案》 7.《珠江三角洲环境保护一体化规划（2009—2020年）》	1. 调整优化产业结构和布局。实行更加严格排放标准，倒逼高污染企业转型升级，同时积极推进落后产能淘汰和"散污乱"工业企业综合整治。经过努力，广东省三大产业结构由2000年的5.8∶49.6∶44.6调整为2018年的4.0∶41.8∶54.2，"三二一"的标志性转变再获进展。 2. 调整优化能源结构和布局。严格控制新增煤电，实行煤炭消费减量管理，严格高污染燃料禁燃区管理，多管齐下。经过努力，珠三角地区煤炭消费总量持续下降，煤炭消费比重下降到42.1%。 3. 精准施策，推进多污染物协同控制。针对以化石燃烧为主的工业源产生的污染，以实施总量减排为抓手推进工业源治理；针对以机动车尾气排放为主的移动污染源，以推进公交电动化工作为重点推进移动源治理；针对以扬尘污染为主的面源，以建筑工地施工扬尘污染治理为重点推进面源治理。

来源：根据各地区人民政府、生态环境厅等部门官网相关内容整理所得。

三、稳步推进水环境协同保护的体制机制

在流域上游的城市向流域排放大量污水废水，其最终导致的却是下游的水质严重污染。水污染本身具有流动性与水污染治理的行政分割相冲突使得水污染治理政策无法得到有效落实。水污染治理具有很强的外部性，这就使得各地地方政府在对流域水污染进行治理时，在本地利益最大化的本位主义指导下，会选择"搭便车"的行为。2015年4月，国务院印发《水污染防治行动计划》，提出要"完善流域协作机制，健全跨部门、区域、流域、海域水环境保护议事

协调机制"，并明确要求"京津冀、长三角、珠三角等区域要于 2015 年年底前建立水污染防治联动协作机制""2017 年年底前，京津冀、长三角、珠三角等区域、海域建成统一的水环境监测网"。我国水污染治理的协同机制已有了一定的实践和成效，但目前我国的水污染协同治理主要集中在重点区域，在大部分流域水资源保护和水环境综合治理上，协同治理机制并未明显显现。在《水污染防治行动计划》等一系列中央文件的指示下，我国建立了全国及重点区域水污染防治工作协作机制，组建起全国水污染防治部际协调小组。如表 4-4，京津冀、长三角、珠三角区域也先后建立了污染防治联动协作机制。2014 年 11月，京津冀三地签署了《京津冀水污染突发事件联防联控机制合作协议》，建立了水污染应急联动机制，并每年召开水污染突发事件联席会议，制定《水污染突发事件联防联控工作方案》，确定年度协同任务。长三角三省一市政府贯彻落实中央领导指示精神，全面落实"十三五"环保规划和《水污染防治行动计划》，每年召开长三角水污染防治行动协作小组会议，切实加强区域水环境共同治理工作，重点推进跨界、临界饮用水水源地的协同保护。广东省政府在 2015年成立了由省委书记挂帅的水污染防治协作小组，以更大决心打赢治水攻坚战，促进区域内多河流水质改善。

作为长三角水污染协同治理的重要部分，在三省一市的共同整治下，太湖流域水质状况也有了明显改善，太湖流域还建成了全国最大的环保模范城市群和生态城市群。太湖的水质状况由 2007 年的重度富营养化导致蓝藻大爆发，经过多地协同综合治理有所改善，根据 2017、2018 年中国环境状况公报，2017 年太湖全湖平均为轻度富营养状态，环湖河流为轻度污染；2018 年环湖河流水质提升至良好。目前，珠三角地区的多流域水污染协同治理也有了阶段性成效。截至 2020 年 5 月，练江流域新建 13 座污水处理厂已全部通水试运行，同时流域已有 14 条重要支流达 V 类标准，较去年同期有了明显改善；惠州沙河水质曾于2018 年断崖式下滑至劣 V 类，经过综合治理，到 2019 年年底，沙河河口国考断面水质全年均值达 III 类。《水污染防治行动计划》为推进城市群水污染协同防治发挥了巨大作用。城市群环境污染协同防治机制的建立正成为各类城市群一体化建设的重点。

四、构建统一的生态环境保护标准体系

环境污染标准的统一对环境污染治理至关重要。建立统一的环境污染标准和污染控制力度，有利于防止污染源向其他地区转移。实现对环境污染的联防

表4-4　京津冀、长三角、珠三角城市群水污染防治协作经验一览

组织	成立依据	成立至今协同治理经验
京津冀水污染防治协作小组（2014年11月）	《京津冀水污染突发事件联防联控机制合作协议》	1. 京津冀三地联合出台了《京津冀协同发展生态环境保护规划》，明确了"到2020年，京津冀地区地级及以上城市集中式饮用水水源水质全部达到或优于Ⅲ类，重要江河湖泊水功能区达标率达到73%"。 2. 三地建立环境执法联动工作机制，发布《京津冀重点流域突发水环境污染事件应急预案》，开展水污染防治联合督导检查执法行动，进行突发水环境污染事件应急演练。多次组织三地联合检查，对跨界领域的工业、生活、农业污染源进行隐患排查，督促整改，各地对违法违规排污行为加大处罚力度；加强跨界河流水质断面的日常监测，互通监测数据，推动相邻县（市、区）共同预警机制建立；有力推动流域上下游不同县市共同监测河流水质变化。 3. 三地签署了《京津冀区域环境保护率先突破合作框架协议》，针对永定河、北运河、潮白河等重点河流水污染问题制定了《京津冀协同发展六河五湖综合治理与生态修复总体方案》；京津冀三地于2016年签署了《京津冀凤河西支、龙河环境污染问题联合处置协议》，正式建立京津冀凤河西支、龙河水环境污染联合执法机制。 4. 建立了密云水库水源涵养区生态补偿机制，签订了《关于引滦入津上下游横向生态补偿的协议》。
长三角水污染协作小组（2015年12月）	《长三角区域水污染防治协作机制工作章程》	1. 三省一市政府签署了《加强长三角临界地区省级以下生态环境协作机制建设工作备忘录》《太湖流域水生态环境综合治理信息共享备忘录》，推进流域上下游县市签署了《关于一体化生态环境综合治理工作合作框架协议》，联动重点治理长江、淮河、太湖流域。 2. 贯彻落实《长江经济带发展规划纲要》，坚持上下游联动、水岸联治，加强水源地保护和跨区域监管，确保流域水体水质持续改善，开展多次水污染防治专项行动。三省一市在各区域内全面推进水污染防治工作，如江苏省建立了长江生态环境保护工作联席会议制度、水污染防治联席会议制度，上海市政府与各区政府签订了《水污染防治目标责任书》等。 3. 建立了我国第一个跨省湖泊湖长高层次议事协调平台——太湖湖长协助机制，坚定落实好太湖、淀山湖湖长协作机制，持续加大河湖监管力度，做好跨省湖泊的治理保护，强化流域与区域的协调联动。

组织	成立依据	成立至今协同治理经验
珠三角区域水污染防治协作小组（2015年12月）	《广东省水污染防治行动计划实施方案》	1. 出台《南粤水更清行动计划（2013—2020）》《广东省水污染防治行动计划实施方案》等，推动实施并全面开展城市黑臭水体整治，确立了"到2020年，珠三角区域消除劣 V 类水体，全省基本消除劣 V 类水体，地级以上城市集中式饮用水水源和县级集中式饮用水水源水质全部达到或优于Ⅲ类"。 2. 督办整治"四河"（包括广佛跨界河、深莞茅洲河、揭阳练江、茂湛小东江）水污染，练江、茅洲河等多条河流整治效果明显。多市根据上级行动计划全面推行河流综合治理行动，溯源整治关停重污染企业。 3. 流域联防联控已成为珠三角区域内各市的共识。广佛肇、深莞惠、珠中江等城市群以及茂名湛江、揭阳汕头等地，以跨界河流治理为纽带，逐步建立起信息共享、联防联治、技术交流等良好工作机制，形成流域上下共治、两岸联防联控的局面。 4. 2016年，广东省先后与广西、福建两省、自治区签订了九洲江、汀江—韩江流域横向生态补偿协议。

来源：根据各地区人民政府、生态环境厅等部门官网相关内容整理所得。

联控，最关键的一点就是要实现环境污染标准的统一①。我国的环境污染标准主要分为国家生态环境部所制定的总标准以及地方政府据此所制定的地方生态环境标准，但同时环境保护法并没有对地方政府制定的生态环境标准做出强制性规定，导致地方政府在制定环境标准时有很大的随意性，容易造成同一区域内的环境标准充满"多样性"。各级地方政府依据自身的经济发展水平所制定的生态环境标准有很大差异，有的远高于国家规定的最低标准，有的略高于或与国家最低标准持平。在城市群内，当环境标准的差异性结合地方政府对于当地的各项现实考虑，将会直接导致区域内政府为了完成大气质量考核的要求，出现高标准地区的政府倾向于将污染源转移至低标准的地区的现象。这种做法虽然在短期内使环境质量得到"提升"，但是随着污染物的传播与扩散，区域污染物的总量依旧处于原有状态，实质上使得环境污染治理的效率下降。因此，要实现对环境污染的联防联控，首先应该使各区域间的环境污染标准统一。

---

① 邹兰，江梅，周扬胜，等. 京津冀大气污染联防联控中有关统一标准问题的研究［J］. 环境保护，2016，44（02）：59-62.

（一）协同制定城市群的环境污染标准

跨区域的协调事务，由于各地区的经济发展水平与区域政府的发展观存在差异，导致依靠城市群内政府自愿协商来制定相同的环境标准难以实现。跨省城市群由中央政府相关生态环境部门牵头，省内城市群由省人民政府及生态环境部门牵头，成立区域性的协调组织，来促使区域内政府协同制定环境污染标准。

（二）制定并实施严格的环境准入与排污标准

要加强从源头进行污染防治，制定相对严格项目环境准入标准和排污标准，缩小区域间标准的差异。这一标准的制定可以由生态环境部门依据环境检测部门对区域的检测数据，判断出区域环境质量的特征，并综合各区域的经济发展水平，联合地方政府共同协商参与制定过程。对排放总量的标准进行协同，实施共同有差别的分配标准。要依据自然环境条件的地区差异性，考虑其自净能力，自净能力强的地区分配更多的排污指标，对自净能力弱的地区适当减少排污总量的分配。

（三）实施环境信息共享机制，建立横向监督机制

统一区域大气污染标准，需要建立区域内横向政府间的监督机制。建立横向监督机制，实现跨区政府协同监督，关键在于实现不同地区环境信息的共享，具体涉及地区环境监测和执法信息。随着大数据及互联网技术的发展，实现不同地区实时信息分享已成为可能，政府部门可以共建共享网络信息平台，及时、真实地公布地区环境监测和执法信息，方便其余行政机关进行查看和监督。建立并完善环境信息共享平台的同时，区域行政机关还应建立具体的监督执行标准，及时提醒出现环境监测异常的区域进行核实和改正。环境信息共享平台通过政府平台建立，对公众免费开放，倡导公众主动监督。

五、环境污染成本与地区内生化

环境污染的负外部性问题，导致解决该问题需要耗费大量的财力、人力、物力，治理环境污染的成本十分高昂，在跨区域的环境污染治理中，成本的分担成为引发政府间矛盾、冲突的重要原因之一。要解决这一问题，就要降低环境污染治理成本，而降低环境成本的关键就在于使环境污染成本内生化。

一是征收环保税，并建立税收共享机制。发达国家在长期探索环境治理的经验过程中，其探索出的治理环境污染的一个重要手段就是征收环境税。通过征收环境税，不仅可以使环境污染成本转嫁到企业身上，减轻政府财政压力，

另一方面，也促进了企业加强环保投入力度，从而实现环境污染的源头防治。同时，由于区域间的产业结构存在差距，以第二产业为主导的地区往往可以征收更高的环境税，但是这些地区的环境污染程度要高于环境税收较低的地区，环境税收收入较低的地区往往承担了更多的环境治理责任，因此，应该建立区域环保税收共享机制，平衡区域之间的利益，从而实现政府的合作。

二是建立区域排污权交易市场。建立排污权有偿使用和交易制度，对于促进自然资源合理配置、加强生态文明建设具有重要意义。当前，我国排污权交易市场试点在一些城市取得了良好的效果，但是针对区域排污权交易市场的构建还处在探索阶段。区域排污权交易市场的构建往往存在监管成本高，管理难度大等问题，要解决这些问题，首先应该形成合理的框架体系。第一，应该加强顶层设计，建立相关法律制度、政府监管制度与相应的配套服务体系，这是建立区域排污权交易市场的基础。其中，政府配套的服务体系应该包括排污权交易平台和排污权交易代理机构，运用公司化的管理模式，来实现信息的有效流通。第二，建立交易的二级市场，分别由一级分配市场，二级流通市场构成。一级分配市场主要由区域政府管理部门及环境管理部门构成，二级流通市场包括政府完全代理的排污权跨地区交易、区域内排污权市场投机者的交易、公众和社会环保组织基金的交易、区域内排污者之间的交易。

三是实行环境标志制度。环境标志①是由政府部门或公共、私人团体依据一定环境标准向厂商颁布的，证明其产品符合环境标准的一种特定标志。环境标志制度是一种特殊的环境政策表现形式，它不是靠行政命令强制执行的，其实质是将非经济手段转化为经济刺激，促进公众在消费的过程中形成更多的环境意识，激发他们把购买力当作一种环保工具，从而促使企业改进工艺、积极开发生产绿色产品，实现从源头上的污染防治。

---

① 甄翌. 刍议环境标志与国际贸易 [J]. 经济师，2002 (03)：59-61.

第五章

健全和完善我国城市群自然资源协同管理机制与政策

自然资产体制机制改革是我国国家治理体系和能力建设的重要方面，是城市群生态文明及其协同发展建设的重要组成。改革开放以来，我国自然资源节约利用取得了巨大成就，但仍然存在较大压力。我国多部门分类自然资源资产管理体制提升了自然资源的利用效率，但也存在"多龙治水"问题和部门间协调问题。我国以自然资源部门、水利部门、生态环境部门等部门为主导的，实施多部门分类管理的自然资源管理体制正在形成和发展。我国城市群的自然资源管理体制建立在此基础上，并在协同管理体制机制上得到了补充和发展。本章将总结和归纳我国城市群自然资源节约利用取得的巨大成就及自然资源压力较大的形势，解析我国城市群自然资源协同管理的体制机制格局及其存在的协同管理中存在的难题，提出优化城市群自然资产管理体制机制的对策建议。

第一节　我国城市群自然资源开发利用的形势

近年来，伴随我国生态文明建设的持续推进，我国城市群自然资源管理总体得到改善，自然资源节约利用取得巨大成就。我们也看到，我国城市群自然资源压力形势依然严峻。

一、我国城市群自然资源节约利用取得巨大成就

近年来，我国城市群水资源利用情况显著好转，能源利用量和清洁能源利用量显著增加，土地开发效率显著提高，生态资源总体保有情况达到较高水平。

（一）水资源利用保障条件较好

以我国五大跨区城市群为例，当前我国五大跨区城市群水资源处于高规模的保障状态，水资源利用保障条件有所好转。整体来看，成渝城市群、长江中

游城市群和珠三角城市群水资源保障程度较高，长三角城市群的上海和京津冀城市群水资源保障形势依然严峻。

如表5-1所示，2018年，在京津冀城市群所涉及的北京市、天津市、河北省三个省级单元中，京津冀三省市水资源总量占城市群水资源总量比重分别为16.3%、8.1%、75.6%，用水总量均略高于水资源总量，其中北京市的单位国土面积水资源量最大，为21.63万立方米/平方千米。在长三角城市群所涉及的上海市、江苏省、浙江省、安徽省四个省级单元中，水资源总量占城市群水资源总量比重分别为1.8%、17.9%、40.9%、39.4%，其中上海市、江苏省的用水总量远高于水资源总量，浙江省、安徽省的用水总量在水资源总量范围内，其中浙江省的单位国土面积水资源量最大，为85.09万立方米/平方千米。在珠三角城市群所涉及的广东省省级单元中，广州市、深圳市水资源总量占省水资源总量比重分别为3.9%、1.5%，用水总量均低于水资源总量，深圳市的单位国土面积水资源量最大，为145.68万立方米/平方千米。在长江中游城市群所涉及的湖北省、湖南省、江西省三个省级单元中，水资源总量占城市群水资源总量比重分别为25.6%、40.1%、34.3%，用水总量均远低于水资源总量，江西

表5-1 我国五大跨区域型城市群2018年水资源利用情况

城市群	所属省级 行政单位	水资源总量 （亿立方米）	用水总量 （亿立方米）	单位国土面积 水资源量 （万立方米/平方千米）
京津冀 城市群	北京市	35.5	39.3	21.63
	天津市	17.6	28.4	14.71
	河北省	164.1	182.4	8.69
长三角 城市群	上海市	38.7	103.4	61.04
	江苏省	378.4	592	35.30
	浙江省	866.2	173.8	85.09
	安徽省	835.8	285.8	59.66
珠三角 城市群	广东省	1791.7	335.8	105.21
	其中：广州市	74.3	64.4	99.94
	深圳市	29.1	20.7	145.68
长江中游 城市群	湖北省	857.0	296.9	46.10
	湖南省	1342.9	337.0	63.40
	江西省	1149.1	250.8	68.85

续表

城市群	所属省级 行政单位	水资源总量 （亿立方米）	用水总量 （亿立方米）	单位国土面积 水资源量 （万立方米/平方千米）
成渝 城市群	重庆市	524.2	77.2	63.62
	四川省	2952.6	259.1	60.75

数据来源：2019 年中国统计年鉴、2018 中国城市建设统计年鉴、广东省水利厅。

注明：珠三角城市群统计的广东省不含广州市和深圳市，下同。

省的单位国土面积水资源量最大，为 68.85 万立方米/平方千米。在成渝城市群所涉及的重庆市、四川省两个省市中，水资源总量占城市群水资源总量比重分别为 15.1%、84.9%，用水总量均远低于水资源总量，重庆市的单位国土面积水资源量最大，为 63.62 万立方米/平方千米。

（二）能源供给能力显著提高

近年来，我国五大跨区城市群能源消费水平保持在较高规模状态，烯气普及率也显著较高。如表 5-2 所示，在京津冀城市群所涉及的北京市、天津市、河北省三个省级单元中，京津冀三省市各自的能源消费量占城市群能源消费总量的比重分别为 15.7%、17.6%、66.7%，北京市、天津市的城市燃气普及率均为 100%，天津市的单位国土面积能源消费量最大，为 6695 吨标准煤/平方千米。在长三角城市群所涉及的上海市、江苏省、浙江省、安徽省四个省级单元中，各自的能源消费量占城市群能源消费总量的比重分别为 15.3%、40.6%、27.2%、16.9%，城市燃气普及率均在 98% 以上，上海市的单位国土面积能源消费量最大，为 18704 吨标准煤/平方千米。在珠三角城市群所涉及的广东省中，广州市、深圳市的能源消费量占城市群能源消费总量的比重分别为 18.4%、13.2%，广东省全省的城市燃气普及率为 96.88%，深圳的单位国土面积能源消费量在全国各地区中最大，为 21392 吨标准煤/平方千米。在长江中游城市群所涉及的湖北省、湖南省、江西省三个省级单元中，各自的能源消费量占城市群能源消费总量的比重分别为 40.5%、38.2%、21.3%，湖北省、江西省的城市燃气普及率均为 97% 左右，湖南省的城市燃气普及率较低，湖北省的单位国土面积能源消费量最大，为 923 吨标准煤/平方千米。在成渝城市群所涉及的四川省、重庆市两个省级单元中，各自的能源消费量占城市群能源消费总量的比重分别为 31.4%、68.6%，重庆市的城市燃气普及率高于四川省，且单位国土面积能源消费量更大，为1158吨标准煤/平方千米。

表 5-2　我国五大跨区域型城市群 2017 年能源利用情况

城市群	所属省级行政单位	能源消费总量（万吨标准煤）	单位国土面积能源消费量（吨标准煤/平方千米）	城市燃气普及率（%）
京津冀城市群	北京市	7133	4347	100
	天津市	8011	6695	100
	河北省	30386	1609	98.78
长三角城市群	上海市	11859	18704	100
	江苏省	31430	2932	99.73
	浙江省	21030	2066	99.97
	安徽省	13052	932	98.57
珠三角城市群	广东省	22107	1298	96.88
	其中：广州市	5962	8019	
	深圳市	4273	21392	
长江中游城市群	湖北省	17150	923	97.13
	湖南省	16171	764	93.50
	江西省	8995	539	97.38
成渝城市群	重庆市	9545	1158	96.37
	四川省	20874	430	91.22

数据来源：中国能源统计年鉴 2018、中国城市建设统计年鉴 2017、广东统计年鉴 2018。

（三）土地开发效率显著

近年来，我国五大跨区城市群建成区开发水平和产出效率保持在较高水平，如表 5-3 所示，在京津冀城市群所涉及的北京市、天津市、河北省三个省级单元中，京津冀三省市各自的建成区面积占辖区面积比重分别为 8.95%、9.01%、1.15%，北京市的单位建成区面积第二、第三产业增加值最大，为 20.56 亿元/平方千米。在长三角城市群所涉及的上海市、江苏省、浙江省、安徽省四个省级单元中，各自的建成区面积占辖区面积比重分别为 19.52%、4.44%、2.77%、1.51%，上海市的单位建成区面积第二、第三产业增加值最大，为 26.32 亿元/平方千米。在珠三角城市群所涉及的广东省中，广州市、深圳市的建成区面积占辖区面积比重分别为 17.49%、46.46%，深圳市的单位建成区面积第二、第三产业增加值最大，为 26.08 亿元/平方千米。在长江中游城市群所涉及的湖北省、湖南省、江西省三个省级单元中，各自的建成区面积占辖区面积比重分别为 1.35%、0.87%、0.93%，湖南省的单位建成区面积第二、第三产业增加值最大，为 18.15 亿元/平方千米。在成渝城市群所涉及的四川省、重庆市两个省级单元中，各自的建成区面积占辖区面积比重分别为 1.82%、0.61%，重庆市的单位建成区面积第二、第三产业增加值最大，为 12.68 亿元/平方千米。

表 5-3　我国五大跨区域型城市群 2018 年土地开发效率

城市群	所属省级行政单位	建成区面积（平方千米）	建成区面积占辖区面积比（%）	单位建成区面积第二、第三产业增加值（亿元/平方千米）
京津冀城市群	北京市	1469.1	8.95	20.56
	天津市	1077.8	9.01	17.29
	河北省	2162.7	1.15	15.11
长三角城市群	上海市	1237.7	19.52	26.32
	江苏省	4558.5	4.44	19.40
	浙江省	2919.1	2.77	18.58
	安徽省	2109.9	1.51	12.97
珠三角城市群	广东省	3808.3	2.24	13.22
	其中：广州市	1300.0	17.49	17.41
	深圳市	928.0	46.46	26.08
长江中游城市群	湖北省	2509.7	1.35	14.27
	湖南省	1837.1	0.87	18.15
	江西省	1546.3	0.93	13.00
成渝城市群	重庆市	1496.7	1.82	12.68
	四川省	2982.3	0.61	12.16

数据来源：中国统计年鉴 2019、2018 中国城市建设统计年鉴、各省市人民政府网站、广东统计年鉴 2019。

（四）生态资源总体保有水平较高

近年来，我国五大跨区型城市群生态保育取得较大成就，均保持在较高水平，如表5-4所示，在京津冀城市群所涉及的北京市、天津市、河北省三个省级单元中，北京市的森林覆盖率和建成区绿化覆盖率最高，分别为43.77%和48.4%，天津市的湿地面积占辖区面积比重比其他两地高，为23.94%。在长三角城市群所涉及的上海市、江苏省、浙江省、安徽省四个省级单元中，浙江省的森林覆盖率高达59.43%，上海市的湿地面积占辖区面积比重最高，达73.27%，江浙皖的建成区绿化覆盖率均高于40%。珠三角城市群所在的广东省的森林覆盖率和建成区绿化覆盖率较高，分别为53.52%和44%。在长江中游城市群所涉及的湖北省、湖南省、江西省三个省级单元中，江西省的森林覆盖率最高，达61.16%，湖南省、江西省的建成区绿化覆盖率均高于40%。在成渝城市群所涉及的四川省、重庆市两个省市级单元中，重庆市的森林覆盖率高于四川省，两省市的建成区绿化覆盖率约为40%。

表5-4 我国五大跨区域型城市群 2018 年生态资源保有水平

城市群	所属省级行政单位	森林覆盖率（%）	湿地面积占辖区面积比重（%）	建成区绿化覆盖率（%）
京津冀城市群	北京市	43.77	2.86	48.4
	天津市	12.07	23.94	38.0
	河北省	26.78	5.04	41.6
长三角城市群	上海市	14.04	73.27	36.2
	江苏省	15.20	27.51	43.1
	浙江省	59.43	10.91	41.2
	安徽省	28.65	7.46	42.5
珠三角城市群	广东省	53.52	9.76	44.0
长江中游城市群	湖北省	39.61	7.77	38.4
	湖南省	49.69	4.81	41.2
	江西省	61.16	5.45	45.9
成渝城市群	重庆市	43.11	2.51	40.4
	四川省	38.03	3.61	40.5

数据来源：中国统计年鉴2019、2018中国城市建设统计年鉴。

二、我国城市群自然资源压力形势依然严峻

虽然近年来中国城市群自然资源节约利用取得积极成效，但是水资源安全形势依然严峻、化石能源矿产利用规模与比重依然较大、国土开发强度较高、生态资源保有量有待进一步提高。

（一）水资源安全形势依然严峻

虽然从整体上看我国城市群水资源较为丰富，水资源供应较为充分，但我国城市群水资源供应存在着区域的不协调以及人均、地均水资源匮乏的严峻形势，影响我国城市群的发展质量。如在我国人口密集、工业化程度较高的东部城市群内部，城市群的中心城市如北京市、天津市、上海市，其人均水资源量低于城市群内其他城市人均水资源量，更远低于全国人均水资源量。2018 年北京市人均水资源量为 164.2 立方米/人，天津为 112.9 立方米/人，而京津冀城市群内的其他城市人均水资源量为 217.7 立方米/人，全国人均水资源量为 1971.8 立方米/人。由于中心城市集聚了大量的人口和产业，不仅造成水资源消耗过多，而且生产生活活动对水体产生的污染短期内难以化解，使得原本有限的水资源量愈加紧张。

（二）化石能源矿产利用规模与比重依然较大

2018 年我国能源消费总量为 464000 万吨标准煤，其中煤炭、石油、天然气这类能源矿产的消耗占能源消费总量的比重为 85.7%，能源矿产利用依然比重较大。据 2019 年《BP 世界能源统计年鉴》数据显示，2018 年中国煤炭产量占世界总产量的 46.0%，比上年增长了 0.4%，而中国煤炭消费量占全球煤炭消费量总量的 50.5%，比上年增长了 4.1%。在城市群内，中心城市的城市燃气普及率往往较高，有的达到了 100%，而在能源消费总量上，中心城市往往与城市群内其他城市有着极大的差距。如上海市、深圳市的单位国土面积能源消费量一骑绝尘，分别达到了 18704 吨标准煤/平方千米和 21392 吨标准煤/平方千米。大体量的能源消费加上高比重的能源矿产利用，使得我国城市群自然资源环境压力亟待疏解。

（三）国土开发强度较高

在我国国土空间规划中，优化开发区和重点开发区作为带动全国经济社会发展的龙头和支持全国经济增长的重要增长极，要加强对该区域的优化开发重点开发，提高空间利用效率。我国五大跨区域型城市群作为国土空间规划中的优化开发区和重点开发区，城市群的高强度开发带来了区域经济的快速增长。如建成区面积占辖区面积比为 46.5% 的深圳市，其每平方千米的建成区面积产生了 26.08 亿元的第二、第三产业增加值，极大地推动了珠三角城市群的经济增长，然而深圳

市高强度的空间开发紧接着带来了产业用地匮乏这一问题，制约区域经济的持续发展。2017年2月国务院印发的《全国国土规划纲要（2016—2030年）》提出到2030年国土开发强度不超过4.62%，而我国城市群内部分城市已经超出或逼近30%的国土开发强度警戒线。因此，合理开发和高效利用国土空间，是在未来一段时期内要高度重视和解决的难题。

第二节　我国城市群自然资源协同管理的机制与政策格局

我国自然资源管理体制服务于经济社会发展需要而设置，历经多年我国应对不同时期经济社会发展需要而改革，目前，我国以自然资源部门、水利部门、生态环境部门为主导的，多部门分类管理的自然资源管理体制正在形成和发展。我国城市群的自然资源管理体制也建立在此基础上，并在城市群内自然资源协同管理体制机制上得到了补充和发展。

一、我国以自然资源部门为主导的自然资源管理体制

目前，我国以自然资源部门、水利部门、生态环境部门为主导的，实施多部门分类管理的自然资源资产管理体制正在形成和发展。

（一）以水利、自然资源、生态环境部门为主导的水资源管理体制

我国水资源管理体制从20世纪90年代开始不断趋于成熟。我国水资源管理体制格局自上而下设置，在中央省市县四级政府设置生态环境管理部门。在国家治理体系和机构改革要求下，几经分分合合，我国水资源资产管理体制格局形成了以水利部门、自然资源部门、生态环境部门为主导，农业农村、住建、发展改革等多部门分工管理的体制机制格局，这种分类管理的水资源管理体制对于保护水资源、水环境，服务于国民经济建设和居民生活需要发挥了巨大作用。

如表5-5所示的我国中央部委中，水资源管理部门（单位）权责分工，水利部门负责水资源管理的15项职能。生态环境部门负责水环境保护职责。自然资源部门负责水资源资产和水生态区划等工作。自然资源部门中的林业部门负责水的涵养和湿地水资源保护工作。农业部门负责农业用水。城建部门负责供水和污水处理工作。经信部门负责水资源循环利用和工业节水工作。发改委负责水资源项目的审批工作。长江、黄河、淮河、海河、松辽、珠江和太湖等流域水利委员会

主要负责保障长江等江河湖水资源合理开发利用和流域水资源管理、防洪抗旱工作。南水北调管理局负责中线南水北调工作。以水利部门、国土部门和生态环境部门为主导的水资源的分类管理和用途管制，提升水资源管理的效率，对于水资源的健康有序发展发挥了重要作用。

表5-5 我国水资源管理部门（单位）权责分工

部门（单位）	权责分工
水利部门	1. 负责保障水资源的合理开发利用。 2. 负责生活、生产经营和生态环境用水的统筹和保障。 3. 按规定制定水利工程建设有关制度并组织实施。 4. 指导水资源保护工作。 5. 负责节约用水工作。 6. 指导水文工作。 7. 指导水利设施、水域及其岸线的管理、保护与综合利用。 8. 指导监督水利工程建设与运行管理。 9. 负责水土保持工作。 10. 指导农村水利工作。 11. 指导水利工程移民管理工作。 13. 开展水利科技和外事工作。 14. 负责落实综合防灾减灾规划相关要求，组织编制洪水干旱灾害防治规划和防护标准并指导实施。 15. 完成党中央、国务院交办的其他任务。
自然资源部门	1. 履行全民所有的湿地、水、海洋等自然资源资产所有者职责和所有国土空间用途管制职责。 2. 负责水资源调查监测评价。 3. 负责水资源统一确权登记工作。 4. 负责水资源资产有偿使用工作。 5. 负责水资源的合理开发利用。 6. 负责土地、海域、海岛等国土空间用途转用工作。 7. 负责统筹国土空间生态修复。负责海洋生态、海域海岸线和海岛修复等工作。 8. 负责监督实施海洋战略规划和发展海洋经济。 9. 负责海洋开发利用和保护的监督管理工作。 10. 负责极地、公海和国际海底相关事务。

部门（单位）	权责分工
生态环境部门	1. 负责建立健全水生态环境基本制度。 2. 负责重大水生态环境问题的统筹协调和监督管理。 3. 负责监督管理国家减排目标的落实。 4. 负责提出水生态环境领域固定资产投资规模和方向及国家财政性资金安排意见。 5. 负责水环境污染防治的监督管理。 6. 指导协调和监督有关水生态保护修复工作。 7. 负责水生态环境准入的监督管理。 9. 负责水生态环境监测工作。 10. 统一负责水生态环境监督执法。

资料来源：国务院政府各部门网站。

（二）以自然资源部门设置的林草部门和生态环境部门为主导的林业资源管理体制

我国林业资源管理体制从 20 世纪 90 年代开始不断趋于成熟。我国林业资源管理体制格局自上而下设置，在中央省市县四级政府设置生态环境管理部门。在国家治理体系和机构改革要求下，几经分分合合，我国林业资源资产管理体制格局形成了以自然资源部门中的林业部门和生态环境部门为主导，水利、农业农村、住建、国土、发展改革等多部门分工管理的体制机制格局，这种分类管理的水资源管理体制对于保护林业资源、林业生态资源，服务于国民经济建设和居民生活需要发挥了巨大作用。

如表 5-6 所示林业资源管理的部门权责分工，林草部门负责林业资源管理的 13 项工作。生态环境部门负责林业环境保护职责。农业部门负责退耕还林等工作。住建部门负责城镇绿化和园林工作。发改委负责林业资源规划和林业资源项目的审批工作。各流域水利委员会负责流域林木水土保持、防洪抗旱工作。以林业部门为主导的林业资源的分类管理和用途管制，提升了我国林业资源管理的效率，对于我国林业资源的健康有序发展发挥了重要作用。

表5-6 我国林业资源管理部门（单位）权责分工一览表

部门（单位）	权责分工
自然资源部门中的林草部门	1. 负责林业和草原及其生态保护修复的监督管理。 2. 组织林业和草原生态保护修复和造林绿化工作。 3. 负责森林、草原、湿地资源的监督管理。 4. 负责监督管理荒漠化防治工作。 5. 负责陆生野生动植物资源监督管理。 6. 负责监督管理各类自然保护地。 7. 负责推进林业和草原改革相关工作。 8. 负责林业产业政策及标准的制定和监督。 9. 负责林业资源管理。 10. 指导全国森林公安，加强执法管理。 11. 负责落实综合防灾减灾规划相关要求。 12. 监督管理林业和草原中央级资金和国有资产。 13. 负责林业和草原科技、教育和外事工作。
生态环境部门	1. 负责建立健全林业生态环境基本制度。 2. 负责重大林业生态环境问题的统筹协调和监督管理。 3. 负责林业生态环境领域固定资产投资规模和方向及国家财政性资金安排。 4. 指导协调和监督林业生态保护修复工作。 5. 负责林业生态环境准入的监督管理。 7. 负责林业生态环境监测工作。 8. 组织开展中央林业生态环境保护督察。 9. 统一负责林业生态环境监督执法。

资料来源：国务院政府各部门网站。

（三）以自然资源、农业农村、住建部门为主导的土地资源资产管理体制

我国土地资源管理体制从20世纪90年代开始不断趋于成熟。我国土地资源管理体制格局自上而下设置，在中央省市县四级政府设置生态环境管理部门。在国家治理体系和机构改革要求下，几经分分合合，我国土地资源资产管理体制格局形成了以自然资源、农业农村、住建部门为主导，发展改革、生态环境等多部门分工管理的体制机制格局，这种分类管理的土地资源管理体制对于保护土地资源、土地环境，服务于国民经济建设和居民生活需要发挥了巨大作用。

如表5-7所示，自然资源部门负责土地资源管理的8项工作。发改委负责土地资源规划、农业产业和房地产等土地利用相关项目审批工作。住建部门负责城市用地和房地产用地相关管理工作。农业部门负责农业用地相关工作。自然资源部门中的林业部门负责林业用地管理相关工作。生态环境部门负责水土环境保护职责。以自然资源部门为主导的土地资源的分类管理和用途管制，提升了我国土地资源管理的效率，对于我国土地资源的健康有序发展发挥了重要作用。

表5-7 我国土地资源管理部门（单位）权责分工一览表

部门（单位）	职责分工
自然资源部门	1. 研究拟定并组织实施有关土地地方性法规及规章。 2. 组织编制和实施湖北省国土规划、土地利用总体规划、土地利用计划；参与核定省政府审批的城市总体规划；审核市、县（区）、乡（镇）土地利用总体规划。 3. 指导未利用土地开发、土地整理、土地复垦监督工作。 4. 制定地籍管理办法，组织湖北省土地资源利用现状调查、地籍调查、土地统计和动态监测。 5. 负责土地确权、城乡地籍、土地定级估价、登记等工作。 6. 拟定并组织实施土地使用权出让、租赁、作价出资、转让、交易和政府收购管理办法。 7. 指导农村集体非农土地使用权的流转管理。 8. 依法统一管理和监督土地资产、土地市场。
农业农村部门	1. 指导农业用地、渔业水域、草原、宜农滩涂、宜农湿地以及农业生物物种资源的保护和管理，负责水生野生动植物保护工作。 2. 拟订耕地及基本农田质量保护与改良政策并指导实施，依法管理耕地质量。
住建部门	1. 负责全区征地安置补偿资金的审核、兑付工作。 2. 负责拟订征地公告和安置补偿方案工作。 3. 负责参与因征地涉及的行政诉讼工作。
生态环境部门	1. 负责环境污染防治的监督管理。组织拟订并实施土壤污染防治政策和制度。 2. 组织拟订并监督实施自然生态环境保护和农村土壤污染防治的政策、规划。 3. 监督管理农村土壤污染防治工作。

部门 （单位）	职责分工
自然资源部门中的林草部门	1. 贯彻国土绿化方针政策和法律法规，拟订地方性林业法规和行政规章并监督实施。 2. 指导植树造林、封山育林和以植树种草等生物措施防治水土流失工作。 3. 负责指导、监督生态公益林保护和管理，水土涵养林和水土保持林建设、农村河道沿岸的绿化造林工作和湿地修复工作。
水利部门	组织湖北省水土保持工作。研究制订水土保持的工程措施规划，组织水土流失的监测和综合防治。
发改委	统筹规划土地利用，加大环境保护基础设施建设支持力度，做好服务指导和资金争取，加大中央预算内投资的争取力度，督促各地规划土地资源利用，并提供要素保障、政策处理和组织协调等各项工作。

资料来源：国务院政府各部门网站。

（四）以自然资源部门为主导的矿产资源管理体制

我国矿产资源管理体制从 20 世纪 90 年代开始不断趋于成熟。我国矿产资源管理体制格局自上而下设置，在中央省市县四级政府设置生态环境管理部门。在国家治理体系和机构改革要求下，几经分分合合，我国矿产资源资产管理体制格局形成了以自然资源、农业农村、住建部门为主导，发展改革、生态环境等多部门分工管理的体制机制格局，这种分类管理的矿产资源管理体制对于保护矿产资源，服务于国民经济建设和居民生活需要发挥了巨大作用。

如表 5-8 展示了我国矿产资源管理的权责分工，自然资源部门负责矿产资源的 11 项工作。生态环境部门负责矿区"三废"排放和环境保护职责。发改委负责矿产资源项目的审批工作。经信部门负责矿产资源循环利用和矿区清洁生产工作。林业部门负责林区矿产资源开发生态避让等工作。农业部门负责基本农田区矿产资源开发避让监督等工作。以自然资源部门为主导的矿产资源的分类管理和用途管制，提升了我国矿产资源管理的效率，对于我国矿产资源的健康有序发展发挥了重要作用。

表5-8 我国矿产资源管理中央部门（单位）权责分工一览表

部门（单位）	权责分工
自然资源部门	1. 研究拟定并组织实施有关矿产资源管理的地方性法规及规章。 2. 组织制定矿产资源管理的技术标准、规程、规范和办法。 3. 组织编制和实施矿产资源保护。 4. 监督检查矿产资源规划执行情况。 5. 依法保护矿产资源所有者和使用者的合法权益。 6. 依法管理矿产资源探矿权、采矿权的审批登记发证和转让审批登记。 7. 审查对外合作区块。 8. 承担矿产资源储量管理工作，管理地质资料汇交。 9. 依法实施地质勘查行业管理，审查确定地质勘查单位的资格，管理地勘成果。 10. 按规定管理矿产资源补偿费的征收和使用。 11. 审批评估机构资质，确认矿产资源储量评审和探矿权、采矿权评估结果。
生态环境部门	1. 对矿产资源开采进行监督保护，避免矿产资源开采而带来的环境污染和破坏。 2. 对核设施安全、放射源安全和电磁辐射、核技术应用、伴有放射性矿产资源开发利用中的污染防治实行监督管理。
发改委	加大环境保护基础设施建设支持力度，做好服务指导和资金争取，加大中央预算内投资争取力度，督促各地抓好矿产资源开发与利用、要素保障、政策处理和组织协调等各项工作。

资料来源：国务院政府各部门网站。

二、我国城市群自然资源协同管理体制机制取得积极进展

以自然资源部门为主导的我国自然资源环境的分类管理和区域协同发展，提升了我国自然资源整体的管理效率，对于保障我国资源和生态安全发挥了巨大作用。我国各城市群在水、林业、土地等资源的协同管理以及国土开发等方面做出了大量积极探索，制定了一系列城市群自然资源协同管理体制机制，加快了我国城市群一体化发展进程，为城市群区域自然资源可持续发展奠定了坚实基础，也为其他城市群自然资源管理利用提供了样板。

（一）京津冀城市群

1. 制订水资源协同管理的相关工作方案

2016 年 5 月，水利部印发实施《京津冀协同发展水利专项规划》，提出充分发挥水利对于京津冀协同发展的支撑保障与约束引导功能，着力解除京津冀区域的水资源制约问题，提高京津冀区域水资源的安全保障水平，逐渐形成区域水资源配置一体化的发展格局。2018 年 1 月，"京津冀地下水污染防治关键技术研究与工程示范"项目正式开启，项目着眼于解决京津冀区域地下水污染特性和高度敏感性问题，实施地下水污染机理及特征、污染治理、污染监测技术设施和示范工程项目的研究工作，以科技为手段防范治理京津冀地下水污染问题。2019 年 9 月，工业和信息化部、水利部、科学技术部、财政部四部门联合发布《京津冀工业节水行动计划》，该计划表明在未来的一段时期内开展京津冀工业节水的主要内容包括优化高耗水行业结构并调整行业布局、大力推广节水技术在工业企业的应用、强化节水技术的功能改造与科技创新、加强对企业用水的监控管理、深入推进非常规水源在生产活动中的利用等任务和措施。

2. 建设能源保障和科研基地

2018 年 10 月，在河北省沧州市献县初步建成了京津冀城市群首个地热资源梯级综合利用科研基地，该基地成功实现了中低温地热发电与供暖两级高效利用。2019 年 8 月挂牌的中国（河北）自由贸易试验区曹妃甸片区将发展成为京津冀地区重要能源供应保障基地，开展能源储配交易、仓储等活动。

3. 制订林业资源协同发展方案

2019 年 4 月，北京市园林绿化局印发《2019 年京津冀协同发展园林绿化重点工作分工方案》并提出以"留白增绿"为重点，在核心区和中心城市加大公园绿地、城市森林、小微绿地、口袋公园等建设，推动北京市主城区生态环境高质量建设及园林绿化高水平发展；全面加快"城市绿心"建设，高质量推动城市副中心园林绿化发展，促进京津冀园林绿化领域率先突破；深化生态环境协同治理，保障区域自然资源安全；持续推进京津冀区域重大生态工程建设，精准提升森林质量和林木数量。河北省委、省政府印发了《关于加快推进全省交通干线廊道绿化和环城林带建设的意见》《河北省国土绿化三年行动实施方案（2018—2020年）》等造林绿化文件，在河北省构建京津冀生态环境协同发展支撑区。

4. 优化国土开发格局

《京津冀协同发展规划纲要》提出，要在人口经济密集地区探索出一种优化开发的模式。2016 年 2 月，河北省人民政府印发的《河北省建设京津冀生态环境支撑区规划（2016—2020）》提出，严守资源环境生态保护红线、环境质量底线和资源消耗上限。2016 年 5 月，原国土资源部、国家发展改革委联合印发的《京津冀协同发展土地利用总体规划（2015—2020 年）》围绕推进京津冀协同发展过程中面临的资源环境的突出问题，具体讨论了产业发展、生态退耕、耕地占补等问题并明确了有关规划措施。

5. 协调开展地质工作

《京津冀协同发展规划纲要》要求充分发挥地质工作在京津冀协同发展中的基础性和先行性作用。2016 年 2 月，原国土资源部、中国地质调查局协同京津冀三省市联合签署了《京津冀协同发展地质工作研讨会会议纪要》，以保障京津冀国土资源安全和地质环境质量，正式建立京津冀地区地质工作协调机制，2015 年发布的《支撑服务京津冀协同发展地质调查报告（2015）》，从地形地貌、地质构造、地下水、气候、土地、能源、矿产、海洋、水文等方面综合考量京津冀协同发展的资源环境条件，提出按照"一网、三区、一支撑"综合部署地质调查工作，为京津冀协同发展规划的实施提供技术支撑和保障；实施《支撑服务京津冀协同发展地质调查实施方案（2016—2020）》，提出将对京津冀地区进行综合地质调查，并对京津冀地区国土资源环境承载能力进行综合评价。2017 年 9 月，京津冀三地地质矿产勘查开发局共同签订《推进京津冀三省市地质工作全面合作框架协议》，在湖泊湿地、地下水及土壤环境的保护治理修复、地质环境和地热能调查、山区地质灾害防治等领域开展广泛合作交流并提出具体要求。2019 年 8 月，京津冀三省市地矿局（地勘院）共同发布了《关于推进地质工作全面深度服务京津冀协同发展的共同声明》，京津冀将共同开展自然资源环境和地下水资源调查评价、地面沉降防控关键技术研究，在地质工作方面开展综合地质和地质安全性调查评价、地质资源环境评价体系研究等合作，共同实现京津冀三省市地质资源环境监测预警联动，开展京津冀地区地质资源环境信息平台建设。

（二）长三角城市群

1. 制订水资源协同管理相关政策和工作方案

2019 年 10 月，国家发改委正式印发《长三角生态绿色一体化发展示范区总体方案》，提出"把淀山湖等湖泊作为关键节点，围绕关键节点优化协整区域内水利开发布局"，将环淀山湖区域打造成为创新发展绿色核心。2019 年 12 月召开的太湖、淀山湖湖长协作会议审议并通过了《太湖、淀山湖湖长协作机制规则》，规定由江浙沪三省市河长办和水利部太湖流域管理局统筹谋划，共同推进太湖、淀山湖以及周边区域的协同保护和治理工作。2020 年 4 月江苏省政府发布的《〈长江三角洲区域一体化发展规划纲要〉江苏实施方案》提出，江苏省将打造长三角区域一体化发展"蓝色板块"，在联合其他省市治理跨区域水体环境方面，江苏省将持续强化长江口污染治理和重点水源地保护，严格控制陆域入海污染，将自然资源环境协同发展融入"长三角一体化"发展的进程。

2. 引领能源体制改革和能源互联发展

为治理大气污染，长三角地区推行能源体制改革、煤电升级改造、发展可再生能源和核电、保障天然气供应等措施，深度治理和解决长三角地区大气污染问题，同时也为其他地区的大气污染协同治理提供优质的解决范例。上海市、江苏省、浙江省三省市的国家电网所属电力公司在长三角地区引领能源互联发展，深入贯彻落实"长三角一体化电力先行"的区域发展要求，进行能源运输基础设施建设，携手创建能源生态圈，助力长三角区域一体化发展。2019年9月，全国首条跨省配网联络线在长三角一体化示范区内建成，形成了能源跨省合作的典型。2020年4月9日，湖州供电公司发布《融入长三角一体化能源互联协同发展行动方案》，深入推动建设长三角一体化能源互联先行示范区，在长三角区域内各城市间推行电网智能化互联互通、操作流程相互融合，制定一体化电力服务标准，引领能源互联绿色发展。2020年4月29日，浙江省、江苏省、安徽省部分供电机构和单位协同研究完成《长三角一体化能源互联先行示范区高弹性电网规划》的制定，显著提高了江浙皖三省交界地区的电力发展水平，推动长三角能源一体化建设的进程。

3. 成立促进林业资源协同发展的机构

2018年12月，国家林业和草原局成立了长三角现代林业评测协同创新中心，该中心以建立长三角区域林业资源共享平台为依托，以产学研用为重要手段大力提升长三角现代林业评测的协同创新水平、一体化水平和评测结果的智能化、精准化水平，促进长三角地区林业资源现代化协同发展。2019年4月，国家林业和草原局批准成立"长三角地区湿地公园绿色发展国家创新联盟"，提倡充分发挥湿地公园的生态、社会与经济综合效益以保障和重构长江流域生态环境，提高长三角地区生态文明建设水平。2019年3月，上海市园林科学规划研究院与江浙皖三省林业科学研究院共同签订了《长江三角洲区域一体化林业科技战略合作框架协议》，并成立了长三角区域林业科技战略合作联盟，协调推进长三角区域林地空间规划、长三角国家森林城市群构建技术研究、长江沿岸景观防护林构建及生态修复技术研究等，促进长三角林业资源高质量和协同发展。

4. 共同规划长三角生态绿色一体化发展示范区

2019年12月中共中央、国务院印发的《长江三角洲区域一体化发展规划纲要》指出，协同成立江苏省吴江区、浙江省嘉善县、上海市青浦区三处长三角生态绿色一体化发展示范区。2020 年 6 月发布的《长三角生态绿色一体化发展示范区国土空间总体规划（2019—2035 年）》草案对长三角生态绿色一体化发展示范区的国土空间规划具有重要的指导意义。这份规划由江浙沪三省市共同来编制完成，是我国首个多省级行政主体共同编制的跨省域国土空间规划。这份规划草案的形成，意味着江浙沪三省市对于示范区统一了一些规划指标和分类标准，携手树立了共同编制规划的新样板，以将示范区打造成"世界级滨水人居文明典范"。

（三）粤港澳大湾区

1. 制订水资源协同管理相关政策和工作方案

2019 年 10 月，在第八届泛珠三角区域水利发展协作会议上通过并签订了《第八届泛珠三角区域水利发展协作行动倡议》，提出要牢牢把握区域水利改革发展的新形势、全面落实水利改革发展总基调、新要求，以高标准实现粤港澳大湾区水安全保障工作的高质量完成，进一步提高泛珠三角区域水利发展协作水平。2020年 6 月，由广东粤海水务股份有限公司带头组建的粤港澳大湾区水安全联合创新中心及社会科学文献出版社共同发布《粤港澳大湾区水资源研究报告（2020）》，被称为中国首部"水利水资源蓝皮书"。该报告从水资源安全、供水标准、水环境治理三个维度对粤港澳大湾区未来水资源安全的整体形势进行探索性研究，深刻解析大湾区水利工作的开展现状、发展趋势以及供排水领域的创新前景。另外，该报告在分析水行业发展转型升级对于粤港澳大湾区发展的影响效果时，还结合运用投融资模式系统来进行分析，对促进粤港澳大湾区高质量发展的水资源政策优化提出对策思路。

2. 建设国家森林城市

2008 年，广州市在全省范围内第一个取得"国家森林城市"的称号，随后惠州市、东莞市等六个城市也陆陆续续成功建设成为"国家森林城市"，2018 年深圳市、中山市两市也通过一系列环境优化政策的实施摘得"国家森林城市"的称号。至此珠三角城市群内共有九座城市达到"国家森林城市"的建设标准。目前珠三角国家森林城市群基本成型，但仍在努力完成各项指标以达到建成的目标值。

3. 规划安排专项建设用地

2019 年度广东省土地利用计划下达，计划指标中包括全省新增建设用地 20.81万亩，其中包含计划中明确安排的专项建设用地指标 1.37 万亩。为推动粤港澳大湾区的建设发展，专项建设用地被计划用于深汕特别合作区、横琴新区（自贸区）、中韩（惠州）产业园、南沙新区（自贸区）、中新知识城 5 个重大平台建设。

2019 年 7 月，广东省推进粤港澳大湾区建设领导小组印发《广东省推进粤港澳大湾区建设三年行动计划（2018—2020 年）》，提出推动珠三角区域各市的国家级高新技术产业开发区扩容。

4. 聚焦海岸线保护与开发利用

广东省大陆海岸线长度居全国首位，全长 4114.3 千米，拥有巨大的海岸线保护和开发利用潜力。2017 年 3 月，国家海洋局颁布《海岸线保护与利用管理办法》，指出将广东省大陆岸线划分为三种类型，分别是优化利用、限制开发、严格保护，并实施分类分段精细化管控。2017 年 9 月，广东省发布《广东省海洋生态红线》，表明广东省自然岸线比例为 36.12%，超过 35% 的保有率底线。粤港澳大湾区内，广东省七个沿海各市大陆自然岸线保有率差异较大，分别为 4.71%、42.40%、11.63%、44.24%、5.14%、3.51% 和 49.06%。2017 年 10 月，广东省发布《广东省人民政府办公厅关于推动我省海域和无居民海岛使用"放管服"改革工作的意见》，提出确立海岸线使用占补制度和探索推行海岸线有偿使用制度。2017 年 11 月，广东省和国家海洋局联合印发《广东省海岸带综合保护与利用总体规划》，提出确立自然岸线占补平衡制度，进而恢复岸线的生态和自然功能。合理处理好海岸线保护与开发利用的关系，助力推进粤港澳大湾区海洋经济高质量绿色发展。

（四）长江中游城市群

1. 制订水资源协同管理相关政策和工作方案

2020 年 5 月，湖北省人民政府发布的《湖北省河湖长令第 4 号》提出实施"四大行动"保护和管理水资源：开展水质提升攻坚行动、开展空间管控攻坚行动、开展小微水体整治攻坚行动、开展能力建设攻坚行动，并要求切实改善水体质量，精细化整治湖泊，加大水生态修复力度。2018 年 12 月，湖南省发布《湖南省洞庭湖区水利管理条例》，对在洞庭湖区从事水资源保护和利用、水利工程管控及相关活动做出规定。规定在水资源利用方面，各部门应当根据水功能区的要求，优化水资源配置，加强水质监测和饮用水水源保护，满足生产、生活和生态用水；规定在水资源保护方面，禁止围垦湖泊以及向水域排放含有超标污染物的工业和生活污废水。2018 年 12 月，江西省委办公厅联合江西省政府办公厅颁布《江西省推进生态鄱阳湖流域建设行动计划的实施意见》，提出推进生态鄱阳湖流域建设的十项主要任务，解决鄱阳湖流域的水资源环境和生态平衡等问题，使得城镇化进程带来的生态压力对流域的不良影响在流域资源环境可承载能力的范围内，实现区域经济社会发展与生态文明发展相协同。

2. 建设能源保障体系

2015 年 4 月 13 日，国家发展改革委发布的《长江中游城市群发展规划》指出，重点统筹区域能源储备基地建设、完善能源网络通道、强化能源保障与安全联动。在能源储备和利用方面指出，在泛武汉城市圈、长株潭城市群和环鄱阳湖城市群内开展大型煤炭储备基地建设，加快推进建设天然气储备设施和长江中游原油储备基地；积极推动新能源、可再生能源如风能、太阳能等能源的开发和利用。

3. 优化国土空间开发格局

2013 年 2 月湖北省政府发布的《湖北省主体功能区规划》提出，要因地制宜适度组织开发活动，在资源环境承载力范围内合理进行主体功能区空间开发，避免过大的开发强度给资源环境增添负担；严格控制城市空间总面积的扩张，适度扩大交通设施空间，调整城市空间的区域分布；严格按照土地规划政策措施和耕地保护相关政策建议进行空间开发，增加农村公共设施空间。2012 年 11 月湖南省政府发布的《湖南省主体功能区规划》提出，划定生态红线以确保生态空间；控制城市空间过度扩张；严格保护耕地；增加农村公共设施空间；适度扩大交通设施空间；调整城市空间区域分布等优化空间结构；注重空间结构的完善升级，增强国土空间的开发利用效能。2013 年 2 月江西省政府发布的《江西省主体功能区规划》提出，要合理布置"三生空间"，推进城镇建设空间和工矿建设空间的集约节约利用，适度扩大城镇交通设施空间和农村公共设施空间。摒弃"摊大饼"扩张式的国土空间开发模式，更加注重国土空间结构的完善和升级。

（五）成渝城市群

1. 制订水资源保护相关规划和工作方案

2018 年 12 月，重庆市发布《重庆市水资源管理条例》，对水资源的规划、利用、监测、保护和配置以及取用水管理、节约用水等方面做出了规定，以推动水资源开发利用可持续发展。2020 年 3 月，四川省水利厅发布《2020 年全省河湖管理保护工作要点》，提出继续常态化规范化推进清理整治河湖乱采、乱占、乱堆、乱建突出问题，突出加强长江、黄河治理与保护工作，在河湖管理工作中实行暗访和督查结合的工作方法，深刻落实信息化建设、河湖划界管理、规划和制度建设等基础性工作，牢牢把握河湖管理各项重点工作，并加快推进农村水电绿色发展，助推河湖面貌改善，实现河湖治理体系和治理能力现代化。2020 年 5 月，四川省水利厅发布《2020 年四川省节约用水工作要点》，提出大力实施节水行动、全面强化水资源监督管理、统筹推进各项节约用水工作，坚持"节水优先"治水思路，积极践行水利改革发展总基调，以国家节水行动方案为统领，支持和推进节约集约的用水方式，完成年度节水目标任务。四川省持续发展河长制、湖长制的治理模式，牢牢抓稳河湖各流域联合防治，努力以现实成效维护长江黄河流域的生态平衡和高质量绿色发展。

2. 共同推进自然资源管理工作

2008 年 8 月，原国土资源部与川渝两省市人民政府共同签署《关于共同推进国土资源管理工作促进成都统筹城乡综合配套改革试验区建设的合作协议》，主要在土地规划利用、创立耕地保护机制、改革土地使用制度和监管制度等方面开展合作。

3. 制订林业资源保护相关规划和工作方案

2021 年 4 月，重庆市林业局发布了 2019 年 5 月 31 日重庆市第五届人民代表大会常务委员会第十次会议修订的《重庆市长江防护林体系管理条例》，对长江防护林体系建设提出了要求，明确了建设过程中应贯彻的方针政策和发展理念，按照不同区域类别实行分类管理，实行山水林田湖系统治理。2020 年 6 月，四川省林草局、四川省发改委等四部门联合印发《四川省天然林保护修复制度实施方案》，提出完善天然林保护修复制度，逐步建立起成熟稳定的天然林保护修复、政策保障、技术标准、监督评价等制度体系。

4. 制订和成立湿地资源保护相关规划和机构

2019 年 10 月，重庆市林业局印发 2019 年 9 月 26 日重庆市第五届人民代表大会常务委员会第十二次会议通过的《重庆市湿地保护条例》，提出湿地保护遵循严格保护、分级管理、科学利用、多方参与的原则，建立政府主导和社会共同参与的湿地保护机制，并建立湿地生态补偿机制，强调对湿地保护的生态资产价值和生态服务价值的考核。2020 年 6 月，四川省湿地保护专家委员会成立，其成立目的是为四川省湿地保护和利用提供专业咨询和政策建议，作为实施措施的参考依据。

三、我国城市群自然资源协同管理存在的主要问题

我国以自然资源部门为主导的，多部门分类管理的自然资源管理体制，为保护和利用我国自然资源发挥了重要作用，但也出现了诸多协同发展问题。这些问题也是我国城市群地区自然资源协同管理体制的缺陷所在。

（一）自然资源开发地区布局协调问题

现阶段，地方政府作为重要主体参与到城市群的生态文明协同发展的各项工

作。而地方政府参与城市群生态文明建设需要一定的人力、物力、财力投入，这种投入主要来自地方政府，因此地方政府要求分享城市群生态文明建设的收益分配，比如，自然资源开发和污染权的收益分配。在我国资源收益分配制度持续改革情况下，资源税税率提高、矿业权价款分享比例提高，省政府、市级政府和区县政府的收益分配矛盾已不是主要矛盾。目前市、县政府与省政府在资源资产开发中的主要矛盾已体现为自然资源和环境要素的使用竞争关系，如某些地区发展相对滞后，优先开发本区丰富的自然资源，快速提高本区域生产力水平是当务之急。而从城市群生态环境保护的角度，该区域生态功能重要，因此要求限制开发、甚至停止开发，这样就会出现主导城市群发展的省级政府、中心城市与市、县政府在资源环境要素用途使用上存在着争夺。如果没有利益补偿机制，城市群内生态文明建设及其协同发展的矛盾将不可避免。

（二）我国城市群水资源管理体制中存在的协调问题

1. 事权划分协调不足

我国水资源管理以水利部门为主导，自然资源、生态环境、住建、农业农村、经信等部门各司其职、分工合作，各部门均代表国家行政机关依法行使水资源管理，其法律地位和行政领导关系是平等的，不同部门之间没有领导和被领导、监督与被监督的关系①。除了水利部门的首要职能是水资源管理外，其他部门并非以水资源管理为第一职能，主要是通过对水资源开发利用来提升本部门经济效益，这使得水利部门与其他部门之间的沟通需进一步加强。水利部指导地方各级水利机关的业务活动，而地方各级水利机关由于隶属于行政区划内的地方政府管辖，各项权力均受制于地方政府的规范约束，因此地方水利机关的工作往往以扩大本地区利益为出发点，不能充分贯彻落实中央和省级政府部门的政策命令。由于水利部门作为水资源管理领域的专门机构，其行政地位和管理权限与其他行业领域的地方主管部门相平行，因此在水利部门管理水资源的过程中遇到来自平行部门的阻力时，往往需要级别更高、职权更大的上级机构下场协调，增添了水资源管理过程的步骤环节。

2. 跨行政区流域管理需进一步捋顺

水资源管理包括流域管理和行政区域管理两种模式，这两种模式的性质不同，其管理的侧重点也存在差异。流域管理基于自然地理条件的自然规划进行就近管理，而行政区域管理则基于历史和政治因素的人为划分进行分区管理。两种管理

---

① 沈晓悦. 创新我国环境管理体制的思考［A］. 中国环境科学学会 . 2007 中国环境科学学会学术年会优秀论文集（下卷）［C］. 中国环境科学学会：中国环境科学学会，2007：4.

模式的边界本不重合，然而考虑现实情况，例如，长江、黄河、海河等流域跨多个省份、多座城市，单个行政区域，也存在多条不同流域的枝干，因此在流域开发和管理的过程中会出现地方利益与流域整体利益相冲突和流域上下游、各支干管理相矛盾等问题。水利部下属的各流域水利委员会如长江水利委员会、黄河水利委员会等虽然在协调处理跨行政区流域水资源的利用、生态补偿方面起到一定的管理作用，但不属于行政机关，只负责水利部授权范围内的冲突处理，在管理跨行政区流域资源利用和污染治理中能力有限。

（三）我国城市群林业资源管理体制存在的协调问题

1. 公益性与经济性目标的协调问题

林业资源兼具公益性和经济性。在当前我国进入工业化后期阶段，我国林业资源的公益属性已经超过了其经济性，但如果林业资源离开了经济性也不利于林业资源发挥其公益属性和资产的保值增值。当前，我国林业资源的公益性和经济性还没有划分清晰，特别是一些人工次生林，其经济性如果不能体现将不利于这类林场的可持续投入。公益性林场的地位不明确也会造成这类林场的破坏。

2. 政企分开和政府与企业的协调机制有待完善

政企分开有利于林业企业自主经营，提高林业经济效益。政府与企业协同有利于政府监督林业企业保护好林业资源，提升林业资源的生态价值和社会价值。但从实际效果来看，我国林业企业与政府还存在交叠情形，存在国有林区"政企合一"问题。近几年暴露的毁林事件既有企业主动违法行为，也有政府的参与行为，部分事件是地方政府直接主导实施。从长期来看，政企分开需由政府林业主管部门直接管理林业资源中的非经营性资产（公益林）部分，有助于提高非经营性资产的效益，充分发挥国有资产管理部门在自然资源管理中的统领作用；政府国有资产管理部门通过将隶属于国有资产的林业资源中经营性资产（商品林）纳入直接管理的范畴，能掌握经营性资产的重要经济信息和技术要点，增强林业管理部门宏观调控的意识和能力。

3. 中央、省市县政府间的协调机制有待完善

我国省市县财政补贴的林区经费投入强度不同，上级政府的管控力度不同，保护的情景不同。中央财政补贴的林区林木资源保护程度依次优于省、市、县级财政补贴的林区林木资源保护程度。各地区在积极争取中央财政支持保护林区的同时，应积极依靠省、市、县级财政支持。在中央和省级财政支持保护林区的同时，要求地方配套资金，而不是仅仅依据财政来源分类投入保护林区。构建包括中央、省、市、县四级财政资金支持的林区保护资金来源体系，同时积极引入民

间资金，平衡好各地区林区财政投入强度。

（四）我国城市群土地资源管理体制存在的协调问题

1. 部门间协调统一管理机制还有待完善

土地资源管理包括调查、统计、规划、开发等环节。虽然我国确立了以自然资源部门为主导的土地资源管理体制，但没有一个协调、统一行使土地资源资产管理的部门。土地开发利益巨大，如何协调好各城市群所涉及的省、市、县土地开发规模，协调好生产空间、生活空间、生态空间用地规模和结构，这是摆在各城市群所涉及的省、市、县三级政府及各部门间的重要任务。

2. 地区间国土开发协调问题有待提高

我国主体功能区战略中的重点开发区，是我国将来城镇化的主要承载区。受多种复杂因素影响，各城市群内所涉及的省份、直辖市，及各省所辖的各地市、州，国土开发程度存在较大差距，中心城市等城市土地供应不足，城市拥挤；支点城市等城市土地供应较多，利用效率不高。如何平衡好中心城市和支点城市国土开发强度是摆在各城市群土地资源利用和投入方面的重要课题。

（五）我国城市群矿产资源管理体制存在的协调问题

矿产资源管理的目的是对矿产资源进行保护节约利用和保值增值。国土部门对矿产资源的管理范围不包括矿产品进入经济运行过程中的生产、消费和回收循环利用环节。矿产资源管理应实现向全流程的综合管理转变，兼有采掘业和加工制造业及回收循环利用等环节的全流程资源管理和价值管理。

第三节　优化城市群自然资源协同管理机制与政策的主要内容

城市群自然资源协同管理体制改革，以产权管理、用途管制、有偿使用、监测预警、监督管理制度为基础，以自然资源源头保护、节约利用、整治修复和国有自然资源管理制度为核心，构建系统完备、科学规范、有效的城市群自然资源管理制度体系，推进城市群自然资源治理体系和治理能力的现代化。通过深化城市群自然资源管理体制改革，提升城市群自然资源国家治理能力和治理体系现代化水平，推进保障国家资源安全和国土安全的现代化自然资源管理体制的实现。

一、率先完善城市群自然资源产权制度

（一）建立和完善自然资源产权制度

按照中央深化改革的总体要求，建立和完善我国自然资源产权制度，继续加快相关制度的"立、改、废"进程，继续推进综合性自然资源法律法规体系的建设，明确各类主体行使不同自然资源产权职责及其具体权利（占有权、使用权、收益权和处置权）关系，稳定产权期限。

（二）加快推进城市群自然资源统一登记进程

为推进自然资源资产统一登记的工作进程，应在不动产统一登记的基础上，建立起以统一调查、统一登记、统一信息管理与服务为核心的自然资源统一登记制度，提高登记公信力，构建现代登记运行机制，具体内容包括制定与不动产统一登记相关的配套政策制度，推动机构改革建设，推动建立起全国范围内的土地及地上附着物、草原、林业、海域等自然资源占有权、使用权等权利的确权、登记及权利流转制度。

（三）完善城市群自然资源产权管理的环境经济政策

自然资源产权管理的核心内容是自然资源资产收益、成本的经济政策。要加强自然资源产权管理中的外部性监督管理，在使用权交易过程中强化征收庇古税、生态公共产品成本收益的内生化等经济政策的应用，继续推行石油等自然资源资产的消费税改革举措，将其外部的生态环境成本等成本囊括在其消费价格中；探索生态资源利用和开发对环境影响的价值化核算，以经济价值损失量衡量过度使用自然资源和危害生态环境行为应付出的代价；加大践行可再生资源开发利用的政策补贴力度。

（四）健全城市群国家自然资源管理体制

在城市群地区要率先形成完善的国家自然资源管理体制机制，首先要界定不同属性和用途的自然资源所有权、使用权和管理权的所有者、使用者和管理者，避免部门管理上的重合；落实全民所有制自然资源所有权，并对各类全民所有的自然资源的数量、范围、用途进行统一监管，实现权利义务和责任的统一，达成所有者与经营者之间的契约关系；理顺中央与地方政府在自然资源管理中的职责，严格划定政府与市场在管理配置中的边界，该由市场发挥作用的，要坚决杜绝政府乱干预，积极发挥政府在用途管制、自然资源权益保护、不动产登记方面的作用；最后要合理划分中央与地方政府在自然资源管理权方面的事权关系，明确各自在自然资源监管中的事权和财权，形成分工明确、上下联动、协同发展的工作格局。

二、健全城市群自然资源的有偿使用制度①

在城市群地区要率先实现通过广泛的自然资源要素交易的各类市场建设，切实发挥市场在自然资源要素交易中的决定性作用，在发挥政府的调节性作用时要杜绝政府乱干预，使自然资源的交易价格客观反映自然资源的价值和代际关系。

主要包括：

一要继续深化自然资源及其产品的价格改革。使自然资源的市场交易价格不仅能反映市场供求关系和资源稀缺程度，还能体现自然资源的生态环境损害成本。

二要坚持使用资源付费和谁污染环境、谁破坏生态谁付费原则，将自然资源税扩展到占用各种自然资源及其所存在的生态空间。

三要继续推进退耕还林、退牧还草。调整严重污染和地下水严重超采区耕地用途，有序实现耕地、河湖休养生息。

四要通过提高工业用地价格，调节工业用地与居住用地比价机制。

五要坚持谁受益、谁补偿原则，建立和完善重点生态功能区生态补偿机制，推动地区间建立横向生态补偿制度。

六要通过推行碳排放权、排污权、水权交易制度，建立吸引社会资本投入生态环境保护的市场化机制，推行环境污染第三方治理。

三、健全完善覆盖城市群全域的国土空间用途管理制度

城市群空间规划和自然资源用途管理制度是我国自然资源管理制度的重要方面，有利于实现自然资源集中统一管理。该制度是在土地用途管制的基础上，按照"山水林田湖生命共同体"的原则，兼顾"陆、海、空"三维空间，建立全覆盖和立体化的城市群国土空间用途管制制度，通过对耕地、草原、林地、河流、湖泊湿地、滩涂、海面等自然资源及其资源生态空间，以及地下、深海和空域的用途管制，保障自然资源和生态系统安全、高效和可持续利用②。

一是构建城市群空间规划体系。加强主体功能区规划、国民经济发展规划、新型城镇化规划、生态规划、乡村规划、城市规划等各类规划的衔接，形成城市

---

① 马永欢，刘清春. 对我国自然资源产权制度建设的战略思考 [J]. 中国科学院院刊，2015，30（04）：503-508.

② 刊评. 履职尽责做好国土空间用途管制 [J]. 中国国土资源经济，2018，31（10）：1.

群空间规划体系①。充分发挥城市群空间规划的统筹引领作用，促进国土空间开发格局的优化。在市、县层面，以城市群土地利用总体规划为基础，探索国民经济和社会发展规划、城乡规划、土地利用总体规划"三规合一"，促进包括城市群城镇化规划在内的"多规融合"，建立功能互补，统一协调的空间规划体系。

二是建立科学合理的城市群国土空间分区制度。整合城市群所涉及的省市城镇区划、主体功能区划、生态功能区划、环境功能区划、农业区划等，综合制定国土生产空间、生活空间、生态空间分区标准，明确划定永久基本农田、城市开发边界和生态保护红线，明确各分区开发管制规则和激励约束政策。

四、健全城市群自然资源管理监督检查制度

监督检查是自然资源管理的重要方面，是提升城市群自然资源协同管理政策和措施有效性、执行力的重要内容。没有监督检查，就不能形成坚决有力的执行，就谈不上政策和管理措施的可信性和持久性②。因此，城市群自然资源协同管理中应重视监督检查制度的建立，保证城市群自然资源协同管理与自然资源保护的有效性。

在城市群内，实行独立而协同统一的自然资源监管机制，健全"统一监管、分工负责"和"国家监察、地方监管、单位负责"的监管体系。其中，重点关注城市群土地、森林、水、矿产资源等重要自然资源协同管理，在城市群内创新建立自然资源负债表编制和领导干部离任审计制度。厘清城市群所涉及的省、市、县各自的职责，合理划分不同层级政府的事权和职能，按照减少层次、整合队伍、提高效率的原则，有序整合不同领域、不同部门、不同层次的监管力量，合理配置执法力量，有效进行生态环境监管和行政执法。不定期、不定时检查和发现城市群自然资源开发、利用、转让过程中的安全、生态、环保等问题，并制止不法行为，明确造成危害的相关管理部门也应承担相应的责任。在充分发挥行政机关对自然资源开发、利用、监管作用的同时，应当充分发挥中介机构、社会公众对自然资源开发、利用的监督作用。

①　马永欢，黄宝荣，陈静，等. 荷兰兰斯塔德地区空间规划对我国国土规划的启示 [J]. 世界地理研究，2015，24（01）：46-51+67.

②　何金祥. 简论澳大利亚国土资源管理的发展趋势（下）[J]. 国土资源情报，2009（06）：2-7.

第六章

健全和完善我国城市群绿色协同转型发展的机制与政策

我国城市群资源环境可持续发展的问题，在很大程度上是源于我国的"三高一低"产业在城市群和中心城市的大规模密集布局问题。推进城市群生态文明发展的根本之策是推进产业的绿色化转型升级，实现生产方式的绿色化、循环化、低碳化。本章将总结和归纳我国城市群产业绿色转型发展取得的巨大成就和仍然存在的问题，解析我国城市群绿色转型发展的体制格局和绿色协同发展存在的主要问题，提出推进我国城市群绿色协同转型发展的对策建议。

第一节　我国城市群绿色转型发展的形势

我国正处于全面向工业化后期转型的发展阶段，产业结构的绿色化转型升级是这一阶段高质量发展的重要体现。党的十九大确立了"建立健全绿色低碳循环发展的经济体系"战略部署，深入推进我国绿色发展。绿色发展是建设现代化经济体系的需要，也对城市群高质量发展提出要求。

一、我国城市群绿色转型发展取得巨大成就

绿色发展是我国城市群高质量发展的基本原则，并在各城市群规划中体现。城市群是我国产业发展的密集地区，也是推进产业绿色转型发展的主要地区。近年来，我国各类城市群率先推进绿色发展，在绿色转型发展的各个方面已取得不错成绩。

（一）产业结构升级取得较大发展

绿色发展的根本举措是实现产业升级。产业升级的重要表现是实现高新技术产业产值的增加。如表6-1所示，2018年，京津冀城市群的北京市、天津市、河北省三个省级单元的第二、第三产业比重分别为18.6%和81.0%、40.5%和

58.6%、44.5%和46.2%，根据工业化实现阶段的标准进行划分，京津冀城市群总体上处于后工业化阶段。在长三角城市群中，上海市、江苏省、浙江省、安徽省四个省级单元中，上海市、江苏省、浙江省均处于后工业化阶段，安徽省则处于工业化中期，产业结构升级程度稍弱于长三角城市群的其他地区。另外，上海第二、第三产业比重分别为29.8%和69.9%，第三产业占比量明显大于"三省一市"的其他地区。珠三角城市群中广东省的第二、第三产业比为41.8%和54.2%，城市群总体处于后工业化阶段，其中深圳市和广州市的第三产业产值比重分别高达71.7%和58.8%。长江中游城市群的湖北省和湖南省同处于后工业化阶段，江西省则处于工业化后期阶段，其第二产业的比重46.6%仍大于第三产业的比重44.8%。在成渝城市群中，虽四川省和重庆市同处于后工业化阶段，但四川省的第一产业占地区生产总值比重大于10%。

随着经济发展和科技创新能力增强，城市群的高新技术产业占地区生产总值的比重也逐年增加，推动实现我国经济的高质量发展。根据2018年相关数据，珠三角城市群的高新技术产业最发达，该产值在地区生产总值的占比高达48.0557%。长三角城市群和成渝城市群的区域高新技术产业产值占比在五大跨区域型城市群中处于较高水平，区域内平均产值比例达19.5132%和21.5597%。京津冀城市群的北京市、天津市引导地区高新技术产业稳步发展，其产值占比分别为17.5251%及14.1780%，但河北省的高新技术产值占比在五大跨区域型城市群里最低。在长江中游城市群中，江西省的高新技术产值占比最高，接近上海市水平，湖南省的高新技术产值占比最低，仅为9.6713%。

表6-1　我国五大跨区域型城市群2018年产业结构比

城市群	省（直辖市）域	三次产业比（%） （地区生产总值＝100）	高新技术产业营业收入占地区生产总值比重（%）
京津冀 城市群	北京市	0.4：18.6：81.0	17.5251
	天津市	0.9：40.5：58.6	14.1780
	河北省	9.3：44.5：46.2	4.4319
长三角 城市群	上海市	0.3：29.8：69.9	23.1529
	江苏省	4.5：44.5：51.0	28.2515
	浙江省	3.5：41.8：54.7	13.3328
	安徽省	8.8：46.1：45.1	13.3154

城市群	省（直辖市）域	三次产业比 （地区生产总值=100）	高新技术产业营业收入占地区生产总值比重（%）
珠三角 城市群	广东省	4.0：41.8：54.2	48.0557
	其中：广州市	1.0：27.3：71.7	/
	深圳市	0.1：41.1：58.8	/
长江中游 城市群	湖北省	9.0：43.4：47.6	11.0256
	湖南省	8.5：39.7：51.8	9.6713
	江西省	8.6：46.6：44.8	21.6216
成渝 城市群	四川省	10.9：37.7：51.4	17.0679
	重庆市	6.8：40.9：52.3	26.0514

数据来源：《2019年中国统计年鉴》《2019年中国科技年鉴》。

（二）产业效率取得较大进步

人均地区生产总值和工业成本利润率是衡量产业效率的重要因素。如表6-2所示，2018年，京津冀城市群中，北京市、天津市和河北省的人均地区生产总值分别为140211元、120711元和47772元，工业成本费用利润率则分别为7.3968%、7.2132%和5.9870%。与北京市、天津市相比，河北省的产业效率有待提高。在长三角城市群中，上海市和江苏省的人均地区生产总值均超过10万元，远超于安徽省的47712元；同时，上海市的产业效率在长三角城市群中最高，其工业成本费用利润率将近达到10%，而江苏省、浙江省、安徽省均低于7%，经济效率有待提高。珠三角城市群的广东省人均地区生产总值和工业成本费用利润率分别为86412元和6.4338%，其中广州市、深圳市的人均生产总值远高于全省的平均水平，且高于五大跨区域型城市群的其他省市。长江中游城市群三省的产业效率则比较平均，在人均地区生产总值和工业成本费用利润率方面都没有太大差距。最后，在成渝城市群中，四川省和重庆市的产业效率不相上下，两地区的经济水平相近。

从这两个方面看，在五大跨区域型城市群内，人均地区生产总值前五依次分别是北京市、上海市、天津市、江苏省和浙江省，工业成本费用利润率前五依次分别是上海市、北京市、江西省、四川省、天津市。在以城市群为整体进行比较时，五大跨区域型城市群的产业效率由高到低前三位依次是京津冀城市群、长三角城市群和珠三角城市群；长江中游城市群和成渝城市群的产业效率相差不大，均整体弱于前三个城市群，还有待进行产业升级，提高产业效率。

表 6-2　我国五大跨区域型城市群 2018 年产业效率

城市群	省（直辖市）域	人均地区生产总值（元）	工业成本费用利润率
京津冀城市群	北京市	140211	7.3968
	天津市	120711	7.2132
	河北省	47772	5.9870
长三角城市群	上海市	134982	9.2173
	江苏省	115168	6.9113
	浙江省	98643	6.6615
	安徽省	47712	6.5837
珠三角城市群	广东省	86412	6.4338
	其中：广州市	153373	/
	深圳市	185942	/
长江中游城市群	湖北省	66616	6.9244
	湖南省	52949	5.2781
	江西省	47434	7.2260
成渝城市群	四川省	48883	7.1672
	重庆市	65933	6.5285

数据来源：《2019 年中国统计年鉴》。工业成本费用利润率=规模以上工业企业利润总额/（营业成本+三项期间费用）；三项期间费用为销售费用、管理费用、财务费用。

（三）资源能源节约显著推进

随着我国各大城市群都加快转型提升、创新发展的速度，城市群产业结构的升级和产业效率的提高直接提高了资源能源的经济效率，但根据城市群经济发展水平和产业结构的不同，城市群的资源能源经济效率也大有不同。本书以单位国内生产总值能耗（吨标准煤/万元）和单位国内生产总值水耗（立方米/万元）衡量地方资源能源的经济效率。

如表6-3所示，2018年，我国京津冀城市群的北京市、天津市、河北省的资源能源经济效率有较大不同：经济最发达、产业结构升级水平较高的北京市的单位国内生产总值能耗和水耗都大大低于天津市和河北省；天津市的单位国内生产总值能耗约为北京市的2倍，但水耗程度相当；而河北省的单位国内生产总值能耗和水耗都远超于北京市和天津市，单位国内生产总值能耗分别是北京市和天津市的4倍和2倍，单位国内生产总值水耗也接近于其他两市的4倍。

长三角城市群三省一市的单位国内生产总值能耗水平相差不大，单位国内生产总值水耗的程度则大有不同。其中上海市和浙江省的单位国内生产总值水耗水平相近，江苏省的水耗程度约为上海市和浙江省的两倍，而安徽省的水耗则更甚，达到了上海市和浙江省水耗程度的3倍。

珠三角城市群资源能源经济效率较高，其单位国内生产总值能耗低于北京市，单位国内生产总值水耗则与上海市和浙江省相近。值得注意的是，深圳市的单位国内生产总值能耗和水耗均大大低于五大跨区域型城市群里的其他省市，其单位国内生产总值水耗更是只有北京市的2/3。

长江中游城市群的三省能耗程度相当，总体的能源效率处于中等水平；江西省单位国内生产总值水耗远高于五大跨区域型城市群的其他省市，加之湖北省和湖南省的水资源效率也不高，因此长江中游城市群的水资源效率明显偏低。在成渝城市群中，四川省和重庆市的单位国内生产总值能耗水平相当，重庆市的水资源效率则高于四川省。

根据表6-3，可以得知我国五大跨区域型城市群的资源能源经济效率差距较大。能源效率保持较高平均水平的是珠三角城市群，其区域单位国内生产总值能耗低至约0.2273吨标准煤/万元，相较于其他城市群能源效率最高；水资源效率较高的是京津冀城市群。在五大跨区域型城市群中，整体资源能源经济效率最差的是长江中游城市群，其单位国内生产总值水耗均值远高于其他城市群，且其单位国内生产总值能耗在五大跨区域型城市群中也处于中等偏下水平。最后，城市群普遍存在资源能源经济效率不均衡的问题，如京津冀城市群的河北省、长三角城市群的安徽省、珠三角城市群的粤西地区、长江中游城市群的江西省以及成渝城市群的西南地区等地区，资源能源经济效率远低于城市群里的其他区域，造成部分区域资源能源承载力过重。

表 6-3 我国五大跨区域型城市群 2018 年资源能源经济效率

城市群	省（直辖市）域	单位国内生产总值能耗（吨标准煤/万元）	单位国内生产总值水耗（立方米/万元）
京津冀城市群	北京市	0.2353	12.9618
	天津市	0.4259	15.0986
	河北省	0.8438	50.6522
长三角城市群	上海市	0.3629	31.6403
	江苏省	0.3394	63.9341
	浙江省	0.3742	30.9268
	安徽省	0.4350	95.2450
珠三角城市群	广东省	0.2273	34.5197
	其中：广州市	0.2608	28.1723
	深圳市	0.1764	8.5460
长江中游城市群	湖北省	0.4356	75.4194
	湖南省	0.4439	92.5169
	江西省	0.4091	114.0790
成渝城市群	四川省	0.5132	63.6951
	重庆市	0.4687	37.9115

数据来源：《2019 年中国统计年鉴》《2019 年广东省统计年鉴》。

（四）污染减排取得较大成就

自党的十八大以后，生态文明建设被放在"五位一体"总体布局的重要位置上，各项政策和制度的落实，都有效提高了各项污染减排效率。

如表 6-4 所示，在京津冀城市群中，北京市的大气污染物（二氧化硫及粉尘）排放效率远高于其他省市，单位国内生产总值废水排放量也处于全国较低水平；但城市群内的河北省污染排放效率不容乐观，其单位国内生产总值废水排放量处于全国中等水平，而单位国内生产总值二氧化硫及单位国内生产总值粉尘排放量高居五大跨区域型城市群之首，远远超过其他省市的排放量。在长三角城市群中，三省一市的单位国内生产总值废水排放量相差不大，其中浙江省的废水排放效率最低；大气污染方面，三省一市的水平相差则较大。安徽省的大气污染物排放效率最低，其单位国内生产总值二氧化硫和单位国内生产总值粉尘的排放量是城市群区域内效率最高的上海市的 14 倍和 6.5 倍。珠三角城市群的单位国内生产总值废水排放量高达 9.0670 吨/万元，高于五大跨区域型城市群其他省市，仅次于重庆市；另外，珠三角城市群的大气污染物排放效率则相对较高，仅次于北京市的排放效率。长江中游城市群和成渝城市群的单位国内生产总值废水排放量水平持平，均处于全国较高水平；大气污染物排放效率则不尽相同，长江中游城市群的单位国内生产总值二氧化硫排放量低于成渝城市群，而单位国内生产总值粉尘排放量则高于成渝城市群。其中，长江中游城市群里的江西省的单位国内生产总值粉尘排放量高居五大跨区域型城市群的第二位，成渝城市群中的重庆市的单位国内生产总值二氧化硫排放量则高居五大跨区域型城市群的第二位。

表 6-4 我国五大跨区域型城市群 2018 年污染减排效率

城市群	省（直辖市）域	单位国内生产总值废水排放量（吨/万元）	单位国内生产总值二氧化硫排放量（千克/万元）	单位国内生产总值粉尘排放量（千克/万元）
京津冀城市群	北京市	4.3927	0.0663	0.0673
	天津市	4.8268	0.2556	0.3466
	河北省	7.0448	1.6729	2.2319
长三角城市群	上海市	6.4857	0.0566	0.1438
	江苏省	6.2119	0.4435	0.4221
	浙江省	8.0775	0.3390	0.2730
	安徽省	7.7928	0.7845	0.9358
珠三角城市群	广东省	9.0670	0.2845	0.2681
	其中：广州市	6.8082	0.2275	0.0354
	深圳市	7.1258	/	/
长江中游城市群	湖北省	6.9270	0.5591	0.4776
	湖南省	8.2514	0.5891	0.5686
	江西省	8.6133	0.9802	1.2713
成渝城市群	四川省	8.9099	0.9565	0.5507
	重庆市	9.8549	1.2444	0.4091

数据来源：《2019 年中国统计年鉴》《2019 年广东省统计年鉴》《2019 年广州市统计年鉴》《2019 年深圳市统计年鉴》。

二、我国城市群绿色转型发展程度仍有待提高

我国生态文明建设已经进入国家发展的中心议程，环境保护上升到政治高度，环保督察趋严，以致我国制造业面临巨大压力，纷纷探索向绿色转型发展的路径和方法。当前，我国城市群绿色转型发展已取得了巨大的成就，但从很多方面的表现看来，城市群绿色转型的困难仍然严峻，绿色转型发展程度仍有待提高。

（一）部分地区产业结构仍处于低水平

由表6-1，虽根据工业阶段划分，表上大部分省市处于后工业化阶段，少数处于工业后期阶段，但实际上，除了北京市、上海市和广州市的三次产业结构和发展现状比较符合后工业化阶段的划分标准，其余省市的第二、第三产业比例实际上近乎1：1，仍有发展滞后的问题。在五大跨区域型城市群中，安徽省、长江中游城市群和成渝城市群的产业结构仍凸显了"偏重偏化"、经济发展相对滞后的特征。以长江中游城市群为例，其绿色转型发展程度还不太高，采矿业等资源型产业仍是长江中游地区的重要产业，部分地区对资源型产业的依赖程度高，采矿业及其相关高能耗、高污染产业，破坏了当地的生态环境。结合表6-4，相应的，安徽省、长江中游城市群和成渝城市群的污染排放效率在五大跨区域型城市群中属于低水平。如长江中游城市群的江西省，其单位国内生产总值废水排放量高达8.6133吨/万元，约为北京市废水排放量的2倍；其单位国内生产总值二氧化硫、单位国内生产总值粉尘排放量数值，竟分别高达北京市单位国内生产总值大气污染物排放的15倍和19倍。在推进城市群产业绿色转型发展的过程中，应稳步推进这些产业结构问题突出的地区有序转型，在城市群的布局中，也要注意产业布局合理。

（二）城市群内绿色转型程度不均衡

在城市群中，经济发展程度较高的省市，通常绿色转型程度较高；而经济较为滞后的省市，其绿色转型发展还有很大提高的空间。综合以上四个表格进行分析，可以发现城市群内绿色转型程度严重不均衡，每个城市群中都有经济发展较为滞后、且其产业结构、产业效率仍有待提高的地区。

如京津冀城市群的河北省，该省在城市群内的经济发展程度最低，污染排放经济效率处在五大跨区域型城市群中最低，大气污染十分严重，其工业成本费用利润率也处于较低水平；长三角城市群的安徽省，在以上多项指标的比较

中也跟不上其他省市的步调，其产业结构仍存在滞后问题；长江中游城市群的江西省，在产业绿色转型方面仍有较大问题，除了产业结构不太合理，其资源效率在五大跨区域型城市群中几近最差，其单位国内生产总值水耗达到114.0790立方米/万元，是单位国内生产总值水耗最低城市北京市的9倍之多。在地区绿色转型程度不均衡的情况下，促进城市群的融合发展可以有效推动落后地区的绿色转型。

切实推动和加强城市群内各区域的合作，发挥各区域的比较优势，统筹规划、联动发展，减少产业同质化程度。对城市群进行总体规划和重大产业布局过程中，要推动制定城市群一体化的严厉环保规制，制定统一的产业发展环保目录，协同控制高耗能、高污染的工业项目的开展和运营，倒逼高污染、高能耗的企业加快环保科技创新与产品升级。

（三）科学创新带动产业绿色升级比例仍较低

绿色产业企业的一大特点就是聚焦于科技创新和自主创新能力，通过技术创新提升企业全要素生产率，因此应在优化产业结构的基础上，引导激发企业对绿色技术的自主创新能力，从而大力提高资源能源的经济效率。在经济建设中，我国十分重视科技创新带动绿色产业发展，并推动生态文明建设。但当前我国以科技创新带动产业绿色升级的比例并不高，大部分地区的创新带动发展绿色产业仍停留在比较表面的程度，高新技术产业的产值占比较低，且无法实效提高资源能源经济效率。如表6-1所示，珠三角城市群的高新技术产业产值占比最高，可达到48.0557%；但与此同时，京津冀城市群和长江中游城市群的高新技术产值占比在五大跨区域型城市群内仍处于较低水平，其中河北省的高新技术产值占比仅为4.4319%，湖南省为9.6713%，在五大跨区域型城市群中是仅有的两个高新技术产值占比低于10%的省份。根据表6-3，五大跨区域型城市群的资源能源经济效率也是参差不齐，其中单位国内生产总值能耗、单位国内生产总值水耗最高和最低的省市分别是河北省和广东省、江西省和北京市。城市群一体化协同发展过程中，应积极构建一体化创新体系，引导创新要素向企业集聚，在各大城市群优化产业结构的基础上，加强统筹规划，推动区域产业绿色升级。

第二节 我国城市群绿色转型协同发展的
机制与政策格局

我国正处于全面向工业化后期转型的发展阶段，绿色协同发展的体制机制逐渐完善和建立。我国城市群绿色转型发展整体呈现出以中心城市引领的绿色转型发展格局和以城市群产业有序分工合作的城市群绿色转型空间格局，整体呈现出绿色协同转型稳步发展态势，但同时也存在一些协同发展的不均衡和体制机制障碍，制约着我国城市群绿色转型协同发展。

一、以中心城市引领城市群绿色转型发展格局

在推进产业结构升级的城市群格局中，中心城市居于标杆地位。比如：京津冀城市群中北京市、天津市和河北省的第三产业比重分别为81.0%、58.6%和46.2%；长三角城市群中上海市、江苏省、浙江省、安徽省第三产业比重分别为69.9%、51.0%、54.7%和45.1%；珠三角城市群中广州市和深圳市的第三产业比重分别为71.75%、58.8%，远高于广东省54.1%的总体水平。整体呈现出中心城市的第三产业结构比重高于城市群中的其他地区的情形，呈现出内核—外延的分布格局。

在产出效率方面，中心城市的人均国内生产总值和规模以上工业企业成本费用利润率均显著高于城市群其他地区。比如：2018年，京津冀城市群中北京市、天津市和河北省的人均国内生产总值分别为14.02万元、12.07万元、4.78万元；长三角城市群中上海市、江苏省、浙江省、安徽省人均国内生产总值分别为13.50万元、11.52万元、9.86万元、4.77万元；珠三角城市群中广州市和深圳市的人均国内生产总值分别为15.34万元、18.59万元，远高于广东省8.64万元的总体水平。2018年，京津冀城市群中北京市、天津市和河北省的规模以上工业企业成本费用利润率分别为7.40%、7.21%、5.99%；长三角城市群中上海市、江苏省、浙江省、安徽省规模以上工业企业成本费用利润率分别为9.22%、6.91%、6.66%、6.58%。整体呈现出中心城市的产出效率高于城市群中的其他地区的情形，呈现出内核—外延的分布格局。

在资源能源节约方面，中心城市的单位国内生产总值能耗和单位国内生产总值水耗显著低于城市群其他地区。比如：2018年，京津冀城市群中北京市、

天津市和河北省的单位国内生产总值能耗分别为 0.24 吨标准煤/万元、0.43 吨标准煤/万元、0.84 吨标准煤/万元；长三角城市群中上海市、江苏省、浙江省、安徽省的单位国内生产总值能耗分别为 0.36 吨标准煤/万元、0.34 吨标准煤/万元、0.37 吨标准煤/万元、0.43 吨标准煤/万元；珠三角城市群中广州市和深圳市的单位国内生产总值能耗分别为 0.26 吨标准煤/万元、0.18 吨标准煤/万元，远低于广东省 0.37 吨标准煤/万元的总体水平。2018 年，京津冀城市群中北京市、天津市和河北省的单位国内生产总值水耗分别为 12.96 立方米/万元、15.10 立方米/万元、50.65 立方米/万元；长三角城市群中上海市、江苏省、浙江省、安徽省单位国内生产总值水耗分别为 31.64 立方米/万元、63.93 立方米/万元、30.93 立方米/万元、95.25 立方米/万元。整体呈现出中心城市的资源能源节约效率高于城市群中的其他地区的情形，呈现出内核—外延的分布格局。

在污染减排方面，中心城市的单位国内生产总值废水排放量和单位国内生产总值二氧化硫、单位国内生产总值粉尘排放量显著低于城市群其他地区。比如：2018 年，京津冀城市群中北京市、天津市和河北省的单位国内生产总值废水排放量分别为 4.39 吨/万元、4.83 吨/万元、7.04 吨/万元；长三角城市群中上海市、江苏省、浙江省、安徽省单位国内生产总值废水排放量分别为 6.49 吨/万元、6.21 吨/万元、8.08 吨/万元、7.79 吨/万元；珠三角城市群中广州市和深圳市的单位国内生产总值废水排放量分别为 6.81 吨/万元、7.13 吨/万元，远低于广东省 9.07 吨/万元的总体水平。2018 年，在京津冀城市群中北京市、天津市和河北省的单位国内生产总值二氧化硫排放量分别为 0.07 千克/万元、0.30 千克/万元、1.67 千克/万元；长三角城市群中上海市、江苏省、浙江省、安徽省单位国内生产总值二氧化硫排放量分别为 0.06 千克/万元、0.44 千克/万元、0.34 千克/万元、0.78 千克/万元。整体呈现出中心城市的污染排放量低于城市群中的其他地区的情形。

二、以城市群产业有序分工的城市群绿色转型空间格局

根据经济社会发展的需要，我国城市群内部需要对原有的行政区划做出适当的调整，拓展中心城市空间，优化区域中心城市布局，探索建立降低城市群行政运行成本的城市群城市行政管理创新模式。当前城镇化建设深入推进，在城市群内部均形成了辐射带动整个区域经济发展的中心城市。增强中心城市核心竞争力和辐射带动能力，明确和确定各支点城市、卫星城市的功能分工和产

业布局，推动城市群内超大特大城市的非核心功能向周边中小城市、城镇疏解，推动中小城市增强承接中心城市产业转移的能力，促进城市间的功能互补和经济联系，构建大中小城市和小城镇产业特色鲜明、区域优势互补的发展格局，形成集约高效、优势互补的城市群产业分工体系，提高城市群的整体竞争力。

支点城市、卫星城市是在我国城市群范围内，与中心城市在生产、生活等方面有着密切联系的城市，具有吸收中心城市的富余劳动力、承接中心城市非重点产业转移的功能。支点城市、卫星城市与中心城市之间是依托与带动、下游与上游的关系，大型城市周边的中小城市要加强与中心城市发展的统筹规划与功能配套，逐步发展成为支点城市和卫星城市。加强生态文明协同发展的城镇建设，就要推动中心城市的部分功能向支点城市和卫星城市疏散，有效控制中心城市新增建设用地规模，增强具有一定发展前景和人口容纳能力的支点城市和卫星城市建设用地供给。发挥卫星城市在功能协同、产业承接、人才引入、市场扩大等方面的联结作用，促进城市群内不同功能、不同规模城市的协同发展。

以武汉市为例，作为国家中心城市和长江中游城市群的中心城市，其卫星城市包括黄冈市、鄂州市、黄石市、孝感市、天门市、潜江市、咸宁市、仙桃市周边八个城市。同时武汉市作为中部重要的工业化城市，已经处于工业化的高级阶段。因此，经过长期演变发展，武汉城市圈内各卫星城市形成了以下职能结构与产业分工：黄石市区为港口工业城市和加工制造业基地；鄂州市区为新型工业城市、河港及二级物流中心；黄冈市区为城市圈的次级物流中心、轻型工业城市以及基础教育与职业技术教育基地；孝感市区为农矿产品物流基地和轻重工业协调发展的城市；咸宁市区为区域性物流中心和以生态经济为主要方向的生态城市；仙桃市区为轻型工业城市和综合性的区域次级物流中心；潜江市区为工业城市和综合性的区域次级物流中心；天门市区为轻型工业城市、区域次级物流中心和汉江下游重要的水运枢纽。可以看出，武汉市各卫星城市均延续了中心城市的工业和物流产业布局，转移了上游城市的部分产业发展压力，构建了城市圈内的一体化物流网络，实现武汉城市圈产业协同发展。

京津冀、长江三角洲、珠江三角洲、长江中游、成渝城市群五大跨区域型城市群沿海沿江布局，不仅带动城市群内部区域经济社会发展，也带动和引领其他城市群、经济带乃至全国范围内的区域经济社会发展。

（一）京津冀城市群

京津冀城市群是我国北部发展最为成熟的城市群，也称为"首都圈"。城市群内的京津唐工业基地是我国第二大的综合性工业基地，基地包含了钢铁、机械、化工、电子、纺织等工业。之前京津冀的工业结构地域发展十分不平衡，主要集中在北京市、天津市等中心城市，河北省及周边工业发展较为落后，经过国家的产业转移战略，将位于京津的大型工业企业向河北省周边转移，使得河北省周边的工业产业得到巨大发展，但由于大量重、高污染的工业企业向河北省周边转移，且人才技术落后，工业产业技术水平较低，防污意识淡薄，导致河北省环境污染尤其是大气污染极其严重，为京津等核心城市承担了过多的污染压力。

北京市、天津市是京津冀城市群的中心城市，也是城市群协同发展的主要引擎。北京市兼具首都功能和全国中心城市地位，是全国政治中心和文化中心。长久以来，北京市以其强大的文化软实力和政治地位，吸引了全国范围内的优质资源，带动京津冀地区一体化发展。当前北京市着眼建设世界城市，大力推动人文北京建设，增强国际影响力和国际化程度；推动北京市科技创新驱动能力，打造中关村国家自主创新示范园区，将北京市建设成为国家创新型城市；推动绿色北京建设，提升北京市人居环境质量，将北京市建设成为宜居型城市。

天津市是北方经济中心，在历史上也是重要的港口城市和对外开放的重要门户。在国际化大背景下，天津市大力推进国际港口城市建设，加强对外开放水平，并建立先进制造业产业基地和技术研发转化基地，打造成为国际物流中心和北方国际航运中心；注重生态城市建设，构筑高水平的产业结构，增强辐射带动区域发展的能力。推动京津冀城市群协同发展，要进一步加强京津联动，全方位拓展中心城市间合作广度和深度，共同发挥对周边中小城市的辐射带动作用，建设世界级城市群。

（二）长江三角洲城市群

长江三角洲地区的工业行业规模较为集中，以中型规模工业企业为主，工业地域分布较为平衡。我国四大传统工业基地之一的沪宁杭工业基地是我国第一大的综合性工业基地，轻、重工业都很发达，也是我国历史最为悠久、规模最为庞大、结构最完整、技术水平和经济效益最高的综合性工业基地。总体来说，长江三角洲工业基地各项工业产业发展较为平衡，工业结构完善。近几年来，长江三角洲城市群大力发展高新科技工业产业，上海张江国家自主创新示范区和苏州工业园区等高新技术园区均位于我国前列。

上海市、南京市、杭州市、合肥市是长三角城市群的中心城市。上海市以建设国际经济、贸易、金融、航运中心和国际大都市为目标，发展其现代服务业和先进制造业，辐射带动长三角城市群、长江经济带和全国发展。南京市建设先进制造业基地、全国重要的现代服务业中心和国家创新型城市，打造区域性的金融和教育文化中心。南京市建设成为全国重要的科技创新基地、文化创意中心。合肥市发挥独特的科技创新优势，与南京都市圈协同发展，打造成为东中部区域都市圈协调发展的典范。发挥上海市、南京市、杭州市、合肥市等中心城市的引领作用和苏浙皖各地区的比较优势，提高长三角城市群的一体化水平，推动长三角城市群各城市之间的高效协调联动，共同打造长三角城市群高水平区域协调发展新格局。

（三）珠江三角洲城市群

珠江三角洲的工业行业规模集中度中等，差异不大，存在着"大而全""小而全"的工业模式工业体系模式。但地区工业产业发展不平衡程度较高，轻工业发展较为发达，以"华强北商业区"为主导的产值占全国电子工业产业的约20%，还有著名的珠江三角洲工业基地，是中国经济国际化或外向化程度最高的工业地区。珠江三角洲的地理区位优势使得该区域充分利用丰富的劳动力资源和低廉的地价条件，就近接受港澳地区产业的扩散和国际资本及技术的涌入，利用港澳贸易渠道转口大量出口商品，参加广泛的国际分工。但近年来随着其工业化和城市化的快速发展，人口红利慢慢消失，失去了成本优势的珠江三角洲，以小加工厂为主的轻工业产业逐渐开始转型。

珠三角城市群以广州市、深圳市为中心城市，推进珠三角区域经济一体化。广州市作为省会城市和中心城市，充分发挥要素集聚、文化引领、科技创新和综合服务等功能，优化产业布局和功能分区，全力建成珠三角一小时通勤圈，将广州市建设成为服务全国、面向世界的国际大都市。深圳市作为经济特区的窗口、改革开放试验田和示范区，充分发挥研发创新、高端服务等功能，不仅已经是国家创新型城市和全国经济中心城市，而且将建成中国特色社会主义示范市。广州市、深圳市发挥中心城市的辐射带动作用，充分发挥区位优势，促进高端要素高效配置，优化珠三角地区空间布局，加快形成珠三角城市群产业功能协调发展新格局。

（四）长江中游城市群

长江中游城市群工业发展相比长江三角洲、京津冀城市群较晚，仅仅处于工业化中期阶段，工业企业所占比例较大，规模以上工业企业众多，而城市圈最为核心的武汉城市圈是工业生产的聚集地，规模以上工业企业数量占全省的近九成，其中重工业以及高能耗产业较多。工业地域发展过于集中，城镇和城镇以外工业发展水平差距大，导致中心城市污染十分严重，超过了其资源环境承载力。

长江中游城市群构建多中心协调发展格局。以武汉市、长沙市、南昌市为中心城市，协调带动武汉城市圈、环长株潭城市群、环鄱阳湖城市群联动发展。武汉市发挥科教优势和产业优势，提升国际化水平，加快建设全国重要的交通通信枢纽、区域性经济中心和科技教育中心，强化辐射引领作用，加快武汉城市圈一体化建设。长沙市依托现有国家级开发区和产业基地，增强产业集聚能力，促进产业高端化发展，强化科技教育、文化创意、商贸物流等功能，打造中部地区重要的先进制造业基地、综合交通枢纽和现代服务业中心，把环长株潭城市群建设成为现代化生态型城市群。南昌市发挥省会的要素集聚、科技创新和综合服务功能，全面提升都市现代化、国际化水平，优化文化引领和交通功能，辐射和带动周边地区协同发展，建设鄱阳湖生态经济区，把环鄱阳湖城市群建设成为大湖流域生态人居环境建设示范区和低碳经济创新发展示范区。

（五）成渝城市群

成渝城市群机械制造、汽车产业、化工、医药、冶金、能源、军工等产业发展基础较好，体系较为完整。其中，重庆市交通设备制造业发展比重较大，成都市通信制造、化工等产业发展形势良好。除成都市、重庆市双核之外，成渝城市群其他城市产业发展相对滞后，城市间的协调分工不足。

成渝城市群产业分工要继续发挥集聚效应，促进城市间的产业合作与分工。重庆市、成都市作为成渝城市群的核心城市，通过发挥辐射作用带动中小城市和小城镇发展，形成结构合理、功能分工合作的城镇协作体系。发挥重庆市长江上游地区经济中心、金融中心、商贸物流中心、科技创新中心、航运中心的作用，加强西部开发开放战略支撑和长江经济带西部中心枢纽载体功能，全面增强集聚力、辐射力和竞争力，联动沿江城市带和四川毗邻城市发展，以期建成国家中心城市和具有国际影响力的现代化大都市区。发挥成都市西部地区重要的经济中心、科技中心、文创中心、对外交往中心和综合交通枢纽作用，在城市群建设中充分发挥核心带动功能，加快与在西南地区周边城市的同城化进程，共同打造带动四川、辐射西南、具有国际影响力的现代化都市圈。

三、我国城市群绿色协同管理体制取得的积极进展

我国五大跨区域型城市群在推进生态文明协同发展的过程中，在节能环保、节约用水、节约集约用地、减排降耗、清洁生产、绿色发展等方面做出了大量积极探索，制定了一系列城市群绿色转型协同发展体制机制，加快了我国城市群一体化发展进程，为城市群区域绿色可持续发展奠定了坚实基础，也为其他城市群绿色转型发展提供了样板。

（一）京津冀城市群

1. 制定节能环保相关规划

2016 年 6 月，工信部、北京市人民政府、天津市人民政府、河北省人民政府联合发布了《京津冀产业转移指南》，指出在调整优化区域产业布局的同时，设置了五个节能环保特色产业基地，体现出节能环保在城市群产业转移中的重要性。2017 年 4 月，京津冀三地节能监察部门共同签署了《京津冀节能监察一体化战略合作协议》，进一步推动了京津冀在节能监察领域的深度合作，成为我国跨区域节能监察行政执法的首创之举。2017 年 5 月，中关村管委会、天津市科学技术委员会和河北省科技厅联合发布了《发挥中关村节能环保技术优势　推进京津冀传统产业转型升级工作方案》，以发挥中关村节能环保企业技术优势，推进京津冀传统产业转型升级。

2. 推进工业节水

2019 年 9 月，工信部、水利部、科学技术部、财政部联合发布了《京津冀工业节水行动计划》，提出的主要任务包括调整优化高耗水行业结构和布局、促进节水技术推广应用与创新集成、加强节水技术改造、强化企业用水管理、大力推进非常规水源利用等 5 大节水任务、13 项具体措施，这些任务和措施是今后一个时期推进京津冀工业节水的主体工作内容。

3. 推进节能减排与产业转型升级

2015 年 4 月，旨在促进区域大气污染治理、推动钢铁行业转型升级的京津冀钢铁行业节能减排产业技术创新联盟成立。2015 年 8 月，北京市科学技术委员会、河北省迁安市人民政府、京津冀钢铁行业节能减排产业技术创新联盟签订战略合作框架协议，提出将发挥联盟的科技资源优势，通过节能减排与产业转型升级专项诊断、先进适用成熟技术成果优先示范、组织联盟企业在迁安市建立研发中心和制造基地等方式，与迁安市政府共同实施迁安钢铁行业节能减

排与产业转型升级产业化工程，推动首都科技成果在迁安转化落地。

4. 推动工业绿色发展

2015年2月，工信部印发的《2015年工业绿色发展专项行动实施方案》提出，初步建立京津冀及周边地区工业资源综合利用协同发展机制，完善产业链，以加快实施工业绿色发展战略，提高能源资源利用效率，减少污染物排放，促进工业可持续发展。

5. 协同推进工业企业清洁生产

2014年1月，工业和信息化部印发《京津冀及周边地区重点工业企业清洁生产水平提升计划》，其主要任务是在钢铁、有色金属、水泥、焦化、石化、化工等重点工业行业，推广采用先进、成熟、适用的清洁生产技术和装备，实施工业企业清洁生产的技术改造，有效减少大气污染物的产生量和排放量。2015年7月，工业和信息化部印发《京津冀及周边地区工业资源综合利用产业协同发展行动计划（2015—2017年）》，推进京津冀及周边地区工业资源综合利用产业和生态协同发展，探索资源综合利用产业区域协同发展新模式。

（二）长江三角洲城市群

1. 推进长三角清洁能源替代和节能减排升级

2014年11月，江苏省发展改革委、江苏省原环境保护厅发布《江苏省煤电节能减排升级与改造行动计划（2014—2020年）》，提出加快推动能源生产和消费革命，进一步提升江苏省煤电高效清洁发展水平，加快推进燃煤发电升级和改造，努力实现供电煤耗、污染排放、煤炭占能源消费比重"三降低"和安全运行质量、技术装备水平、电煤占煤炭消费比重"三提高"，打造高效清洁可持续发展的煤电产业"升级版"。2015年6月，江苏省原环境保护厅、浙江省能源局和上海市经信委签署《长三角燃煤锅炉清洁能源替代及节能环保综合提升工作合作备忘录》，提出三省市将共同构建锅炉生产制造及综合服务企业库，编制燃煤锅炉清洁能源替代项目库，定期举办长三角地区燃煤锅炉清洁能源替代或节能环保改造宣传活动，持续推进锅炉系统能效提升工作，切实落实长三角大气污染防治协作机制。

2. 制定节水相关规划和方案

2015年7月，安徽省十二届人大常委会第22次会议通过了《安徽省节约用水条例》，对园林绿化用水、新建项目用水、居民生活用水等情形作出规定。2019年8月，江苏省水利厅、省发改委联合印发《江苏省节水行动实施方案》，明确把节水作为解决水资源问题的优先举措，为高水平全面建成小康社会、实现高质量发展提供有力支撑和基础保障。2020 年 4 月，上海市水务局印发《上海市节水行动实施方案 2020 年工作要点》，提出落实上海市节约用水和水资源管理工作要坚持节水优先，围绕服务长江经济带发展、长江三角洲区域一体化发展、上海自贸试验区临港新片区建设等国家战略，全面实施节水行动，持续强化水资源开发利用的监督管理，不断提升水资源利用效率和行业监管能力，促进城市高质量发展。2020 年 6 月，浙江省人民政府办公厅印发《浙江省节水行动实施方案》，提出实行总量和强度控制"双控行动"、推进节水减排"六大工程"，完善水资源改革"八项机制"。

3. 推进长三角生态绿色一体化发展

2019 年 11 月，国家发改委正式公布《长三角生态绿色一体化发展示范区总体方案》，指出以长三角生态绿色一体化发展示范区为推进长三角城市群一体化发展的先手棋和突破口，未来长三角城市群生态绿色一体化发展示范区将打造成为生态优势转化新标杆、绿色创新发展新高地、一体化制度创新试验田、人与自然和谐宜居新典范。

（三）粤港澳大湾区

1. 推动实施节能减排低碳发展

2014 年 10 月，广东省人民政府办公厅印发的《广东省 2014—2015 年节能减排低碳发展行动方案》提出，要大力推进产业结构调整，加快建设节能减排降碳工程，狠抓重点领域节能降碳，强化技术支撑和政策扶持，积极推行市场化节能减排机制，并加强监测预警和监督检查，推动实施节能减排低碳发展。

2. 制定节水相关规划和方案

2020 年 1 月，广东省水利厅、广东省发改委发布的《广东省节水行动实施方案》指出，从强化水资源刚性约束、推动工业节水减排、推动城镇节水降损、推动农业节水增效、严格用水过程监管、发展节水技术和产业、深化体制机制改革、提升社会节水意识、强化节水保障等方面，形成"广东节水九条"，全面提升水资源节约集约利用水平。

3. 促进节约集约用地

2016 年 9 月，广东省人民政府发布的《广东省人民政府关于提升"三旧"改造水平促进节约集约用地的通知》提出，加强规划管控引导，积极推进连片成片改造；完善利益共享机制，充分调动土地权利人和市场主体参与改造的积极性；改进报批方式，加快完善历史用地手续；完善配套政策，形成"三旧"改造政策合力；加强组织领导，建立健全"三旧"改造工作监管机制等提升

"三旧"改造水平、促进节约集约用地的措施。2017年6月，广州市人民政府发布的《关于提升城市更新水平促进节约集约用地的实施意见》提出，促进产业转型升级，推进产城融合；加强旧村全面改造，提升城市品质；加强土地整备，促进成片连片改造等节约集约用地措施。

4. 推动产业绿色转型

2019年1月，广东省人民政府印发《广东省打赢蓝天保卫战实施方案（2018—2020年）》，提出升级产业结构、推动产业绿色转型，优化能源结构、构建绿色清洁能源体系等工作任务，要求制定实施准入清单，整治高污染工业企业，深化清洁生产，对现有能源结构进行优化升级，推动产业绿色转型。

（四）长江中游城市群

1. 制定节能减排相关规划和方案

2016年12月，江西省工信委印发《江西省加快节能环保产业发展行动计划（2016—2020）》，提出江西省加快节能环保产业发展的重点任务是围绕三大产业集群、建设十大节能环保产业基地、打造一批龙头骨干企业、突破一批节能环保产业关键技术、壮大节能环保技术服务产业。2017年6月，湖北省人民政府印发《湖北省"十三五"节能减排综合工作方案》，提出优化产业和能源结构、加强重点领域节能、强化主要污染物减排、大力发展循环经济、实施节能减排工程等节能减排相关措施。2020年3月，湖南省工信厅印发《2020年全省节能与综合利用工作要点》，提出加快推进绿色制造体系建设，打好工业领域污染防治攻坚战，培育壮大环境治理技术及应用产业链，打造节能环保产业集群，提高资源能源综合利用效率，力争在绿色制造、节能降耗、资源综合利用、清洁生产等重点工作上取得新进展和新突破，进一步提高湖南省工业绿色化发展水平。

2. 制定节水相关规划和方案

2015年4月，江西省原国土资源厅办公室印发《江西省国土资源厅节约用水考核评价制度》，提出强化节约用水管理，降低水耗，实现可持续发展。2019年10月，湖北省水利厅、湖北省发改委联合发布《湖北省节水行动实施方案》，明确湖北省将实施五大重点节水行动：实施水资源利用总量控制和强度控制；促进农业用水节水增效；促进工业用水节水减排；推进城镇用水节水降损；科技创新引领节水行动。2019年12月，湖南省发改委、湖南省水利厅发布《国家节水行动湖南省实施方案》，指出坚持节水优先方针，实行水资源利用消耗总量和强度双控，整体推进与重点突破并举、技术引领和产业培育齐推，切实推动节水体制机制创新和技术创新，实现水资源利用方式的节约集约转变，强化水资源承载能力刚性约束。

3. 制定土地管理相关条例

2014年9月，湖北省原国土资源厅发布《湖北省土地管理实施办法》，阐述了湖北省土地利用总体规划、耕地保护、建设用地、土地资产管理等土地集约节约保护利用方面的内容，强调加强土地资源和土地资产管理，保护、开发土地资源，合理利用土地。2016年8月，湖南省自然资源厅发布《湖南省实施〈中华人民共和国土地管理法〉办法》，强调贯彻珍惜、合理利用土地和切实保护耕地的基本国策，加强土地资源和资产管理，实行土地用途管制制度，严格限制农用地转为建设用地，控制建设用地总量，对耕地实行特殊保护①。2016年12月，江西省自然资源厅发布《江西省开发区节约集约利用土地考核办法》，设定新增国有建设用地供应率、新增国有建设用地利用率、建筑密度、综合容积率、工业用地固定资产投入强度、工业用地地均主营业务收入、工业用地地均工业增加值七项考核指标，大力推进节约集约利用土地。

4. 推进绿色发展

2017年1月，湖南省发改委印发《湖南省"十三五"战略性新兴产业发展规划》，指出推动生物能源、新能源、燃煤发电绿色低碳发展，以绿色低碳技术创新和应用为重点，推进高效节能装备技术研发和系统集成，推动水、大气、土壤污染防治技术和装备应用、集成创新，促进节能和环保服务业发展，加快能源节约、污染排放减量、资源循环利用的产业体系建设。2017年12月，湖北省人民政府印发《湖北省城市建设绿色发展三年行动方案》，提出统筹推进城市水环境治理、着力加强废弃物处理处置、大力推进海绵城市和综合管廊建设、加快绿色交通体系建设、提升园林绿地建设水平等十项重点任务。2018年9月，江西省工信委发布《江西省2018年工业绿色发展工作方案》，提出深入推进"水、气、土"工业污染防治，打造绿色制造体系，按绿色化要求调整优化工业布局，转型升级传统产业，加快提升战略性新兴产业，壮大节能环保产业、清洁生产产业等绿色制造产业，降低能源资源消耗，助推工业经济高质量发展。

（五）成渝城市群

1. 制定节水相关规划和方案

2016年12月，四川省人民政府办公厅发布《四川省"十三五"水利发展

---

① 汪毅，何淼. 新时期国土空间用途管制制度体系构建的几点建议［J］. 城市发展研究，2020，27（02）：25-29+90.

规划》，首次明确全省区域水利发展布局，要求以水定城、以水定产；首次要求实现水资源消耗总量和强度双控；首次提出建立市、州及县级政府驻地饮用水保障体系。2020年4月，重庆市水利局、重庆市发改委联合印发《重庆市节水行动实施方案》，提出将把节水作为解决全市"新老水问题"的重要举措，实施加强总量和强度双控、农业节水增效、工业节水减排、城镇节水降损、科技创新引领等五大重点行动，把节水贯穿到经济社会发展全过程和各领域，为重庆实现高质量发展提供有力支撑和基础保障。

2. 节约集约利用土地资源

2011年5月国家发改委发布的《成渝经济区区域规划》中提出，成渝地区要节约集约利用土地资源，具体措施有：实行最严格的耕地保护制度和节约用地制度，严格执行土地利用总体规划和年度计划，确保9500万亩耕地红线不突破；加大土地整治、中低产田改造力度，特别是地震灾毁耕地复垦和三峡库区移民安置耕地整治，建设高标准基本农田，切实稳定耕地面积和提高耕地质量；严格执行建设用地占用耕地补偿制度，在省级行政辖区内实现建设用地占用耕地占补平衡；采取"退二进三"、旧城改造等措施，合理调整土地存量资源，充分挖掘建设用地潜力；规范开发秩序，加强对闲置土地的清查和处置。制定产业用地标准，提高工业用地投资和产出强度。

3. 支持节能环保和绿色发展

2015年8月，重庆市人民政府办公厅印发《重庆市加强节能标准化工作实施方案》，充分发挥标准对节能产业转型升级倒逼作用，建立节能指标的标准化及其管理的标准化体系，并强化实施和监督，提升节能科技成果的转化与应用。2019年10月，四川省发改委、省经信厅等多部门联合印发《四川省支持节能环保产业发展政策措施》，从12个方面提出了40条支持节能环保产业发展的政策措施，集中破解困扰节能环保产业发展的痛点、难点、堵点，推动和支持节能环保产业发展。

4. 培育壮大清洁能源产业

2019年4月，四川省印发《培育壮大清洁能源产业方案》，专门提出加快推进电能替代，进而积极引导工业生产、交通运输、农业生产等领域实施"以电代煤""以电代油"，着力提升电能在终端能源消费的比重，降低大气污染物排放量。方案计划在成都和环成都经济圈重点打造国家一流清洁能源科技创新基地和能源装备制造基地，在川南经济区和川东北经济区重点建设全国重要的页岩气生产基地和天然气生产基地，在攀西经济区和川西北生态示范区重点建设水电、风电、光伏等可再生能源开发基地。

四、我国城市群绿色协同管理体制存在的主要问题

(一) 以城市群为主体推进绿色发展重要性认识不清问题

目前仍有很多地区党政部门、企业和社会团体对城市群建设的理解存在偏差，更多的观念是强调建设越来越多的产业示范基地和项目，期望通过"大投资"换来"大产出"，延续以往的粗放型发展观念和发展方式。城市群产业绿色转型的目的从高污染、高排放的褐色产业转变到低碳环保的绿色产业，以建立和形成资源消耗低、环境污染少、科技含量高的绿色产业，实现生产方式的绿色化转变。

(二) 重化工产业比重较高

城市群地区是经济社会密集发展的地区。石化、冶金、火电、建材、医药、纺织、造纸等资源型和劳动密集型企业产值较高，也是城市群和中心城市布局的重点。这些企业消耗了我国40%左右的能源和用水，排放了40%左右的废水、废气和固废。资源型和劳动密集型企业越集聚，大气污染的"热岛效应"和多种污染物的复合污染效应越强。当城市进入大型阶段以后，继续依靠资源型和劳动密集型企业促进国内生产总值增长和就业增加的路线就会对大气、水、土壤造成严重污染，造成土地、能源和水资源供应紧张，城市更为拥挤，环境质量难以改善，加速了超级城市生态困境。

以长江经济带为例，2015年长江经济带九省二市船舶、钢铁、电力、化工、采矿、有色金属、建材等重化工产业销售产值占长江经济带工业销售总产值的比重均高于20%，这些重化工产业是长江经济带经济稳定增长的核心动力[1]。长江经济带尚未摆脱高能耗、高投入、高排放的粗放扩张型发展模式，仍旧延续着重化工型产业化趋势，存在着绿色发展与经济稳定增长的两难取舍，构成绿色发展短期难以逾越的"褐色门槛"。

(三) 政府间存在协同发展的体制障碍

城市群内部的"竞争"特性既是推动经济高速发展的重要因素，同时也带来一定的不足。特别是在区域公共服务的供给上，"竞争"体制显然无法真正满足区域经济发展的需要。体现在绿色发展上就是"竞争"导致生态环境保护标准的不一致，绿色发展的意愿和诉求不一致，相关的绿色规制水平不一致等。

---

① 吴传清，黄磊. 长江经济带绿色发展的难点与推进路径研究 [J]. 南开学报 (哲学社会科学版)，2017 (03)：50-61.

以长三角示范区为例，区内二区一县（上海市青浦区、江苏省吴江区、浙江省嘉善县）在经济上就有明显的"竞争"关系，这影响了绿色发展所需的协同性，不利于区域生态环境公共服务的有效供给，也不利于经济的进一步高质量发展。

城市群内部缺乏专门的管理机构和机制。目前，我国大多数城市群内部在跨区域合作、权责分配及监督管理等方面发展缓慢，并没有专门的机构对其加以约束和管理。不仅如此，城市政府为了实现辖区利益最大化，主张地方保护，并在招商引资、市场建设、基础设施等领域的竞争，致使城市群内部在环境保护、产业协作、城市职能分工、交通一体化、基本公共服务提供等方面存在产业结构雷同等诸多问题。产业趋同化现象严重，产业空间布局的集群化和一体化程度不高。城市群专门管理机构和机制的缺失是城市群内部跨区域协调难以实现、绿色转型发展不充分的主要原因。

协同发展机制不健全。城市群区域与区域之间同等级的横向补偿目前探索较少，生态环境好的地区为城市群其他经济发达地区的生态环境建设做出了巨大的贡献，但是，由于生态补偿机制不完善，生态文明协同建设缺乏动力，难以达到协同的最佳状态。

第三节　完善我国城市群绿色转型协同发展的机制与政策的主要内容

推进优化城市群产业结构，整体推进城市群产业结构向工业化后期发展，是促进城市群产业结构绿色化转型的根本之策。通过城市群内产业的分工合作，平衡各地区经济社会发展的资源环境压力。此外，推进城市群产业链的有序衔接，是协同推进城市群绿色转型发展的重要措施。

一、继续推进城市群产业结构升级

对于长三角、珠三角、成渝和长江中游这些正处于工业化中后期阶段的城市群，其绿色转型发展的主要政策目标就是依托产业基础和比较优势，建立城市群产业协调发展机制，联手打造优势产业集群，建设现代服务业集聚区，发展壮大现代农业基地，有序推进跨区域产业转移与承接，加快产业转型升级，构建具有区域特色的现代产业体系；推广低冲击开发模式，加快建设海绵城市、森林城市和绿色生态城区，发展绿色能源，推广绿色建筑，构建绿色交通体系；支持形成循环链接的产业体系，通过在国家级和省级产业园区的试点及试点的全面推广，推进各类产业的循环化改造和生成方式的生态化升级，提升土地集约水平，切实推进各类废弃物的交换利用和循环利用水平，实现能量的梯级利用和废水的循环利用，全面推进污染物的集中无害化处理①。深入推进园区循环化改造试点工作和生态工业示范园区建设。

而对于处于后工业化阶段的京津冀城市群、长三角城市群和珠三角城市群等城市群，其绿色转型的重要目标是推进高技术产业和高端服务业的比重。在京津冀城市群中，河北省的钢铁、有色、建材等产业占比较高，产业结构偏重明显，这些产业所产生的污染及对自然资源的消耗，形成了京津冀城市群发展的主要资源环境问题之一。其中仅钢铁产业规模以上工业增加值占规模以上工业企业总产值就超过了1/4。化解河北省工业产业中的过剩产能和降低重化工产业比重，是河北省及京津冀城市群实现专业结构绿色化转型发展的重要内容。继续推进河北省钢铁、有色、建材等过剩产能、落后产能的关停并转或剥离重组，有序释放安全高效的先进产能，严格控制新增产能。通过高标准的企业绿色化发展体系建设和法律法规建设，建立环保负面清单。通过排污交易机制，将环境成本内化为企业生成成本，通过"以奖代补"和税费减免等手段激励传统制造业绿色转型升级，实现河北省产业结构从高污染向绿色转型发展。

二、推进城市群内城市的分工

对于各大城市群加大政策扶持，创新体制机制，着力优化空间布局，增强资源环境承载能力，加快一体化发展，着力加强自主创新，优化产业结构，提升产业发展水平。长江三角洲、珠江三角洲城市群等经济技术较为发达的地区在发展高新技术工业产业的同时应当大力引导和支持其他城市群的快速发展，有利于加速我国人口和产业集聚，加快工业化和城镇化进程。通过进一步加强城市群特色工业产业发展，将长江三角洲、珠江三角洲等城市群的先进技术与其进行整合，形成具有更高技术水平的"支柱产业"，与此同时围绕相关产业进行多极发展，吸取国外的优秀经验，形成具有地域特色的产业集群。

城市群内部城市产业链分工主要形式为垂直分工，如图6-1所示，其中各大城市群的中心城市优势主要体现在产品的需求设计与规格整合和自有品牌的市场开拓与营销管理两部分，通常各大工业企业的总部会设置在这些城市。而处于产业链一般零部件制造、产品组装与测试的城市通常为较为落后的中小城

---

① 刘洋，隋吉林，杨美琼，等. 新型城镇化进程中的城市环境文化传承方略 [J]. 环境保护，2014，42（07）：27-30.

市城市，其劳动力较为廉价，生活成本较低，处于产业链分工的中下游，此类城市通常劳动密集型工业产业较为发达。由于关键零部件的设计与加工对人才与技术具有一定的要求，因此处于产业链此部分的城市一部分为中心城市，另一部分为周边经济状况较为良好的城镇，对人才有着一定的吸引力的大中型城市。而处于产业链物流与供应的统筹管理的城市需要拥有便捷的交通，而交通发达通常又是一个地区经济发展的重要保障，因此处于产业链此部分的城市除了作为交通枢纽的核心城市以外，还有部分交通便利，拥有空运、船运等多种运输条件的城市，如宜昌市。

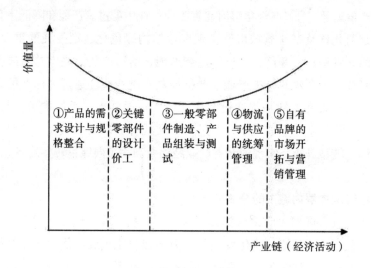

图 6-1　产业链各分工价值量

各大城市群间的产业链分工模式通常为以水平产业链分工为主，垂直产业链分工为辅的分工模式。各大城市群在工业产业分工上各有特色，各自生产其具有比较优势的产品，如珠江三角洲城市群以电子、纺织为主的轻工业，长江三角洲城市群以钢铁、能源为主的重工业，然而这种水平分工模式通常表现在传统工业产业。

三、促进城市群产业链的有序衔接

（一）核心城市应大力发展高新技术工业产业

城市群核心城市经济发展迅速，人才和技术都较为领先，具有利于高新技术工业产业发展的先天优势，且发展过程中由于人口密度较大，水土、能耗等资源环境压力巨大，因此必须大力发展对资源环境需求较小的高新技术工业产业以及绿色产业，通过商品流、信息流等起到扩散效应，并将一些成熟的高新技术工业产业进行区域产业转移，带动周边城市的技术以及经济发展，也为中小城市的产业优化道路提供经验。

（二）中小城市应避免比较优势陷阱，延伸产业链

中小城市应该继续发挥劳动力成本优势，保持经济的快速增长，与此同时不能完全依赖劳动密集型工业产业，导致产业结构固化，跨入比较优势陷阱。应当多向核心城市学习，引进先进的技术与人才，在降低已有优势工业产业污染的同时大力发展技术门槛较低的再制造产业。几个城市应当协同发展，互相交流与分享经验，在确定城市主导产业的同时延伸产业链，形成产业集群，建立中小城市间的水平分工模式。

（三）跨区城市群差异化对策

1. 京津冀城市群

北京市、天津市是京津冀城市群的核心区，集聚了京津冀大部分人口，这降低了其资源丰度。人口的大规模集聚也伴随着产业的集聚，这些产业中劳动密集型产业和资源消耗型产业仍然占有较大比重，必然会增加对自然资源和能源的消耗，必然会增长对污水、废气和固废的排放，从而降低北京市和天津市的资源环境的可持续承载容量①。借鉴东京城市群建立工业走廊模式，发挥北京市和天津市的扩散效应，通过京津冀各城市的协同发展、资源能源共享、污染联防共治，形成具有示范性的"工业走廊"模式，建立世界级城市群生态体系，在更大空间内强化生态功能，形成科学完整的绿色化转型发展的经济社会生态体系。

2. 长江三角洲城市群

长江三角洲城市群工业化发展已经步入中后期，其发展较为完善，资源环境承载力已经逐渐开始高于发展所需的资源环境总量，但由于之前工业化和城市化快速发展遗留的资源环境问题仍然较为严重，需要更加注重生态补偿以及生态修复工作，与此同时，其工业产业结构应当向资源环境消耗较少的高新技术产业转型。

---

① 刘惠敏. 长江三角洲城市群综合承载力的时空分异研究［J］. 中国软科学, 2011（10）: 114-122.

3. 珠江三角洲城市群

珠江三角洲城市群工业化程度较高，但仍需要注重资源环境要素利用，需大力实施创新驱动发展战略，培育高新技术企业，积极创建珠三角国家自主创新示范区，发挥其与国际接轨的优势，建设高标准的自由贸易试验区，进一步加快构建与国际对接的高标准制度规则体系，推动自贸区建设成为引领珠三角新一轮发展的产业高地。对于目前面临的小型工业企业发展压力要加快加工贸易转型升级，从杂牌生产迈入品牌生产的领域，推动形成广东自主的内源型经济发展格局。再者珠江三角洲的水土资源非常紧张，地理面积和常住人口数量严重不匹配，而这几年在经济迅速发展的同时，又有部分盲目征地的现象，使得耕地大量减少，同时也出现不重视农业的倾向，使传统农业受到明显削弱。发展工业产业固然重要，但同时也应当注重农业产业，加强耕地保护，大力发展鲜花种植等符合城市市场的新型农业，使得水土资源得以保障。

4. 长江中游城市群

长江中游城市群当务之急是需要减小中心城市的工业发展压力，使周边城市在分担资源环境压力的同时经济得到快速发展，并且在注重区域工业均衡发展的同时，应当依照工信部发布的《关于加强长江经济带工业绿色发展的指导意见》，大力提升长江中游城市群绿色制造水平，使得工业产业结构和布局更加合理。通过引进人才、提高技术等手段使得传统制造业能耗、水耗、污染物排放强度低于环境资源承载力，清洁生产水平进一步提高，绿色制造体系逐渐建立并完善。与 2015 年相比，规模以上企业单位工业增加值能耗下降 18%，重点行业主要污染物排放强度下降 20%，单位工业增加值用水量下降 25%，重点行业水循环利用率明显提升。一批关键共性绿色制造技术实现产业化应用，打造和培育 500 家绿色示范工厂、50 家绿色示范园区，推广 5000 种以上绿色产品，绿色制造产业产值达到 50000 亿元。

5. 成渝城市群

重庆市和成都市以发展先进制造业、高技术产业为重点。将重庆市打造为西部金融中心，建设以汽车机械制造为代表的全国制造业基地及区域物流中心。提升成都市的交通、通信等城市综合服务功能，建设高端工业产业集中、宜业宜商宜居的国家创新城市。立足于成渝城市群各城市、地区的比较优势，建立成渝城市群城市间产业分工合作的城市群体系，构建合理、完善的产业链条，以两核带动周边地区，减少核心城市资源环境压力，积极发展成渝城市群整体区域汽车、摩托车、能源、化工、电子制造等产业链，发挥出核心城市的扩散及带动效应。

第七章

健全和完善我国城市群一体化发展进程中的
生态文明机制与政策

"以城市群为主体，构建大中小城市和小城镇协调发展的城镇格局"是党的十九大报告提出我国区域协调发展的战略要求。以城市群一体化提高人口整体城镇化水平是我国完成城镇化的必然选择。城市群生态文明协同发展实质是城市群一体化"五位一体"建设的重要一环。城市群生态文明协同发展体制与政策属于城市群一体化体制机制的重要方面。本章将解析我国城市群的城镇空间体系，在对我国城市群一体化体制机制解析的过程中，探索城市群生态文明协同发展城镇体制格局存在的问题，提出我国城市群生态文明协同发展的城镇体系优化机制与政策。

第一节　我国城市群的城镇空间体系

如第一章论述，我国京津冀城市群、长三角城市群、珠三角城市群、长江中游城市群和成渝城市群五大跨区域型城市群和中原城市群等近 20 个区域型和地区型城市群，构成了我国城市群的空间形态，形成了我国城镇体系的基本格局①。

一、我国城市群总体空间体系特征

2016 年 3 月，国家发展和改革委员会发布的《中华人民共和国国民经济和社会发展第十三个五年规划纲要》中对我国城市群的地理区位进行划分，指出我国城市群可分为"东部城市群"和"中西部城市群"。东部城市群包括京津冀城市群、长三角城市群和珠三角城市群三个跨区域型城市群以及山东半岛城

---

① 徐鹏程，叶振宇. 新中国 70 年城市群发展的回顾与展望［J］. 发展研究，2019（11）：
18–25.

市群、海峡西岸城市群等区域型城市群。中西部城市群包括东北城市群、中原城市群、长江中游城市群、成渝城市群、关中城市群、北部湾城市群、山西中部城市群、呼包鄂榆城市群、黔中城市群、滇中城市群、兰州—西宁城市群、宁夏沿黄城市群、天山北坡城市群等城市群（如第一章的图1-4）。

　　改革开放以来，在我国东部沿海地区形成的京津冀城市群、长三角城市群、珠三角城市群三个特大城市群，引领全国经济发展，参与世界分工。我国中西部城市群正处于形成阶段，发展水平总体滞后，其重要原因之一就是我国城镇化发展的不协调不平衡，中西部城市群发育动力和发展潜力与东部地区差距较大①。2014年，我国东部地区常住人口城镇化率达到62.2%，而我国中部、西部地区的该比率值分别只有48.5%、44.8%；在人均国内生产总值方面，我国东部地区的数值分别为中部和西部地区的1.75倍和1.79倍；在国土开发程度方面，我国东部地区的国土经济密度分别为中部和西部地区的2.81倍和18.80倍。由于我国东部、中部、西部地区区域位置不同，所获得的区位优势也就不同，因而在经济、社会、环境等方面的发展水平存在差异性，生产、生活、生态空间的供给水平悬殊。改革开放40年以来，由于东部沿海地区政策利好、地理位置优越等因素，致使产业和劳动力资源等要素充分聚集于东部沿海地区，导致要素富集区与市场消费地空间不同步，资源、产品的跨区域输送和劳动力的跨区域流动加大了经济运行成本，不利于社会的持续稳定和生态环境平衡。优化提升东部地区城市群、培育发展中西部地区城市群是我国推进城市群发展的总体策略。

二、我国五大跨区域型城市群城镇体系特征

　　京津冀、长江三角洲、珠江三角洲、长江中游、成渝五大跨区域型城市群的国土面积占全国的11.8%，2018年集聚了全国常住人口的47.1%，创造了全国国内生产总值的54%，是我国经济社会发展的主战场（见表7-1）。其中，京津冀城市群、长三角城市群和珠三角城市群发展较为成熟，是我国经济社会发展的排头兵和主力军，以最具活力的经济发展和高水平的对外开放吸纳了来自全国各地高素质创新型人才，以6.6%的国土面积聚集了全国31%的人口，贡献了38.8%的国内生产总值（2018年）。长江中游城市群和成渝城市群是有着良好的发展基础和发展潜力的中西部城市群，作为长江经济带的重要组成部分，

　　① 张苙黎，赵果庆，吴雪萍. 中国城镇化的经济增长与收敛双重效应——基于2000与2010年中国1968个县份空间数据检验 [J]. 中国软科学，2019（01）：98-116.

表7-1 2018年我国五大跨区域型城市群城镇体系简况

城市群名称	省(直辖市)	城市/地区	国内生产总值占全国比(%)	范围面积(万平方公里)	常住人口占全国比(%)	人均国内生产总值(万元/人)(%)	地均国内生产总值(万元/平方公里)
京津冀城市群	北京市	北京市	9.44%	21.8	7.71%	8.07	3979.48
	天津市	天津市					
	河北省	石家庄市,唐山市,保定市,秦皇岛市,廊坊市,沧州市,承德市,张家口市,邯郸市,邢台市,衡水市					
	河南省	安阳市					
长三角城市群	上海市	上海市	20.09%	21.17	10.03%	13.19	8722.16
	江苏省	南京市,无锡市,常州市,苏州市,南通市,盐城市,扬州市,镇江市,泰州市					
	浙江省	杭州市,宁波市,嘉兴市,湖州市,绍兴市,台州市,金华市,舟山市					
	安徽省	合肥市,芜湖市,安庆市,马鞍山市,铜陵市,池州市,滁州市,宣城市					
珠三角城市群	香港特别行政区	香港特别行政区	8.56%	18.5	2.55%	22.60%	14472.95
	澳门特别行政区	澳门特别行政区					
	广东省	广州市,深圳市,珠海市,佛山市,江门市,惠州市,东莞市,中山市,肇庆					

续表

城市群名称	省(直辖市)	城市/地区	国内生产总值占全国比(%)	范围面积(平方公里)	常住人口占全国比(%)	人均国内生产总值(万元/人)(%)	地均国内生产总值(万元/平方公里)
长江中游城市群	湖北省	武汉市、黄石市、鄂州市、黄冈市、孝感市、咸宁市、仙桃市、潜江市、天门市、襄阳市、宜昌市、荆州市、荆门市	9.19%	32.61	9.33%	6.49	2591.84
	湖南省	长沙市、株洲市、湘潭市、岳阳市、益阳市、衡阳市、娄底市、常德					
	江西省	南昌市、九江市、景德镇市、鹰潭市、新余市、宜春市、萍乡市、上饶市、抚州市、吉安市					
成渝城市群	重庆市	重庆市	6.26%	18.5	7.18%	5.57	3108.92
	四川省	成都市、自贡市、泸州市、德阳市、绵阳市、遂宁市、内江市、乐山市、南充市、眉山市、宜宾市、广安市、达州市、雅安市、资阳市					

数据来源:2019年中国城市统计年鉴。

注:珠三角城市群中所测算的全国国内生产总值、全国总人口均包括香港特别行政区和澳门特别行政区。

在战略位置上承东启西、连南接北，既是促进中部地区崛起和西部大开发的重要平台，也是全方位深层次推进改革开放和新型城镇化建设的重点区域。

（一）京津冀城市群的城镇体系及其特征

京津冀城市群是中国的"首都圈"，如表7-1所示，京津冀城市群辖13个城市，中心城市是北京市、天津市和河北省的石家庄市，北京市、天津市、保定市、廊坊市所形成区域为京津冀城市群的核心功能区，其空间形态总体呈现"功能互补、区域联动、轴向集聚、节点支撑"的特征。京津冀城市群发展布局，以"一核、双城、三轴、四区、多节点"为骨架，重点推进北京非首都功能的有序疏解，构建以重要城市为支点、以战略性功能区平台为载体、以交通干线和生态廊道为纽带的网络型空间格局。

面对我国大规模集中发展的城镇化格局，优化调整与当前经济社会发展不相协调的经济结构和空间结构，探索出一种人口经济密集地区优化开发的新模式已成为中国城镇现代化的重要路径①。李克强总理多次就京津冀协同发展问题作出重要指示，提出实现京津冀协同发展对于优化区域生产力布局、提高发展质量和效益具有重大意义；要统筹推进京津冀基础设施建设、推动实现产业转移、加快治理区域环境和改善民生等重点任务实施。

当前，京津冀协同发展战略扎实推进成效显著：京津冀顶层设计不断强化，全面改革成效显著；协同创新布局有序推进，创新潜力大量迸发；北京非首都功能有效疏解，产业分工布局更加优化；扶贫工作攻坚克难，区域协作全面脱贫；生态治理工作常态化推进，生态补偿机制取得进展；互联互通建设有力推进，共建共享格局成效明显；开放发展效益凸显，融合发展水平不断提升。

（二）长三角城市群的城镇体系及其特征

长三角城市群是我国经济发展最具活力、协同创新能力最强、开放水平最高的区域之一，以上海市为中心城市，南京市、杭州市、合肥市为副中心城市，辐射带动长三角区域高质量发展。

推动长三角一体化发展，增强长三角地区经济集聚度、区域协同度和政策协同效率，对引领全国经济社会高质量发展、推进现代化经济体系建设及新型城镇化发展意义重大。以改革创新、区域联动、产业规划和人才吸引等推动长三角城市群协调发展，有利于促进产业合理分工、产业升级，推进高水平劳动

---

① 桑锦龙. 持续深化新时代京津冀教育协同发展［J］. 教育研究，2019，40（12）：122-128.

力集聚，助力新型城镇化发展，加快普及现代农业。充分发挥中心城市辐射带动作用，引领所辖区域和周边地区开展经济合作和要素输送，增强区域整体竞争力。

（三）珠三角城市群的城镇体系及其特征

珠三角城市群地处"一带一路"东南，位居国家"两横三纵"的城市化格局优化开发和重点开发区域，包括香港特别行政区、澳门特别行政区和广东省的广州市、深圳市、珠海市、佛山市、东莞市、中山市、江门市、肇庆市、惠州市9个城市。香港特别行政区、澳门特别行政区、广州市、深圳市是珠三角城市群的中心城市，引领珠三角城市群发展和参与国际分工合作。

（四）长江中游城市群的城镇体系及其特征

长江中游城市群是我国经济发展的增长极、内陆开放合作示范区、中西部新型城镇化先行区和"两型"社会建设引领区。其中心城市是武汉市、长沙市和南昌市，涵盖了武汉城市圈、环长株潭城市群、环鄱阳湖城市群。长江中游城市群发展有利于引领和带动中部地区加快崛起，有利于深化长江流域经济合作和开放开发，将长江经济带打造成为中国经济新支撑带，有利于共抓长江流域水资源水环境大保护、大治理，推进生态保护高质量一体化发展和区域协调发展。

（五）成渝城市群的城镇体系及其特征

成渝城市群以成都市、重庆市为中心城市，是我国西部大开发的重要平台、推进新型城镇化建设的重要示范区和长江经济带的战略支撑。培育和发展成渝城市群，发挥其沟通西部地区的区位地理优势和对外开放的战略优势，推动"一带一路"和长江经济带的两项重大战略布局联动发展，促进中西部地区协同发展，拓展经济增长新空间，优化国土空间布局，补齐区域短板、消除发展瓶颈，探索走出一条中西部重点开发区域城市群建设的新路。

（六）其他区域性和地区型城市群空间关联的特征

表7-2所示，在我国城市群格局中，我国区域性和地区型城市群在落实国家区域发展战略、优化主体功能区格局中，发挥了重要作用。

比如：山东半岛城市群以济南市和青岛市为中心，带动山东半岛集聚发展。中原城市群以郑州市为中心，带动河南省、河北省、山西省、山东省、安徽省所辖中原地区网络化、开放式、一体化集聚发展。海峡西岸城市群充分发挥福建省比较优势，联动浙江省、江西省、广东省，逐步形成两岸一体化发展的国际性城市群。哈长城市群以哈尔滨市和长春市为中心，带动黑龙江省、吉林两省联动发展。辽中南城市群以沈阳市、大连市为中心，推动辽宁省中南部地区协同发展。关中平原城市群以西安市为中心，带动陕西省、山西省、甘肃省部分城市和地区协同发展。北部湾城市群以南宁市为核心城市，以海口市和湛江市为两个增长极，辐射带动广西壮族自治区、广东省、海南省部分地区协同发展。黔中城市群以贵阳市中心城区和贵安市新区为核心，推进黔中核心经济圈一体化、网络化发展。滇中城市群以昆明都市区作为城市群发展的核心，总体形成核心引领发展的空间格局。兰州—西宁城市群以兰州市、西宁市为中心，推动甘肃省、青海省部分地区一体化发展。宁夏沿黄城市群以银川市为中心，带动宁夏回族自治区沿黄河分布的城市协同发展。天山北坡城市群以乌鲁木齐市为中心，带动新疆天山北坡部分地区联动发展。

表 7-2　我国区域性和地区型城市群城镇体系特征

城市群名称	包含省	所涉区域	来源规划
山东半岛城市群	山东省	济南市、青岛市、淄博市、枣庄市、东营市、烟台市、潍坊市、济宁市、泰安市、威海市、日照市、滨州市、德州市、聊城市、临沂市、菏泽市、莱芜市	《山东半岛城市群发展规划（2016—2030年）》
中原城市群	河南省、河北省、山西省、山东省、安徽省	郑州市、开封市、洛阳市、平顶山市、南阳市、商丘市、安阳市、新乡市、许昌市、焦作市、周口市、信阳市、驻马店市、鹤壁市、濮阳市、漯河市、三门峡市、济源市、长治市、晋城市、运城市、邢台市、邯郸市、聊城市、菏泽市、淮北市、蚌埠市、宿州市、阜阳市、亳州市	《中原城市群发展规划》
海峡西岸城市群	福建省、浙江省、江西省、广东省	福州市、厦门市、泉州市、莆田市、漳州市、三明市、南平市、宁德市、龙岩市、温州市、丽水市、衢州市、上饶市、鹰潭市、抚州市、赣州市、汕头市、潮州市、揭阳市、梅州市	《海峡西岸城市群发展规划（2008—2020年）》
哈长城市群	黑龙江省、吉林省	哈尔滨市、大庆市、齐齐哈尔市、绥化市、牡丹江市、长春市、吉林市、四平市、辽源市、松原市、延边朝鲜族自治州	《哈长城市群发展规划》

城市群名称	包含省	所涉区域	来源规划
辽中南城市群	辽宁省	沈阳市、大连市、鞍山市、抚顺市、本溪市、营口市、辽阳市、铁岭市、盘锦市	《辽中南城市群发展规划》
关中平原城市群	陕西省、山西省、甘肃省	西安市、宝鸡市、咸阳市、铜川市、渭南市、杨凌农业高新技术产业示范区、商洛市的商州区、洛南县、丹凤县、柞水县、运城市（除平陆县、垣曲县）、临汾市的尧都区、侯马市、襄汾县、霍州市、曲沃县、翼城县、洪洞县、浮山县、天水市、平凉市的崆峒区、华亭县、泾川县、崇信县、灵台县和庆阳市区	《关中平原城市群》
北部湾城市群	广西壮族自治区、广东省、海南省	南宁市、北海市、钦州市、防城港市、玉林市、崇左市、湛江市、茂名市、阳江市、海口市、儋州市、东方市、澄迈市、临高市、昌江县	《北部湾城市群发展规划》
呼包鄂榆城市群	内蒙古自治区、陕西省	呼和浩特市、包头市、鄂尔多斯市、榆林市	《呼包鄂榆城市群发展规划》
黔中城市群	贵州省	贵阳市、贵安新区，遵义市红花岗区、汇川区、播州区、绥阳县、仁怀市，安顺市西秀区、平坝区、普定县、镇宁县，毕节市七星关区、大方县、黔西县、金沙县、织金县，黔东南州凯里市、麻江县，黔南州都匀市、福泉市、贵定县、翁安县、长顺县、龙里县、惠水县	《黔中城市群发展规划》
滇中城市群	云南省	昆明市、曲靖市、玉溪市、楚雄彝族自治州、红河哈尼族彝族自治州北部的蒙自市、个旧市、建水县、开远市、弥勒市、泸西县、石屏县	《滇中城市群发展规划》
兰州—西宁城市群	甘肃省、青海省	兰州市、白银市白银区、平川区、靖远县、景泰县、定西市安定区、陇西县、渭源县、临洮县、临夏回族自治州临夏市、东乡族自治县、永靖县、积石山保安族东乡族撒拉族自治县、西宁市、海东市、海北藏族自治州海晏县、海南藏族自治州共和县、贵德县、贵南县，黄南藏族自治州同仁县、尖扎县	《兰州—西宁城市群发展规划》

续表

城市群名称	包含省	包含市/县/地区	来源规划
宁夏沿黄城市群	宁夏回族自治区	银川市、石嘴山市、吴忠市、中卫市、平罗县、青铜峡市、灵武市、贺兰县、永宁县、中宁县	《宁夏沿黄城市带发展规划》
天山北坡城市群	新疆维吾尔自治区	乌鲁木齐市、昌吉市、米东区、阜康市、呼图壁县、玛纳斯县、石河子市、沙湾县、乌苏市、奎屯市、克拉玛依市	《天山北坡城市群发展规划（2017—2030）》

资料来源：我国各区域型和地区型城市群规划、2010年12月国家发展和改革委员会发布的《全国主体功能区规划》。

第二节　我国城市群一体化格局及其存在的资源环境问题

城市群生态文明协同发展实质是城市群一体化"五位一体"建设的重要一环。城市群生态文明协同发展体制与政策属于城市群一体化体制机制的重要内容。为加速我国城市群地区的一体化发展，我国中央政府和地方政府出台了多项政策促进城市群一体化发展，这形成了我国城市群生态文明协同发展的体制机制框架。

一、我国城市群一体化发展的总体机制与政策

为了推进我国城市群一体化发展和空间的融合发展，中共中央、国务院及其国家部委颁布了诸多规划、方案、意见。表7-3是关于中共中央、国务院及其国家部委颁布的涉及城市群一体化及生态文明协同发展相关的规划、方针和意见。如表7-3所示，我国城市群一体化发展的总体体制机制安排主要包括四个方面的内容：

一是习近平总书记在党的十九大报告中提出"以城市群为主体构建大中小城市和小城镇协调发展的城镇协调发展和区域协调发展格局"；这为我国城市群协调发展指明了方向；二是以区域发展总体战略为基础，推进京津冀城市群、长三角城市群、粤港澳大湾区、成渝城市群、长江中游城市群、中原城市群、关中平原城市群等城市群的一体化发展，其中京津冀协同发展、长三角一体化、

粤港澳大湾区建设是国家战略；三是各城市群一体化实践中，主张从城市群基础设施建设、产业分工与发展、资源开发和生态环境保护、公共服务体系建设、社会文化管理等方面开展合作。推动流通节点城市加强合作，通过互联互通的基础设施网络和资源要素市场体系，促进生产要素跨区域自由流动和区域协调发展；四是将生态文明协同发展作为城市群一体化发展总体体制机制的重要方面，相关文件指出：根据资源环境承载能力，构建科学合理的城镇化宏观布局，严格控制特大城市规模，增强中小城市承载能力，促进大中小城市和小城镇协调发展；完善京津冀、长三角、珠三角等重点区域大气污染防治联防联控协作机制，其他地方要结合地理特征、污染程度、城市空间分布以及污染物输送规律，建立区域协作机制。

表7-3　中共中央、国务院及其国家部委颁布的涉及城市群一体化及
生态文明协同发展相关的规划、方针和意见一览表

类别	发文机关	具体政策	相关文件及发布时间
纲领性体制机制内容	十三届全国人大四次会议通过	开拓高质量发展的重要动力源要以中心城市和城市群等经济发展优势区域为重点，增强经济和人口承载能力，带动全国经济效率整体提升。	《中华人民共和国国民经济和社会发展第十四个五年规划和2035年远景目标纲要》（2021年3月）
	党的十九届中央委员会	实施区域协调发展战略。以城市群为主体构建大中小城市和小城镇协调发展的城镇格局，加快农业转移人口市民化。	《决胜全面建成小康社会夺取新时代中国特色社会主义伟大胜利——在中国共产党第十九次全国代表大会上的报告》（2017年10月18日）
	国家发展和改革委员会	以区域发展总体战略为基础，以"一带一路"建设、京津冀协同发展、长江经济带发展为引领，形成沿海沿江沿线经济带为主的纵向横向经济轴带，塑造要素有序自由流动、主体功能约束有效、基本公共服务均等、资源环境可承载的区域协调发展新格局。	《中华人民共和国国民经济和社会发展第十三个五年规划纲要》（2016年3月）
	中国共产党第十八届中央委员会第三次全体会议通过	推动大中小城市和小城镇协调发展、产业和城镇融合发展，协调推进城镇化和新农村建设。优化城市空间结构和管理格局，增强城市综合承载能力。	《中共中央关于全面深化改革若干重大问题的决定》（2013年11月12日）

续表

类别	发文机关	具体政策	相关文件及发布时间
总体性体制机制	中共中央、国务院	以城市群推动国家重大区域战略融合发展，建立以中心城市引领城市群发展、城市群带动区域发展新模式，推动区域板块之间融合互动发展。	《中共中央国务院关于建立更加有效的区域协调发展新机制的意见》（2018 年 11 月 18 日）
	国家发展和改革委员会	根据不同区域的资源环境承载能力、现有开发强度和发展潜力，统筹谋划人口分布、经济布局、国土利用和城镇化格局，确定不同区域的主体功能；逐步形成人口、经济、资源环境相协调的国土空间开发格局。	《全国主体功能区规划》（2011 年 6 月 8 日）
	国家发展和改革委员会	引导资源要素按照主体功能区优化配置，为主体功能区建设创造良好的政策环境，着力构建科学合理的城市化格局、农业发展格局和生态安全格局，促进城乡、区域以及人口、经济、资源环境协调发展。	《国家发展改革委贯彻落实主体功能区战略 推进主体功能区建设若干政策的意见》（2013 年 6 月 18 日）
	国务院	支持京津冀、长江三角洲、珠江三角洲、长江中游、成渝等开发集聚区加快一体化进程，加强在基础设施、产业发展、生态环境、公共服务、社会管理等方面的合作，构建互联互通的基础设施网络和资源要素市场体系，促进生产要素跨区域自由流动。	《全国国土规划纲要（2016—2030 年）》（2017 年 2 月 4 日）

类别	发文机关	具体政策	相关文件及发布时间
新型城镇化、城市群化、城镇建设	中共中央、国务院	构建以陆桥通道、沿长江通道为两条横轴，以沿海、京哈京广、包昆通道为三条纵轴，以轴线上城市群和节点城市为依托，其他城镇化地区为重要组成部分，大中小城市和小城镇协调发展的"两横三纵"城镇化战略格局。	《国家新型城镇化规划（2014—2020年）》（2014年3月）
	国家发展和改革委员会	按照统筹规划、合理布局、分工协作、以大带小的原则，立足资源环境承载能力，推动城市群和都市圈健康发展，构建大中小城市和小城镇协调发展的城镇化空间格局。	《2019年新型城镇化建设重点任务》（2019年3月31日）
	国务院	坚持有序开发、高效利用、科学调控、优化布局，努力增强资源保障能力，促进资源开发利用与城市经济社会协调发展。	《全国资源型城市可持续发展规划（2013—2020年）》（2013年11月12日）
	中华人民共和国商务部等10部门	科学合理规划全国流通节点城市，有利于适度整合分散于各城市的流通设施，推动流通节点城市加强合作，共建共享大型流通设施，引导流通功能衔接、优势互补，促进区域协调发展。	《全国流通节点城市布局规划（2015—2020年）》（2015年5月）
	住房城乡建设部、国家发展和改革委员会	加强城市生态文明建设，改善城市水环境质量，减少污染严重水体，控制地级及以上城市建成区黑臭水体，改善城市大气环境质量，撤并改造分散采暖燃煤小锅炉，大幅提升能源利用效率。	《全国城市政基础设施建设"十三五"规划》（2017年5月）

类别	发文机关	具体政策	相关文件及发布时间
长江经济带与中部崛起	国务院	打破行政区划界限和壁垒，加强规划统筹和衔接，形成市场体系统一开放、基础设施共建共享、生态环境联防联治、流域管理统筹协调的区域协调发展新机制。	《国务院关于依托黄金水道推动长江经济带发展的指导意见》（2014年9月25日）
	国务院	培育壮大辐射带动作用强的城市群，促进城镇化健康发展。科学规划城市群内各城市功能定位和产业布局，实施中心城市带动战略，支持中心城市完善功能、增强实力，推动大中小城市与周边小城镇进一步加强要素流动和功能联系，实现协调发展。	《国务院关于大力实施促进中部地区崛起战略的若干意见》（2012年8月31日）
	国家发展和改革委员会	坚持重点突破、全面崛起。统筹区域和城乡发展，协调推进生态文明建设和社会事业发展，努力实现更加全面、更加公平、更加协调的发展。	《促进中部地区崛起"十三五"规划》（2016年12月20日）
政府工作报告	第十三届全国人民代表大会第二次会议	促进区域协调发展，提高新型城镇化质量。围绕解决发展不平衡不充分问题，改革完善相关机制和政策，促进基本公共服务均等化，推动区域优势互补、城乡融合发展。	《2019年国务院政府工作报告》（2019年3月5日）
	第十三届全国人民代表大会第三次会议	深入推进新型城镇化；继续推动西部大开发、东北全面振兴、中部地区崛起、东部率先发展；深入推进京津冀协同发展、粤港澳大湾区建设、长三角一体化发展；推进长江经济带共抓大保护；推动成渝地区双城经济圈建设。	《2020年国务院政府工作报告》（2020年5月22日）

续表

类别	发文机关	具体政策	相关文件及发布时间
生态文明体制机制改革	国家发展改革委联合财政部、原国土资源部、水利部、原农业部、原国家林业局	对生态文明建设高度重视，将其放在突出的战略位置，突出生态文明建设与经济、政治、文化、社会建设的深度融合，重在文明建设，建立起推进生态文明建设的组织协调机制。	《国家生态文明先行示范区建设方案（试行）》（2013年12月2日）
	中共中央、国务院	根据资源环境承载能力，构建科学合理的城镇化宏观布局，严格控制特大城市规模，增强中小城市承载能力，促进大中小城市和小城镇协调发展。	《中共中央国务院关于加快推进生态文明建设的意见》（2015年4月25日）
	中共中央、国务院	完善京津冀、长三角、珠三角等重点区域大气污染防治联防联控协作机制，其他地方要结合地理特征、污染程度、城市空间分布以及污染物输送规律，建立区域协作机制。	《生态文明体制改革总体方案》（2015年9月）

资料来源：中共中央、国务院及相关国家部委机关发布的相关文件。

　　2021 年 3 月第十三届全国人大四次会议通过的《中华人民共和国国民经济和社会发展第十四个五年规划和 2035 年远景目标纲要》指出，开拓高质量发展的重要动力源要以中心城市和城市群等经济发展优势区域为重点，增强经济和人口承载能力，带动全国经济效率整体提升。2016 年 3 月国家发展和改革委员会发布的《中华人民共和国国民经济和社会发展第十三个五年规划纲要》指出，坚持以人的城镇化为核心、以城市群为主体形态、以城市综合承载能力为支撑、以体制机制创新为保障，加快新型城镇化步伐。这种论述已成为我国各级政府部门推进城镇化的基本政策依据。此外，还在"加快城市群建设发展"中指出，要优化提升东部地区城市群，建设京津冀、长三角、珠三角世界级城市群，提升山东半岛、海峡西岸城市群开放竞争水平，培育中西部地区城市群，发展壮大东北地区、中原地区、长江中游、成渝地区、关中平原城市群，规划引导北部湾、山西中部、呼包鄂榆、黔中、滇中、兰州—西宁、宁夏沿黄、天山北坡城市群发展，促进以拉萨市为中心、以喀什市为中心的城市圈发展，形成更多支撑区域发展的增长极；建立健全城市群发展协调机制，推动跨区域城市间产业分工、基础设施、生态保护、环境治理等协调联动，实现城市群一体化高效发展。在"增强中心城市辐射带动功能"中指出，要发展一批中心城市，强化区域服务功能；超大城市和特大城市要加快提高国际化水平，适当疏解中心区非核心功能，强化与周边城镇高效通勤和一体发展，促进形成都市圈；大中城市要加快产业转型升级，延伸面向腹地的产业和服务链，形成带动区域发展的增长节点；科学划定中心城区开发边界，推动城市发展由外延扩张式向内涵提升式转变。这为我国推动城市群空间融合发展指出了城市群工作的总体方向，是引导各类城市群融合发展的重要内容。

二、我国五大跨区域型城市群一体化协同发展的格局

京津冀城市群、长江三角洲城市群、珠江三角洲城市群、长江中游城市群、成渝城市群五大跨区域型城市群沿海沿江布局，不仅带动城市群内部区域经济社会发展，也带动和引领其他城市群、经济带乃至全国范围内的区域经济社会发展。

从表7-4可以看出，我国五大跨区域型城市群均将一体化和协同发展作为城市群发展的基本路径。京津冀城市群，通过产业的协同升级和共建共享公共服务，推进市场一体化，构建现代化首都城市圈；长三角城市群，按照各地区的比较优势，明确各城市功能定位，强化错位发展，协同推进城乡发展一体化和农业现代化，形成优势互补、各具特色的协同发展格局；珠三角城市群，发挥深圳市、广州市的极点带动作用，推动各类城市分工合作互补，建设宜居宜业、集约高效的大湾区发展格局；长江中游城市群，强化武汉市、长沙市、南昌市的中心城市地位，提升现代化、国际化水平，完善合作工作推进制度和利益协调机制，引领带动武汉城市圈、环长株潭城市群、环鄱阳湖城市群协调互动发展；成渝城市群，围绕生产要素自由流动、基础设施互联互通、公共服务设施共建共享、生态环境联防联控联治等关键环节，探索建立城市群管理协同模式，实现城市群一体化发展。

三、城市群功能分工及集聚中存在的资源环境问题

城市分工明确是城市群形成和发展的主要特征之一，也是驱动城镇化推进的中国城镇体系形成的重要因素之一。主要发展要素在中心城市的大规模集聚也会在中心城市产生资源环境要素压力趋紧所产生较为严重的中心城市资源环境问题，也会使得中小型城市资源环境要素使用效率提升缓慢。

表7-4 我国五大跨区域型城市群关于城市群一体化及
生态文明融合发展的相关政策论述

城市群	提出单位	具体政策	相关文件及发布时间
京津冀城市群	京津冀协同发展领导小组	着力调整优化经济结构和空间结构，着力构建现代化交通网络系统，着力扩大环境容量生态空间，着力推进产业升级转移，着力推动公共服务共建共享，着力加快市场一体化进程，加快打造现代化新型首都圈，努力形成京津冀目标同向、措施一体、优势互补、互利共赢的协同发展新格局，打造中国经济发展新的支撑带。	《京津冀协同发展规划纲要》（2015年6月）
成渝城市群	国家发展和改革委员会	根据资源环境承载能力和发展基础，统筹区域发展空间布局，依托中心城市和长江黄金水道、主要陆路交通干线，形成以重庆市、成都市为核心，沿江、沿线为发展带的"双核五带"空间格局，推动区域协调发展。	《成渝经济区区域规划》（2011年5月30日）
	国家发展和改革委员会、住房城乡建设部	围绕生产要素自由流动、基础设施互联互通、公共服务设施共建共享、生态环境联防联控联治等关键环节，探索建立城市群管理协同模式，实现城市群一体化发展。	《成渝城市群发展规划》（2016年4月）
长江三角洲城市群	国务院	从提升区域整体竞争力出发，发挥各地比较优势，协调处理好上海市与其他城市、沿海沿江城市与腹地城市、中心城市与中小城市的关系，明确城市功能定位，强化错位发展，协同推进城乡发展一体化和农业现代化，形成优势互补、各具特色的协同发展格局。	《长江三角洲城市群发展规划》（2016年6月）
	国家发展和改革委员会	示范区的初心是生态绿色和一体化发展，生态绿色是示范区高质量发展的集中体现，要做好生态绿色这篇大文章，加强生态保护、促进绿色发展，实现以生态绿色为引领的更高质量一体化发展。	《长三角生态绿色一体化发展示范区总体方案》（2019年11月19日）

城市群	提出单位	具体政策	相关文件及发布时间
长江三角洲城市群	中共中央、国务院	推动长三角中心区一体化发展，带动长三角其他地区加快发展，引领长江经济带开放发展。加强长三角中心区城市间的合作联动，建立城市间重大事项、重大项目共商共建机制。	《长江三角洲区域一体化发展规划纲要》（2019 年 12 月）
珠江三角城市群	广东省政府	按照主体功能区定位，优化珠江三角洲地区空间布局，以广州市、深圳市为中心，以珠江口东岸、西岸为重点，推进珠江三角洲地区区域经济一体化，带动环珠江三角洲地区加快发展，形成资源要素优化配置、地区优势充分发挥的协调发展新格局。	《珠江三角洲地区改革发展规划纲要（2008—2020 年）》（2009 年 01 月 8 日）
	广东省人民政府办公厅	基于珠三角的自然生态本底特征，以山、水、林、田、城、海为空间元素，以自然山水脉络和自然地形地貌为框架，以满足区域可持续发展的生态需求及引导城镇进入良性有序开发为目的，着力构建"一屏、一带、两廊、多核"的珠三角生态安全格局。	《珠江三角洲地区生态安全体系一体化规划（2014—2020 年）》（2014 年 11 月 24 日）
	国务院	新形势下深化泛珠三角区域合作，有利于深入实施区域发展总体战略，统筹东中西协调联动发展，加快建设统一开放、竞争有序的市场体系；有利于更好融入"一带一路"建设、长江经济带发展，提高全方位开放合作水平；有利于深化内地与港澳更紧密合作，保持香港特别行政区、澳门特别行政区长期繁荣稳定。	《国务院关于深化泛珠三角区域合作的指导意见》（2016 年 03 月 15 日）
	广东省人民政府	推进珠三角城市群控容提质，广州市、深圳市严格开发规模、强度、边界管控，有序向周边城市疏解非核心功能；佛山市、东莞市、中山市实施强心战略，做大做强主城区；珠海市、惠州市、江门市、肇庆市重点加强市区建设，辐射带动周边县市发展。	《实施珠三角规划纲要 2017 年重点工作任务》（2017 年 05 月 13 日）

续表

城市群	提出单位	具体政策	相关文件及发布时间
珠江三角城市群	国家发展和改革委员会、广东省人民政府、香港特别行政区政府、澳门特别行政区政府	强化广东省作为全国改革开放先行区、经济发展重要引擎的作用，构建科技、产业创新中心和先进制造业、现代服务业基地；巩固和提升香港特别行政区国际金融、航运、贸易三大中心地位，强化全球离岸人民币业务枢纽地位和国际资产管理中心功能，推动专业服务和创新及科技事业发展；推进澳门特别行政区建设世界旅游休闲中心，打造中国与葡语国家商贸合作服务平台，建设以中华文化为主流、多元文化共存的交流合作基地，促进澳门特别行政区经济适度多元可持续发展。	《深化粤港澳合作推进大湾区建设框架协议》（2017年7月1日）
	中共中央、国务院	坚持极点带动、轴带支撑、辐射周边，推动大中小城市合理分工、功能互补，进一步提高区域发展协调性，促进城乡融合发展，构建结构科学、集约高效的大湾区发展格局。	《粤港澳大湾区发展规划纲要》（2019年2月）
长江中游城市群	国家发展和改革委员会	强化武汉市、长沙市、南昌市的中心城市地位，合理控制人口规模和城镇建设用地面积，进一步增强要素集聚、科技创新和服务功能，提升现代化、国际化水平，完善合作工作推进制度和利益协调机制，引领带动武汉城市圈、环长株潭城市群、环鄱阳湖城市群协调互动发展。	《长江中游城市群发展规划》（2015年4月）

资料来源：国家部委和地方部门出台的各项文件。

（一）我国城市群内的城镇功能分工格局

作为城市群城市间产业分工的高级阶段，城市功能分工成为划分城市群核心城市、次核心城市和外围城市的重要标志。不同等级城市之间的产业分工可以分为三种基本形态：核心城市生产性服务功能与外围城市生产制造功能之间的分工、核心城市高技术生产制造功能与外围城市低技术生产制造功能之间的分工、核心城市高技能生产性服务功能与外围城市低技能生产性服务功能之间的分工①。

促进区域协调发展，要发挥各地区比较优势，形成优势互补、高质量发展的区域经济布局。随着我国进入城市群主导的区域一体化发展新阶段，原来的城市空间的产业分工将会扩大到城市群空间的产业分工，以便进一步发挥市场的力量在资源配置中的作用，提升空间与产业的融合度，更有利于提升城市与区域的发展质量。在城市群内部，沿海中心城市要加快产业绿色转型升级，面向腹地延伸产业链和服务链发展，并加速提高在全球产业分工中的地位和参与层次、提升国际化水平和国际市场竞争力；内陆中心城市要强化内部开发和对外开放力度，建立和完善以现代先进制造业和服务业、战略性新兴产业为发展要点的产业体系，强化中心城市的规模效应和辐射能力在生产要素集聚、科技能力创新、服务高端化发展中的体现；区域重要节点城市加强协作水平，努力实现城市功能的互补完善和经济实力提升，加强协作对接，实现集约发展、联动发展、互补发展。

（二）城市群功能集聚对资源环境问题产生的两面性

1. 城镇功能的集聚有利于促进经济社会的快速发展

不平衡增长、集聚发展是纽约、东京、洛杉矶、伦敦、巴黎、芝加哥、墨西哥城、首尔等国际城市及以这些城市为中心的城市群形成的重要原因，也是我国改革开放取得巨大经济社会成就的重要体制安排。平衡区域要素的集聚程度会降低经济发展速度和城镇化进程，会造成粗放利用已十分稀缺的土地资源、水资源和能源等自然资源，导致资源环境要素的效率损失。我国是发展中国家，就业机会和公共资源供给仍然不足，不可能在城市间和城乡间提供均等的公共资源供给和土地、能源、水资源等自然资源供给，也不符合在城市化中期阶段国内外城市所普遍采取的不平衡增长、包容增长的普遍规律。这意味着在当前城镇化加快的中期阶段，特大超大城市向较多城市和区域疏散功能不合时宜，也表明特大超大城市有序有度、定向建设卫星城市更符合集聚发展规律。

2. 城市功能的过度集聚也会产生严峻的资源环境问题

近10年来，在全国661个地级及以上城市中，一是交通越为便捷、文化程度和收入水平越高、技术水平越先进，人口和企事业单位向北京市、上海市、

---

① 马燕坤，张雪领. 中国城市群产业分工的影响因素及发展对策［J］. 区域经济评论，
2019（06）：106-116.

广州市和深圳市等全国中心城市及所带动的京津冀城市群、长三角城市群和珠三角城市群集聚、密集的倾向越强,次之向天津市、重庆市、武汉市、南京市、成都市、杭州市、郑州市、沈阳市等区域性中心城市及所带动的区域型城市群集聚和密集;二是北京市、上海市、广州市和深圳市等全国中心城市及所带动的城市群规模增长整体大于天津市、重庆市、武汉市、南京市、成都市、杭州市、郑州市、沈阳市等区域性中心城市及所带动的城市群规模增长。这表明,以首都、直辖市、省会城市和特区等中心城市为优选目标地和以城市群为地区主体承载形态的城镇化路径决定了特大超大城市规模和数量在未来20—30年内会继续增大、增多。

特大超大城市是我国首都、直辖市、省会城市、特区,是全国或区域性政治、经济、文化、教育、信息和交通中心(见表7-5)。以2016年为例,特大超大城市支出了全国财政支出总额的30.63%,消费了全社会商品零售总额的31.43%,集中了全国34.18%的高等教育机构。城市功能越多,对人流、物流、资金流和信息流的吸引力越强,对人口和经济的"虹吸效应"与城市规模扩张的"马太效应"形成了特大超大城市规模持续扩大和多种功能持续增强的基本动力。人口和企业快速增加对水土资源和环境要素需求的快速增加与水土资源和环境容量因大规模占用后供给的持续减少,形成的"一增一减"矛盾,诱发了特大超大城市资源环境问题。

3. 推动城市群协同发展破解中心城市"独大",中小城市发展滞后问题

当前,在京津冀、长三角、珠三角、长江中游和成渝五大跨区域城市群和20多个区域型城市群中,这些城市群不同程度存在着支点城市和卫星城市功能相对单一,辐射半径较短问题。虽然支点城市和卫星城市承载了部分中心城市所转移的高能耗企业或劳动密集型企业,但其更多的经济社会资源和高端产业向中心城市聚集。虽然近年来,重点工业项目和重点开发区有向支点城市和卫星城市倾斜布局的现象,但更多的重点工业项目和重点开发区仍然布局在中心城市。这说明地方政府、企业和居民对企业所在地和居住区的选择仍然优选为中心城市。其原因是中心城市更面向市场,能获得更多政治经济资源和福利,交易费用更低。这也是城市群内中心城市独大,支点城市和卫星城市建设相对滞后的重要原因。

卫星城市生态禀赋较高、开发强度较低,交通便捷,具有后发优势。有序有度、定向建设卫星城市承载中心城市非核心功能,定位和起点较高。卫星城市土地成本相对较低,发展空间较大,具有比较优势。卫星城市合理规避重化工产业和低端制造业向新城的迁移,能够保障卫星城市良好的生态环境,保持

表7-5 2017年各城市群中心城市生态文明协同发展能力相关指标

各城市群中心城市		常住人口（万人）	常住人口城镇化率（%）	国内生产总值（亿元）	三产业占比（%）	政治功能	经济功能	文化功能	对外形象	生态宜居
京津冀城市群	北京市	2170.7	86.50%	28014.94	0.43:19.01:80.56	首都、直辖市、全国政治中心	——	文化中心、国家历史文化名城	国际交往中心、世界一线城市	——
	天津市	1556.87	82.93%	18549.19	0.91:40.94:58.15	直辖市	北方经济中心	国家历史文化名城	世界二线城市、国际港口城市	全球最宜居城市
长三角城市群	上海市	2418.33	87.70%	30632.99	0.36:30.46:69.18	直辖市	中国及国际经济中心	国家历史文化名城	世界一线城市	——
	南京市	833.5	82.29%	11715.10	2.25:38.03:59.73	省会	全省经济中心	国家历史文化名城	世界二线城市	国家生态园林城市
	杭州市	946.8	76.8%	11621.46	1.85:33.61:64.54	省会	全省经济中心	国家历史文化名城	世界二线城市	国家生态园林城市
	合肥市	796.5	73.75%	4812.48	0.31:47.33:52.35	省会	全省经济中心	——	——	国家园林城市

续表

各城市群中心城市		常住人口（万人）	常住人口城镇化率（%）	国内生产总值（亿元）	三产业占比（%）	政治功能	经济功能	文化功能	对外形象	生态宜居
珠三角城市群	广州市	1449.84	86.14%	21503.15	1.09：27.97：70.94	省会	国际商贸中心	国家历史文化名城	世界一线城市	国家森林城市
	深圳市	1252.83	99.74%	22490.06	0.09：41.44：58.47	特区	中国经济特区、全国性经济中心城市	——	世界一线城市	国家园林城市
长江中游城市群	武汉市	1089.29	80.04%	13410.34	3.04：43.71：53.25	省会	全省经济中心	国家历史文化名城	世界二线城市	国家园林城市
	长沙市	791.81	77.59%	6390.34	0.91：35.39：63.69	省会	全省经济中心	国家历史文化名城	世界二线城市	国家园林城市
	南昌市	546.36	73.32%	3640.88	1.71：50.04：48.25	省会	全省经济中心	国家历史文化名城	——	国家园林城市

各城市群中心城市		常住人口（万人）	常住人口城镇化率（%）	国内生产总值（亿元）	三产占比（%）	政治功能	经济功能	文化功能	对外形象	生态宜居
成渝城市群	成都市	1604.47	71.85%	11010.00	1.52：43.92：54.56	省会	国家重要的商贸物流中心	国家历史文化名城	世界二线城市	国家森林城市
	重庆市	3075.16	64.08%	19500.27	0.07：0.44：0.49	直辖市	长江上游地区经济中心	国家历史文化名城	世界二线城市	——

数据来源：各市统计局，2018 年《中国城市统计年鉴》《世界城市排名 2018》等。

新城相对于中心城市建成区生态环境质量的优势，相应政策体系也更容易形成和执行。

纽约、东京、洛杉矶、伦敦、巴黎等国际特大超大城市在进入特大城市后，均不同程度地通过控制城市规模，疏散城市功能，优化"三生空间"配置等途径，化解其资源环境困境。借鉴雄安新区定向设立新区经验，探索特大超大城市有序有度、定向建设卫星城市，化解特大超大城市资源环境问题的体制机制，有利于打破中心城市"独大"，中小城市发展滞后的局面，推动城市群协同发展。

第三节　以城市群一体化推进生态文明协同发展机制与政策的主要内容

参考西方发达国家城市群地区通过构造与资源环境承载力相适应的城镇体系，并结合我国城市群地区突出的资源环境问题和承载我国大规模人口城镇化的任务等现实问题，我国在城市群地区已经建立起了有利于城市群生态文明协同发展的城镇体系。

一、以主体功能定位协调各城市群开发空间布局

贯彻 2011 年 6 月国务院发布的《全国主体功能区划》所确立的各城市群优化开发、重点开发、限制开发的方向和原则。城市规划要纳入城市群规划，并将农村地区、林区和水域综合考虑。我国城市群开发强度及其与资源环境的关系表现出以下三个方面的特点：

一是中西部城市群生产空间开发强度显著滞后于东部城市群。东部部分地区国土开发强度与资源环境承载能力不匹配，京津冀城市群、长三角城市群、珠江三角城市群等城市群国土开发强度接近或超出其资源环境承载能力；而中西部一些自然禀赋较好的地区资源利用不充分，尚存在较大开发潜力。

二是中西部城市群生活空间建设水平显著滞后于东部城市群。东部部分地区基础设施建设过于超前，普遍存在重复建设现象，闲置和浪费严重；中西部偏远地区基础设施建设水平相对滞后，部分卫生、医疗、教育、交通等公共服务和应急保障基础设施不足。

三是中西部城市群生态空间治理需求显著高于东部城市群。西部地区生态

环境相对较脆弱，需要政府逐步加大对西部地区生态环境保护方面的支持力度。扩大中西部地区的重大生态修复工程建设，保护好森林、湖泊和湿地。各类主体功能区的城市群主体功能定位不同，其发展的方向存在差异，我国的城市群主要布局于我国的优化开发区和重点开发区。表7-6揭示了《全国主体功能区规划》中我国各类城市群按照开发方式区分的主体功能区分布情况，为我国各类城市群开发做出了战略性、约束性和基础性安排。

表 7-6　按照开发类型分类的我国城市群的主体功能区规划

主体功能类型	城市群	区域功能定位
优化开发区	京津冀城市群	"三北"地区的重要枢纽和出海通道，全国科技创新与技术研发基地，全国现代服务业、先进制造业、高新技术产业和战略性新兴产业基地，我国北方的经济中心。
	辽中南城市群	东北地区对外开放的重要门户和陆海交通走廊，全国先进装备制造业和新型原材料基地，重要的科技创新与技术研发基地，辐射带动东北地区发展的龙头。
	山东半岛城市群	黄河中下游地区对外开放的重要门户和陆海交通走廊，全国重要的先进制造业、高新技术产业基地，全国重要的蓝色经济区。
	长江三角洲城市群	长江流域对外开放的门户，我国参与经济全球化的主体区域，有全球影响力的先进制造业基地和现代服务业基地，世界级大城市群，全国科技创新与技术研发基地，全国经济发展的重要引擎，辐射带动长江流域发展的龙头，我国人口集聚最多、创新能力最强、综合实力最强的三大区域之一。
	珠江三角洲城市群	构建有全球影响力的先进制造业基地和现代服务业基地，南方地区对外开放的门户，我国参与经济全球化的主体区域，全国科技创新与技术研发基地，全国经济发展的重要引擎，辐射带动华南、中南和西南地区发展的龙头，我国人口集聚最多、创新能力最强、综合实力最强的三大区域之一。

续表

主体功能类型	城市群	区域功能定位
重点开发区	冀中南城市群	重要的新能源、装备制造业和高新技术产业基地，区域性物流、旅游、商贸流通、科教文化和金融服务中心。
	太原城市群	资源型经济转型示范区，全国重要的能源、原材料、煤化工、装备制造业和文化旅游业基地。
	呼包鄂榆城市群	全国重要的能源、煤化工基地、农畜产品加工基地和稀土新材料产业基地，北方地区重要的冶金和装备制造业基地。
	哈长城市群	我国面向东北亚地区和俄罗斯对外开放的重要门户，全国重要的能源、装备制造基地，区域性的原材料、石化、生物、高新技术产业和农产品加工基地，带动东北地区发展的重要增长极。
	东陇海城市群	新亚欧大陆桥东方桥头堡，我国东部地区重要的经济增长极。
	江淮城市群	承接产业转移的示范区，全国重要的科研教育基地，能源原材料、先进制造业和科技创新基地，区域性的高新技术产业基地。
	海峡西岸城市群	两岸人民交流合作先行先试区域，服务周边地区发展新的对外开放综合通道，东部沿海地区先进制造业的重要基地，我国重要的自然和文化旅游中心。
	中原城市群	全国重要的高新技术产业、先进制造业和现代服务业基地，能源原材料基地、综合交通枢纽和物流中心，区域性的科技创新中心，中部地区人口和经济密集区。
	长江中游城市群	全国重要的高新技术产业、先进制造业和现代服务业基地，全国重要的综合交通枢纽，区域性科技创新基地，长江中游地区人口和经济密集区。
	北部湾城市群	我国面向东盟国家对外开放的重要门户，中国—东盟自由贸易区的前沿地带和桥头堡，区域性的物流基地、商贸基地、加工制造基地和信息交流中心。

续表

主体功能类型	城市群	区域功能定位
重点开发区	成渝城市群	全国统筹城乡发展的示范区，全国重要的高新技术产业、先进制造业和现代服务业基地，科技教育、商贸物流、金融中心和综合交通枢纽，西南地区科技创新基地，西部地区重要的人口和经济密集区。
	黔中城市群	全国重要的能源原材料基地、以航天航空为重点的装备制造基地、烟草工业基地、绿色食品基地和旅游目的地，区域性商贸物流中心。
	滇中城市群	我国连接东南亚、南亚国家的陆路交通枢纽，面向东南亚、南亚对外开放的重要门户，全国重要的烟草、旅游、文化、能源和商贸物流基地，以化工、冶金、生物为重点的区域性资源精深加工基地。
	藏中南城市群	全国重要的农林畜产品生产加工、藏药产业、旅游、文化和矿产资源基地，水电后备基地。
	关中-天水城市群	西部地区重要的经济中心，全国重要的先进制造业和高新技术产业基地，科技教育、商贸中心和综合交通枢纽，西北地区重要的科技创新基地，全国重要的历史文化基地。
	兰州-西宁城市群	全国重要的循环经济示范区，新能源和水电、盐化工、石化、有色金属和特色农产品加工产业基地，西北交通枢纽和商贸物流中心，区域性的新材料和生物医药产业基地。
	宁夏沿黄城市群	全国重要的能源化工、新材料基地，清真食品及穆斯林用品和特色农产品加工基地，区域性商贸物流中心。
	天山北坡城市群	我国面向中亚、西亚地区对外开放的陆路交通枢纽和重要门户，全国重要的能源基地，我国进口资源的国际大通道，西北地区重要的国际商贸中心、物流中心和对外合作加工基地，石油、天然气、化工、煤电、煤化工、机电工业及纺织工业基地。

资料来源：2011 年 6 月 8 日国家发展和改革委员会发布的《全国主体功能区规划》。

城市群地区必须根据资源环境承载力的大小确定可承载的人口、经济规模以及合理的产业结构。为了实现各大主体功能区的资源环境保护协同、城市群资源环境要素的开发共享协同目标，需要进行以下几方面的协同：

第一，人口转移协同。在城镇化高速发展的过程中，人口随着就业机会和工资水平迁移，是其发展的必然方向。由于优化开发区人口过于密集，给该区域资源环境带来极大压力；而重点开发区的人口容量较为充足，优质人才驱动力不足；限制开发区（农产品主产区）和禁止开发区（生态功能区）以农业生产和保护生态为主，难以承载较多消费人口。因此限制开发区和禁止开发区要实施积极的人口退出政策，加大生态保护设施及公共服务设施的建设，提高生态修复和公共服务水平，支持和引导人口合理分散迁移到重点开发区和优化开发区就业或定居；优化开发区和重点开发区是人口迁入的主要地区，适宜通过基础设施建设和提高教育、医疗、社区服务的公共服务供给水平，吸纳更多的人口，但同时也要防止人口向特大城市中心区过度集聚[①]。

第二，产业分工协同。以往地方政府往往从地方本位利益出发，不具有全局观和协同意识，倾向于推行热门产业和经济效益大的产业，导致区域产业同质化现象严重，资源环境开发利用效率低下。2011年6月国务院发布的《全国主体功能区规划》旨在对国土空间进行合理规划，形成主体功能定位清晰的区域协调发展格局。在城市群一体化的大格局下，从区域资源禀赋差异出发，因地制宜实施不同的产业政策，同时加速城市群主体功能区产业的转移与配套，明晰各类主体功能区的产业协同目标。优化开发区要促进产业的优化升级和创新能力提升，并将部分产业转移到重点开发区；重点开发区应在承接优化开发区部分产业时，加强产业配套和集聚能力，保证区域内城市产业布局协调合理；限制开发区和禁止开发区则要根据自身资源环境状况，在资源环境承载力范围内发展特色产业。考虑各区域资源禀赋差异和生态环境现状，对区域内可利用资源高效率开发使用、共同发展，是协调资源环境保护与社会经济发展的现代要义。

第三，资源环境保护协同。优化开发区和重点开发区由于集聚的人口和有限的资源要素规模不相匹配，导致区域内出现资源要素供给不足和生态破坏程度超出生态修复能力的现象。限制开发区和禁止开发区由于长期依赖资源开发维持生产生活活动，区域经济效率较低、生产模式粗放，致使生态环境破坏较

---

① 娄峰，侯慧丽. 基于国家主体功能区规划的人口空间分布预测和建议 [J]. 中国人口·资源与环境，2012，22（11）：68-74.

为严重。资源环境破坏具有负外部性后果，如大气污染、水污染具有流动性，将会在区域内无序扩散，造成区域整体生态效益低下。因此在城市群生态文明协同发展过程中，限制开发区和禁止开发区应实行严格的产业准入环境标准，限制或禁止不利于生态环境保护的资源开发活动；优化开发区和重点开发区应发挥自主创新能力优势，提高产业发展的资源利用效率，实行严格的污染排放管控制度，在源头上控制污染。同时应实行共享发展体系机制及生态补偿体制机制，对于经济水平低、经济发展严格受限的限制开发区、禁止开发区，优化开发区和重点开发区应给予一定的经济补助以获取水资源远调等资源优化配置。

二、城市功能分工及共生城市群建设

（一）要合理规划城市群空间和各城市职能

我国生态文明协同发展已经纳入长三角、粤港澳大湾区、长江中游、成渝城市群等城市群规划。根据城市群资源环境承载力和山水地貌，合理规划和调节城市规模，优化城市、城区功能和空间形态。鼓励资源环境要素偏紧的中心城市，通过差别化税收和地价措施，将资源环境要素消耗偏大的产业和劳动密集型产业，疏散到具有资源环境潜力的中小城市或卫星城市。

（二）引导超大型中心城市疏解功能，通过在支点城市、卫星城市建立非核心功能、职能式服务区，降低资源环境压力

根据超大型中心城市疏散非核心功能所涉及的部门和企事业单位的土地、水资源需求，在土地资源和生态资源供给条件较好、交通便捷的地区设立新城。将定向卫星城市建设为多城市功能和多要素集聚的高地。明确定向卫星城市享有与特大超大城市均等的教育、医疗、养老等公共福利。政府直属事业单位、高等教育、优质医疗等公共服务部门及重点企业要率先向定向卫星城市迁移或分散。鼓励重点中小学在新城建立分校，鼓励重点和重要科研平台在新城设立研发中心，带动重点企业和优势产业的总部经济部门向定向卫星城市集聚。实施创新驱动，吸收国内外创新资源和具有全球竞争力的高科技企业在新城布局。

（三）腾笼换鸟，从根本上疏解中心城市资源环境问题

探索人口经济密集区优化开发新模式，在超大型中心城市向卫星城市定向疏散非核心功能的同时，鼓励高耗能和高污染及劳动密集型企业向支点城市和其他卫星城镇转移。搬迁或转移后直接或间接形成的土地要以提供公共用地和生态用地为主，从根本上疏解超大型中心城市资源环境困境，改良生态环境。严格限制工商业用地，禁止生态负荷超载区块新增工业项目和高密度住宅项目。

（四）定向设置和建设的卫星城市要按照"山水林田湖生命共同体"，实现宜居宜业的要求，构建科学合理的城镇化格局

合理划定卫星城市城镇开发边界、永久基本农田、生态保护三条红线和城镇、农业、生态三类空间。依托山水地貌优化城市形态和功能，显山露水，实行绿色规划。划定生态空间保护红线，定向建设卫星城市与市辖区间要构筑生态屏障，卫星城市内不同区块构建生态廊道和生物多样性保护网络。切实保护水源，保护森林、河湖、湿地、草地等自然生态系统的稳定性及其生态服务功能。

通过城市群的一体化，推进城市群生态文明的协同发展主要表现在三个方面：

一是科学界定城市功能和空间属性，控制城市规模和边界。引导特大超大型中心城市在支点城市或卫星城市建立非核心功能、职能式服务区，疏散城市非核心功能。如，以疏解北京非首都功能为"牛鼻子"推动京津冀协同发展，高起点规划、高标准建设雄安新区。依据综合承载能力和环境容量，科学规划中心城市 15—30 年内的人口和建成区规模，空间布局和基础设施建设。

二是规范和扶持一批支点城市。以城市群为主体构建大中小城市和小城镇协调发展的城镇格局，加快构筑基础设施相连相通、产业发展互补互促、资源要素对接对流、公共服务共建共享、生态环境联防联控的共生城市体系。通过均等化教育、医疗、市政等公共资源与经济资源等多种途径，以扩大支点城市、卫星城市建设用地规模及其要素流动性为手段，规范和扶持一批区域支点城市和卫星城市。

三是在城市群一体化框架下，实施更严格的"三线一单"空间管控体系。建立健全自然资源资产管理和自然生态监管体制机制，构筑"三线一单"空间管控体系，引导和调控人口与经济依水土资源和环境容量布局，强化空间、总量、强度、环境准入负面清单管理和底线思维，全方位、全地域、全过程地开展超大特大城市资源环境保护工作。甄别项目取舍，规制和引导"三高"企业和劳动密集型企业迁移到周边城市或中小城市。

三、城市群生态文明协同发展的城镇体系

以城市群一体化协同实施产业接替、产业布局和人口城镇化策略。发挥中心城市辐射带动作用，立足于不断完善的城镇网络、产业网络、交通网络、生态网络和文化网络，以优化城市分工和创新驱动发展为重点，以整合人流、物流、资金流、信息流和资源环境要素空间规划为主线，通过基础设施相连相通、

产业发展互补互促、资源要素对接对流、公共服务共建共享、生态环境联防联控和应急机制建设等措施，完善和发展城市群共生体系。探索特大超大城市人口密集地区城市空间布局、产业结构优化开发新模式。建立严格的生态环境质量标准准入制度，防止高污染产业对中小城市、卫星城市的污染。

（一）以基础设施建设为特征的城市群建设

城市基础设施建设是城市生存和发展的物质基础，共建共享共用的基础设施建设能为城市群的协同发展提供动力。在我国城市群生态文明协同发展的进程中，城市群基础设施建设水平对城市群内部的空间格局、产业分工、人才流动等产生重大影响。2015年10月29日中国共产党第十八届中央委员会第五次全体会议通过的《中共中央关于制定国民经济和社会发展第十三个五年规划的建议》中提出，实施重大公共设施和基础设施建设工程，加快构建新一代信息基础设施，加快完善水利、铁路、公路、水运、民航、通用航空、管道、邮政等基础设施网络。高质量的基础设施建设能弱化地区间的资源禀赋差异，促进区域优势互补，减少基础设施重复建设成本，从而达到区域内基础设施资源的最优配置。

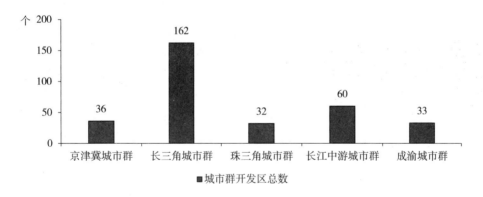

图7-1　我国五大跨区域型城市群国家级开发区数量对比

数据来源：2018年2月26日国家发展改革委、科技部、原国土资源部、住房与城乡建设部、商务部、海关总署发布的《中国开发区审核公告目录》（2018版）。

开发区是地方政府为促进区域经济迅速发展而设置的专门机构。依托区位地理优势、资源环境优势或市场优势建立的专业化产业聚集区，有助于提速区域内工业化进程、提高区域经济发展水平、完善城市空间格局、缓和区域就业压力。实施开发区创新发展和布局优化，使其成为区域经济发展、科技引领、产业集聚、土地集约和体制创新的载体和平台，是加快推进城镇化的重要路径。2018年全国开发区总数为2681个，其中国家级经济技术开发区219个，国家级高新区168个，省级开发区2053个，国务院批准设立的开发区共552个，省（自治区、直辖市）人民政府批准设立的开发区共1991个，以开发区建设作为新型城镇化推手的趋势正在形成。2017年2月国务院印发的《全国国土规划纲要（2016—2030年）》也提出，以培育重要开发轴带和开发集聚区为重点建设竞争力高地，推动京津冀、长江三角洲、珠江三角洲等优化开发区的协同发展，加速提升长江中游和成渝等重点开发区的集聚发展水平和辐射带动能力，充分发挥引领带动中部地区崛起和西部大开发战略实施的作用。

（二）交通信息网络

2016年3月，国家发展和改革委员会发布的《中华人民共和国国民经济和社会发展第十三个五年规划纲要》提出，要完善现代综合交通运输体系，并提出四点要求：构建内通外联的运输通道网络；建设现代高效的城际城市交通；打造一体衔接的综合交通枢纽；推动运输服务低碳智能安全发展。推进城市群综合交通运输建设，要在城市群内部形成中心城市间、中心城市与周边节点城市间1—2小时交通圈，打造城市群中心城市与周边重要城镇间1小时通勤都市圈；京津冀、长三角、珠三角、长江中游、中原、成渝、山东半岛城市群要推进建成城际铁路网，其他城市群建设城际铁路网主骨架。

在城镇化有序推进的进程中，沿中心城市、重点城市和支点城市铁路、公路、航运干线，链接产业、人口和技术要素，推动城市群经济的协同发展[1]。城市间连接轴线的形成主要受到两类要素的影响，一是自然地理要素（如河流、谷地等）的综合作用，另一类则是依托人工构筑物（如重大交通基础设施）从而形成完整的城市群空间轴线网络。有学者认为，依据"点—轴系统"理论和城市空间扩展理论，以公路主干道、铁路主线和主航道等交通轴线为基本轴线、以产业带、居民带为辅助轴线，能够实现跨城区互联互通模式的协同发展。2019年3月国家发展和改革委员会印发的《2019年新型城镇化建设重点任务》提出，把"强化交通运输网络支撑"作为优化城镇化布局形态的重要抓手，综合考虑人口规模结构和流动变化趋势，构建综合交通运输网络；合理建设完善西部和东北地区的对外交通骨干网络；在城市群构建以轨道交通、高速公路、高铁交通网为骨架的多层次快速交通网，服务于城市间产业专业化分工协作。

---

① 游士兵，苏正华，王婧."点—轴系统"与城市空间扩展理论在经济增长中引擎作用实证研究[J].中国软科学，2015（04）：142-154.

（三）资源环境网络

在生态文明体制改革中，要树立空间均衡的理念，保持产业结构、人口规模和经济增长速度与当地资源环境承载能力相协调。随着我国城镇化进程加快，城市群内部出现空间发展不均衡问题，大城市病凸显。为推进我国的和谐宜居建设，十三五时期我国提出了建设和谐宜居城市的目标，指出要建设绿色城市，根据资源环境承载力来确定和调节城市规模；要通过城市生态廊道和生态系统修复工程建设，补齐城市生态短板；加强城镇垃圾处理设施、城镇污水处理设施和管网建设改造，提升城镇生活污水集中处理率、垃圾处理设施的全覆盖和稳定达标运行；建立全国统一、全面覆盖的实时在线环境监测监控系统，推进和实施环境保护大数据建设。

在推进城市群生态文明建设过程中，要把水、土地、生态等资源环境承载力作为刚性约束。京津冀城市群构建覆盖全域的生态环境监测网络、预警体系和协调联动机制，协同提高城市群污染减排的效率，协同减少城市群污染物排放总量，扩大环境容量和生态空间；采取加强大气污染联防联控的机制和政策，实施大气污染防治重点城市的气化工程；加强城市群饮用水源地保护和饮水安全，协同联合开展河流、湖泊、海域的污染治理；划定城市群生态保护红线，实施城市群环境保护分区管理，建设多功能的生态廊道和绿地；加大生态环境恢复力度，共建生态防护区和生态涵养区。珠三角建设宜居型城市群，形成以优化开发区和重点开发区为主体的经济布局与城市化格局，以限制开发区和禁止开发区为主体的生态空间格局。围绕 2009 年 1 月广东省政府发布的《珠江三角洲地区改革发展规划纲要（2008—2020 年）》提出的战略目标，通过省市间配合、城市间联合、部门间协作，统筹珠三角自然生态系统建设，构筑以北部连绵山体、珠江水系和海岸带为主要框架的区域生态安全格局，实现区域生态安全体系的整体联结和共建共享，提高区域生态安全保障能力和管理水平，最大限度降低生态危机发生风险，提升社会经济的可持续发展能力。

（四）教育医疗网络

我国高等教育资源集聚水平存在明显的区域差异，整体上与经济发展水平相一致，沿东、中、西部地区呈阶梯状递减的态势。东部地区以北京市为高等教育水平高地，上海市、南京市、广州市依次递减；中部地区城市中武汉市为高校数量和普通高校在校学生数最多的城市，周边省会城市长沙市、郑州市、合肥市、南昌市均有相当多的高校和大学生；西部地区中西安市、成都市两市集聚了一部分高等教育资源，重庆市、昆明市所含的资源数次之。从总体政区区划分析，我国高等教育资源主要集中于各个省会城市和直辖市，我国高等教育资源倾向于向规模等级较高的中心城市集聚。从城市群来看，京津冀、长三角、珠三角三大城市群集中了全国半数以上的 211/985 大学和全国约 30%的普通高校在校学生数，其中京津冀城市群拥有最多的 211/985 大学，长三角城市群拥有最多的普通高校在校学生数。

我国医疗卫生资源总体存在明显的分布不均现象。由地理位置划分，东部区域医疗卫生资源水平较高，其中环渤海区域医疗卫生资源水平最高；西部区域医疗卫生资源水平较低，其中西南区域医疗条件最差。东部与中、西部地区医疗卫生资源水平存在明显差异。由行政级别划分，不同行政级别城市之间医疗卫生资源水平差异较大。行政级别越高的城市其医疗卫生资源水平越高，医疗卫生资源过多地集中在直辖市和省会城市，而行政级别较低的城市其医疗卫生资源则相对不足。这就导致人们为了获取优质医疗卫生资源，会从行政级别较低的城市进入到高级别城市，从而加剧了高级别城市人均医疗卫生资源相对不足的问题。由城市群划分，东部区域的城市群三甲医院数量较多，其中京津冀城市群三甲医院数最多，西南、西北区域城市群三甲医院数最少。表明不同城市群范围内医疗卫生资源水平差距较大。

第八章

健全和完善我国城市群生态文明政府协作机制与政策

如何处理城市群地方政府间生态文明建设的竞争合作关系，是当前城市群生态文明协同发展的重要内容。在城市群生态文明发展格局中，各城市发展的竞争关系，"本位主义""辖区利益至上"等观点和行为，是制约城市群生态文明协同发展政府合作的主要原因。当前，城市群生态文明协同发展的地方政府合作机制正处于完善之中，但也存在多处缺位。随着城市群一体化的深入发展，联合城市群内各区域政府的力量共同推进生态文明建设已成为城市群生态文明协同发展的主要表现。本章将探索城市群地方政府自发性生态文明协同发展不协同的原因，解析我国城市群生态文明协同发展的体制机制格局，提出优化城市群地方政府协作体制机制的对策建议。

第一节 我国城市群生态文明地方政府协作管理的体制格局

我国城市群生态文明协同发展的地方政府合作机制以省级政府为主导，以中心城市为引领。城市群规划和地方政府合作组织的建立是地方政府协作的重要表现和成果。我国城市群生态文明协同发展的地方政府合作机制中仍然存在污染协作治理缺位、共享发展不协同、监督制度缺位等问题。

一、以省级政府为主导的多部门分类合作机制

按照各时期国家治理格局和机构改革的要求，我国城市群生态文明建设的政府协作机制以省级政府为主导。其生态文明管理的职能被分为三大块：污染治理职能、资源保护职能、综合调控管理职能。这些职能在面对具体管理对象时，采取分部门管理和市县政府分开管理相结合的管理格局。各部门各司其职，分类管理能较好地推进和突出生态文明建设各项内容，但同时管理职能分散导

致的职能交叉与双重管理问题，既增加资源环境的治理成本、浪费公共资源，也使得资源环境的治理保护灵活度受限。

地方政府在实施资源环境管理过程中，提高了部门间的合作联系，但也提升了部门合作的矛盾。在山、水、湖、林、田、草、海等自然资源的管理过程中呈现出多部门职能交叉重复、多头治理，出了事情责任不清的现象。"九龙治水"现象根源于长期以来我国资源环境实行分头管理，相关调查监测工作也分头组织，导致调查监测在不同资源环境对象、内容、范围等方面存在重复交叉以及调查结果相互矛盾的情况。究其根本是忽略了生态环境包含内容广泛，山水林田湖草应作为一个生命共同体进行系统治理的客观事实，同时也体现了我国长期以来对于资源环境保护治理的行政体系制度设置的不合理之处。双重管理的突出局面也不容忽视。双重管理问题指的是地方自然资源和生态环境部门一方面受上一级自然资源和生态环境部门的业务指导，同时另一方面也受地方政府的领导。制度藩篱和"九龙治水"的尴尬局面备受社会各界议论，城市群内政府资源环境管理行政部门的冗杂，对同一管理职能的多头分管，都增加了资源环境合理管理利用的难度，并因此牵绊城市群生态文明的协同发展。因此，有必要将资源环境管理职能进行整合，提高地方政府资源环境管理的效率。

二、以中心城市为引领的生态文明地区间政府协作机制

直辖市、省会城市、计划单列市和重要节点城市等中心城市，是我国城镇化发展的重要支撑。从城市群的城市关联程度看，城市的级别越高、统领性越强，其对区域的影响作用越大。我国的直辖市城市属于省级行政单位，具备明显的区位、经济、政治、文化、社会、生态环境优势；我国的省会城市为国家一级行政区，一般为省的政治、经济、科教、文化、交通中心。直辖市和省会城市都发挥着能够带动整个地区发展的不可替代的作用。城市群生态文明建设的重点是中心城市，城市群生态文明协同发展的重要原因是单靠中心城市难以解决其日益突出的资源环境可持续问题。通过城市的行政区划和功能布局，制定产业政策、基础设施建设等规划，加强城市之间经济和基础设施的互联互通，推进城市群的一体化，合理布局产业和人口，优化资源环境要素的利用，加速推进城市群生态文明协同格局的形成和发展。

如表8-1所示，以我国五大跨区域型城市群为例，各个城市群的核心城市和主要中心城市多为直辖市或省会城市。京津冀城市群以首都北京市为核心城市，发挥首都北京"全国政治、文化、国际交往、科技创新中心"的作用，以北京市、天津市为两大中心城市，进一步强化京津联动，共同发挥双城的高端引领和辐射带动作用；长三角城市群以上海市为中心城市，进一步发挥上海市大都市综合实力的龙头带动作用，以南京市、杭州市、合肥市为副中心城市，发挥苏浙皖各自比较优势，高水平打造长三角世界级城市群；珠江三角洲以广州市、深圳市为中心城市，发挥广州市作为省会城市的高端要素集聚、科技和文化引领、综合公共服务功能的优势，发挥深圳市作为经济特区的窗口、试验田和示范区的作用，带动环珠江三角洲地区加快发展；长江中游城市群强化省会城市武汉市、长沙市、南昌市的中心城市地位，引领带动武汉城市圈、环长株潭城市群、环鄱阳湖城市群协调互动发展；成渝城市群以重庆市、成都市为核心城市，充分发挥重庆市的长江上游地区经济中心、金融中心、商贸物流中心、科技创新中心、航运中心的作用，充分发挥成都市的西部地区重要的经济中心、文化中心、科技中心、对外交往中心和综合交通枢纽的功能，构建引领西部开发的跨区域型城市群。

表 8-1 我国五大跨区域型城市群中心城市/支点城市一览表

城市群	包含省/直辖市	中心城市	支点城市/卫星城市
京津冀城市群	北京市	北京市	——
	天津市	天津市	
	河北省	石家庄市	唐山市、保定市、秦皇岛市、廊坊市、沧州市、承德市、张家口市、邯郸市、邢台市、衡水市
	河南省		安阳市
长三角城市群	上海市	上海市	——
	江苏省	南京市	无锡市、常州市、苏州市、南通市、盐城市、扬州市、镇江市、泰州市
	浙江省	杭州市	宁波市、嘉兴市、湖州市、绍兴市、台州市、金华市、舟山市
	安徽省	合肥市	芜湖市、安庆市、马鞍山市、铜陵市、池州市、滁州市、宣城市
珠三角城市群	广东省	深圳市广州市	珠海市、佛山市、江门市、肇庆市、惠州市、东莞市、中山市
	香港	香港特别行政区	
	澳门	澳门特别行政区	

续表

城市群	包含省/ 直辖市	中心城市	支点城市/卫星城市
长江中游 城市群	湖北省	武汉市	黄石市、鄂州市、黄冈市、孝感市、咸宁市、仙桃市、潜江市、天门市、襄阳市、宜昌市、荆州市、荆门市
	湖南省	长沙市	株洲市、湘潭市、岳阳市、益阳市、常德市、衡阳市、娄底市
	江西省	南昌市	九江市、景德镇市、鹰潭市、新余市、宜春市、萍乡市、上饶市、抚州市、吉安市
成渝 城市群	重庆市	重庆市	——
	四川省	成都市	自贡市、泸州市、德阳市、绵阳市、遂宁市、内江市、乐山市、南充市、眉山市、宜宾市、广安市、达州市、雅安市、资阳市

三、城市群规划的制定实施是政府生态文明协作重要方式

2018 年 11 月，中共中央、国务院颁布的《关于建立更加有效的区域协调发展新机制的意见》提出，以京津冀城市群、长三角城市群、粤港澳大湾区、成渝城市群、长江中游城市群、中原城市群、关中平原城市群等城市群推动国家重大区域战略融合发展，并建立起以中心城市带动城市群整体发展、以城市群带动区域协同发展的新模式，推动各区域之间融合联动发展。表 8-2 是国家五大跨区域城市群关于资源环境保护合作要点一览表。以下对五大跨区域型城市群中关于资源环境保护的地方政府合作进行介绍。

（一）京津冀城市群

中共中央政治局于 2015 年 4 月 30 日审议通过的《京津冀协同发展规划纲要》指出，京津冀协同发展以生态环境保护、交通一体化、产业升级等重要领域为突破口。其中，在生态环境保护方面，要求打破行政区域限制，推动能源的生产和消费革命，促进绿色循环低碳发展，加强生态环境保护和治理，扩大区域生态空间。推进京津冀生态环境保护和治理的联防联控，要求建立京津冀城市群一体化的生态环境准入和退出机制①。要重视环境污染治理问题，实施

---

① 李云燕，王立华，殷晨曦. 大气重污染预警区域联防联控协作体系构建——以京津冀地区为例［J］. 中国环境管理，2018，10（02）：38-44.

清洁水行动，切实大力发展循环经济，在北京周边建设一批国家公园和森林公园，积极应对气候变化。

《京津冀协同发展规划纲要》推出之后，一系列京津冀资源环境协同保护专项规划相继推出，形成积极的三地联合保护治理的局势：2013 年 10 月成立了京津冀及周边地区大气污染防治协作小组，建立京津冀水污染突发事件联防联控工作机制、京津冀环境执法联动工作机制；2015 年 12 月 3 日，京津冀三地环保部门正式签署了《京津冀区域环境保护率先突破合作框架协议》，明确以大气污染、水污染、土壤污染等污染防治为重点，共同改善区域生态环境质量；2015 年 12 月国家发改委发布了《京津冀协同发展生态环境保护规划》，划定京津冀地区生态保护红线、环境质量底线和资源消耗上限。三地多次联合启动联合治霾，在多次重大活动如阅兵、亚太经合组织会议中治理成果表现卓然。在水资源环境保护方面，北京市和承德市携手实施"稻改旱"工程，年节水量超过 4个西湖的蓄水量；引滦入津上下游横向生态补偿协议也有效缓解了京津冀城市群长久以来的缺水境况。

（二）长三角城市群

2019 年 12 月 1 日，中共中央、国务院印发了《长江三角洲区域一体化发展规划纲要》，指出在生态环境保护领域，长三角城市群坚持绿色共保的基本原则，并提出生态环境领域基本实现一体化发展，全面建立一体化发展体制机制的目标。《长江三角洲区域一体化发展规划纲要》也对长三角城市群保护资源环境方面的具体落实行动进行了概括性规划。协同保护方面，加强生态环境分区管制，强化生态红线区域保护和修复，加大自然保护区、重要水源地等自然资源及其生态空间的保护力度，要切实加强森林、河湖、湿地等重要生态系统的保护，维护生态健康。环境防治方面，推动跨界水体环境治理，联合开展大气污染综合防治，加强固废危废污染联防联治。协同监管方面，完善跨流域跨区域生态补偿机制，健全区域环境治理联动机制。

（三）珠三角城市群

长期以来，由于经济粗放增长、城市化、人口不断增加和人为不合理开发利用等原因，珠江三角洲生态环境不断恶化，珠江水污染严重，海洋渔业资源严重衰退，生物多样性降低等。在多份文件中均强调了珠三角城市群资源环境保护的区内合作。2009 年 1 月广东省人民政府发布的《珠江三角洲地区改革发展规划纲要（2008—2020 年）》，提出要严格执行土地利用总体规划和年度计划，节约集约利用土地；切实推进循环经济发展，坚持开发节约并重、节约优先；切实加强污染防治，加强水环境管理，共同改善珠江三角洲整体水质，着力解决大气灰霾问题；加强生态环境保护，加强自然保护区和湿地保护工程建设。2017年7月1日，国家发展和改革委员会、广东省人民政府、香港特别行政区政府、澳门特别行政区政府四方共同签署了《深化粤港澳合作推进大湾区建设框架协议》，合作原则强调要"生态优先，绿色发展。着眼于城市群可持续发展，强化环境保护和生态修复，推动形成绿色低碳的生产生活方式和城市建设运营模式，有效提升城市群品质"。

珠三角城市群资源环境保护的联动合作探索已久，环境质量明显改善，生态文明建设取得丰硕成果。2010年，珠三角在全国率先建成国家环保模范城市群；成立了珠三角水污染防治协作小组，实施了《广东省水污染防治行动计划实施方案》（简称广东"水十条"），开展整治重污染河流、黑臭水体的治水攻坚计划；积极探索多元横向生态补偿机制，并取得《东江流域上下游横向生态补偿机制协议（2016—2019）》《东江流域上下游横向生态补偿协议（2019—2021）》的成功经验。

（四）长江中游城市群

2015年4月13日，国家发展和改革委员会发布的《长江中游城市群发展规划》，提出了长江中游城市群资源节约型与环境友好型社会建设的战略定位。在城市群资源环境保护方面，提出要推动形成绿色低碳的生产生活方式和城市建设管理模式，建立跨区域生态建设和环境保护的联动机制，扩大绿色生态空间，打造具有重要影响力的生态型城市群。

《长江中游城市群发展规划》中将落实长江中游城市群的资源环境协同保护分为三大部分：构筑生态屏障，共同保护水资源水环境，加强对长江、汉江等多个流域以及鄱阳湖、洞庭湖等湖泊和河流的保护和水环境治理，加强自然保护区等生态空间的保护，构建生态廊道等；走绿色发展路径，提高资源节约利用水平，严格限制高耗能、高排放行业的扩张和重复建设，大力发展循环经济，建设多种国家生态示范园区，倡导绿色低碳生活方式；共建跨区域环保机制，加强环境污染联防联治，探索多样化的生态补偿制度。

自《长江中游城市群发展规划》批准以来，长江中游城市群逐渐向我国绿色增长极发展建设，为全球可持续发展做出中国示范。长江中游城市群充分利用湖北碳排放权交易建设领先全国的基础，逐步形成全国碳排放权交易中心和碳金融中心；成立了长江中游地区生态调整委员会，加强对整个长江中游地区生态环境建设与保护的规划、指导；建立了长江中游城市群包括流域治理、大气污染等在内的生态补偿机制，探索建立跨三省流域共同出资的生态补偿基金，积极探索横向生态补偿机制，例如 2018 年 2 月 1 日，重庆市璧山区、江津区、永川区签署了《璧南河流域横向生态保护补偿协议》等等。

（五）成渝城市群

2016 年 4 月 27 日，国家发展和改革委员会、住房和城乡建设部联合印发《成渝城市群发展规划》，提出加强成渝城市群区域资源环境协同保护，重点加强长江上游生态保护协同，认真贯彻"共抓大保护、不搞大开发"方针，筑牢长江上游重要生态屏障；实施生态空间管制制度，在重点生态功能区、生态环境敏感区和脆弱区等区域划定生态保护红线；深化川渝跨区域水污染、大气污染和固废危废污染联防联治。

成渝城市群区域内有我国多条河流的源头，担负着建设长江上游生态屏障的重任。多年以来，成渝城市群在生态环境保护和治理领域积极开展合作，共同化解环境风险挑战，并取得了一些积极进展和成效。例如，在 2006 年，川渝两地原环保部门就签订了地区环境保护合作协定，成立联合调查组对跨省污染进行调查。截至 2019 年，川渝两地已经建立起全方位、多领域、多层次的生态环境合作机制，如 2014 年 7 月 18 日资阳市原环境保护局、资阳市气象局签订了《深化大气污染防治合作协议书》；一些城市间也建立起区域联防机制，如达州市与开州区共同踏勘了南河巫山乡断面，共同确定地表水水质自动检测站选址；省际建立上下游水质超标响应机制，城市群内部构建跨界水体检测工作机制和河流检测信息共享机制，共同应对跨界水环境问题；建立了跨区域环境保护联动协作机制、上下游河长联动机制和生态补偿机制，如滇池流域河道生态补偿。

表 8-2 国家相关规划及战略文件关于资源环境要素政府间合作要点一览表

相关规划及战略文件（发布时间）	发文机关	资源环境要素政府间合作要点
《全国主体功能区规划》（2011 年 6 月 8 日）	国家发展和改革委员会	城市化地区要把增强综合经济实力作为首要任务，同时要保护好耕地和生态；农产品主产区要把增强农业综合生产能力作为首要任务，同时要保护好生态，在不影响主体功能的前提下适度发展非农产业；重点生态功能区要把增强提供生态产品能力作为首要任务，同时可适度发展不影响主体功能的适宜产业。

续表

相关规划及战略文件 （发布时间）	发文机关	资源环境要素政府间合作要点
《国家新型城镇化规划（2014—2020年）》（2014年3月）	中共中央、国务院	加快完善城镇化地区、农产品主产区、重点生态功能区空间开发管控制度，建立资源环境承载能力监测预警机制。强化水资源开发利用控制、用水效率控制、水功能区限制纳污管理。对不同主体功能区实行差别化财政、投资、产业、土地、人口、环境、考核等政策。
《中共中央国务院关于加快推进生态文明建设的意见》（2015年4月25日）	中共中央、国务院	大力推进绿色城镇化。认真落实《国家新型城镇化规划（2014—2020年）》，根据资源环境承载能力，构建科学合理的城镇化宏观布局，严格控制特大城市规模，增强中小城市承载能力，促进大中小城市和小城镇协调发展。
《珠江三角洲地区改革发展规划纲要（2008—2020年）》（2011年03月04日）	广东省人民政府	协同构建区域环境监测预警体系，建立区域联防协作机制，实现区内空气和水污染联防联治。加强江河治理和水生态保护的基础设施建设，加快水文、水资源和水环境实时监控系统建设。加强水环境管理，着力加强粤港澳合作，共同改善珠江三角洲整体水质，减少整体水污染量，提升污水处理水平。加强饮用水源地建设和保护，确保饮用水安全。
《成渝经济区区域规划》（2011年5月30日）	国家发展和改革委员会	实行最严格的水资源管理制度，加强水资源需求侧管理，加快制定流域和区域水量分配方案，优化配置和合理调度水资源，重点解决渝西、川东、川中地区生活生产用水，科学调配沿江上下游水资源，统筹利用地表水与地下水。统筹生活、生产、生态用水，优先满足生活用水，保障生产和生态用水。
《京津冀协同发展规划纲要》（2015年6月）	京津冀协同发展领导小组	按照"统一规划、严格标准、联合管理、改革创新、协同互助"的原则，打破行政区域限制，推动能源生产和消费革命，促进绿色循环低碳发展，加强生态环境保护和治理，扩大区域生态空间。重点是联防联控环境污染，建立一体化的环境准入和退出机制。

续表

相关规划及战略文件（发布时间）	发文机关	资源环境要素政府间合作要点
《成渝城市群发展规划》（2016 年 4 月）	国家发展和改革委员会、住房城乡建设部	强化省级统筹，推动毗邻地区与川西、川北、渝东南等共建川滇森林及生物多样性生态功能区、大小凉山水土保持和生物多样性生态功能区、武陵山区生物多样性与水土保持生态功能区、秦巴生物多样性生态功能区、三峡库区水源涵养与水土保持生态功能区。建立跨境断面区域联防联控和流域生态保护补偿机制。
《长江三角洲城市群发展规划》（2016 年 6 月）	国务院	完善长三角区域大气污染防治协作机制，统筹协调解决大气环境问题。建立水资源水环境监测预警机制，促进经济社会发展与水资源环境承载能力相协调。优化提升长三角城市群，必须坚持在保护中发展、在发展中保护，把生态环境建设放在突出重要位置，紧紧抓住治理水污染、大气污染、土壤污染等关键领域。
《实施珠三角规划纲要 2017 年重点工作任务》（2017 年 5 月 13 日）	广东省人民政府	加强水、大气、土壤环境协同治理，建立绿色低碳发展合作机制，实施粤港清洁生产伙伴计划，共建粤港澳大湾区优质生活圈。
《长江三角洲区域一体化发展规划纲要》（2019 年 12 月）	中共中央、国务院	共同制定长江、新安江—千岛湖、京杭大运河、太湖、巢湖、太浦河、淀山湖等重点跨界水体联保专项治理方案，开展废水循环利用和污染物集中处理，建立长江、淮河等干流跨省联防联控机制，全面加强水污染治理协作。在总结新安江建立生态补偿机制试点经验的基础上，研究建立跨流域生态补偿、污染赔偿标准和水质考核体系，在太湖流域建立生态补偿机制，在长江流域开展污染赔偿机制试点。

四、我国城市群生态文明地方政府协作存在的主要问题

我国城市群地方政府对资源环境管理的职能分散在不同的管理部门中，职能的相互交叉容易造成各部门之间的矛盾和冲突。

（一）污染协作治理需进一步加强

当资源环境的承载力超载，污染已经产生时，有效的污染治理是对资源环境的事后保护。除了开发利用过程行为的外部性，地方政府行为的外部性还体现在污染治理行为的外部性上。从种种角度来看，水污染、空气污染等环境污染这种负外部性，无疑不仅是本地行政区域内的问题，而且会产生对整个区域发展的影响。在城市群协同发展的资源环境保护下，为了治理这种对区域整体性与全局性的负面影响，某一政府或某一部门所采取的政策或行动所产生的后果却可能是由其他的地方及民众来共同承担的。此时区域协作污染治理制度便显得尤为重要，这是直接降低区域内地方政府间冲突成本的制度保障。这种污染区域协作治理制度只有包含和体现了利益相关者的共同利益，才能获得支持和实施，才能有生存和发展的空间①。

我国也制定过区域协作污染治理制度，并得到了卓有成效的治理结果。北京市大气污染程度前些年十分严重，除了本市经济发展过程中产生的污染，作为京津冀城市群的一部分，华北平原的大气污染物也借由地理条件向北京市汇聚。针对这个问题，北京市开展了一系列的跨域联动"治污"行动，包括联合六省区市共同制定并获国务院批复的"治污"共同纲领，成立了大气联防联治的工作机构，组建了"京津冀大气环境监测网"，六省区市采取了在机动车、扬尘、工业和燃煤污染方面的联合治理和控制措施。在这一系列的跨域联动"治污"行动下，空气质量改善很多。

（二）共享发展不协同

城市群生态文明协同发展的最终目标之一，是实现区域内地方政府间资源的共享，最终实现区域内的经济、产业一体化发展。缺乏合作的利益共享制度是阻碍地方政府间资源共享、区域经济共同发展的重要原因。地方政府致力于本地利益最大化，而忽略城市群一体化的协同，也忽略了协同过程中的资源环境保护的共享发展。在缺乏利益共享制度保障的情况下，这种忽视区域合作的全局性与整体性而追求本地区利益最大化的狭隘行为产生了一些消极效应，不仅造成了资源浪费，也导致经济利益打折扣，而且同质化行业的过度竞争以致生产能力过剩。这种共享发展的不协同突出表现在基础设施的重复建设。为改善本行政区域内的投资环境，提高地方吸引力，通过基础设施建设和投资，吸

---

① 汪伟全. 空气污染的跨域合作治理研究——以北京地区为例 [J]. 公共管理学报，2014，11（01）：55-64+140.

引外来投资，提升本地区经济增长基础①。在缺乏成本分担与利益分配相协调的政府合作机制下，各地方政府从考虑自己利益最大化角度出发，未顾及基础设施的高效利用，这便造成了基础设施的重复建设和资源的不必要浪费。在国家大力提倡推动的城市群发展模式下，从效率原则出发，通过正效益的公共物品项目在城市群内地方政府间的整合和转移，有利于实现地方与地方之间通过合作来共享整体利益的目的。

（三）监督制度需进一步完善

随着我国对于资源环境重要性认知的提高，经过长期的努力，以及对于机构体制的调整，我国在自然资源环境管理方面已经形成了"由国务院统一领导、环境保护部门统一监管、各部门分工合作、地方政府分级负责"的管理机制，此机制监督过程主要是由中央政府对行政区域单位进行监督管理。在我国环境管理八大制度中，对地方行政单位的监督管理制度就包括环境保护目标责任制，以及城市环境综合整治定量考核制度。这两个制度都是以环境质量为目标，设定科学合理的年度工作指标，自上而下地督促地方政府推出资源环境的保护治理举措。这一环境管理体制也能够很好地发挥地方的积极性和主动性，有利于推动我国环境保护事业的发展。

但资源环境系统具有很强的外部性，体现在资源环境开发过程中产生的环境污染为负外部性，也体现在环境治理过程中的正外部性。这显然都与地方政府在环境保护管理中以行政区域划分相关责任机制极不相符，以城市群或以区域为一个整体对资源环境保护进行统一管理、统筹、安排则显得更为合理。然而，对照当前我国环境管理的体制及制度，地方政府间并没有相互监督机制。在当前城市群生态文明协同发展中，地方政府间的合作监督所起的作用更加重要，但地方政府间缺少构建合作关系的意识，缺少合作互动关系中的监督与约束，这点令人倍感遗憾。

---

① 张明军，汪伟全. 论和谐地方政府间关系的构建：基于府际治理的新视角［J］. 中国行政管理，2007（11）：92-95.

第二节　地方政府自发性生态文明
建设的不协同问题

随着经济市场化和政府行政体制简政放权，地方政府在处理经济发展和自然环境保护的过程中，也会出现自发性生态文明间的不足和不协同问题。"本位主义""辖区利益至上"等观点和行为，成为城市群生态文明协同发展政府合作的最大障碍。以经济目标为主的政绩考核机制也难免会弱化地方政府生态文明建设及其协同发展的动力。

一、资源环境的外部性是地方政府间环境污染问题治理不协同的重要原因

资源环境是人类赖以存在的物质基础和环境基础。人类社会的发展进步在一定程度上讲是对资源环境开发利用程度和强度提升的过程。自然资源开发利用与生态环境保护相互影响制约、相辅相成，共同推动人类社会的发展进步。在资源环境要素开发利用过程中，如何规避资源环境要素收益获得和成本负担的外部性，内生化收益和成本，是资源环境政策制定和实施的基本初衷。其中，城市群资源环境的外部性，即在以多个城市联合而成的城市群为单位的城镇区域中，单个城市或区域某个决策主体的行为活动，例如资源开发、污染排放、环境治理等，都会通过区域内共同拥有的公共产品如大气环境、水资源环境这根纽带，对城市群区域内的其他地方产生相同的或者加剧的影响。城市群生态文明建设的外部性包括正外部性与负外部性，正的外部性能够通过资源环境的开发利用获得正的经济、社会、生态效用，负的外部性能够通过资源环境的粗放开发利用获得负的经济、社会、生态效用。例如，工厂在生产中所排放的气体污染物就会产生负外部性，它所带来的经济社会影响不仅包括地方政府治理污染的花费以及当地资源环境的不可逆损害，还波及大范围的其他区域，乃至通过大气循环传播到城市群各地和城市群外部。

地方政府间对于资源环境的开发利用程度不同，地方政府间自发性资源环境保护与治理就难以协调一致，而资源环境的外部性使得城市群环境污染问题的治理更为复杂。

二、"本位主义"和"辖区利益至上"给生态文明地方合作带来诸多障碍

我国的资源环境管理体制自上而下设置，地方政府按行政区域分级落实管理模式。地方政府通过规划、组织、管控、监督，落实上级政府分派的资源环境开发与管理任务，协调经济社会发展和资源环境的关系，对辖区内的资源环境要素的可持续供给和保存质量负责。

相关法律制度不够完善，现有的城市群地方竞争造成了地区利益的强化，都直接或间接地导致了城市群地方政府的"本位主义"和"辖区利益至上"。虽然各城市群及各地区政府均在落实党中央打好污染防治攻坚战的相关规定，但各地方政府在落实中央和上级政府相关规定时，会出现执行不到位、落实有偏差等问题。

第三节 推进城市群生态文明政府协同机制与政策的主要内容

城市群生态文明地方政府合作机构和合作协议是其生态文明协同发展的制度保障。建立城市群间的生态补偿机制有利于平衡城市群生态文明建设竞争与合作的关系。此外，强化地方政府生态文明建设目标考核也是推进城市群生态文明协同发展体制机制的重要措施。

一、建立地方政府合作机构

在我国城市群发展过程中，长三角、珠三角、京津冀城市群形成的时间较早，同样也是最早开始探索环境治理政府合作的三大城市群。这些城市群建立的联合会议或协作小组的一项重要功能是推进环境治理的区域合作。表8-3展示了当前长三角、珠三角、京津冀政府合作协调机构，从表8-3中可以看出，我国城市群对于环境治理政府合作机构的组织形式多是由城市群内各级政府领导自愿形成的协调会，缺乏制度设计。同时，这些协调机构与中央政府的联系较弱，还处于地方政府联合机构的层次，权威性不足，这直接导致政府间合作效率低下。因此，要促进城市群政府间合作效率的提升，亟须建立一个具有权威性的协调机构。

依据我国的行政区划，城市群地区不仅涉及省级内部的行政区域还涉及跨省级的行政区域。要实现城市群不同层级政府之间的合作，不仅要对城市群内各级政府的生态环境管理职能进行整合，减少各部门之间的冲突，同时应该建立有权威性的协调机构，从而增加城市群内横向政府间合作的深化。如表8-3所示，跨区域的协调机构并不具备法律的保障，是当前我国城市群地区政府在跨区域的资源环境公共事务处理过程中，采取政府协商或者中央政府统筹规划下的地方间合作机构，常在城市群内部协议或规划中形成。这些内部协议或规划实行中成立的城市群内的合作机构，是我国当前城市群地方政府间关于资源环境保护的合作机构的主要形式。

表8-3　我国主要城市群协调机构类型及所涉及的生态文明内容

城市群	组织名称	环境治理领域	组织形式
长三角城市群	长三角政府联席会议	城市大气污染、水污染治理	通过省市长的定期会晤和座谈会、协调会
京津冀城市群	京津冀及周边地区大气污染治理协作小组	城市空气污染	京津冀及周边省市高层领导组成的协调会
珠三角城市群	珠三角区域环境保护合作联席会议	城市空气污染、水污染	通过省市长的定期会晤和座谈会、协调会，并通过签署合作协议实现
长江中游城市群	长江中游城市群省会城市会商会	城市空气污染、水环境、园林绿化	湖南省、安徽省、江西省、湖北省四省省会城市定期开展会商会，并通过签署合作协议实现
成渝城市群	川渝生态环境保护工作联席会议	城市空气污染、危险废物	通过成都市、重庆庆两市生态环境局的定期协作会，通报工作进展情况并签署合作协议

二、建立地方政府间合作框架协议

要实现城市群不同层级政府之间的合作，除了通过成立政府间合作机构，还可以通过建立地方政府间合作框架协议，来进行跨地区的生态环境协同治理合作。由城市群区域内各省市人民政府主导签订的区域合作框架协议，内容往往包含了所跨区域内的基础设施、产业布局、科教文卫体、生态环境保护等领域的合作，并建立合作协调机制，保证合作的有效开展。其中在生态环境保护与治理合作方面，水环境、大气环境和生态环境保护以及清洁生产等问题是地方政府间合作关注的热点。当地生态环境部门在合作框架协议的指引下，进行跨区域联合立法、统一规划、统一标准、统一监测、协同治理，对区域内已经出现和可能出现的资源环境问题开展联防联控合作攻坚。目前，我国形成了省级行政区之间、地市级行政区之间、地方厅局之间的合作框架协议，各协议中有关生态合作的要点可详见表8-4。

表8-4　我国地方政府间合作框架协议

框架协议 （发布时间）	合作政府	区域生态合作要点
《泛珠三角区域合作框架协议》（2004年6月3日）	福建、江西、湖南、广东、广西、海南、四川、贵州、云南九省区的各省人民政府和香港特别行政区、澳门特别行政区政府	建立区域环境保护协作机制，在清洁生产、水环境保护、生态环境保护、大气环境保护等方面加强合作，制定区域环境保护规划，加大珠江流域特别是中上游地区生态建设力度，强化区域内资源的保护。提高区域整体环境质量和可持续发展能力。
《成都经济区区域合作框架协议》（2010年1月30日）	成都、德阳、绵阳、遂宁、乐山、雅安、眉山、资阳八市人民政府	加强生态建设和环境保护合作；加强水资源保护利用合作；建立大气污染和固体废物联合防治机制；发展低碳经济和循环经济；加快公共绿地建设。
《东北四省区合作框架协议》（2010年4月16日）	黑龙江、吉林、辽宁、内蒙古四省区人民政府	联合建设全国最大的森林生态功能区——大小兴安岭和长白山林区，联合对科尔沁沙地及其周边生态脆弱地区进行综合治理，联合开发利用跨省河流及联合开展污染防治。
《关于建立桂粤更紧密合作关系的框架协议》（2010年8月28日）	广西壮族自治区人民政府、广东省人民政府	共同争取国家支持西江干流重大防洪水利枢纽建设；共同建设西江流域生态屏障。

续表

框架协议 （发布时间）	合作政府	区域生态合作要点
《北京市人民政府、山西省人民政府区域合作框架协议》（2011 年 11 月 18 日）	北京市人民政府、山西省人民政府	共同推进京津风沙源治理、三北防护林建设、太行山绿化等重点生态工程建设；共同开展大气环境质量保障联防联控行动，推进区域空气质量全面提升改善；完善环境安全预警和区域环境重大事故灾害通报制度。
《湖南省岳阳市、江西省九江市、湖北省咸宁市区域合作框架协议》（2012 年 4 月 19 日）	咸宁、岳阳、九江三市人民政府	以水环境保护合作为重点，提高流域生态安全水平。共同开展省界河流水质监测监控和沿江城市饮用水水源地保护，推动流域联合减排。
《云南省人民政府广西壮族自治区人民政府深化经济合作框架协议》（2013 年 9 月 3 日）	云南省人民政府、广西壮族自治区人民政府	加强生态环境保护合作，重点在主要河流上下游、左右岸水土保持、生态环境和石漠化综合治理、区域大气污染防治和共同争取国家支持开展滇桂重要生态区生态补偿试点，以及建立珠江上游生态屏障补偿机制等领域加强合作。
《云南省人民政府贵州省人民政府深化经济合作框架协议》（2013 年 9 月 10 日）	云南省人民政府、贵州省人民政府	加强生态环保合作，共同抓好石漠化综合治理，推进环保基础设施建设，共同争取国家支持开展滇黔重要生态区生态补偿试点，建立长江中上游和珠江上游生态屏障补偿机制，联手打造国家重要的生态安全屏障。

续表

框架协议 （发布时间）	合作政府	区域生态合作要点
《云南省人民政府四川省人民政府深化经济合作框架协议》（2013 年 10 月 22 日）	云南省人民政府、四川省人民政府	争取国家支持开展滇川重要生态区生态补偿试点，建立长江上游生态屏障补偿机制。
《共建湘赣开放合作试验区战略合作框架协议》（2015 年 4 月 15 日）	湖南省人民政府、江西省人民政府	加强生态环境保护合作，以生态文明先行示范区、两湖生态经济区、两型社会综合配套改革试验区建设为平台，共同探索和全面加强生态屏障建设、流域保护治理、污染联防联控、体制机制创新等方面的交流合作。共同推动长江生态环境保护，加强鄱阳湖、洞庭湖综合治理经验交流，共同推进生态文明先行示范区建设。
《关于加大茅洲河流域污染源环保执法力度框架协议》（2015 年 2 月 11 日）	深圳市人民政府、东莞市人民政府	两市原环保部门将按照"全覆盖、零容忍、明责任、严执法、重实效"的原则，对流域内污染源开展环保专项执法检查和跨区域联合执法检查行动，以全面的环境监管执法倒逼污染企业转型升级，持续提升茅洲河水环境质量。
《京津冀区域环境保护率先突破合作框架协议》（2015 年 12 月 3 日）	北京市原环境保护局、天津市原环境保护局、河北省原环境保护厅	以大气、水、土壤污染防治为重点，以联合立法、统一规划、统一标准、统一监测、协同治污等十个方面为突破口，联防联控，共同改善区域生态环境质量。
《成都市人民政府眉山市人民政府协同发展框架协议》（2017 年 3 月 24 日）	成都市人民政府、眉山市人民政府	深化生态合作、共筑生态屏障。合力推进区域环境保护，推进区域大气污染、岷江流域水环境联防联治，不断开拓两市协同发展新局面。

框架协议 （发布时间）	合作政府	区域生态合作要点
《深化粤港澳合作推进大湾区建设框架协议》（2017 年 7 月 1 日）	国家发展和改革委员会、广东省人民政府、香港特别行政区政府、澳门特别行政区政府	生态优先，绿色发展。着眼于城市群可持续发展，强化环境保护和生态修复，推动形成绿色低碳的生产生活方式和城市建设运营模式，有效提升城市群品质。
《南京市与马鞍山市共同落实长三角区域一体化发展战略合作框架协议》（2019 年 11 月 14 日）	南京市人民政府、马鞍山市人民政府	聚焦长江大保护以及水污染防治工作，共同抓好长江生态岸线突出环境问题整改；通过合力严管生态保护红线、推进跨界水环境协同治理、共建共保跨界重要生态功能区等举措，共抓长江大保护，实现绿色大发展。

三、以生态补偿体制机制平衡区域保护与开发的利益机制

我国的生态补偿工作起步较晚①，自 2005 年 8 月浙江省人民政府出台《关于进一步完善生态补偿机制的若干意见》开始，我国各地各区域也逐渐开始按照"谁开发、谁保护，谁破坏、谁恢复，谁受益、谁补偿，谁污染、谁付费"的原则进行建立生态补偿机制方面的探索，探索工作在包括水资源与流域环境、大气环境空气质量以及森林补偿等多种资源环境情景下开展。

城市群生态文明协同发展的最终目标之一，是实现区域内地方政府间资源的共享，最终实现区域内的经济、产业一体化发展。城市群资源环境的共享发展应着眼于城市群区域的整体性，构建资源环境共享的思维。在城市群区域内某一地方政府生产的公共产品必定会对其他地方相应产生外部性影响（包括正外部性和负外部性）。在城市群生态文明协同发展进程中，我们追求城市群区域内资源环境保护更大的正外部性，更有效地降低负外部性。这也是生态补偿机制所要解决的核心问题。

---

① 李远，赵景柱，严岩，等. 生态补偿及其相关概念辨析［J］. 环境保护，2009（12）：64-66.

城市群生态补偿根据参与主体主导作用大小的不同分为政府补偿模式、市场补偿模式和社会补偿模式①。生态补偿机制在我国发展十几年以来，已有的实践多使用以上介绍的三种模式的补偿方式，并且主要是采用政府补偿模式进行资源环境保护。在本节中，我们将重点介绍政府补偿模式，并梳理介绍部分已开展的且城市群内进行合作的生态补偿机制实践，最后提出当前生态补偿机制对资源环境保护如何进行优化的相关建议。

（一）政府补偿模式

政府补偿模式依靠公共政策和行政手段对城市群间资源环境的保护进行协调，具有层次化、体系化和组织化的优势。这种模式资金来源稳定，主要通过财政转移支付、专项基金、项目建设、智力或技术补偿、共建产业园区、共建生态专区等方式给予补偿②。

1. 财政转移支付

财政转移支付是主要的政府补偿方式，包括纵向转移支付和横向转移支付。纵向转移支付指的是上级政府对下级政府的补偿资金，主要是中央政府向下级省、自治区进行生态建设的补偿和补贴，再由省、自治区对下属的市县镇进行补贴，引导区域内资源环境的保护协调。这笔补偿金主要从中央财政中支出。在城市群内区域的横向转移支付，是城市群内环境效益受益地区向环境效益贡献地区支付补偿资金的方式。其补偿资金往往通过受益地区政府的财政资金列出的方式筹集。

以水资源环境保护财政转移支付实践为例。水资源环境的财政转移支付在我国的实践包括纵向和横向两大部分。我国首个跨省流域生态补偿机制试点新安江跨省流域生态补偿机制是纵向财政转移支付的成功案例，自 2018 年通过专家评审验收后，迄今已推广至全国六个流域十个省份借鉴应用。新安江跨省流域生态补偿机制约定：中央财政每年无条件划拨安徽省 3 亿元，用于新安江治理；若两省交界处的新安江水质变好了，浙江省地方财政每年再划拨安徽省 1亿元；若水质变差，安徽每年划拨浙江省 1 亿元；若水质没有变化，则双方互

---

① 郑云辰，葛颜祥，接玉梅，等. 流域多元化生态补偿分析框架：补偿主体视角 [J]. 中国人口·资源与环境，2019，29（07）：131-139.

② 王玉明，王沛雯. 城市群横向生态补偿机制的构建 [J]. 哈尔滨工业大学学报（社会科学版），2017，19（01）：112-120.

不补偿①。随后，全国各省多地兴起流域横向补偿方式的试点工作，并取得较好的试点成果。

2020年2月，河北省财政厅、河北省生态环境厅印发了《关于引滦入津上下游横向生态补偿的协议》，其中规定天津市政府、河北省政府共同出资设立引滦入津水环境补偿基金，用于潘家口——大黑汀水库的生态环境治理，确保入津水质达到规定标准，达到年度考核目标时，天津市向河北省拨付1亿元的生态补偿资金；中央财政根据水质考核目标完成情况，每年最多奖励河北省3亿元，用于污染治理②。针对城市群内水资源环境保护的部分财政转移支付实践案例可详见表8-5。

2. 专项基金补偿

在城市群区域内，由地方政府协商共同建立或由上级政府推动建立生态补偿专项基金，主要用于弥补生态建设和环境保护的投入。由城市群内所有政府或相邻政府协商共同出资形成合作基金，可来自环境资源税、生态惩罚性收费、资源有偿使用收益、环境补偿费以及土地出让金等，也可由各地方政府按国内生产总值的比例从财政资金中注入，还可以向民间募资，鼓励企业和个人捐助。采用专项基金补偿方式，依据各设区的市环境空气质量同比变化情况，用于生态补偿的资金实行省、市分级筹集，按照"谁保护、谁受益，谁污染、谁付费"的原则，建立考核奖惩和生态补偿机制。市级环境空气质量改善，对全省空气质量改善做出正贡献，省级向市级补偿；市级环境空气质量恶化，对全省空气质量改善做出负贡献，市级向省级补偿。

（二）市场补偿模式

在市场补偿模式下，设立生态公共产品及生态公共服务的产权，并通过在市场内对利用和补偿进行平等交易，最终实现对城市群资源环境保护的目的。该模式常用的补偿方式包括排污权交易、水权交易等。市场补偿模式是政府补偿模式的补充，是促进生态补偿机制有效实现的关键。

---

① 郑克强，徐丽媛. 生态补偿式扶贫的合作博弈分析 [J]. 江西社会科学，2014，34（08）：69-76.

② 刘广明，尤晓娜. 京津冀流域区际生态补偿模式检讨与优化 [J]. 河北学刊，2019，39（06）：185-189.

表 8-5　水环境的部分生态补偿机制案例

生态补偿方式	案例（起/止时间）	所属城市群	补偿标准及核算方法
财政转移支付（纵向）	江苏省环境资源区域补偿方法（试行）、江苏省太湖流域环境资源区域补偿试点方案（2007 年）	长三角城市群	环境资源区域补偿因子及补偿标准暂定为：化学需氧量每吨 1.5 万元；氨氮每吨 10 万元；总磷每吨 10 万元；单因子补偿资金 =（断面水质指标值−断面水质目标值）×月断面水量×补偿标准；补偿资金为各单因子补偿资金之和①。
	新安江跨省流域生态补偿机制（2012—2017 年）	长三角城市群	中央财政每年无条件划拨安徽省 3 亿元，用于新安江治理；若两省交界处的新安江水质变好了，浙江省地方财政每年再划拨安徽省 1 亿元；若水质变差，安徽省每年划拨浙江省 1 亿元；若水质没有变化，则双方互不补偿。
财政转移支付（横向）	东江流域上下游横向生态补偿机制协议（2016—2019 年）（2019—2021 年）	珠三角城市群	资金补偿与水质考核结果挂钩。江西、广东两省共同设立补偿资金，两省每年各出资 1 亿元。江西、广东两省依据考核目标完成情况拨付资金。中央财政依据考核目标完成情况确定奖励资金。
	璧南河流域横向生态保护补偿协议（2018 年）	长江中游城市群	每月 100 万元，交界断面水质达到水环境功能类别要求并较上年度水质提升的，下游区县补上游区县，下降或超标的上游补下游。对直接流入长江、嘉陵江、乌江和市外，以及市外流入重庆的河流，由市级代行补偿或受偿主体责任。补偿金月核算、月通报、年清缴，用于流域污染治理、环保能力建设等。

---

① 徐丽媛. 试论赣江流域生态补偿机制的建立 [J]. 江西社会科学, 2011, 31（10）：154−158.

续表

生态补偿方式	案例（起/止时间）	所属城市群	补偿标准及核算方法
财政转移支付（横向）	滇池流域河道生态补偿（2017年）	成渝城市群	单个指标补偿金=断面水量×（断面水质监测值-断面水质考核标准值）×水质超标系数×补偿标准；水质超标系数=断面水质监测值÷断面水质考核标准值。 补偿标准为化学需氧量每吨2万元，氨氮每吨15万元，总磷每吨200万元；考核断面补偿金为3个指标计算的补偿金之和。 考核断面出现非自然断流的，按照每个断面30万元/月缴纳生态补偿金；未完成年度污水治理任务的，按年度未完成投资额的20%交纳生态补偿金。
	引滦入津上下游横向生态补偿的协议（2016年）	京津冀城市群	达到年度考核目标时，天津市向河北省拨付1亿元的生态补偿资金；中央财政根据水质考核目标完成情况，每年最多奖励河北省3亿元，用于污染治理。

1. 水权交易

我国是一个水资源紧缺的国家，人均水资源量为2220立方米，仅为世界人均水平的三分之一，对于水资源和水环境的保护与利用一直是我们探索的重要方向。水权交易是市场补偿模式针对水资源利用和水环境开发的主要方式①。水权交易制度在我国的探索已有十余年。2005年1月，水利部颁布并实施了《水利部关于水权转让的若干意见》，标志着我国水权交易正式在实践中发展。2016年4月，水利部印发了《水权交易管理暂行办法》，填补了水权交易的制度空白，规范并规定了水权交易类型、范围、交易主体和期限等，标志着水权交易制度的正式出台。2016年6月28日，中国水权交易所正式开业运营，我国水

---

① 萧代基，刘莹，洪鸣丰. 水权交易比率制度的设计与模拟 [J]. 经济研究，2004（06）：69-77.

权交易平台正式搭建。同时我国多地加快推进水权确权和水权交易试点工作。

2015 年 9 月中共中央、国务院印发的《生态文明体制改革总体方案》指出，要探索地区间、流域间、流域上下游、行业间、用水户间等水权交易方式，开展水权交易平台建设。在城市群区域内，明确流域水权，建立起有效公开合理的水权市场，是实现水资源优化配置的客观要求。健全水权交易制度是完善城市群内资源环境市场补偿方式的重要内容①，有利于落实国家节水行动。

2. 排污权交易

排污权交易是另一种常见的市场补偿方式，主要基于"谁污染，谁付费"原则进行生态补偿制度的设计。排污权以环境有偿使用为前提，通过核定城市群区域内排污总量，通过货币交换方式，在区域内部调节污染物排放企业或地区之间的排污量。排污权交易采取经济利益促使企业自发减排，实现污染总量控制，治污便从一种政府的强制行为变为企业自觉做出的市场行为。

（三）社会补偿模式

社会补偿是指国际国内各种非政府组织、企业和个人对环境效益贡献地区提供的捐赠与援助。在这种生态补偿中，非政府组织是主要行动者，他们利用国内外社会资本和资金组织生态补偿②。

（四）优化城市群区域内生态补偿模式路径的对策

从以上各资源环境情景的生态补偿模式实践可以看出，我国当前的城市群内区际生态补偿旨在将资源环境保护治理的额外成本或者收益通过机制设计确定主体，对区内相关各方经济利益进行再调整。

但随着生态补偿规模的进一步扩大，政府补偿模式尽管有其突出优势，但存在固有缺陷。这种缺陷体现在：

1. 补偿方式单一

当前城市群间对于资源环境保护的生态补偿方式基本采用资金补偿，其他补偿方式实践寥寥无几③。但对于有些被补偿地方的政府而言，除了生态建设和保护的资金，他们更需要可以提高当地发展能力和社会福利水平的援助。市场化补偿模式例如生态补偿费、排污权市场交易或水权交易虽有试点应用，但

①　舒小林，黄明刚. 生态文明视角下欠发达地区生态旅游发展模式及驱动机制研究——以贵州省为例 [J]. 生态经济，2013（11）：99-105.

②　王玉明，王沛雯. 城市群横向生态补偿机制的构建 [J]. 哈尔滨工业大学学报（社会科学版），2017，19（01）：112-120.

③　赵成. 论我国环境管理体制中存在的主要问题及其完善 [J]. 中国矿业大学学报（社会科学版），2012，14（02）：38-43.

这类补偿依赖于在对生态环境价值评估的基础上进行。在当前资源环境价值评价体系尚不完善的形势下，这些方式的应用严重受限。

2. 补偿资金来源渠道单一

以政府财政资金为主的生态补偿，对全国大规模的区域生态补偿难免会显得力不从心。财政资金仅对部分区域进行生态补偿，也有违权益公平配置原则，即本应由相关主体对生态利益受损地区（生态环境建设、保护地区）进行补偿，实质上变成全民对生态利益受益者负责。

因此，针对以上问题，应对城市群区域内生态补偿模式路径进行优化。

第一，应坚持在政府推动的情况下，大力推进市场补偿模式。政府补偿模式往往存在补偿标准偏低、生态保护区利益得不到保障的情况，一定程度上弱化了生态保护区保护生态的积极性。而市场补偿通过建立市场竞争规则，使价格能够更好地反映市场供求关系，最终通过多种多样的生态补偿方式如对口支援、产业园区共建、社会捐赠等补偿手段保护资源环境，达到党的十九大报告指出的"要建立市场化、多元化生态补偿机制"的要求。建立科学合理的生态环境价值评估制度，通过产权明晰和降低交易费用等途径，扩大市场补偿。

第二，加快城市群横向生态补偿机制的构建。不同于纵向生态补偿的中央政府对不同层级地方政府，省级政府对辖区内市、县、乡镇实施的生态补偿，横向生态补偿是为了调节和平衡不存在隶属关系的地区或政府间的利益关系，协调环境效益贡献区与受益区之间的发展权和环境利益关系。横向生态补偿制度能够很好地协调城市群内部效率与公平的矛盾，解决经济增长与生态保护的冲突，最终实现城市群整体利益的最大化。

四、强化地方政府生态文明建设目标考核

2016 年 12 月，中共中央办公厅、国务院办公厅印发的《生态文明建设目标评价考核办法》，明确对各省区市实行年度评价和目标考核机制。2016 年 12 月，中共中央办公厅、国务院办公厅又颁布《绿色发展指标体系》和《生态文明建设考核目标体系》，《绿色发展指标体系》构建了包括资源利用、环境治理、环境质量等 7 个一级指标和 56 个二级指标在内的综合测度指标体系。该体系采用综合指数法进行测算，测算全国及地方绿色发展指数和资源利用指数等 6 个分类指数。

《生态文明建设目标评价考核办法》《生态文明建设考核目标体系》和《绿色发展指标体系》的出台，为推进开展生态文明建设评价考核工作提供了有力依据。体现了生态文明建设要求的目标考核体系，有利于完善经济社会发展综合评价体系，能够更加全面地衡量经济社会发展的质量水平和效益大小；有利于引导地方各级党委和政府形成正确的政绩观，进一步引导和督促地方各级党委和政府自觉推进生态文明建设，改变"重发展、轻保护"的陈旧观念和做法；有利于加快推动城市群绿色发展和生态文明建设，形成节约资源和保护环境的空间格局、产业结构、生产方式和生活方式，实现城市群的高质量一体化发展。

第九章

健全和完善武汉城市圈生态
文明机制与政策研究

2002 年，原湖北省省委书记俞正声在中共湖北省第八次党代会上提出"武汉经济圈"这一发展概念，武汉城市圈初具雏形。随着"中部崛起"战略等国家政策的推动，武汉城市圈逐步形成了一个以武汉市为中心，涵盖周边黄石市、鄂州市、黄冈市、孝感市、咸宁市、仙桃市、潜江市和天门市 8 市的"1+8"式发展体系。

武汉城市圈是我国区域性城市群之一，地处我国内陆腹地，具有连接东西、贯穿南北的重要地理战略作用，对促进中部地区崛起、全面深化改革具有重要意义。武汉城市圈是湖北省经济建设和人口集聚中心，其国土面积约占湖北省的 31.33%。武汉城市圈生产、生活和生态等领域发展速度较快，发展成果显著。如表 9-1 所示，2018 年底武汉城市圈有 3126.2 万人口，汇聚了湖北省总人口的 52.83%，城镇化率接近 60%；2018 年武汉城市圈的经济总量为 24897.5 亿元，约占湖北省国内生产总值的 58.33%，约占全国国内生产总值的 2.71%；在三次产业占比上，武汉城市圈的第二、第三产业占比接近，第三产业占比低于湖北省整体水平和全国水平，这说明武汉城市圈的经济发展水平有所提升，但城市群的整体产业结构仍需优化；2018 年武汉城市圈的生态环境状况指数平均水平达到 63.40，低于湖北省 71.48 的水平。

表 9-1 2018 年武汉城市圈发展基本情况

地区	总人口（万人）	人口城镇化率（%）	国内生产总值（亿元）	人均国内生产总值（万元）	三次产业占比（%）	生态环境状况指数
中国	139538	59.58	919281.1	6.60	7.0：39.7：53.3	-
湖北省	5917.0	60.3	42021.95	7.11	8.44：41.82：49.74	71.48

续表

地区	总人口（万人）	人口城镇化率（%）	国内生产总值（亿元）	人均国内生产总值（万元）	三次产业占比（%）	生态环境状况指数
武汉城市圈	3126.2	59.6	24897.5	7.96	6.61∶45.65∶47.75	63.40
其中：武汉市	1060.8	83.87	14847.3	13.63	2.44∶42.96∶54.61	60.43
黄石市	244.9	63.29	1587.3	6.44	6.03∶58.56∶35.41	70.63
鄂州市	107.8	65.91	1005.3	9.34	9.37∶52.09∶38.54	63.10
黄冈市	633.0	47.22	2035.2	3.21	18.48∶40.88∶40.64	69.64
孝感市	487.8	57.57	1912.9	3.89	15.01∶48.39∶36.60	60.30
咸宁市	250.7	47.5	1362.4	5.37	13.72∶48.65∶37.63	75.09
仙桃市	116.6	54.6	800.1	6.95	10.86∶51.65∶37.37	57.70
潜江市	95.4	57.4	755.8	7.86	9.95∶52.67∶37.37	57.32
天门市	129.2	54.2	591.2	4.61	13.61∶51.23∶35.16	56.43

数据来源：中国统计年鉴2019，湖北省统计年鉴2019，2018年湖北省生态环境状况公报。

第一节　武汉城市圈生态文明建设的成效与问题

在湖北省省委和省政府的领导和协调下，近年来武汉城市圈不仅在工业化、城镇化发展方面取得巨大进步，其生态文明建设也成效显著。由于武汉城市圈承载的经济和人口规模较大、增长较快，其产业结构中钢铁、有色、建材、石化、印染、机电等重化工产业布局较多，城镇基础设施建设相对滞后，武汉市、黄石市、鄂州市等武汉城市圈地市难以避免地出现较为突出的生态环境问题和资源能源粗放的产业形态，使得其生态环境安全仍然面临严峻挑战，应对其生态文明建设的不平衡不充分问题依然任重道远。

一、武汉城市圈生态文明建设取得巨大进步

近 10 年来武汉城市圈生态文明建设初见成效，主要表现在：空气质量和水环境质量明显改善，自然资源节约高效利用水平不断提升，绿色生产方式普遍拓展，绿色生活方式渐成习惯。

（一）空气质量明显改善

《2018 年湖北省环境统计公报》显示，2018 年武汉城市圈 9 个城市空气质量优良天数比例在 70.1%—84.5%。其中，优良天数比例处于 80% 以上的城市有 2 个，处于 70%—80% 之间的城市有 7 个。在酸雨污染方面，2011—2018 年武汉城市圈降水 pH 均值逐年上升，酸雨程度明显减轻。按降水 pH 均值小于 5.6 作为酸雨城市评价标准，2011—2014 年武汉城市圈出现少数酸雨城市，如 2011 年的黄石市、黄冈市为酸雨城市，2012 年的武汉市、黄石市、鄂州市为酸雨城市，2013 年的黄冈市和 2014 年的武汉市为酸雨城市。随着武汉城市圈空气质量的改善，2015—2018 年未出现酸雨城市。

从图 9-1 所反映的武汉城市圈三类大气污染物浓度情况看，2011—2018 年间，在武汉城市圈的废气排放污染物中，SO_2 和 PM 10 浓度均值整体上均有所下降。其中，SO_2 平均浓度在 2011—2018 年呈现出下降（2012）→上升（2013）→下降（2014—2018）的发展趋势，其中 2013 年为顶点，2018 年 SO_2 平均浓度相比较 2013 年的浓度峰值降幅达 73.7%。NO_2 平均浓度在 2011—2018 年呈现出上升（2011—2013）→下降（2014—2018）的发展趋势，其中 2013 年为顶点，整体介于在 25-37 微克/立方米之间。PM 10 的平均浓度在 2011 年到 2018 年呈现出下降（2012）→上升（2012—2014）→下降（2014—2018）的发展态势，其 2018 年 PM 10 的平均浓度较 2014 年的峰值降低了 29.4%。可以看出，武汉城市圈大气污染物治理不断推进，空气中的主要污染物显著减少。

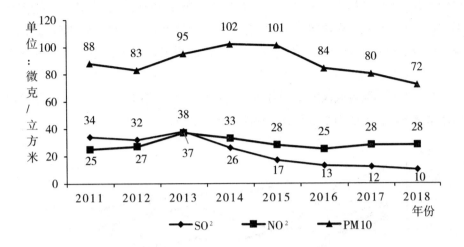

图 9-1　2011—2018 年武汉城市圈大气污染物平均浓度变化

数据来源：历年湖北省生态环境统计公报。

（二）资源能源节约利用取得较大进步

1. 工业用水效率显著提高

如图 9-2 所示，在武汉城市圈所涉及的 9 个城市中，2011—2018 年武汉市、黄冈市、孝感市、仙桃市、天门市、潜江市 6 个城市的万元工业增加值用水量呈显著下降趋势；鄂州市的万元工业增加值用水量在 2011—2012 年下降，在 2012—2013 年陡然上升，在 2013 年之后逐年下降，2018 年鄂州市的万元工业增加值用水量下降到 2011 年的水平；黄石市的万元工业增加值用水量在 2011—2013 年下降，在 2013—2015 年上升，2015 年黄石市的万元工业增加值用水量达到 8 年的峰值，在 2015 年之后黄石市的万元工业增加值用水量呈逐年下降趋势，在 2018 年黄石市的万元工业增加值用水量值近似于 2013 年；咸宁市的万元工业增加值用水量呈波动下降趋势，在 2013—2016 年万元工业增加值用水量增加，在 2016 年之后逐年下降。仙桃市、天门市、潜江市的万元工业增加值用水量下降趋势相近；孝感市的万元工业增加值用水量下降幅度最大，8 年间万元工业增加值用水量下降了 180 立方米/万元。

从武汉城市圈 2011—2018 年万元工业增加值用水量变化趋势可以看出，2011—2018 年武汉城市圈工业用水效率显著提高。其中武汉市的工业用水效率在这期间一直领先于城市圈内其他城市保持最高水平，且水资源集约节约利用取得显著成效；仙桃市、天门市、潜江市三市2011—2018年的工业用水效率水平相差不大，也在水资源集约节约利用方面取得显著进步；2013年之后鄂州市、黄石市的工业用水效率低于其他城市，鄂州市的工业用水效率最低，黄石市次之。

总体来看，随着武汉城市圈各城市工业增加值的逐年增长，万元工业增加值用水量下降，工业用水效率有所提高。

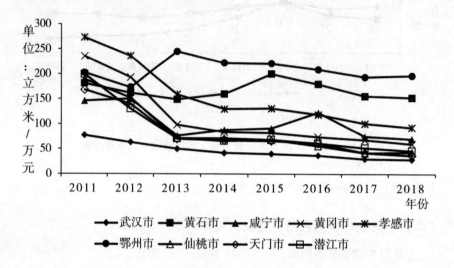

图9-2　武汉城市圈2011—2018年万元工业增加值用水量变化趋势

数据来源：2012—2019湖北统计年鉴、2011—2019各市统计年鉴。

2. 能源利用效率显著提高

如图9-3所示，2011—2018年武汉城市圈所涉及的9个城市的单位国内生产总值能耗均呈逐年下降趋势。其中孝感市、鄂州市的单位国内生产总值能耗下降幅度最大，8年间单位国内生产总值能耗均下降了56%；咸宁市的单位国内生产总值能耗下降幅度最小，8年间单位国内生产总值能耗下降了23%；天门市的单位国内生产总值能耗下降幅度最小，2018年天门市的单位国内生产总值能耗只比2011年下降了0.20吨标准煤/万元；咸宁市、潜江市在2011—2016年的单位国内生产总值能耗相近；黄冈市、仙桃市在2011—2018年的单位国内生产总值能耗相近；天门市与武汉市在2012—2018年的单位国内生产总值能耗相近，与孝感市在2013—2018年的单位国内生产总值能耗相近。

从武汉城市圈2011—2018年单位国内生产总值能耗变化趋势可以看出，在这期间武汉城市圈能源利用效率显著提高。其中鄂州市的能源利用效率在这期间一直领先于城市圈内其他城市保持最高水平；天门市与武汉市在2012—2018年的能源利用效率相近，与孝感市在2013—2018年的能源利用效率相近；黄冈市与仙桃市的能源利用效率水平在2011—2018年相差不大；咸宁市、潜江市在2011—2016年的能源利用效率水平相近；黄石市的能源利用效率在这期间一直落后于城市圈内其他城市，始终保持较高水平的单位国内生产总值能耗。

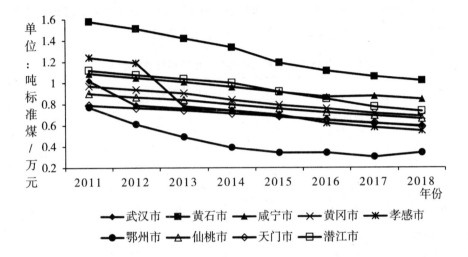

图9-3 武汉城市圈2011—2018年单位国内生产总值能耗变化趋势

数据来源：2012—2019湖北统计年鉴、2011—2019各市统计年鉴。

总体来看，随着武汉城市圈国内生产总值的逐年增长，单位国内生产总值能耗逐渐下降，能源利用效率逐渐提高。

（三）土地开发效率显著提高

如表9-2所示，2018年武汉城市圈建成区面积为1197.09平方千米，较去年增加了10.27%，占武汉城市圈辖区面积的2.07%；城市建设用地面积为1319.68平方千米，较去年增加了3.18%，占武汉城市圈辖区面积的2.28%。在2018年武汉城市圈建设用地面积中，居住用地面积占城市圈建设用地面积的32.21%，较去年提高0.34%；工业用地面积占城市圈建设用地面积的24.23%，较去年提高0.27%；绿地与广场用地面积占城市圈建设用地面积的7.20%，较去年降低0.27%。总体来看，2018年武汉城市圈建成区面积增长较快，城市建设用地面积有所增加，以便满足城市圈日益增长的居住用地和工业用地需求。

在武汉城市圈内部，各城市的土地开发效率有所差异。武汉市作为城市圈的核心城市，其辖区面积占武汉城市圈的面积比为 14.83%，而其建成区面积和城市建设用地面积占武汉城市圈相应指标的比重分别为 60.46%、65.51%，土地开发效率为城市圈之首，且 2018 年武汉市建成区面积仍以 15.23% 的比率高速增长，远超城市圈内其他城市的建成区面积增长率。2018 年黄石市、孝感市、咸宁市、仙桃市、潜江市、天门市的建成区面积增长率分别为 2.20%、1.65%、5.12%、8.12%、6.50% 和 6.04%。可以看出除鄂州市、黄冈市外，城市圈内的其他城市 2018 年的建成区面积与 2017 年相比均有所增长。

表 9-2　2018 年武汉城市圈建成区面积和建设用地面积

区域	建成区面积（平方千米）	城市建设用地面积（平方千米）			
		小计	其中：		
			居住用地	工业用地	绿地与广场用地
武汉城市圈	1197.09	1319.68	425.02	319.81	94.96
其中：武汉市	723.74	864.53	270.46	217.95	48.12
黄石市	82.40	80.29	22.48	21.99	7.88
鄂州市	64.55	64.55	17.95	15.00	12.50
孝感市	55.40	55.40	16.04	14.10	4.02
黄冈市	52.22	52.22	15.73	8.66	5.81
咸宁市	71.59	55.50	25.12	13.28	5.35
仙桃市	59.22	59.22	24.61	11.80	3.24
潜江市	53.57	53.57	20.36	13.16	2.02
天门市	34.40	34.40	12.27	3.87	6.02

数据来源：2017 年、2018 年中国城市建设统计年鉴。

在武汉城市圈整体建成区面积较快增长的基础上，2011—2018 年武汉城市圈所涉及的 9 个城市的单位建成区面积第二、第三产业增加值大部分呈逐年上升趋势（见图 9-4）。黄冈市的单位建成区面积第二、第三产业增加值呈波动上升趋势，2013 年之后其单位建成区面积第二、第三产业增加值显著高于其他城市，表明黄冈市的土地开发效率不仅在逐年提高，而且已经超过城市圈内其他城市；孝感市的单位建成区面积第二、第三产业增加值波动幅度较大，在 2012 年的单位建成区面积第二、第三产业增加值急剧下降之后，保持缓慢上升趋势，土地开发效率有所提升；武汉市的单位建成区面积第二、第三产业增加值在2011—2016年间保持上升趋势，在2016年之后呈下降趋势，但2018年武汉市单位建成区面积第二、第三产业增加值仍处于较高水平，仅次于黄冈市，土地开发效率较高；黄石市的单位建成区面积第二、第三产业增加值在2016、2017年出现了较大幅度的波动，随后恢复了增长趋势，土地开发效率继续提高；咸宁市、鄂州市、仙桃市、天门市、潜江市5市的单位建成区面积第二、第三产业增加值在2011—2018年始终保持一定幅度的增长，但也始终低于其他几个城市的单位建成区面积第二、第三产业增加值，表明其土地开发效率虽然持续提高，但仍有很大提升空间。

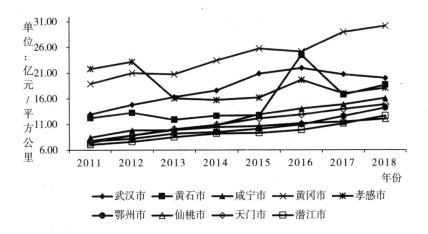

图9-4 武汉城市圈2011—2018年单位建成区面积第二、第三产业增加值变化趋势

数据来源：2012—2019湖北统计年鉴、2011—2019各市统计年鉴。

总体来看，随着武汉城市圈建成区面积的逐年增长，城市圈的单位建成区面积第二、第三产业增加值也逐年增长，土地开发效率显著提高。

（四）生态资源存量保持较高

武汉城市圈在聚集大量人口、产业资源的同时，也保有了较多的水资源、耕地资源和绿地资源等生态资源，以维持产业发展和人民生活的大体量资源需求。如表9-3所示，2018年武汉城市圈供水总量为19.23亿立方米，占全省供水总量的63.05%，高于城市圈人口占湖北省人口数量52.83%的比重，表明武汉城市圈的水资源供应相对宽裕。2018年武汉城市圈建成区绿化覆盖面积为45863.84公顷，建成区绿地面积为40843.09公顷，耕地面积为204.83万公顷，各占全省相应指标的比重为47.63%、47.70%、39.12%，均高于城市圈行政区域占湖北省土地面积31.33%的比重，表明武汉城市圈的耕地资源和绿地资源存量保持较高。

表9-3　2018年湖北省及武汉城市圈生态资源存量指标

区域	供水总量（万立方米）	建成区绿化覆盖面积（公顷）	建成区绿地面积（公顷）	耕地面积（公顷）
湖北省	305003.10	96301.38	85623.08	5235395.00
武汉城市圈	192316.64	45863.84	40843.09	2048273.27
其中：武汉市	149821.40	28557.78	25599.84	293856.90
黄石市	10692.06	3176.69	2933.69	117296.70
咸宁市	4398.11	2894.30	2511.36	200830.20
黄冈市	4574.00	1371.81	1203.34	532727.60
孝感市	6052.80	2180.88	1846.57	439274.90
鄂州市	5046.60	2185.10	1850.10	55289.36
仙桃市	5528.00	2185.30	1896.22	119424.20
天门市	1839.80	1258.90	1165.65	167343.70
潜江市	4363.90	2053.18	1836.32	122229.80

数据来源：《2018年中国城市建设统计年鉴》。

注：1公顷=0.01平方千米。

具体来看，2018年武汉市水资源、绿地资源存量水平在城市圈内部最高，其供水总量、建成区绿化覆盖面积、建成区绿地面积分别占城市圈相应指标的比重为77.90%、62.27%、62.68%。作为武汉城市圈的副中心城市，黄石市的水资源、绿地资源存量水平仅次于武汉，其供水总量、建成区绿化覆盖面积、建成区绿地面积分别占城市圈相应指标的比重为5.56%、6.93%、7.18%。天门市的水资源、绿地资源存量水平在城市圈内部最低，供水总量、建成区绿化覆盖面积、建成区绿地面积分别占城市圈相应指标的比重为0.96%、2.74%、2.85%，水资源存量明显低于其他城市。黄冈市的耕地资源存量最高，孝感市、武汉市次之，三市的耕地面积总和占城市圈耕地面积的比重达61.80%；鄂州市的耕地面积最少，仅占城市圈的2.7%。由上述可知，天门市的水资源存量和鄂州市的耕地资源存量偏低问题需要引起重视。

二、武汉城市圈生态文明建设依然存在较大提升空间

随着武汉城市圈工业化快速扩张和新型城镇化的快速发展，2018 年武汉城市圈占据了全省 52.83% 的人口，远高于行政区域土地面积占全省 31.33% 的比重。在产业和人口集聚的同时，也由此产生了较高的废水、废气污染物排放量，带来较大的资源环境压力，城市间人均生活、生态空间面积差异较大，城市圈生态资源分配不均衡问题仍需得到持续关注。

（一）水资源安全形势依然严峻，湖泊水体呈现富营养化

1. 武汉城市圈水资源总量相对匮乏

武汉城市圈地处亚热带地区，来自东南部太平洋暖湿气流带来的降水给城市圈带来较为充裕的水资源。但水资源时空分布不均匀，部分地区极易发生洪涝灾害，水资源安全形势较为严峻①。据《2018 年湖北省水资源公报》显示，2018 年湖北省水资源总量 857.02 亿立方米，比常年偏少 17.3%；全省用水总量 296.87 亿立方米，其中，农业用水占比 50.8%，工业用水占比 29.4%，生活用水占比 19.8%；省内人均综合用水量 502 立方米，高于全国人均综合用水量 432 立方米；省内万元国内生产总值（当年价）用水量 75 立方米，高于全国万元国内生产总值（当年价）用水量（66.8 立方米）。因此，虽然武汉城市圈水资源总量较为充裕，但人均水资源优势并不明显，加上人均用水量和万元国内生产总值用水量较高，凸显出城市圈水资源总量相对匮乏的短板。

2. 武汉城市圈湖泊水体呈现富营养化

武汉城市圈内工业企业和人口众多，工业污水、生活污水排放总量大。2018 年武汉城市圈城市污水排放量为 143203.31 万立方米，占湖北省城市污水排放量的 60%。2018 年湖北省主要湖库总体水质轻度污染，在主要监测水域中，水质较差符合Ⅳ类、Ⅴ类标准的水域分别占 34.4%、12.5%，水质污染严重为劣Ⅴ类的水域占 6.2%。与 2017 年相比，水质Ⅰ~Ⅲ类水域比例下降 15.6 个百分点，劣Ⅴ类比例上升 3.1 个百分点。在 21 个湖泊水域中，16 个水域为富营养状态，10 个湖泊水质较上一年变差。可见，武汉城市圈水资源的污染问题需要引起有关部门的高度重视。

---

① 郭庆宾，刘静，王涛. 武汉城市圈城镇化生态环境响应的时空演变研究 [J]. 中国人口·资源与环境，2016, 26 (02): 137-143.

3. 武汉市水污染治理难度较大

作为武汉城市圈中心城市，近年来武汉市的水体污染形势不容乐观。由于中心城区湖泊及主要排水港渠污染、淤积严重，造成中心城区水系的连通性和完整性较差，以及水生态系统的建设与管理也存在着结构性矛盾，水资源环境呈恶化趋势①。2014年武汉发生的水污染事件，是一次严重的破坏水生态系统稳定性的事件。由于上游雨水将生活污水及农田中的氨氮污染物冲入汉江中，造成汉江武汉段水质氨氮值为1.59毫克/升，超1毫克/升的国家标准。这次事件也再次提醒和证明完善水治理体制问题的重要性。工业排污量巨大，加上农业面源污染构成复杂，以及生活污水排放不规范，增大了城市圈水污染治理难度，降低了城市圈水资源环境承载能力。

4. 黄冈市污水处理厂集中处理率有提高空间

如图9-5所示，2018年武汉城市圈污水处理厂集中处理率各城市的均值为93.43%，接近93.35%的全国污水处理厂集中处理率。其中黄冈市的污水处理厂集中处理率最低，为83.98%，低于全国约90%的城市的污水处理厂集中处理率，表明2018年黄冈市未经过处理的生活污水、工业废水量占污水排放总量的比重较大，极易造成对河流、湖泊的二次污染。

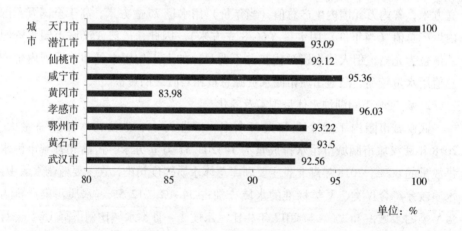

单位：%

图9-5　2018年武汉城市圈污水处理厂集中处理率

数据来源：2018年中国城市建设统计年鉴。

---

① 陈威，杜娟，常建军. 武汉城市群水资源利用效率测度研究 [J]. 长江流域资源与环境，2018，27（06）：1251-1258.

5. 乡镇生活污水处理需进一步完善

2017 年在湖北省 927 个乡镇中，仅有 153 座建成的污水处理厂。在广大农村地区，由于污水治理设施不完善，生活污水大多随意排放，多采取直接排入河道、直接排入沟渠、直接用于灌溉农田的方式处理，产生了较大的生态环境污染问题。2017 年 2 月，湖北省生态环境厅发布《省人民政府关于全面推进乡镇生活污水治理工作的意见》，表明农村生态环境治理已成为区域生态文明建设的重要短板，乡镇生活污水不当处理问题亟待解决。

（二）能源消耗量大，导致大气污染物排放量居高不下

2018 年湖北省工业增加值占全国工业增加值的比重为 4.87%。由于工业较发达，加上人口集聚产生大量能源需求，武汉城市圈的能源消耗量巨大。2018 年武汉城市圈能源消耗量占全省能源消耗量的比重超过 80%，武汉市能源消耗量占城市圈能源消耗量的半数以上。大量的能源消耗产生的 SO_2、NO_2、$PM 2.5$、$PM 10$ 等大气污染物导致武汉城市圈空气质量有待继续改善。如图 9-6 所示，2011—2018 年武汉城市圈平均空气污染指数达优良的百分率呈波动下降趋势，整体波动最大幅度达 24%，表明城市圈空气质量极易受到各项污染物指标的影响。按照《环境空气质量标准》（GB3095—2012）评价，2015 年之后武汉城市圈城市空气质量均未达到年均二级标准。其中，2012 年城市圈平均空气污染指数达优良的天数比为 8 年来最高，达到 92.83%；2015 年城市圈平均空气污染指数达优良的天数比为 8 年来最低，降至 68.82%；2018 年城市圈内主要污染物为 $PM 2.5$，雾霾天气已经成为常态；2018 年武汉市、天门市重污染天气发生频次最多，重污染天气发生主要集中在冬季。

城市圈空气质量下降、雾霾天气增多的主要污染源除了工业生产产生的大量气体污染物，还包括居民日常生活带来的机动车尾气。2018 年湖北省城镇每百户拥有汽车 36.34 辆，较上年增加 11.16 辆，汽车数量的递增引起机动车尾气排放的增加也是大气污染源的重要组成部分。按照不同城市的自然地理背景、城市定位、产业结构划分，能源消耗导致的空气质量下降的污染状况主要表现为：中心城市武汉市的以工业生产煤烟与机动车尾气排放为主的复合型空气污染；卫星城市黄石市、鄂州市等能源型工业城市以煤烟为主的污染；卫星城市咸宁市、潜江市、天门市等农业型或生态旅游型城市正在向煤烟和机动车尾气混合型污染转变[1]。

---

[1]　陈先强. 土地资源约束下的武汉城市圈经济增长实证研究 [J]. 湖北社会科学，2016（08）：63-68.

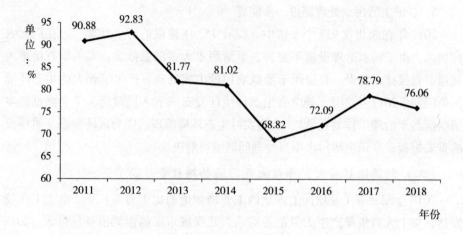

图9-6 2011—2018年武汉城市圈平均空气污染指数达优良的天数比

数据来源：历年湖北省生态环境状况公报。

（三）城市间人均生活、生态空间面积差异较大

近年来武汉城市圈城市外延不断扩张，建成区面积不断增加。2018年武汉城市圈建成区面积为1197.09平方千米，较去年增加了10.27%。然而武汉城市圈城镇居民人均生活空间、生态空间面积在各城市间差异较大，人均资源保有量在空间上分布不均。

如表9-4所示，2018年武汉城市圈城镇居民人均道路交通设施用地面积、城镇居民人均居住用地面积分别为12.24平方米、24.97平方米，均高于湖北省及全国人均水平；2018年武汉城市圈城镇居民人均绿地面积为25.17平方米，高于湖北省人均绿地面积，但低于全国指标。具体来看，其中黄冈市城镇居民人均道路交通设施用地面积最大，为25.74平方米，天门市城镇居民人均道路交通设施用地面积最小，为3.78平方米；黄冈市城镇居民人均居住用地面积最大，为40.45平方米，天门市城镇居民人均居住用地面积最小，为7.35平方米；咸宁市城镇居民人均绿地面积最大，为67.26平方米，天门市城镇居民人均绿地面积最小，为6.99平方米。天门市的城镇居民人均各类用地面积均与其他城市产生较大差距，人均生活、生态空间较为拥挤，导致生态资源保有量偏低，影响城市经济社会发展和居民生活水平的提高，是武汉城市圈生态文明协同发展过程中需要重点扶持的城市之一。

表9-4 2018年湖北省及武汉城市圈城镇居民人均各类用地面积

区域	城镇居民人均道路交通设施用地面积（平方米）	城镇居民人均居住用地面积（平方米）	城镇居民人均绿地面积（平方米）
全国	10.99	21.57	38.32
湖北省	10.10	19.13	22.47
武汉城市圈	12.24	24.97	25.17
武汉市	15.16	30.60	28.97
黄石市	21.02	26.40	35.10
咸宁市	10.10	39.97	67.26
黄冈市	25.74	40.45	31.36
孝感市	11.01	16.75	19.29
鄂州市	4.85	16.12	18.25
仙桃市	6.29	15.73	12.28
天门市	3.78	7.35	6.99
潜江市	7.82	20.19	18.21

数据来源：2018年中国城市建设统计年鉴。

从地域来看，武汉城市圈西部地区城镇居民人均各类用地面积显著低于城市圈东部，鄂州市城镇居民人均各类用地面积在城市圈东部地区中最低。武汉城市圈西部地区的孝感市、仙桃市、天门市、潜江市和东部地区的鄂州市在城镇居民人均道路交通设施用地面积、人均居住用地面积和人均绿地面积方面均处于相对较低水平，低于武汉城市圈的相应各项指标，武汉城市圈人均生活、生态空间面积东西部地区间差异较大。

第二节 武汉城市圈生态文明建设及其协同发展的体制机制探索

自2007年12月武汉城市圈获批成为全国"两型社会"建设综合配套改革试验区以来，为实现武汉城市圈构建资源节约型和环境友好型的社会形态的目标，在国家部委、湖北省和各地级市环境保护部门的主导下，探索和制定了一系列武汉城市圈生态文明协同发展体制机制，对武汉城市圈生态环境进行协同管理和分类治理，在区域环境污染联合治理、自然资源协同管理、绿色生产和绿色生活协同发展方面做出了大量积极探索，制定了促进武汉城市圈率先建成"人水和谐、绿色宜居、生态文明、持续发展"生态城市群的方案措施。充分考虑城市圈区域生态环境特点和发展现状，在借鉴各城市群生态文明协同发展体制机制的基础上，针对生态环境治理痛点和难点开展区域合作和专项治理，推动武汉城市圈在"两型"社会建设中发挥引领、示范、带动作用，也为长江流域其他城市群生态文明建设及其协同发展提供了样板。

一、武汉城市圈生态文明建设贯彻国家及省市生态文明体制机制

（一）武汉城市圈生态文明建设贯彻国家生态文明方针政策

党的十八大以后，围绕建设美丽中国深化生态文明体制改革，武汉城市圈各城市也纷纷贯彻落实国家生态文明建设体制机制，将生态文明建设融入经济社会发展的进程中。2013 年 7 月，咸宁市被水利部确定为国家首批水生态文明城市建设试点城市；2013 年 11 月，鄂州市梁子湖区成为全国生态文明建设试点地区；2015 年 4 月，咸宁市入选全国生态保护与建设示范区名单，成为湖北省唯一市级国家生态保护与建设示范区。为了贯彻落实十九大报告提出的"以'共抓大保护，不搞大开发'为导向，推动长江经济带发展"战略部署，湖北省落实国家《长江经济带发展规划纲要》，推进武汉国家级长江新区等规划建设，开展湖北长江经济带绿色发展示范平台创建，注重生态环境保护与修复，提升绿色发展动能。在资源保护示范区共建方面，2008 年 12 月，原国家林业局与湖北省人民政府签署备忘录，合作建设武汉城市圈国家现代林业示范区，提高武汉城市圈森林覆盖率和道路、河流绿化率，增加生态公益林、活立木蓄积量，同时开展多项林业生态体系建设，实施湿地恢复、绿色生态网络、矿区植被恢复、林业血防与灾后重建等示范建设工程。

（二）武汉城市圈生态文明建设贯彻湖北省生态文明方针政策

2008 年 10 月，湖北省人民政府发布由国务院批准同意的《武汉城市圈资源节约型和环境友好型社会建设综合配套改革试验总体方案》。2014 年 11 月湖北省人大常委会审议通过的《湖北生态省建设规划纲要（2014—2030 年）》，提出整体推进武汉城市圈节水型社会建设，继续实施武汉城市圈碧水工程；以武汉城市圈为主体，建立大气污染联防联控机制；以武汉城市圈"两型"农业试验区、鄂西特色生态农业区与沿江优势农业带三大农业区域为重点，开展土壤污染状况详查。

2014 年 11 月，湖北省发改委发布《武汉城市圈"两型"社会建设综合配套改革试验行动方案（2014—2015 年）》，提出实施"十大示范工程"和"十大试点工程"。"十大示范工程"包括推进武汉东湖自贸区先行先试、武汉市清洁空气行动计划、黄石市工矿废弃地综合开发试验区建设、黄冈市临港经济区建设、汉孝同城化发展、鄂州市梁子湖生态文明示范区建设、咸宁市生态文明示范区建设、仙桃市资源再利用产业体系建设、天门市畜禽废弃物资源化利用和无害化处理、潜江市"零煤耗园区"建设等；"十大试点工程"包括武汉城市圈建设用地增减挂钩试点、碳排放权交易试点、排污权有偿使用与交易试点、农村综合产权交易试点、黄石市"共有产权住房"试点、鄂州市工业企业投资备案项目"承诺审批"试点、黄冈市跨江合作开发建设试点、仙桃市中介机构改革、天门市"多规合一"试点、观察员市融入城市圈试点。2016 年 6 月，湖北省发改委印发《武汉城市圈"两型"社会建设综合配套改革三年行动方案（2016—2018）》，提出重点实施"十二项示范工程"和"十二项试点工程"："十二项示范工程"包括武汉全面创新改革试验示范工程、临空经济示范工程、中法武汉生态城示范工程、大梁子湖生态文明建设示范工程、新区建设示范工程、循环经济示范工程、智慧城市示范工程、绿色建筑示范工程、矿山地质环境治理示范工程、畜禽养殖废弃物综合利用和无害化处理示范工程、区域一体化示范工程、"两型"细胞创建示范工程；"十二项试点工程"包括科技金融改革创新、海绵城市、"多规合一"、城际公交、环境污染第三方治理、城乡废弃物资源化利用和无害化处理、绿色循环低碳交通运输、水生态文明城市建设、生态补偿、大气污染和土壤污染防治、碳排放权交易、城际铁路沿线新城建设工程①。

2018 年 2 月，湖北省人民政府办公厅印发的《省人民政府办公厅关于建立健全生态保护补偿机制的实施意见》提出，建立健全湖北省生态保护补偿机制。2018 年 7 月湖北省财政厅、原环境保护厅、发改委、水利厅联合印发《关于建立省内流域横向生态补偿机制的实施意见》，明确以省内流域水质改善和水资源保护为主线，加快形成流域保护和治理长效机制。2019 年 4 月，湖北省发布第 3 号河湖长令《关于开展碧水保卫战"示范建设行动"的命令》，在切实抓好"示范河湖"建设行动中，选择流域相对完整、治理管护问题突出、社会关注度高的河湖，开展示范创建活动。

---

① 湖北省人民政府，武汉城市圈发布新三年行动计划 重点实施双十二工程，[EB/OL].
湖北省人民政府网站 2016-06-18.

（三）各城市制定生态文明方针政策，推动武汉城市圈生态文明建设

如表 9-5 所示，武汉城市圈各地市制定并发布了一系列生态文明方针政策，在创建生态文明建设示范市、生态文明示范带、国家示范湖泊及建设国家生态保护与建设示范区方面做出了重要部署；开展大气、水、土壤污染防治工作及矿山生态环境治理与修复工作，保障大气、水、土壤环境安全；开展长江经济带生态保护与流域生态补偿，调动地方政府和企业保护水生态环境的积极性；制定生态文明建设目标体系及考核办法，对生态文明建设重点任务进行量化。

表 9-5　武汉城市圈各地市制定的部分生态文明方针政策

城市	政策文件	主要内容
武汉市	《武汉市湿地自然保护区生态补偿暂行办法》（2013 年 10 月）	结合实际，在湿地自然保护区所在区人民政府制订生产经营活动退出计划后，对符合本办法规定条件的补偿对象，按照生产经营面积给予一定的资金补偿；湿地自然保护区生态补偿采取市、区结合方式予以补偿。
	《武汉市生态文明建设目标体系及考核办法》（2013 年 11 月）	从生态经济、生态环境、生态制度和生态文化等 3 个方面提出 20 项考核评价指标，对武汉市生态文明建设重点任务进行量化。
	《武汉市森林生态效益补偿资金管理办法》（2014 年 6 月）	森林生态效益补偿根据公益林权属，对国家级、省级和市级公益林实行不同的补偿标准。
	《武汉市水生态文明城市建设试点工作方案》（2016 年 3 月）	以水生态保护与修复为重点，打造"江-河-湖-城"交相辉映的世界名城，并以"渗-蓄-滞-净-用-排"城市内涝防治为重点，构建新型海绵城市。
	《武汉市人民政府办公厅关于进一步规范基本生态控制线区域生态补偿的意见》（2018 年 4 月）	对划定的基本生态控制线区域内的各类生态要素的生态补偿进一步规范。
	《武汉市土壤污染治理与修复规划（2018—2030 年）》（2018 年 6 月）	土壤污染治理与修复的主要任务包括摸清土壤污染底数、健全法规标准体系、强化建设用地土壤环境风险管控、保障农用地土壤环境安全、开展土壤污染治理与修复、加强污染源头控制、提升土壤污染防治能力。

续表

城市	政策文件	主要内容
黄石市	《黄石市生态环境保护十三五规划》（2017年3月）	改善生态环境质量，促进绿色转型发展，打好大气、水、土壤污染防治和矿山修复治理四大战役，协同推进生态环境保护。
	《黄石市创建生态文明建设示范市规划（2017—2027年）》（2018年4月）	布置八大主要任务：建立主体功能区制度、改善生态环境质量、促进产业绿色转型、培育特色生态文化、完善生态文明制度、打造四大示范区、开展生态环境综合治理、统筹推进生态文明建设，力争用10年时间，完成国家级生态文明建设示范市创建工作。
咸宁市	《市人民政府办公室关于加快推进咸宁市水生态文明城市建设试点工作的通知》（2015年4月）	突出落实最严格水资源管理制度、优化水资源配置、严格水资源保护、推进水生态系统保护与修复、推进重点示范项目建设的工作重点。
	《咸宁市建设国家生态保护与建设示范区2017年行动计划》（2017年5月）	大力实施"水生态文明城市创建""绿满鄂南""大气污染、水污染、土壤污染防治"等行动。
黄冈市	《黄冈长江经济带生态保护"雷霆行动"工作方案》（2016年5月）	提出整治工业污染、整治保护饮用水水源地、整治重点水域排污口和河道采砂行为、整治保护重点湖泊生态环境、整治生活污水垃圾污染等十项工作任务。
孝感市	《澴河流域生态补偿方案》（2019年1月）	调动澴河流域地方政府和企业保护水生态环境的积极性，确保澴河流域水质持续改善。
鄂州市	《创建梁子湖国家示范湖泊三年行动方案（2019—2021年）》（2019年9月）	力争到2021年基本实现总体水质优良、生态系统稳定、生态环境保护体制机制进一步完善的总体目标。
	《鄂州市创建国家生态文明建设示范市规划（2016—2025年）》（2017年8月审议）	为鄂州市创建生态文明建设示范市提供了科学依据和行动纲领。

城市	政策文件	主要内容
仙桃市	《全面推行河长制的实施方案》（2017 年 5 月）	通过建立"河长制"，进一步落实各项河道管理措施，提升河道环境管理水平，基本消除沿河不良现象，基本实现"水清、流畅、岸绿、景美"的目标。
天门市	《2019 年天门市地表水水质提升攻坚方案》（2019 年 6 月）	针对重点攻坚断面继续因地制宜地采取"拆、堵、关、停、限、治、补"的强力措施，重点解决好污水直排问题、水资源优化调度问题、水生态系统修复问题，确保相关断面稳定达到良好。
潜江市	《冯家湖生态环境治理三年行动计划（2018—2020 年）》（2018 年 7 月）	开展冯家湖生态环境治理，重点抓好水产养殖污染、农业废弃物污染、生产生活垃圾污染等污染治理，修复冯家湖水域生态环境。

来源：各市人民政府官网。

二、武汉城市圈生态文明协同发展体制机制

为推进武汉城市圈生态文明协同发展，武汉城市圈积极探索建立环境污染治理及其协同发展机制体制、自然资源协同管理及其协同发展体制机制和绿色生产与绿色生活及其协同发展体制机制，进一步把握城市圈环境污染治理整体形势。

（一）环境污染治理及其协同发展机制体制

2008 年 7 月，首届武汉城市圈环境保护联席会议在武汉市原环境保护局召开，为武汉城市圈环境保护的区域合作机制建立奠定基础。2008 年 11 月，由湖北省原环境保护局、发改委等九个部门共同编制的《武汉城市圈"两型"社会建设试验区生态环境规划》出台，将武汉城市圈划分为不同的生态环境保护区进行保护与治理，设立城市圈环境保护督查中心，增加城市圈污染物控制指标。2009 年出台的《武汉城市圈生态环境保护规划》要求武汉城市圈研究建立并完善生态补偿长效机制，突出城市圈的节能减排、循环经济、生态恢复与环境整治等生态环境建设，以达到城市圈生态环境保护"碧水、蓝天、青山、美城"

的总体目标。2009 年 7 月 31 日湖北省第十一届人民代表大会常务委员会第十一次会议通过的《武汉城市圈资源节约型和环境友好型社会建设综合配套改革试验促进条例》，指出以水环境生态治理修复、森林保护以及大气污染、农业面源污染防治为重点，建立规划环境影响评价、生态环境补偿、环境责任保险、排污权交易等制度，完善环境生态保护的体制机制，健全环境信息公开共享、环境监督执法联动的协同监管体系，实现环境保护与生态建设一体化。2014 年 11 月湖北省人大常委会审议通过的《湖北生态省建设规划纲要（2014—2030 年）》提出"以武汉城市圈为主体，建立统一协调、联合执法、信息共享、区域预警的大气污染联防联控机制，构建全省大气污染防治的立体网络"。从 2017 年起，湖北省生态环境厅、自然资源厅和农业农村厅共同开展农用地土壤污染状况详查，主要监测镉、汞、砷、铅、铬等重金属以及多环芳烃等有机物，进一步掌握全省建设用地土壤污染状况，协同做好土壤污染防治工作①。

（二）自然资源协同管理及其协同发展体制机制

2008 年 10 月颁布的湖北省人民政府关于印发武汉城市圈资源节约型和环境友好型社会建设综合配套改革试验总体方案的通知，围绕"两型"社会建设的要求，提出着力构建促进资源节约和环境友好的体制机制，重点推进资源节约、环境保护等方面的体制机制创新。

建设"两型"社会，水利先行。湖北省出台和编制了一系列水环境保护法规和水生态保护规划，推动武汉城市圈水资源保护与管理有序化发展。2008 年 11 月，湖北省政府与水利部在武昌签署合作备忘录，通过省部联动、密切合作、共同努力，全面推进武汉城市圈"两型"社会水利建设。2010 年在湖北省原环境保护厅的主导下，武汉城市圈规划实施"碧水工程"，目标是 90% 以上的河流、湖泊达到功能区要求，湖泊生态功能逐步得到恢复。工程规划在控制污染的基础上，让河流湖泊休养生息，使其达到武汉城市圈生态环境规划的要求。2011 年 5 月，湖北省发展和改革委员会、水利厅、武汉城市圈综合改革办公室联合印发的《关于加快武汉城市圈节水型社会建设规划工作的通知》，要求武汉城市圈各市人民政府对于节水型社会建设工作采取高度重视，坚持"政府主导、市场调控、公众参与"的原则，按照"两型"社会建设的要求建立健全管理体制机制，促进武汉城市圈水资源高效利用和合理配置，稳步推进节水型社会建设。

---

①　湖北省人民政府，湖北省完成农用地土壤污染状况"体检"［N］.湖北日报，2019-04-14.

（三）绿色生产与绿色生活及其协同发展体制机制

2007 年 12 月，国家发展和改革委员会印发了《关于批准武汉城市圈和长株潭城市群为全国资源节约型和环境友好型社会建设综合配套改革试验区的通知》，推进武汉城市圈经济建设绿色化、低碳化发展。随后，湖北省逐步开展低碳经济示范工程建设、"两型产业"建设和生态示范区建设，有利于加快形成推动绿色生产和绿色生活的体制机制，探索城市圈经济社会发展新方式。

2008 年湖北省统计局制定了《武汉城市圈"两型"社会建设统计监测评价方案》，建立起一套涵盖了资源利用效率、环境友好程度等指标的武汉城市圈"两型"社会建设统计监测评价指标体系，科学评价武汉城市圈"两型"社会建设发展现状。2009 年，湖北省开始探索在武汉城市圈发展区域低碳能源、低碳交通、低碳产业，将武汉城市圈建设成为低碳经济试验示范区，发挥示范带头作用，引领全省低碳经济发展。2014 年 11 月，湖北省人大常委会审议通过的《湖北生态省建设规划纲要（2014—2030 年）》提出加快发展高新技术产业及现代服务业，发挥武汉城市圈全国重要的高新技术产业基地和现代服务业的基础优势，推进形成高新技术产业和现代服务业的支柱产业，用高新技术改造和提升传统重化工产业，推进绿色生产，打造一批节能节水降耗、节约集约用地、循环绿色高效的"两型"产业。

2009 年 10 月湖北省发展和改革委员会发布的《武汉城市圈总体规划纲要》中提出开展生态示范区建设，包含了生态市建设、生态产业园区建设和生态社区建设。生态市建设注重经济社会发展与生态环境保护的深度融合，打造优良的绿色生活环境，要求建成符合"两型"社会发展的经济社会体系；生态产业园区建设吸纳无污染或者轻污染的高端产业，园区内采用清洁生产工艺，促进产品绿色环保和污染处理循环利用；生态社区建设推动在城市社区内逐步建立起节能、节水和节约资源为主的中水回用、垃圾分类处理、太阳能利用、安全防卫与智能化信息服务管理系统，打造绿色生活环境。

为应对城市渍水内涝和高效利用水资源，2016 年 9 月，湖北省人民政府办公厅下发了《关于加快推进全省地下综合管廊和海绵城市建设的通知》，切实推进综合管廊和海绵城市建设。2015 年 4 月起武汉启动海绵城市建设，2018 年武汉市海绵城市监测评估平台落成，截至 2019 年年底武汉市已完成海绵城市面积123.59 平方千米；2018 年，黄石市通过《黄石市海绵城市专项规划》，明确至2020 年，建成区 20%面积达到海绵城市要求，2030 年黄石整体建成海绵城市；2015 年 11 月，咸宁市通过《咸宁城市防洪规划报告》，其目标就是将咸宁打造成"海绵城市"，目前咸宁市已经打造一批海绵城市试点工程；2017年黄冈市发布《黄冈市区海绵城市建设项目规划建设管理办法（试行）》和《黄冈市海绵城市专项规划》；2016年孝感市公布了《关于加快推进海绵城市建设的实施意见》，提出到2018年年底市级海绵城市建设取得成效，到2020年市中心城区建成区20%以上的面积达到海绵城市建设标准要求，到2030年市中心城区建成区80%以上的面积达到海绵城市建设标准要求；2017年鄂州市完成《鄂州市海绵城市专项规划》，总体目标是年径流总量控制率不低于70%，内涝防治标准为三十年一遇，防洪标准不低于百年一遇，湖泊港渠水体水质达到目标管理要求；2017年5月25日，天门市编制的《天门市主城区海绵城市专项规划（2016—2030年）》通过了评审，海绵城市专项规划范围总面积为54.50平方千米；2018年6月，潜江市通过《潜江市海绵城市专项规划》，作为指导潜江市海绵城市建设的纲领性文件，指导构建生态、宜居、宜业的"海绵潜江"。

第三节　武汉城市圈绿色发展水平及其区域差异的测度

面对城镇化、工业化持续推进，资源环境约束趋紧，武汉城市圈唯有坚定绿色发展。本节将基于武汉城市圈绿色发展的状态与任务，构建武汉城市圈绿色发展水平综合评价指标体系，并展开实证评价。

一、武汉城市圈绿色发展评价指标体系的构建

绿色发展是以效率、和谐、持续为目标的经济增长和社会发展方式，它是涵括了经济增长、环境保护等生态文明建设过程中重要命题的复杂系统工程。绿色发展是一种针对以往经济发展与生态环境保护之间的矛盾而提出的更为科学的经济增长和社会发展方式，但矛盾双方的协调统一需要考虑诸多历史及现实因素，因此绿色发展程度常常存在多重差异性。实际上，根据政策设置、经济发展和环境保护等因素的程度不同，我国不同地区的绿色发展程度不尽相同。因此，本节结合了实际情况及具体的研究目的，从绿色增长、绿色环境、绿色生产和绿色生活四大方面构建武汉城市圈绿色发展评价指标体系。

绿色增长：2009年，OECD（经济合作与发展组织）正式将绿色增长定义为："在防止代价昂贵的环境破坏、气候变化、生物多样化丧失和以不可持续的

方式使用自然资源的同时，追求经济增长和发展"①。武汉城市圈作为"中部崛起"战略的重要支点，资金、技术和人才等生产要素集聚速度较快，城镇化及工业化进程持续推进，绿色增长水平不断提高。本节选取人均国内生产总值、规模以上工业企业成本费用利润率、高新技术产业增加值占国内生产总值比重、第三产业占比重、固定资产投资拉动国内生产总值增长系数以及研究与试验发展经费占国内生产总值比重等指标分别测度武汉城市圈各地区的经济发展规模、经济结构和创新能力。

绿色环境：生态环境和自然资源的承载力，是城市实现可持续发展、推进生态文明建设的限制性因素。武汉城市圈内部钢铁、建材、有色、化工等重工业占比较大，自然资源使用量和污染排放物总量大，环境污染问题严重。本节选取森林覆盖率、建成区绿化覆盖率、城市环境空气二氧化硫含量、城市环境空气二氧化氮含量、城市环境空气可吸入颗粒物含量、城市区域环境噪声监测等效声级、水功能区水质达标率等指标具体测度武汉城市圈的生态资源禀赋，以及大气环境、声环境和水环境质量。

绿色生产：加快转变经济发展方式、实现集约化清洁化生产是推进生态文明建设的必然要求。武汉城市圈在建设"两型"社会的过程中，生态环境质量、自然资源利用水平均得到一定程度的提高。但在高能耗产业占据较大比重的产业结构中，武汉城市圈经济生产的资源利用率及污染物治理率仍需提高。本节选取单位国内生产总值能耗、万元工业增加值用电量、万元工业增加值用水量、万元工业增加值二氧化硫排放量、万元工业增加值粉尘排放量、万元工业增加值废水排放量、一般工业固体废弃物利用率和单位建成区面积第二、第三产业增加值等指标测度武汉城市圈经济生产过程的自然资源利用效率及污染物治理水平。

绿色生活：人是一切经济活动的主体，其生活方式及环境保护意识深刻地影响着地区生态文明建设水平。武汉城市圈地处中部地区，人口较密集，人均资源占有量有限。本节以人均生活用电量、人均生活用水量、人均公共交通客运量、城镇居民人均绿地面积、污水集中处理率、城市生活垃圾无害化处理率和城市集中饮水水源达标率等指标测度武汉城市圈居民环保意识及绿色生活水平。

---

① 郭玲玲，卢小丽，武春友，等. 中国绿色增长评价指标体系构建研究［J］. 科研管理，2016，37（06）：141-150.

综上，遵循指标选取的系统性、科学性及数据的可获得性等原则，结合国内外学者的研究成果，本研究构建了一个包括4个准则层、26个指标层的绿色发展水平综合评价指标体系（见表9-6）。

表9-6　武汉城市圈绿色发展评价指标体系

准则层	指标层	统计/测算方式	指标属性
绿色增长 G1	人均国内生产总值	统计指标	指导性指标
	规模以上工业企业成本费用利润率	统计指标	指导性指标
	高新技术产业增加值占国内生产总值比重	高新技术产业增加值/国内生产总值	指导性指标
	第三产业占比重	统计指标	指导性指标
	固定资产投资拉动国内生产总值增长系数	（本年度国内生产总值-上年度国内生产总值）/全社会固定资产投资总额	指导性指标
	研究与试验发展经费占国内生产总值比重	研究与试验发展经费/国内生产总值	指导性指标
绿色环境 G2	森林覆盖率	统计指标	指导性指标
	建成区绿化覆盖率	统计指标	指导性指标
	城市环境空气二氧化硫含量	统计指标	约束性指标
	城市环境空气二氧化氮含量	统计指标	约束性指标
	城市环境空气可吸入颗粒物含量	统计指标	约束性指标
	城市区域环境噪声监测等效声级	统计指标	约束性指标
	水功能区水质达标率	统计指标	指导性指标
绿色生产 G3	单位国内生产总值能耗	统计指标	约束性指标
	万元工业增加值用电量	工业用电量/工业增加值	约束性指标
	万元工业增加值用水量	统计指标	约束性指标
	万元工业增加值二氧化硫排放量	工业二氧化硫排放量/工业增加值	约束性指标
	万元工业增加值粉尘排放量	工业粉尘排放量/工业增加值	约束性指标

准则层	指标层	统计/测算方式	指标属性
绿色生产 G3	万元工业增加值废水排放量	工业废水排放量/工业增加值	约束性指标
	一般工业固体废弃物利用率	统计指标	指导性指标
	单位建成区面积第二、第三产业增加值	第二、第三产业总产值/建成区面积	指导性指标
绿色生活 G4	人均生活用电量	生活用电量/年末常住人口数	约束性指标
	人均生活用水量	统计指标	约束性指标
	人均公共交通客运量	公共交通客运总次数/年末常住人口总数	指导性指标
	城镇居民人均绿地面积	公园绿地面积/年末常住人口总数	指导性指标
	污水集中处理率	统计指标	指导性指标
	城市生活垃圾无害化处理率	统计指标	指导性指标
	城市集中饮水水源达标率	统计指标	指导性指标

注明：统计指标指官方各类年鉴、公报发布的指标，下同。

二、模型方法与数据来源

（一）数据来源

数据主要来源于 2012—2019 年的《中国城市统计年鉴》《中国城市建设统计年鉴》《湖北统计年鉴》及各地级市统计年鉴；2011—2018 年湖北省及各地级市的《生态环境状况公报》《水资源公报》。部分缺失数据经过计算所得。

（二）综合评价方法

1. 数据标准化

在进行数据分析之前，首先对数据进行标准化处理，以消除指标间量纲和数量级存在的巨大差异，本书运用极差标准化方法对原始数据进行无量纲化处理。具体计算公式如下：

$$正指标：U_{mnt} = \frac{x_{mnt} - min\{x_{mnt}\}}{max\{x_{mnt}\} - min\{x_{mnt}\}}$$

负指标：$U_{mnt} = \dfrac{max\{x_{mnt}\} - x_{mnt}}{max\{x_{mnt}\} - min\{x_{mnt}\}}$

其中 m 为具体指标，n 为城市序号，t 为年份，x_{mnt} 表示 t 年第 n 个城市第 m 项指标的观测值。

2. 确定指标权重

熵值法是综合利用模糊综合评价矩阵和各因素输出信息熵来确定各因素权重系数的一种简单有效的方法，有效剔除了由于主观原因而产生的误差。由于信息熵的计算涉及自然对数，熵值法要求模糊综合评价矩阵指标为大于 0 的实数，考虑到本章各指标最不优值的标准化值为 0，所以在为指标赋权前，将所有指标标准化值向右平移 1 单位长度。使用熵值法进行赋权的具体步骤如下所示：

向右平移 1 个单位后的标准化值：

$$U_{mnt}^{'} = U_{mnt} + 1$$

第 t 年 m 指标下第 n 个被评价对象的指标标准化值的比重：

$$P_{mnt} = \frac{U_{mnt}^{'}}{\sum\limits_{n}^{9} U_{mnt}^{'}}(t = 2011，\cdots，2018)$$

第 t 年 m 指标的信息熵：

$$e_{mt} = -\frac{1}{ln9}\sum_{n=1}^{9}(P_{mnt}\, ln\, P_{mnt})$$

第 t 年 m 指标的权重：

$$V_{mt} = \frac{1 - e_{mt}}{\sum\limits_{m=1}^{26}(1 - e_{mt})}$$

3. 武汉城市圈绿色发展水平得分计算

本节采用线性加权方法计算武汉城市圈整体及各城市绿色发展水平。首先假定绿色增长、绿色环境、绿色生产和绿色生活四个系统的综合评价函数分别为 $f(x)$，$g(y)$，$h(z)$，$q(w)$，T 为武汉城市圈绿色发展综合评价得分。具体计算公式如下：

$$f(x) = \sum V_{mt} U_{mnt}^{'}$$

$$T = \alpha f(x) + \beta g(y) + \theta h(z) + \partial\, q(w)$$

上式中，T 为武汉城市圈绿色发展综合评价指数，α、β、θ、∂ 均为待定权数。由于绿色增长、绿色环境、绿色生产和绿色生活四大系统对武汉城市圈绿色发展水平的影响几乎同等重要，因此设权重为 $\alpha = \beta = \theta = \partial = 1/4$。

（三）区域差异分析方法

为进一步分析各地区发展差异，本书采用泰尔指数衡量武汉城市圈绿色发展的区域差异及其变动。设定 U_i 表示第 i 个城市的绿色发展得分，n 为城市数量，$T_i = \dfrac{U_i}{\sum U_i}$ 为第 i 个城市绿色发展得分占武汉城市圈的比重，$T_a = \sum_a T_i$，$T_b = \sum_b T_i$ 和 $T_c = \sum_c T_i$ 分别为武汉城市圈西部、中部和东南部占武汉城市圈的比重，n_a，n_b 和 n_c 分别为武汉城市圈西部、中部和东南部的城市数，因而可以计算武汉城市圈西部、中部和东南部的泰尔指数 J_a、J_b、J_c 和三大区域的区内差异和区间差异 J_d、J_e，以及武汉城市圈绿色发展水平的总体差异 J。具体计算步骤如下：

1. 区内差异（J_d）

$$J_a = \sum_{i=1}^{n_a} \left(\frac{T_i}{T_a} \right) ln \left(\frac{n_a T_i}{T_a} \right)$$

$$J_b = \sum_{i=1}^{n_b} \left(\frac{T_i}{T_b} \right) ln \left(\frac{n_b T_i}{T_b} \right)$$

$$J_c = \sum_{i=c}^{n_c} \left(\frac{T_i}{T_c} \right) ln \left(\frac{n_c T_i}{T_c} \right)$$

$$J_r = T_a J_a + T_b J_b + T_c J_c = \sum_{i=1}^{n_a} T_i ln \left(\frac{n_a T_i}{T_a} \right) + \sum_{i=1}^{n_b} T_i ln \left(\frac{n_b T_i}{T_b} \right) + \sum_{i=1}^{n_c} T_i ln \left(\frac{n_c T_i}{T_c} \right)$$

2. 区间差异（J_e）

$$J_e = T_a ln \left(T_a \frac{n}{n_a} \right) + T_b ln \left(T_b \frac{n}{n_b} \right) + T_c ln \left(T_c \frac{n}{n_c} \right)$$

3. 总体差异（J）

$$J = J_d + J_e$$

三、评价结果及区域差异分析

（一）综合评价得分

结合公式，计算可得 2011—2018 年武汉城市圈各城市绿色发展水平的具体得分及综合得分，如图 9-7 所示。由图可知，武汉城市圈各城市绿色发展水平的综合得分集中在 0.4-0.6，整体得分偏低，城市间绿色发展水平差异较小。

从具体城市得分来看，武汉市长期处于武汉城市圈绿色发展最高水平，平均综合得分为 0.669，而长期居于末位的鄂州市的平均得分为 0.434，二者之间

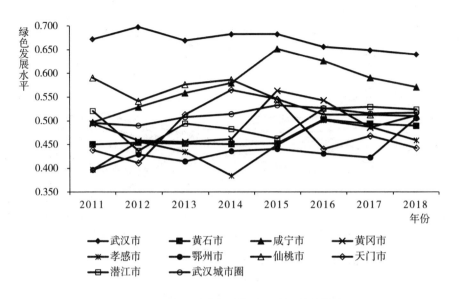

图9-7 武汉城市圈绿色发展水平综合得分

的差值达到0.235。与武汉城市圈整体水平（0.512，平均得分，下同）进行对比，武汉市（0.669）、咸宁市（0.575）和仙桃市（0.547）三市的绿色发展水平高于城市圈平均水平，剩下的6市，即黄冈市（0.497）、潜江市（0.497）、天门市（0.478）、黄石市（0.468）、孝感市（0.446）和鄂州市（0.434）的绿色发展综合得分低于城市圈平均水平。

从时间发展趋势来看，武汉城市圈绿色发展水平整体呈缓慢增长态势，各城市内部绿色发展水平波动幅度较大。黄石市、咸宁市、黄冈市、孝感市和鄂州市等市整体呈上升趋势。其中，鄂州市的绿色发展水平涨幅最大，2018年该市绿色发展水平较2011年增长了27.42%；咸宁市绿色发展水平波动幅度最大，峰谷值的差达到0.154；由于2014年居民生活产生的不良结果对社会发展产生了严重影响，当年孝感市的绿色发展水平达到城市圈最低水平0.384。武汉市和仙桃市两市的绿色发展水平整体呈现出下降趋势，2018年武汉市的绿色发展水平较2011年降低了4.84%，仙桃市则降低了13.59%。2011—2018年天门市和潜江市两市绿色发展水平出现一定波动，但整体保持稳定发展。

图9-8展示了武汉城市圈各城市的绿色增长水平得分。由图可知，武汉城市圈各城市的绿色增长得分分布范围为0.15-0.90，大部分城市得分偏低，城市内部经济发展质量差距较大。

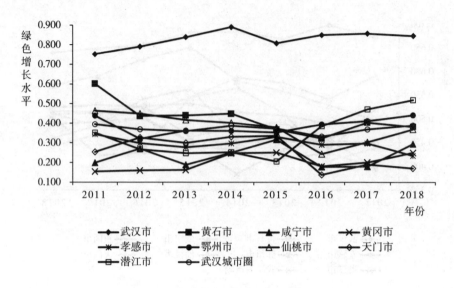

图 9-8 武汉城市圈各城市绿色增长水平得分

从具体城市得分来看，武汉市因为地理位置、国家政策、高素质劳动力等方面具有发展优势，长期以高分处于武汉城市圈领先地位；而黄冈市则长期处于劣势地位，二者的得分差距达到 0.629。与武汉城市圈整体评价水平（0.371）进行对比，武汉市（0.829）、黄石市（0.425）、鄂州市（0.385）和仙桃市（0.378）4 市的绿色增长得分高于城市圈平均水平，而潜江市（0.337）、孝感市（0.296）、天门市（0.255）、咸宁市（0.234）和黄冈市（0.200）5 市的绿色增长得分低于城市圈平均水平。

根据时间发展趋势来看，武汉城市圈绿色增长水平整体呈波动下降态势，各城市绿色增长水平内部变化幅度较小。武汉市、咸宁市、黄冈市和潜江市 4 市整体呈上升趋势，而且上升幅度均较大，2018 年这 4 市的绿色增长得分分别较 2011 年增长了 12.50%、47.81%、61.91% 和 47.47%。黄石市、孝感市、仙桃市和天门市 4 市整体呈下降趋势且下降幅度均较大，2018 年这 4 市的绿色增长得分分别较 2011 年降低了 36.45%、31.75%、20.48% 和 32.97%。2011—2018 年鄂州市的绿色增长得分保持稳定发展，城市内部波动幅度较小。需要特别注意的是，除开武汉市、潜江市和鄂州市 3 市，2015—2016 年黄石市、黄冈市、咸宁市、孝感市、仙桃市和天门市 6 市绿色增长水平均呈现出不同程度的下降。

图 9-9 展示出 2011—2018 年武汉城市圈各城市绿色环境发展水平得分情

况。由图可知，武汉城市圈各城市绿色环境得分集中于0.3-0.6，大部分城市得分偏低，城市环境质量水平差异较大。

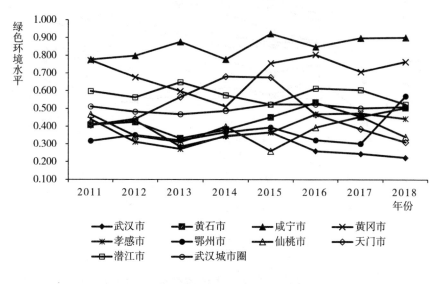

图9-9 武汉城市圈各城市绿色环境水平得分

从具体得分来看，咸宁市拥有优越的生态资源禀赋，且地区环境保护及治理力度较大，其生态绿色环境得分始终居于城市圈首位，与排在末位的生态环境较差的武汉市平均得分相差0.529。从整体来看，咸宁市（0.850）、黄冈市（0.698）和潜江市（0.581）3市绿色环境得分高于武汉城市圈平均水平（0.501），而天门市（0.491）、黄石市（0.436）、孝感市（0.390）、仙桃市（0.372）、鄂州市（0.368）和武汉市（0.321）6市的绿色环境得分低于城市群平均水平。

从时间变化趋势来看，武汉城市圈绿色环境水平整体呈波动增长态势，各城市内部变动幅度较大。其中，咸宁市和黄石市的生态环境治理表现出持续向好的发展态势，而鄂州市在2011—2017年保持平稳发展，在2017年之后实现较为显著的增长，增长率达到89.15%，环境质量得到极大程度的改善。此外，武汉市、潜江市和仙桃市3市整体呈下降趋势，而天门市呈现出先上升后下降的发展态势，四个城市的生态环境质量出现恶化。黄冈市和孝感市的绿色环境得分整体保持一个稳定的水平，体现生态环境先恶化再改善的变化过程。

图9-10展示出2011—2018年武汉城市圈各城市绿色生产的具体得分情况。由图可知，武汉城市圈各城市得分集中于0.5-0.8，整体得分水平较高，经济生产的绿色化、清洁化水平较高。

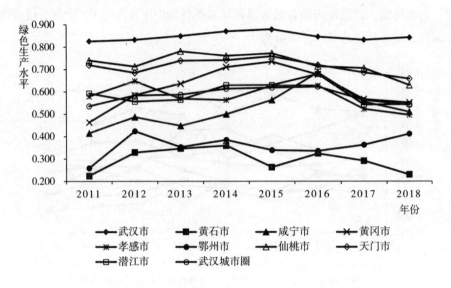

图 9-10　武汉城市圈各城市绿色生产水平得分

从具体得分来看，武汉市作为湖北省的省会城市，经济发展水平较高，产业结构较合理，其绿色生产能力处于武汉城市圈的领先地位；而黄石市毗邻武汉市，经济生产要素流失较严重，"重量轻质"的发展理念使得地区绿色生产水平居于末位。从整体来看，武汉市（0.848）、仙桃市（0.727）、天门市（0.713）、黄冈市（0.616）和潜江市（0.593）5 市的绿色发展水平高于武汉城市圈平均水平（0.583），剩余 4 市即孝感市（0.579）、咸宁市（0.521）、鄂州市（0.358）和黄石市（0.296）长期低于武汉城市圈平均水平。

从时间变化趋势来看，武汉城市圈绿色生产水平整体呈现出先增长后下降的发展趋势。其中，武汉市和黄石市的绿色生产水平长期保持稳定发展，但是前者长期保持高水平，而后者则处于低水平；仙桃市、天门市和孝感市 3 市在研究期间内绿色生产得分呈现出下降态势，说明经济生产的能源利用效率及污染物处理能力有所降低；2011—2015 年潜江市、黄冈市和咸宁市 3 市呈现出向好态势，2016 年之后 3 市绿色生产水平则出现下降态势；而鄂州市则呈现出上升态势，2018 年该市的绿色生产能力较 2011 年增长了 59.36%，能源利用效率及污染物处理能力得到极大程度的提升。

图 9-11 展示出 2011—2018 年武汉城市圈各城市绿色生活水平的得分情况，各城市得分集中于 0.4—0.7，地区整体绿色生活水平较高。

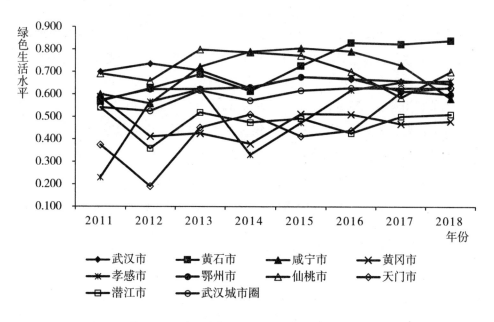

图 9-11　武汉城市圈各城市绿色生活水平得分

从各城市具体得分来看，由于基础设施建设较齐全及人们绿色环保意识较强，黄石市的绿色生活水平得分居武汉城市圈首位，比平均得分居末位的天门市高出 0.263。从整体水平来看，黄石市（0.715）、仙桃市（0.712）、咸宁市（0.697）、武汉（0.677）和鄂州市（0.626）5 市的绿色生活水平高于武汉城市圈平均水平（0.594），而孝感市（0.519）、潜江市（0.478）、黄冈市（0.472）和天门市（0.452）4 市则低于城市圈的平均水平。

从时间变化趋势来看，武汉城市圈绿色生活水平整体呈现缓慢增长，人们的绿色环保意识随着时间不断提升。其中，黄石市、孝感市和天门市 3 市整体呈现增长态势且增长显著，2018 年这 3 市的绿色生活得分较 2011 年分别增长了47.79%、188.72% 和 68.49%，地区居民的生态环境保护意识得到明显提升；武汉市和黄冈市的绿色生活得分出现一定程度下降，人们的生活行为对生态环境产生的负面影响不断扩大；鄂州市、仙桃市、咸宁市和潜江市 4 市的绿色生活水平整体保持稳定的水平，虽然研究期间内人们的环保意识有所提升，但这一积极效果并没有实现持续性发展，绿色生活水平出现回落。

（二）区域差异分析

由武汉城市圈各城市绿色增长、绿色环境、绿色生产和绿色生活的平均得分可知（见表9-7），武汉城市圈及各城市的绿色发展水平存在一定的差异。受地理位置、资源禀赋、政治经济等多重因素的综合影响，武汉城市圈各个城市的绿色发展水平存在差异的同时也表现出不同的发展趋势，而这些不同将阻碍城市圈绿色发展水平的进一步提高。为解析造成武汉城市圈绿色发展差异的原因，本节利用泰尔指数具体分析城市圈的总体差异及其区内差异和区间差异。根据研究需要，本节将武汉城市圈划分为西部、北部和东南部地区，其中，西部涵盖仙桃市、天门市和潜江市，北部涵盖武汉市和孝感市，东南部涵盖黄冈市、鄂州市、黄石市和咸宁市。

表9-7 2011、2015、2018年武汉城市圈各地区绿色发展水平平均得分

年份	西部		北部		东南部		武汉城市圈	
	均分	增长率（%）	均分	增长率（%）	均分	增长率（%）	均分	增长率（%）
2011	0.516	—	0.535	—	0.460	—	0.495	—
2015	0.518	0.28	0.566	5.79	0.527	14.63	0.533	7.52
2018	0.492	-4.95	0.549	-2.92	0.519	-1.42	0.517	-2.92

通过比较不同区域的绿色发展水平的平均得分可知，各地区绿色发展水平始终存在差异，均出现"先增长后降低"特征。2011年、2015年和2018年，武汉城市圈部分地区的绿色发展水平始终居于首位，高于其他区域，而西部地区和东南部地区的绿色发展水平较接近，围绕武汉城市圈平均水平上下波动。就具体增速而言，2011—2015年各地区绿色发展水平均呈现出增长态势，东南部地区绿色发展水平增长速度最快达到14.63%，武汉城市圈、北部地区次之，分别为7.52%和5.79%，西部地区增长速度最慢，仅为0.28%；2016—2018年各地区均出现一定程度的负增长，其中西部地区绿色发展水平降速最快，达到4.95%，北部地区和武汉城市圈次之，均为2.92%，东南部地区降速最慢为1.42%。

利用泰尔指数公式，本节计算出2011—2018年武汉城市圈绿色发展水平的总体差异，及地区内部差异和地区之间差异，通过衡量二者对地区差异的贡献，进而解析造成武汉城市圈绿色发展水平出现差异的具体原因。计算结果如表9-8所示。

表9-8 2011—2018年武汉城市圈绿色发展水平综合得分泰尔指数

年份	总体差异	地区内部差异		地区之间差异	
		泰尔指数	贡献率（%）	泰尔指数	贡献率（%）
2011	0.0144	0.0122	84.90	0.0022	15.10
2012	0.0137	0.0094	68.59	0.0043	31.41
2013	0.0112	0.0089	79.13	0.0023	20.87
2014	0.0148	0.0132	89.03	0.0016	10.97
2015	0.0124	0.0119	95.37	0.0006	4.63
2016	0.0089	0.0071	80.32	0.0017	19.68
2017	0.0075	0.0060	80.50	0.0015	19.50
2018	0.0057	0.0049	85.61	0.0008	14.39
均值	0.0111	0.0092	82.93	0.0019	17.07

2011—2018年武汉城市圈绿色发展水平得分总体差异的泰尔指数偏低，均低于0.02，地区差异较小，但整体呈现出倒"N"型的发展特点。2011—2013年，反映地区总体差异的泰尔指数由0.0144减小为0.0112，表明这一时期武汉城市圈绿色发展水平的差距在逐渐缩小；2013—2014年，反映地区总体差异的泰尔指数由0.0112增长到0.0148，表明这一时期武汉城市圈绿色发展水平的差距在逐渐扩大；2014年以后，武汉城市圈绿色发展水平呈现下降发展态势，城市间的发展差异快速减小。这说明在一定程度上，武汉城市圈促进地区生态文明建设水平协同发展的战略规划及政策文件具有短期作用，并不能推进城市群生态文明建设实现可持续性均衡发展。

2011—2018年武汉城市圈西部、北部及东南部地区内部差异的发展趋势与总体差异呈现出相同的特征。具体来说，2011—2013年，反映地区内部差异的泰尔指数由0.0122减小为0.0089，年均降幅为9.02%；2013—2014年，反映地区内部差异的泰尔指数由0.0089增长到0.0132，增幅达到48.31%；2014年以后，反映地区内部差异的泰尔指数呈现出快速下降的发展态势。同时，西部和北部及东南部地区之间的差异整体表现出下降的发展态势。2011—2012年，反映地区之间差异的泰尔指数由0.0022增长到0.0043，增幅达到95.45%；2012年之后，三大地区之间的差异波动下降。

从影响程度来看，2011—2018年三大地区内部差异的泰尔指数始终高于地区之间差异的泰尔指数。地区内部差异对武汉城市圈总体差异的贡献率在

79.13%—95.37%之间，平均贡献率为82.93%；地区之间的差异对武汉城市圈总体差异的贡献率在4.63%—31.41%之间，平均贡献率为17.07%。这说明在研究期内，三大地区的内部差异是造成武汉城市圈绿色发展出现地区差异的主要原因，地区之间的差异为次要原因。

第四节 武汉城市圈绿色协同发展水平测度

绿色发展是一个系统性、全局性的发展目标，绿色增长、绿色环境、绿色生产和绿色生活四大系统相互联结、相互作用，对促进地区实现绿色发展具有重要意义。实现四大系统的协同发展，有利于提高地区绿色发展水平，实现地区生态文明建设可持续发展。

一、模型与方法

耦合协调是在科学发展的指导下，系统内部各要素之间由无序到有序，系统之间由简单到复杂、由低级到高级并向理想状态演化的过程。要素之间相互作用、协调发展能产生整体功能大于部分功能之和的协同效应。为了反映城市圈内部绿色增长、绿色环境、绿色生产和绿色生活四者之间的协同发展水平，本节采用耦合协调度模型分析2011—2018年武汉城市圈绿色发展水平的变化情况，确定协调程度。

本书通过借鉴物理学中的耦合模型，综合多位学者研究成果，将绿色增长、绿色环境、绿色生产和绿色生活的耦合度模型定义为：

$$c = \left\{ \frac{f(x) \times g(y) \times h(z) \times q(w)}{[\frac{f(x) + g(y) + h(z) + q(w)}{4}]^4} \right\}^{\div}$$

公式中，$f(x)$，$g(y)$，$h(z)$，$q(w)$分别为绿色增长、绿色环境、绿色生产和绿色生活四大系统的综合评价得分。

耦合协调度模型为：

$$T = \alpha f(x) + \beta g(y) + \theta h(z) + q(w)$$

$$D = \sqrt{C \times T}$$

借鉴王毅①等人的研究结果，将耦合协调度划分为以下十个等级。

表 9-9 耦合协调度等级表

编号	协调度区间	协调等级	编号	协调度区间	协调等级
1	0.00—0.10	极度失衡	6	0.51-0.60	勉强协调
2	0.11-0.20	严重失衡	7	0.61-0.70	初级协调
3	0.21-0.30	中度失衡	8	0.71-0.80	中级协调
4	0.31-0.40	轻度失衡	9	0.81-0.90	高级协调
5	0.41-0.50	濒临失衡	10	0.91-1.00	优质协调

二、测度结果

随着生态文明建设的持续推进，武汉城市圈的绿色发展水平得到了较大的提高，绿色增长、绿色环境、绿色生产和绿色生活四大系统之间的协调度也有所提高。本节利用耦合协调度模型，对武汉城市圈绿色发展水平的耦合协调度进行了评价，结果如表9-10所示。

表 9-10 2011—2018 年武汉城市圈绿色发展的耦合协调度

	2011	2012	2013	2014	2015	2016	2017	2018	平均值
武汉市	0.806	0.823	0.784	0.799	0.805	0.771	0.763	0.753	0.788
黄石市	0.648	0.665	0.657	0.664	0.650	0.681	0.677	0.663	0.663
咸宁市	0.665	0.702	0.693	0.726	0.777	0.732	0.711	0.727	0.717
黄冈市	0.651	0.633	0.634	0.655	0.719	0.688	0.664	0.688	0.667
孝感市	0.613	0.655	0.635	0.610	0.660	0.693	0.684	0.655	0.651
鄂州市	0.616	0.644	0.632	0.651	0.650	0.641	0.638	0.707	0.647
仙桃市	0.759	0.721	0.730	0.746	0.702	0.684	0.699	0.697	0.717
天门市	0.639	0.609	0.698	0.735	0.718	0.614	0.646	0.620	0.660
潜江市	0.714	0.645	0.682	0.675	0.653	0.715	0.726	0.724	0.692
武汉城市圈	0.679	0.677	0.683	0.696	0.704	0.691	0.690	0.693	0.689

---

① 王毅，丁正山，余茂军，等. 基于耦合模型的现代服务业与城市化协调关系量化分析——以江苏省常熟市为例［J］. 地理研究，2015，34（01）：97-108.

由表9-10可知，武汉城市圈绿色发展的耦合协调度集中分布在0.6-0.8之间，处于初级协调和中级协调水平，其中潜江市、黄冈市、黄石市、天门市、孝感市和鄂州市6市处于初级协调，武汉市、仙桃市和咸宁市3市处于中级协调。2011—2018年，武汉市绿色发展水平的耦合协调度平均指数为0.647，居于武汉城市圈首位。该市作为城市圈的中心城市，生产要素齐全、经济生产结构合理、环境治理能力较强、人们的道德素质较高，绿色增长、绿色环境、绿色生产及绿色生活四大系统得分均较高，绿色发展协调水平高。鄂州市临近武汉市，地域面积狭小且武汉市的"虹吸效应"显著，导致其经济社会发展水平较低，绿色发展耦合协调度的平均指数为0.647，排在城市圈末位。对比武汉城市圈平均水平，武汉市（0.788，平均耦合协调度，下同）、仙桃市（0.717）、咸宁市（0.717）和潜江市（0.692）4市的绿色发展耦合协调度水平高于武汉城市圈平均水平（0.689），而黄冈市（0.667）、黄石市（0.663）、天门市（0.660）、孝感市（0.651）和鄂州市（0.647）5市的绿色发展耦合协调度则低于城市群平均水平，城市绿色发展水平有待提高。

三、武汉城市群绿色协同发展的时空特征

根据2011—2018年武汉城市圈绿色发展水平的耦合协调度测度结果，可以绘制出相对应的变化趋势图（见图9-12），并从图中总结出2011—2018年武汉城市圈绿色发展耦合协调度的时间发展特征。

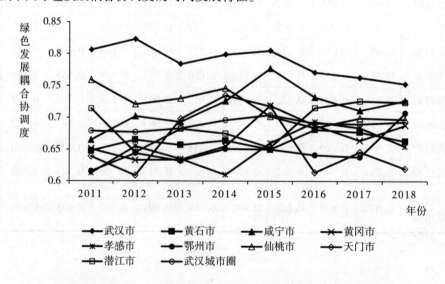

图9-12　2011—2018年武汉城市圈绿色发展耦合协调度变化趋势图

由图 9-12 可知，武汉城市圈绿色发展耦合协调度呈现出波动增长态势，生态文明建设水平逐步提升。虽然武汉市和仙桃市绿色发展水平的耦合协调度处于较高水平，但两市均呈现出波动下降的发展态势。2018 年武汉市和仙桃市绿色发展水平的耦合协调度分别较 2011 年降低了 6.68% 和 8.26%，城市内部绿色增长、绿色环境、绿色生产及绿色生活四大系统发展逐渐失衡。咸宁市、黄冈市、黄石市、孝感市和鄂州市 5 市的绿色发展耦合协调度整体表现出向好的发展态势，系统发展协同水平有所提高。其中，咸宁市和鄂州市均实现快速增长并分别在 2015 年、2018 年达到最高值 0.777 和 0.707，剩余三市的绿色增长、绿色环境、绿色生产及绿色生活系统在波动中实现协同发展。潜江市出现2011—2015 年绿色发展协同水平降低、2015—2018 年协同水平增长的发展趋势，天门市则刚好相反，呈现出先增长后降低的发展趋势。

利用 ArcGIS10.2 软件对 2011—2018 年武汉城市圈绿色发展水平的耦合协调度地区分布进行可视化分析，从整体来看，武汉城市圈绿色发展协同水平以武汉市为中心，逐步向周围城市递减。

2011—2013 年，武汉城市圈绿色协同发展水平下降，中高级协调城市数量下降，初级协调城市数量上升。其中，武汉市由高级协调水平降低为中级协调水平，仙桃市保持中级协调水平不变，潜江市则由中级协调水平降低为初级协调水平。2013 年武汉城市圈中处于初级协调水平的城市占比达到 77.77%，较2011 年增加 11.11 个百分点。

2014—2015 年，武汉城市圈绿色协同发展水平呈现快速增长态势，部分城市实现中高级协调发展。其中，武汉市由中级协调水平提升至高级协调水平，黄冈市由初级协调水平提升至中级协调水平，天门市和仙桃市保持中级协调水平稳定发展。2015 年，武汉城市圈中处于初级协调水平的城市占比达到44.44%，较 2013 年减少 33.33 个百分点。

2016—2018 年，武汉城市圈绿色协同发展水平保持一个较稳定的发展趋势，城市绿色发展耦合协调程度基本没有发生变化。其中，武汉市、咸宁市和潜江市 3 市维持在中级协调水平不变，鄂州市由初级协调水平上升为中级协调水平，其余 5 市仍处于初级协调水平。

第五节 完善武汉城市圈生态文明协同发展机制与政策的建议

根据武汉城市圈绿色发展水平及其区域差异的测度结果和武汉城市圈绿色协同发展水平的测度结果，结合武汉城市圈生态文明建设的成效与产生的问题及其现有的生态文明协同发展的体制机制缺陷，本节将对如何完善武汉城市圈生态文明协同发展机制与政策提出相关政策建议。通过提出补齐城市生态文明建设短板、发挥优势城市的辐射带动作用、推进大气污染和水污染联防联控机制及其实践、健全和完善生态补偿机制的相关建议等措施，以期进一步推进武汉城市圈生态文明协同发展。

一、主要结论

就绿色发展水平综合得分而言，武汉城市圈各城市绿色发展水平集中在0.4—0.5，整体得分偏低，城市间绿色发展水平差异较小，具体排名依次为武汉市、咸宁市、仙桃市、黄冈市、潜江市、天门市、黄石市、孝感市和鄂州市。具体而言，各城市绿色增长得分集中于0.2—0.5，城市内部经济发展质量差距较大；绿色环境得分集中于0.3—0.6，城市环境质量水平差异较大；绿色生产得分集中于0.5—0.8，整体得分水平较高；各城市绿色生活得分集中于0.4—0.7，地区整体绿色发展水平较高。通过泰尔指数分析可知，地区内部差异是造成武汉城市圈绿色发展出现地区差异的主要原因，地区之间差异为次要原因。

从绿色发展耦合协调度来看，武汉城市圈绿色发展的耦合协调度集中分布在0.6—0.8，处于初级协调和中级协调水平。其中，黄石市、黄冈市、孝感市、鄂州市、天门市和潜江市6市处于初级协调水平，武汉市、咸宁市和仙桃市3市处于中级协调水平，整体协调水平有待提升。就时间发展来看，武汉城市圈绿色发展耦合协调度呈现出波动增长态势，生态文明建设水平逐步提升；就空间分布来看，武汉城市圈绿色发展协同水平以武汉市为中心，逐步向周围城市递减。

从武汉城市圈生态文明建设的成效与问题来看，在研究期间内武汉城市圈生态文明建设取得巨大进步，环境质量显著改善，资源能源节约利用取得较大进步，土地开发效率显著提高，生态资源存量保持较高水平。同时城市圈内产生了较高的废水、废气污染物排放量，水资源安全形势依然严峻，空气质量需要加强改善，城市圈生态资源分配不均衡问题凸显。粗放型的经济增长模式和城镇化发展方式亟须转变。

从武汉城市圈现有的生态文明协同发展的体制机制来看，武汉城市圈生态文明建设贯彻国家及省市出台的生态文明体制机制，并在国家部委、湖北省和各地级市环境保护部门的主导下，在区域环境污染联合治理、自然资源协同管理、绿色生产和绿色生活协同发展方面探索和制定了一系列武汉城市圈生态文明协同发展体制机制。但武汉城市圈尚未形成推进区域大气污染和水污染的联防联控机制，尚未形成区域重点领域和重要生态区域的生态保护补偿机制与政策的全覆盖，武汉城市圈生态文明协同发展的体制机制有待进一步健全。

二、政策建议

（一）补齐城市生态文明建设短板，推进绿色可持续发展

武汉市作为武汉城市圈的中心城市，经济生产能力强、产业结构合理、清洁生产水平高，但由于经济生产及人们生活所产生的污染物总量较大，环境污染较严重。基于这一发展现状，武汉市应加大环境治理投入，提高污染物治理水平。

咸宁市和黄冈市在绿色环境方面得分较高，说明城市生态资源丰富，人们生产生活对环境的破坏程度较小。但在经济增长方面，两市得分均不高，说明城市科技创新能力较低，产业结构布局不合理。基于此，咸宁市和黄冈市两市应该坚持贯彻环境保护战略，开发生态环境资源，大力发展生态旅游业，提高第三产业比重，优化城市经济结构。

黄石市和鄂州市的绿色生活得分较高，绿色生产得分偏低，这说明城市的公共设施较完备，人们的绿色环保意识较强，但粗放型经济生产对生态环境造成严重破坏。因此，黄石市和鄂州市在持续完善配套公共设施的同时，要积极转变经济发展方式，实现经济生产绿色化、清洁化。

孝感市、潜江市、仙桃市和天门市四市在绿色生产方面得分较高，在绿色增长方面得分较低。这说明三市虽然实现了节约生产，资源利用效率及污染物处理水平较高，但高科技产业及第三产业比重较低，产业结构仍不完善。因此，孝感市、潜江市、仙桃市和天门市应增加科技研发资金投入，大力发展教育，培养高科技人才，实现经济活动的智能化、科技化。

（二）发挥优势城市的辐射带动作用，缩小地区发展差异

泰尔指数结果显示，地区内部差异是造成武汉城市圈绿色发展总体差异的

主要原因。综合得分结果显示，武汉市、咸宁市、仙桃市三市作为武汉城市圈北部、东部、西部地区核心城市，其绿色发展水平显著高于地区内部其他城市。为了缩小地区内部发展差异，武汉市、咸宁市、仙桃市三市应发挥自身的辐射带动作用，正确定位城市，形成科学合理的城市分工，深化地区间合作，促进城市间资源、信息共享，提高生态环境协同治理能力，推进地区生态文明建设，推动城市圈一体化发展。

武汉市作为武汉城市圈北部地区核心城市，应发挥城市圈工业的核心增长极与高科技资源优势，辐射带动周围地区发展先进制造业与高新技术产业，优化周围地区产业布局，提高资源绿色集约利用效率。

咸宁市作为武汉城市圈东部地区核心城市，应共享水生态文明城市建设经验，发挥全国生态保护与建设示范区优势，继续大力发展生态经济，提供生态用地，提升区域资源集约整体水平。

仙桃市作为武汉城市圈西部地区核心城市，应辐射带动潜江市、天门市，在发展轻型工业和区域物流的同时，提高生态文明建设水平。推进基本的绿色发展配套设施与制度体系建设，保障西部地区生态环境协同治理能力。

（三）推进自然资源资产确权登记及管理工作

党的十八届三中全会提出，"要健全自然资源资产产权制度和用途管制制度""探索编制自然资源资产负债表，对领导干部实行自然资源资产离任审计"。2015年9月，中共中央、国务院印发的《生态文明体制改革总体方案》将建立统一的确权登记系统作为生态文明建设的一项重要任务。2016年，原国土资源部等七部门印发了《自然资源统一确权登记办法（试行）》，要求在不动产登记的基础上，构建自然资源统一确权登记制度体系，逐步实现对水流、森林、山岭、草原、荒地、滩涂以及探明储量的矿产资源等自然资源统一确权登记，清晰界定全部国土空间各类自然资源资产的产权主体，划清"四个"边界，推动建立归属清晰、权责明确、监管有效的自然资源资产产权制度①。

为推进"开展自然资源资产负债表编制试点和领导干部自然资源资产离任审计试点"重大改革项目，2016年6月，《全省全面推开自然资源资产审计工作方案（简易版）》《湖北省自然资源资产负债表（简易版）工作方案》出台，提出自然资源资产审计工作重点是审计查处2013年以来滥采滥用或损毁浪费重要自然资源资产以及污染生态环境的19项违规违法问题，资产负债表的编制瞄准优先目标和土地、林木、水等重要自然资源的实物形态保护，开展主要自然

---

① 国土资源部启动自然资源统一确权登记试点［J］. 国土资源，2017（02）：36.

资源资产实物量统计。同时，自然资源统一确权登记工作也在深入推进。2018年7月，鄂州市梁子湖区启动自然资源统一确权登记工作，这是湖北省首个开展全域自然资源统一确权登记的试点地区。2018年12月湖北省水利厅印发的《湖北省河湖和水利工程划界确权工作方案》，对湖北全面实施河湖和水利工程划界确权作出安排。2020年1月湖北人民政府办公厅印发的《省人民政府办公厅关于印发湖北省自然资源统一确权登记总体工作方案的通知》，标志着扎实推进湖北省自然资源统一确权登记工作有了总体的战略部署。

当前，在武汉城市圈内自然资源资产产权制度和用途管制制度尚处于探索和推进阶段，编制自然资源资产负债表、实行自然资源资产离任审计等自然资源资产管理工作更需要城市间的协同和创新。其中，应重点关注城市圈土地、森林、水、矿产资源等重要自然资源协同管理，在城市圈内创新建立自然资产负债表编制和领导干部离任审计制度。重点区域自然资源统一确权登记的全覆盖需要进一步补充完善，通过制定省级总体工作方案和年度实施方案，分阶段推进自然资源确权登记和管理工作。

（四）推进大气污染和水污染联防联控机制及其实践

城市群环境污染协同防治机制的建立正成为各类城市群生态文明协同发展建设的重点。2013年9月，国务院印发的《大气污染防治行动计划》对如何构建和实践我国大气污染联合防治的政策、法规、标准体系提供了政策保障。我国京津冀、长三角和珠三角等地区也制定了一系列大气污染联防联控机制并取得显著成效，为武汉城市圈推进大气污染和水污染联防联控机制提供了借鉴和参考。2014年11月湖北省人大常委会审议通过的《湖北生态省建设规划纲要（2014—2030年）》提出"以武汉城市圈为主体，建立统一协调、联合执法、信息共享、区域预警的大气污染联防联控机制，构建全省大气污染防治的立体网络。"如今，武汉城市圈尚未形成推进区域大气污染和水污染的联防联控机制，尤其是推进水污染联防联控机制的缺失，不利于缓解武汉城市圈严峻的水资源安全形势。

在推进大气污染联防联控机制方面，武汉城市圈应借鉴京津冀、长三角和珠三角等地区制定的一系列大气污染联防联控机制，针对城市圈内主要污染物PM2.5的排放，武汉市、天门市等重污染天气发生频次多的情况，提出在一定规划期内推进城市圈大气污染联防联控工作的指导意见、防治办法和年度工作方案，并将以上机制付诸实践。如成立区域大气污染防治中心，建立大气污染源排放清单，从能源、产业、交通方面探究深化治理的重点区域和重点行业，开展空气污染深化治理技术研发和应用；建立信息共享平台，进行空气质量联合监测和定时预报，并建立空气质量预警机制，实现空气质量数据共享、监测预警、联动执法；调整、优化能源产业结构和布局，严格制定高污染燃料管理和污染物排放标准，提高清洁能源利用率，推进多污染物协同控制。

在推进水污染联防联控机制方面，全省水污染治理的协同机制已有了一定的实践和成效，但目前湖北省的水污染协同治理主要集中在主要河流、湖泊，在省域范围内开展综合水质监测和"示范河湖建设"，而在各上中下流域水资源分段保护和水环境综合治理上，协同治理机制并未明显显现。武汉城市圈各城市也仅针对市域的河湖及饮用水水源地制定治理保护机制，缺乏跨区域流域协同治理机制。武汉城市圈应借鉴京津冀、长三角和珠三角等地区制定的一系列水污染联防联控机制，针对城市圈内市域交界河段及富营养湖泊，提出在一定规划期内推进城市圈水污染联防联控工作的指导意见、防治办法措施和年度工作方案，并将以上机制付诸实践。如成立武汉城市圈水污染防治协调小组；建立水污染应急联动机制；定期召开水污染突发事件联席会议；制定年度《水污染突发事件联防联控工作方案》等，切实加强区域水环境共同治理工作重点，推进跨区域流域协同治理机制建立。

（五）健全和完善生态补偿机制

湖北省已经出台多项规划和意见，明确提出建立、健全及完善区域生态补偿机制，如2009年出台的《武汉城市圈生态环境保护规划》、2018年2月湖北省人民政府办公厅发布的《省人民政府办公厅关于建立健全生态保护补偿机制的实施意见》及2018年7月省财政厅、省原环境保护厅、省发改委、省水利厅联合印发的《关于建立省内流域横向生态补偿机制的实施意见》，均对湖北省及武汉城市圈的生态补偿机制的建立健全做出了规定和要求。武汉市、黄石市、咸宁市等城市已在大气污染和水污染治理等生态文明建设方面制定了相关方针政策，依法开展生态修复和保护工作，为进一步建立健全生态补偿体制机制做出有益探索。

现阶段武汉城市圈部分区域已经开展生态补偿工作，如武汉市在湿地、森林方面已开展了生态补偿工作；黄石市开展大冶湖流域横向生态保护补偿机制；咸宁市建立生态保护补偿工作联席会议制度，实施陆水河流域横向生态保护补偿机制和斧头湖污染防治生态补偿机制；黄冈市成立了巴水流域水生态保护补偿目标考核工作领导小组，并在白莲河水库、白潭湖进行了生态补偿机制试点；鄂州市启动生态补偿机制，通过市财政转移支付推进梁子湖生态文明示范区建设；孝感市澴河流域通过实施生态补偿，促进澴河流域水质持续改善；天门市在天门市河流域实施流域横向生态保护补偿试点。但整体上看，武汉城市圈尚未形成区域大气、水流、湿地、森林、耕地、荒漠等禁止开发区、限制开发区的生态保护补偿机制与政策的全覆盖，跨区域生态补偿协调机构尚不成熟，生态补偿力度有待进一步加大，生态补偿相关配套制度有待进一步健全。

在健全和完善生态补偿机制方面，武汉城市圈应贯彻落实 2016 年 9 月中共中央、国务院印发的《生态文明体制改革总体方案》和国务院办公厅印发的《关于健全生态保护补偿机制的意见》，结合湖北省人民政府办公厅发布的《省人民政府办公厅关于建立健全生态保护补偿机制的实施意见》，坚持"谁开发、谁保护，谁受益、谁补偿"的原则，在区域大气、水流、湿地、森林、耕地、荒漠等重点领域和重要生态区域探索建立武汉城市圈多领域生态保护补偿机制。

专题一

长三角城市群生态宜居与宜业融合协同发展的变迁及其收敛性趋势

　　长三角城市群是我国五大跨区域型城市群之一，地处"一带一路"和长江经济带的交汇地区，坐落于国家"两横三纵"的城市化优化开发和重点开发区域。2016 年 6 月国家发展和改革委员会、住房和城乡建设部印发的《长江三角洲城市群发展规划》指出，长三角城市群包括直辖市上海市，江苏省的南京市、无锡市、常州市、苏州市、南通市、盐城市、扬州市、镇江市、泰州市，浙江省的杭州市、宁波市、嘉兴市、湖州市、绍兴市、金华市、舟山市、台州市，安徽省的合肥市、芜湖市、马鞍山市、铜陵市、安庆市、滁州市、池州市、宣城市等 26 个市，国土面积 21.17 万平方千米。

　　长三角城市群地处"一带一路"和长江经济带交汇之处，是我国开放程度最高、经济发展最具活力、创新环境最为理想、最吸引外来资本的重要区域之一，在我国社会主义现代化、新型城镇化和全方位对外开放格局中有着举足轻重的地位。以 2018 年为例，长三角城市群以约占全国 2.21% 的国土面积，承载了全国 9.20% 的总人口，创造了全国 19.34% 的国内生产总值，是我国经济和人口的密集区。

表 10-1　2018 年长三角城市群发展基本情况

地区	总人口（万人）	人口城镇化率（%）	国内生产总值（亿元）	全社会从业人员总数（万人）	城市建成区面积（平方千米）	城市建成区绿化覆盖率（%）
长三角城市群	12838.15	72.56	177804.14	8186.29	6857.38	42.19
上海市	2423.78	88.10	32679.80	1375.66	1237.74	39.40
江苏省	8050.70	69.60	92595.40	4750.90	4558.45	43.13
其中：南京市	843.62	82.50	13009.17	500.80	817.39	45.06

续表

地区	总人口 （万人）	人口城 镇化率 （%）	国内生产 总值 （亿元）	全社会从业 人员总数 （万人）	城市建成 区面积 （平方千米）	城市建成区 绿化覆盖率 （%）
无锡市	366.66	76.30	11202.98	214.74	343.09	42.98
常州市	396.53	72.50	6897.02	232.30	267.80	43.12
南通市	237.06	67.10	8753.23	135.98	232.63	43.97
苏州市	556.02	76.10	18263.48	348.01	475.88	41.44
盐城市	237.42	64.00	5387.16	136.97	164.00	42.73
扬州市	245.84	67.10	5478.74	139.21	171.83	44.05
泰州市	163.49	66.00	4767.24	97.40	129.00	42.56
镇江市	123.52	71.20	3847.79	69.91	142.77	43.13
浙江省	5737.00	68.90	56197.00	3836.00	2919.09	41.19
其中： 杭州市	980.60	77.40	13509.15	696.10	615.22	40.63
宁波市	820.20	72.90	10745.46	540.62	344.02	41.62
嘉兴市	472.60	66.00	4871.98	335.50	128.80	38.29
湖州市	302.70	63.50	2719.07	191.50	124.07	46.36
绍兴市	503.50	66.60	5416.90	346.60	233.38	42.94
金华市	560.40	67.70	4100.23	353.50	105.97	40.42
台州市	613.90	63.00	4874.67	407.79	141.69	44.36
舟山市	117.30	68.10	1316.70	75.10	64.84	41.87
安徽省	6323.60	54.69	30006.82	4385.30	2109.88	42.50
其中： 合肥市	808.74	74.97	7822.91	542.80	466.00	43.37
芜湖市	374.82	65.54	3278.53	221.80	179.00	42.18
铜陵市	162.91	55.99	1222.36	116.50	81.32	44.95
安庆市	469.13	49.22	1917.59	334.20	101.60	41.04
马鞍山市	233.71	68.25	1918.10	144.30	99.70	44.19
滁州市	411.42	53.42	1801.75	310.40	89.79	41.35

地区	总人口（万人）	人口城镇化率（%）	国内生产总值（亿元）	全社会从业人员总数（万人）	城市建成区面积（平方千米）	城市建成区绿化覆盖率（%）
池州市	147.45	54.10	684.93	114.60	38.85	43.50
宣城市	264.83	55.21	1317.20	204.00	61.00	41.60

数据来源：上海市、江苏省、浙江省、安徽省 2019 年统计年鉴，长三角城市群各地级市 2019 年统计年鉴，2018 年中国城市建设统计年鉴。

第一节 问题的提出与研究现状

一、长三角城市群经济社会发展取得巨大成就

城市建设较为完善。如表 10-1 所示，2018 年末，长三角城市群常住人口城镇化率平均达到 72.56%，比 2009 年末提高 9.67 个百分点，年均提高 0.97 个百分点。其中，上海市城市建设长期处于领先水平，2018 年该市常住人口城镇化率达到 88.1%，较长三角城市群中城镇化水平最低的安庆市高了 38.88 个百分点。总体上看，珠三角城市群的城镇化经历了探索发展、快速发展的过程，现在正处于提质发展过程中。

经济发展水平较高。2018 年长三角城市群经济总量为 17.78 万亿元，在全国生产总值中占据 19.34%，较 2009 年增加 9.65 万亿元，实现平均年增长 22.53%。随着城镇化的快速推进，资本、人才、科技和知识等生产要素加速流入，产业分工效率持续提高。

人民生活水平有所提高。长三角城市群居民收入保持了快速增长，2018 年长三角城市群人均国内生产总值达到 13.85 万元，比全国人均国内生产总值水平高出 7.25 万元，较 2009 年显著增长了 269.19%。其中，无锡市、苏州市、南京市和常州市的人均国内生产总值水平高于长三角城市群平均水平，2018 年分别达到 17.07 万元、17.06 万元、15.51 万元和 14.60 万元。收入是消费的基础和前提，人们收入的增加促进了消费水平的提高，生活质量得到改善。

二、问题的提出

在完成工业化、城镇化，实现繁荣富强的道路中，发达国家和主要发展中国家普遍形成了以城市群、经济带承载大部分经济人口、参与国际竞争分工的地区集聚发展特征。受限于公共资源的有限配置和资源环境承载力，人口和工业企业在城市群大规模集聚，城市群地区集中产生了一定的生态破坏、环境污染和公共资源紧张等城市病问题。这些问题直接或间接地导致了城市群宜业与生态宜居的不协同、不均衡，让实践者和学者们对城市的可持续发展产生担忧。资源环境保护让位于经济社会发展的政策取向、资源环境承载力超载、重化工产业的集中布局、产业高度化不足和生产率较低、低碳循环经济和清洁生产发展滞后、城市空间布局不合理[1]、就业居住空间关系错配[2]等原因和状态被认为是影响城市群宜业水平与生态宜居水平地区差异和导致宜业建设与生态宜居建设不协同、不均衡的重要原因。发达国家在进入工业化中后期阶段和完成城镇化阶段，采取了均等化公共资源，加强城市群产业分工协作和卫星城市建设，着力治理环境突出问题等措施，实现宜业建设巨大成就的同时，生态宜居水平显著改善。

改革开放以来，京津冀、长三角、珠三角、长江中游、成渝五大跨区域型城市群和中原、关中、哈长等近 20 个区域型城市群的形成和发展是我国工业化、城镇化的巨大成就。但是随着长三角城市群一体化进展加快，城市群地区集中连片的水、土壤、大气污染，以及高房价、教育医疗等公共资源供给紧张等问题突出，阻碍着宜业和生态宜居的协同融合发展。2015 年，长三角城市群城镇居民可支配收入与房价之间的平均比值为 5.40，较 2005 年增加 1.03，这说明该地区城镇居民的购房压力大幅增加，房价是当前居民可支配收入的 5 倍之多。其中，马鞍山市、镇江市、安庆市和盐城市的购房压力最大，这些城市的房价均是居民可支配收入的 5.5 倍之多，而杭州市和上海市两个经济较发达的地区购房压力较小，房价均未超过居民可支配收入的 3 倍。在地区经济发展存在显著差异的同时，长三角城市群的污染排放问题突出，生态环境质量堪忧。

① 李子联，朱江丽. 收入分配与汇率变动——基于制度内生性视角的解释 [J]. 世界经济研究，2015（12）：47-54，125.

② 郑思齐，徐杨菲，张晓楠，等. "职住平衡指数"的构建与空间差异性研究：以北京市为例 [J]. 清华大学学报（自然科学版），2015，55（04）：475-483.

如 2015 年，长三角城市群的废水排放量达到 38.35 亿吨，占全国废水总排放量的 5.21%，水污染严重。

三、研究现状

（一）城市或城市群宜居宜业相关研究

在评价研究城市（群）宜居性、宜业性方面，纽曼（Newman）使用扩展新陈代谢模型（metabolism model）论证了城市可持续发展过程中产业生态、城市化生态、城市公共示范项目、商业计划等议题在增进城市宜居性上可能存在的优化潜力，倡导城市多维度开发城市宜居性；麦肯（Mecan）则从政治经济学角度，研究存在政治博弈的城市治理机制中如何通过化解收入不平等和提升城市竞争力来提高城市宜居程度，他认为城市宜居性的界定应建立在政治生态和谐和社区机制完备的前提下，从而才能制定出有效的改善宜居性政策[1]；惠勒（Wheeler）开发出一种考量模型，即能够实证检验劳动者在将自身工作能力与企业需求匹配并实现高质量就业的过程能够提升城市群经济发展竞争力，这一就业环境的优化能够有效拓宽城市群相关产业的市场规模，从而进一步提高产业生产效率[2]；艾克司（ACS）和阿明顿（Armington）在他们的研究中强调人力资本积累对城市创新创业环境质量改善的关键作用，他们指出人力资本的有效积累能够激发创业活动在空间地理水平上的多样化，从而提高本地全要素生产率[3]；张文忠则特别针对我国城市的宜居性需求构建城市宜居性评价指标体系，深入分析宜居城市内涵，其结论在国内学界得到较广泛应用[4]。宋永昌[5]、吴琼[6]等学者先后针对生态城市建设与可持续发展构建了多套评价指标体系，

① MCCANN E J. Inequality and politics in the creative city-region: Questions of livability and state strategy [J]. International Journal of Urban and Regional Research, 2007, 31 (1): 188-196.

② WHEELER C H. Search, sorting, and urban agglomeration [J]. Journal of Labor Economics, 2001, 19 (04): 879-899.

③ ACS ZJ, ARMINGTON C. Employment growth and entrepreneurial activity in cities [J]. Regional Studies, 2004, 38 (08): 911-927.

④ 张文忠. 城市内部居住环境评价的指标体系和方法 [J]. 地理科学, 2007 (01): 17-23.

⑤ 宋永昌, 戚仁海, 由文辉, 等. 生态城市的指标体系与评价方法 [J]. 城市环境与城市生态, 1999 (05): 16-19.

⑥ 吴琼, 王如松, 李宏卿, 等. 生态城市指标体系与评价方法 [J]. 生态学报, 2005 (08): 2090-2095.

并在全国省域或主要大型城市框架下进行了实证评价。

(二) 城市或城市群协同协调发展相关研究

协同理论 (synergetics) 由联邦德国斯图加特大学教授、物理学家赫尔曼·哈肯 (Hermann Haken) 于1976年首次系统论述，协同主要是指系统间或系统内各子系统由于非线性相互作用使系统趋于由无序向有序转化并增强系统性能。20世纪70年代，随着世界各地城市化进程的加快，学术界对于城市群协同发展的研究开始涌现。E·梅耶斯 (E Meijers) 以荷兰兰斯塔德 (Randstad) 地区为例，系统论述了在多中心城市群中不同城市间经济产业互补性对城市群竞争力提升的显著效应，他认为城市群协同机制的确立应建立在城市资源禀赋的差异性与互补性之上并最终形成有效的协同经济网络①；保罗·沃尔德 (Paul Waddell) 等人强调城市协同协调发展中机制设计的重要性，前者以产业服务创新为视角提出了适应城市化进程的产业创新协同机制，并认为建立科学的协调创新管理系统能够有效提升城市产业协调发展的经济绩效，后者使用一种改进的城市自组织规划模型 (Metropolitan Planning Organizations) 评估城市发展、国土开发、环境管控之间的协调程度，并将该模型对美国俄勒冈尤金-斯普林菲尔德 (Eugene-Springfield) 城市集群区域的应用情况进行了实证检验；张亚斌②、方创琳分别从全国视角阐述了我国城市群协调协同发展的空间演化布局、规模重构以及产业结构升级、产业层级划分的现状和趋势③。柴攀峰④等学者则以泛长三角城市群为研究对象探了城市群经济增长与产业结构变迁、生态文明创新的协同演化机制，并使用多种协同发展度模型对研究议题进行实证测度。

(三) 简要评述

综合国内外城市群宜居宜业协同发展研究现状来看，国外学者在城市群协同发展研究方面侧重于使用机制设计与计量模型结合的方式，强调城市群协同发展是由经济、社会、资源、人口等多方面协同作用的结果，其中经济、社会、

①　MEIJERS E. Polycentric urban regions and the quest for synergy: Is a network of cities more than the sum of the parts? [J]. Urban Studies, 2005, 42 (04): 765-781.

②　张亚斌，黄吉林，曾铮. 城市群、"圈层"经济与产业结构升级——基于经济地理学理论视角的分析 [J]. 中国工业经济，2006 (12): 45-52.

③　方创琳，关兴良. 中国城市群投入产出效率的综合测度与空间分异 [J]. 地理学报，2011, 66 (08): 1011-1022.

④　柴攀峰，黄中伟. 基于协同发展的长三角城市群空间格局研究 [J]. 经济地理，2014, 34 (06): 75-79.

资源的协调关系是关键因素，并研究城市群生产和生活空间拓展或优化的可能性与反馈框架，较多地阐述以城市之间合作共享为基础的外部协同对城市群协同发展的重要性，对国内相关研究具有一定的启迪作用；国内已有研究倾向使用结合经济学、地理学、空间规划理论构建城市群协同发展评价指标体系，并使用各类指数化方法进行指标评价实证研究或使用计量方法进行影响机制研究，但关注面大多聚焦经济增长、城镇化与生态环境的协同关系，视角较宽，生态宜居性实证研究则更多限于城市内部，缺乏城市群联动研究，涉及长三角城市群的研究多数研究范围实际为泛长三角城市圈，与国家最新规划文件所述的城市群覆盖范围不完全一致。

（四）本专题研究的主要内容

鉴于长三角城市群在我国经济社会发展格局中的重要地位，本章试图测度长三角城市群 2005—2015 年宜业水平和生态宜居水平，描述二者融合协同发展水平的变化轨迹和空间集聚特征，揭示二者均衡发展状态，为推进长三角城市群宜业和生态宜居建设，推进宜业和生态宜居融合协同发展和均衡化发展提供依据。

第二节　长三角城市群宜居宜业水平的测度

一、长三角城市群宜业宜居指标体系的构建

研究长三角城市群宜业和生态宜居融合协同发展水平及其变动轨迹和均衡化发展趋势，需要构建反映长三角城市群宜业和生态宜居建设主要内容和发展要求导向的评价指标体系。国内外有关宜业和生态宜居的研究成果及相关指标体系构建的经验，可为长三角城市群宜业和生态宜居建设评价指标体系的构建提供理论依据和经验参考。

（一）宜业发展水平评价指标体系的构建

学术界对宜业的研究已较为系统。一是关于宜业内涵的研究，认为宜业即"适宜就业"和"适宜产业发展"。前者侧重于就业和择业，就业机会多、体面的工作、有竞争力的薪水是其直接体现。后者侧重于置业、兴办实业和经商，良好的投资环境、市场化、广阔的消费市场、齐全的产业配套构筑了良好的产

业发展环境。二是对宜业与就业关系的研究，认为宜业是充分就业、高质量就业的前提，充分就业、高质量就业是宜业的结果；宜业水平较高地区就业质量较高，就业质量较高地区宜业水平较高。三是对促进宜业的研究，认为积极的财政政策和宽松的货币政策、财富增长、外国直接投资扩大、技术进步等因素能扩大就业和提升宜业程度。体面的劳动、有竞争力的工资水平、融洽的工作氛围和完善的劳动权益保障机制是就业质量较高的反映，也体现了较高的宜业水平。

学术界和实践界直接开展宜业评价的研究并不多见，多从就业质量、就业环境、劳工市场质量、体面工作等方面间接评价宜业水平。就业质量的拉肯（Laeken）指标体系、欧洲就业质量指数（EJQI）、国际劳工组织体面劳动指标体系（DWI-1、DWI-2、DWI-3、DWI-4）、联合国欧洲经济委员会的就业质量指标体系、雇员质量指标体系（QEI）、就业质量指标体系（IJQ）、劳动力市场质量指数等指标及评价体系被广泛应用于欧洲、亚洲等地区的国家开展研究。我国学者借鉴这些指标体系，进行了省域、市域等尺度的研究。朱火云构建了就业质量、就业能力、就业保护和就业服务四个维度的 11 个指标的省域就业质量评价指标体系[1]。孔微巍和廉永生构建了就业能力、劳动报酬、就业状态、就业与社会保障、劳动关系学、就业公共服务水平的就业质量评价指标体系[2]。卢庆芳、彭伟辉从市场状况、资源和能源状况、区位交通、产业发展水平、创新环境和水平、资金支持能力 6 个方面构建了四川省城市宜业性评价指标[3]。

这些研究为构建长三角城市群宜业评价提供了重要经验和启迪。党的十九大报告指出，要提高就业质量和人民收入水平，实现更高质量和更充分的就业，这对宜业建设提供了发展方向，既有宜业相关评价指标体系也应据此有所调整。在我国全面向工业化后期发展和城镇化快速发展阶段，宜业城市具有良好的城市竞争力和发展潜力，具有公平竞争的就业环境和适度的工作薪酬压力。表 10-2 是遵循指标选取的科学性、全面性、代表性、实用性和操作性原则，从城市发展水平和潜力、就业环境与工作压力影响就业这两个方面构建的长三角城市群

———————

① 朱火云，丁煜，王翻羽. 中国就业质量及地区差异研究［J］. 西北人口，2014，35（02）：92-97.

② 孔微巍，廉永生，张敬信. 我国劳动力就业质量测度与地区差异分析——基于各省市2005—2014 年面板数据的实证分析［J］. 哈尔滨商业大学学报（社会科学版），2017（06）：3-15.

③ 卢庆芳，彭伟辉. 中国城市"宜居、宜业、宜商"评价体系研究——以四川省为例［J］. 四川师范大学学报（社会科学版），2018，45（03）：24-30.

宜业水平评价指标体系①。

在城市发展水平与潜力方面：长三角城市群是我国率先完成工业化、城镇化的地区，是我国实施优化开发，高质量发展，广泛参与国际竞争的地区。该地区工业效率、投资效率和科技产业发展水平较高。城镇化率、人均国内生产总值、第三产业比重被广泛用于测度工业化、城镇化发展水平。规模以上工业企业成本费用利润率是工业效率的重要测度指标。固定资产投资拉动国内生产总值增长系数衡量投资效率。研究与试验发展经费占国内生产总值比重和高新技术产业增加值占国内生产总值比重可以度量科技事业扶持的投入力度与高新技术产业产出效果。

在就业环境与工作压力方面：长三角城市群拥有广阔的发展空间，是我国人才集聚和人口流动的主要目标地，但高房价增加了生活成本，提高了就业负担，对就业存在挤出效应。全社会从业人员占总人口比重和在岗职工平均工资较高说明长三角城市群就业水平和收入较高。国有经济与民营经济收入均衡指数、城乡收入均衡指数可度量市场经济的活力与城乡居民就业一体化程度。失业保险参保人数占全社会从业人口比重较高反映出居民就业稳定性。

（二）生态宜居发展水平评价指标体系的构建

20 世纪 50 年代希腊建筑师 C. A. 杜克塞迪斯提出人类聚居理论，强调人类居住环境要考虑到自然界、人、社会、建筑物和联系网络等要素相互作用。1996 年联合国第二次人居大会提出了城市宜居性定义：具有良好的居住和空间环境、人文社会环境、生态与自然环境和清洁高效的生产环境的居住地。1993 年，吴良镛院士从生态观、经济观、科技观、社会观和文化观构建了我国城市人居环境的理论体系框架②。近年来，国内外学者从适宜的气候、优美的环境与环境质量、环境保护、公共资源配给、社会福利、健康生活、城市功能分区与优化等方面挖掘城市宜居要素，构建城市宜居模型框架，或提出提升城市宜居的途径。

关于宜居指标体系的研究是宜居研究的热点问题。《经济学人》杂志的"世界最宜居城市调查"，《美与时代》的"生活质量调查"和《单片眼镜》杂志的"世界 25 大宜居城市评选"是国际广泛关注的宜居城市指标体系。《经济学人》杂志的"世界最宜居城市调查"包括有 12 项指标：暴力犯罪的威胁、恐怖主义

---

① 张欢，江芬，王永卿，等. 长三角城市群生态宜居宜业水平的时空差异与分布特征[J]. 中国人口·资源与环境，2018, 28（11）：73-82.

② 吴良镛. 人居环境科学导论 [M]. 北京：中国建设工业出版社，2001.

及军事冲突威胁、健康与疾病、文化硬件、娱乐能力、气候、消费和服务能力、贪污腐败与透明度、交通设施、住房储备、教育综合指数、公共设施网络排名等。《美与时代》的宜居指标包括有：政治与社会环境、经济环境、社会文化环境、健康与卫生情况、学校和教育、公共服务和运输、娱乐、消费品、住房、自然环境等。《单片眼镜》杂志的宜居城市指标有：城市安全、犯罪率、国际交流、气候、建筑质量、公共交通、城市宽容度、环境议题、接近自然的程度、设计、商业情况、医疗卫生、有利于城市发展的积极政策。此外，英国未来城市居住评价指标、新加坡国立大学亚洲竞争力研究所发布的全球宜居城市指数、日本东京大学浅见泰司教授提出的居住环境评价指标等也被广为运用和关注。

我国城市专家罗亚蒙教授负责完成、国家原建设部 2007 年批准立项的《宜居城市科学评价标准》将宜居城市科学评价标准分为，社会文明度、经济富裕度、环境优美度、资源承载度、生活便宜度、公共安全度 6 个方面。顾文选、叶文虎、杨保军、张文忠等学者运用该体系对全国城市或部分城市开展了评价与建设标准的研究工作。韩骥和袁坤等人从稳定性、医疗、教育、环境和基础设施构建了未来全球宜居城市评价指标体系①。张志斌从设施完善度、出行便利度、居住安全度、环境健康度、景观优美度、居民归属感 6 个方面构建了兰州市宜居性评价指标体系②。王小双和张雪华等人从经济发展、文化教育、基础设施、生态环境和社会保障 5 个方面构建了天津市生态宜居城市综合评价指数③。

这些研究成果为构建长三角城市群生态宜居评价提供了理论和重要经验。党的十九大报告也指出，进入新时代，要"建设和谐宜居城市"，"不断提升城市环境质量、居民生活质量"，要"提高居民的获得感和幸福感"，要建设"美丽家园"，这些论述为构建生态宜居城市提供了方向。以往的城市生态宜居指标体系通常仅考虑了城市本身的环境与设施条件，并未将居民生活方式对于城市宜居水平的影响纳入评价范围，生态宜居的城市除了能够提供和满足居民日益增长的美好生活需要及医疗、教育等公共配套，拥有良好的生态环境质量和较高的生态产品供给能力之外，还应当倡导和形成节约消费、绿色消费、低碳消

① 韩骥，袁坤，黄鲁霞，等. 全球城市宜居性评价及发展趋势预测——以上海市为例 [J]. 华东师范大学学报（自然科学版），2017（01）：80-90.

② 张志斌，巨继龙，陈志杰. 兰州城市宜居性评价及其空间特征 [J]. 生态学报，2014，34（21）：6379-6389.

③ 王小双，张雪花，雷喆. 天津市生态宜居城市建设指标与评价研究 [J]. 中国人口·资源与环境，2013，23（S1）：19-22.

费的生活方式。表10-3是遵循指标选取的科学性、全面性、代表性、实用性和操作性原则，紧密联系生态文明思想理念，并结合长三角城市群的发展现状，从居民生活水平与公共配套、低碳生活和美丽家园3个方面构建的长三角城市群生态宜居评价指标体系。

在居民生活水平与公共配套方面：长三角城市群居民消费能力较强，生活水平较高，交通便利，医院和学校密集，但也存在住房、交通、医院和学校拥挤等公共配套滞后于人口规模增长和城市发展的问题。城镇居民人均可支配收入、居民商业银行存款余额是反映居民消费能力和财富水平的重要指标。城镇居民人均住房面积测度居民住房条件。城镇居民人均道路面积测度城市拥挤程度。每万人教师医生数可以反映地市教育医疗覆盖程度。

在低碳生活方式方面：长三角城市群紧邻长江水域入海口，水资源、生物资源等生态资源禀赋优秀，利用好生态资源并全面推进绿色城市建设是长三角地区生态共建、环境共治的核心之一，其正在推行的"个人低碳计划""低碳家庭"行动、低碳社区建设是值得肯定的举措。城镇居民人均生活用电量、城镇居民人均生活用水量与城镇公共交通客运量在一定程度上能反映出城镇居民对与低碳生活方式的接纳、响应程度。

在美丽家园方面：长三角城市群社会生产体量庞杂，制药、化工、火电等产业形成的环境压力仍然较大，生态短板仍然突出。建成区绿化覆盖率、城市建设用地占市区面积比重反映城市建设生态覆盖质量与城市开发强度。森林湿地覆盖率、水功能区水质达标率、城市集中式饮用水水源水质达标率等指标能够有效观测该城市林木资源、水资源的生态功能与质量。城市环境空气质量优良天数直接揭示城市大气环境质量。城市污水集中处理率、城市生活化垃圾无害化处理率是衡量城市污染处理能力、生活环境质量提升能力的重要指标。

二、数据来源与模型选定

按照2016年6月1日国家发展和改革委员会、住房和城乡建设部印发的《长江三角洲城市群发展规划》所涉及4省域26个城市为研究对象，包括上海市、江苏省9市（南京市、无锡市、常州市、南通市、苏州市、盐城市、扬州市、泰州市、镇江市）、浙江省8市（杭州市、宁波市、嘉兴市、湖州市、绍兴市、金华市、台州市、舟山市）、安徽省8市（合肥市、芜湖市、铜陵市、安庆市、马鞍山市、滁州市、池州市、宣城市）。数据来自2006—2016年《中国统计年鉴》《中国城市统计年鉴》、涉及省市地方统计年鉴与统计公报等。数据来源和统计口径、方法基本一致，保证了研究的准确性。

表10-2　长三角城市群宜业建设水平评价指标体系

准则层	指标层	指标说明	统计/测算方式	属性
城市发展水平与潜力	城镇化水平	城镇化率	统计指标	正指标
	经济增长	人均国内生产总值	统计指标	正指标
	产业结构	第三产业比重	统计指标	正指标
	工业效率	规模以上工业企业成本费用利润率	统计指标	正指标
	投资效率	固定资产投资拉动国内生产总值增长系数	(本年度国内生产总值－上年度国内生产总值)/全社会固定资产投资额	正指标
	科技水平	高新技术产业增加值占国内生产总值比重	高新技术产业增加值/国内生产总值	正指标
	创新发展	研究与试验发展经费占国内生产总值比重	研究与试验发展经费支出额/国内生产总值	正指标
就业环境与工作压力	就业水平	全社会从业人员占总人口比重	全社会从业人员总数/常住人口总数	正指标
	收入水平	在岗职工平均工资(元/月)	统计指标	正指标
	就业市场化程度	国营经济与民营经济收入均衡指数	国营企业平均工资/民营企业平均工资	逆指标
	工作商品压力	城镇居民可支配收入房价比	年末商品房均价/城镇居民人均可支配收入	逆指标
	城乡收入差距	城乡收入均衡指数	农村人均收入/城镇人均可支配收入	正指标
	就业保障程度	失业保险参保人员数占全社会从业人员比重	事业保险参保人数/全社会从业人员总数	正指标

注：统计指标是指方各类年鉴，公报发布的指标，下同。

表 10-3　长三角城市群生态宜居水平评价指标体系

准则层	指标层	指标说明	统计/测算方式	属性
居民生活水平与公共配套	居民购买力	城镇居民人均可支配收入	统计指标	正指标
	居民财富	居民人均商业银行存款额	居民部门商业银行存款额/常住居民总数	正指标
	住房条件	城镇居民人均住房面积	统计指标	正指标
	城市交通配套	城镇居民人均道路面积	统计指标	正指标
	城市教育医疗配套	每万人教师医生数	每万人教师数+每万人医生数	正指标
低碳生活方式	节约用能	城镇居民人均生活用电量	统计指标	逆指标
	节约用水	城镇居民人均生活用水量	统计指标	逆指标
	绿色出行	城镇居民人均公共交通客运量	居民公共交通客运量/城镇居民总数	正指标
美丽家园	森林湿地覆盖水平	森林湿地覆盖率	森林覆盖率+湿地覆盖率	正指标
	建成区绿化水平	建成区绿化率	指导性指标	正指标
	市区开发强度	城市建设用地占市区面积比重	城镇建设用地面积/市区面积	逆指标
	空气质量	城市环境空气质量优良天数	统计指标	正指标
	水功能与水环境	水功能区水质达标率	统计指标	正指标
	饮水安全	城市集中式饮用水水源达标率	统计指标	正指标
	城市污水处理	城市污水集中处理率	统计指标	正指标
	生活固废处理	城市生活垃圾无害化处理率	统计指标	正指标

（一）指标的标准化

对各基础指标进行标准化处理。设 X_{ijk} 为第 k 年中第 i 个地区的第 j 项指标，U_{ijk} 为 X_{ijk} 对应的指标标准化值。为方便比较和进行大周期、多样本研究，单个指标最小值取 26 个城市 11 个年度内指标的最小值，最大值取 26 个城市 11 个年度内指标的最大值。

正指标标准化公式为：

$$U_{ijk} = \frac{X_{ijk} - \underset{i}{min}\,\underset{k}{min}(X_{ijk})}{\underset{i}{max}\,\underset{k}{max}(X_{ijk}) - \underset{i}{min}\,\underset{k}{min}(X_{ijk})}$$

逆指标标准化公式为：

$$U_{ijk} = \frac{\underset{i}{max}\,\underset{k}{max}(X_{ijk}) - X_{ijk}}{\underset{i}{max}\,\underset{k}{max}(X_{ijk}) - \underset{i}{min}\,\underset{k}{min}(X_{ijk})}$$

（二）熵权法-多层次分析的评价方法

多层次评价的重要内容是权重的确定，普遍使用的权重方法有 Delphi、主成分分析法、变异系数法、多目标规划法、灰色赋权等方法。熵值法是指标客观赋权且广泛使用的赋权方法。信息熵是对不确定性与离散程度的度量，指标的离散程度越大，对评价体系的贡献越大，具有更大的权重。考虑到各年份各指标权重的差异，分别计算每一研究年份中各指标的信息熵获取指标各年份权重。熵值法要求模糊综合评价矩阵指标为大于 0 的实数，考虑到本书各指标最不优值的标准化值为 0，在为指标赋权前，将所有指标标准化值向右平移一个单位。

向右平移一个单位后的标准化值为：$U'_{ijk} = U_{ijk} + 1$

第 k 年指标 j 占该年准则层权重：

$$P_{ijk} = \frac{U'_{ijk}}{\sum\limits_{i=1}^{26} U'_{ijk}}(k = 2005，2006，2007，\cdots，2015)$$

第 k 年指标 j 信息熵：$e_{ijk} = -\dfrac{1}{ln26} \sum\limits_{i=1}^{26}(P_{ijk}\,ln\,P_{ijk})$

第 k 年指标 j 权重：$w_{ijk} = \dfrac{1 - e_{ijk}}{\sum\limits_{j}(1 - e_{ijk})}$

第三节 长三角城市群宜业与生态宜业发展水平的 评价及其空间特征

一、长三角城市群宜业水平的评价及其空间特征

图 10-1 显示了长三角城市群四大省市 2005—2015 年宜业变化趋势。长三角城市群 2005—2015 年宜业建设各年评价值介于 0.0727—0.3449，均值为 0.1888，标准差为 0.0580，呈现"高→低→高"的发展轨迹，整体提升了 31.03%。具体来讲：2005 年评价值为 0.1839，后下降到 2017 年低点 0.1554，2006—2008 年评价值处于 0.1525-0.1579 的低位区间。在这时期，美国次债危机影响下长三角城市群经济社会发展增速放缓，对宜业水平也有负影响。2009 年后长三角城市群宜业水平从 2009 年的 0.1783 略降到 2010 年的 0.1714，后持续上涨到 2015 年的 0.2410，这与长三角城市群从 2009 年后经济持续增长趋势保持一致。

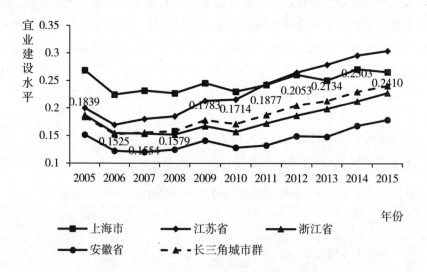

图 10-1 长三角城市群四大省市宜业建设水平的变化轨迹

表 10-4 呈现了长三角城市群宜业发展水平评价结果及排名情况。2005—2015 年上海市、江苏省、浙江省和安徽省四省域宜业水平整体提升分别为-0.97%、52.00%、22.02% 和 18.06%，其均值分别为 0.2473、0.2322、0.1792

和0.1424。其中，安徽省宜业水平建设相对滞后，在2006—2010年处于下降趋势，2010年后处于上涨趋势，但仍处于长三角城市群宜业的较低水平，这与其经济社会发展水平相一致。四省域宜业建设评价均值排名由高到低分别是上海市（0.2473）、江苏省（0.2322）、浙江省（0.1792）、安徽省（0.1424），浙江省和安徽省的宜业发展水平较为滞后。将长三角城市群宜业发展水平评价值按五等分法划分（依次为：0.0700-0.1250、0.1251-0.1800、0.1801-0.2350、0.2351-0.2900、0.2901-0.3450）。2005年处于高等级的有上海市、杭州市和南京市等中心城市，到2015年上海市、江苏省大部分、浙江省北部处于最高和次高等级，表明长三角城市群宜业水平存在不平衡现象，上海市、江苏省和浙江省北部高于浙江省北部和安徽省。

从2005—2015年11年间城市宜业评价均值来看，超过长三角城市群评价均值的城市依次是苏州市（0.2677）、无锡市（0.2576）、南京市（0.2506）、常州市（0.2479）、上海市（0.2473）、镇江市（0.2437）、扬州市（0.2247）、杭州市（0.2187）、南通市（0.2154）、泰州市（0.2134）、宁波市（0.1914）、嘉兴市（0.1910），这些城市包括江苏省的8个地市、上海市和浙江省的3个地市；低于长三角城市群平均值的城市依次是绍兴市（0.1836）、铜陵市（0.1811）、湖州市（0.1761）、合肥市（0.1754）、马鞍山市（0.1712）、盐城市（0.1690）、舟山市（0.1674）、芜湖市（0.1654）、金华市（0.1562）、台州市（0.1490）、宣城市（0.1265）、滁州市（0.1185）、池州市（0.1054）、安庆市（0.0954），其中包括安徽省的8个地市，浙江省的5个地市，江苏省的1个地市，这说明长三角城市群宜业水平较高的城市主要在上海市、江苏省，其次是浙江省和安徽省。

11年间取得显著成效的城市依次是镇江市（上涨86.28%，下同）、泰州市（82.58%）、南通市（74.05%）、滁州市（66.72%）、池州市（62.62%）、常州市（54.83%）、盐城市（50.57%）、扬州市（44.12%）、嘉兴市（38.86%）、苏州市（38.47%）、金华市（36.73%）、无锡市（34.90%）、绍兴市（34.50%）、湖州市（32.62%）、宁波市（32.38%）、宣城市（29.66%）、南京市（22.83%）、芜湖市（20.04%）、安庆市（15.78%）、舟山市（13.86%）、合肥市（12.75%）、杭州市（8.63%）。结合指标层指标评价值发现，长三角城市群宜业成效显著主要得益于长三角城市发展水平和潜力及就业环境的提升。11年间评价值有所下降的城市依次是台州市（-13.04%）、铜陵市（-11.53%）、马鞍山市（-2.46%）、上海市（-0.97%）。导致上海市宜业程度微降的原因是多年来上海市宜业水平较高，上升空间不大，近几年高房价带来的就

表10-4 长三角城市群宜业建设水平评价结果

地区	2005	2006	2007	2008	2009	2010	2011	2012	2013	2014	2015	平均	均值排序
上海市	0.2688	0.2248	0.2316	0.2271	0.2459	0.2305	0.2424	0.2609	0.2510	0.2714	0.2662	0.2473	5/ I
南京市	0.2398	0.2080	0.2224	0.2262	0.2421	0.2288	0.2562	0.2756	0.2702	0.2932	0.2946	0.2506	3
无锡市	0.2343	0.2032	0.2193	0.2184	0.2468	0.2426	0.2718	0.2707	0.2993	0.3111	0.3161	0.2576	2
常州市	0.2082	0.1786	0.1969	0.2014	0.2344	0.2280	0.2585	0.2832	0.2977	0.3177	0.3224	0.2479	4
南通市	0.1750	0.1422	0.1491	0.1631	0.1901	0.1995	0.2266	0.2531	0.2710	0.2950	0.3045	0.2154	9
苏州市	0.2342	0.2033	0.2236	0.2272	0.2547	0.2541	0.2800	0.3011	0.3141	0.3275	0.3243	0.2677	1
盐城市	0.1574	0.1205	0.1193	0.1198	0.1447	0.1515	0.1771	0.2004	0.2107	0.2201	0.2370	0.1690	18
扬州市	0.1996	0.1585	0.1555	0.1665	0.2060	0.2246	0.2526	0.2624	0.2729	0.2848	0.2877	0.2247	7
泰州市	0.1691	0.1403	0.1498	0.1552	0.1837	0.1959	0.2215	0.2508	0.2779	0.2948	0.3088	0.2134	10
镇江市	0.1852	0.1687	0.1859	0.1904	0.2197	0.2181	0.2543	0.2870	0.3027	0.3236	0.3449	0.2437	6
江苏省	0.2003	0.1693	0.1802	0.1853	0.2136	0.2159	0.2443	0.2649	0.2796	0.2964	0.3045	0.2322	II
杭州市	0.2401	0.1984	0.1930	0.1947	0.2095	0.1911	0.2077	0.2253	0.2363	0.2490	0.2608	0.2187	8
宁波市	0.1902	0.1588	0.1620	0.1594	0.1815	0.1671	0.1835	0.2005	0.2234	0.2276	0.2519	0.1914	11
嘉兴市	0.1835	0.1592	0.1607	0.1588	0.1811	0.1659	0.1832	0.2025	0.2196	0.2311	0.2548	0.1910	12
湖州市	0.1762	0.1455	0.1477	0.1452	0.1594	0.1525	0.1725	0.1868	0.1979	0.2199	0.2337	0.1761	15

续表

地区	2005	2006	2007	2008	2009	2010	2011	2012	2013	2014	2015	平均	均值排序
绍兴市	0.1822	0.1513	0.1517	0.1537	0.1681	0.1602	0.1781	0.1955	0.2049	0.2290	0.2450	0.1836	13
金华市	0.1520	0.1272	0.1257	0.1348	0.1445	0.1412	0.1497	0.1642	0.1758	0.1954	0.2078	0.1562	21
台州市	0.1925	0.1502	0.1388	0.1294	0.1354	0.1303	0.1353	0.1441	0.1521	0.1633	0.1674	0.1490	22
舟山市	0.1809	0.1469	0.1477	0.1380	0.1589	0.1494	0.1687	0.1753	0.1819	0.1882	0.2059	0.1674	19
浙江省	0.1872	0.1547	0.1534	0.1518	0.1673	0.1572	0.1723	0.1868	0.1990	0.2129	0.2284	0.1792	Ⅲ
合肥市	0.1894	0.1524	0.1446	0.1589	0.1756	0.1642	0.1562	0.1857	0.1855	0.2039	0.2135	0.1754	16
芜湖市	0.1734	0.1478	0.1469	0.1457	0.1801	0.1471	0.1459	0.1627	0.1676	0.1936	0.2081	0.1654	20
铜陵市	0.2026	0.1572	0.1524	0.1665	0.1974	0.1719	0.1753	0.1971	0.1897	0.2023	0.1793	0.1811	14
安庆市	0.1096	0.0806	0.0897	0.0866	0.0828	0.0855	0.0884	0.0970	0.0930	0.1097	0.1269	0.0954	26
马鞍山市	0.2034	0.1636	0.1556	0.1532	0.1731	0.1562	0.1547	0.1670	0.1661	0.1916	0.1984	0.1712	17
滁州市	0.1051	0.0979	0.0912	0.0925	0.0999	0.1004	0.1147	0.1325	0.1366	0.1575	0.1752	0.1185	24
池州市	0.1003	0.0744	0.0727	0.0846	0.0927	0.0881	0.1025	0.1221	0.1169	0.1423	0.1632	0.1054	25
宣城市	0.1288	0.1057	0.1079	0.1092	0.1279	0.1121	0.1225	0.1333	0.1325	0.1448	0.1670	0.1265	23
安徽省	0.1516	0.1224	0.1201	0.1247	0.1412	0.1282	0.1325	0.1497	0.1485	0.1682	0.1789	0.1424	Ⅳ
长三角	0.1839	0.1525	0.1554	0.1579	0.1783	0.1714	0.1877	0.2053	0.2134	0.2303	0.2410	0.1888	—

业压力和居民收入差距的增大对宜业产生负面影响。经济社会发展相对滞后，是马鞍山市、铜陵市和台州市宜业发展水平有所下降的重要原因。

二、生态宜居建设水平及其空间特征

图 10-2 显示了长三角城市群四大省市 2005—2015 年生态宜居变化趋势。2005—2015 年，长三角城市群生态宜居发展水平评价值介于 0.1688-0.4007 之间，均值为 0.2817，标准差为 0.0476，整体呈现"高→低→低"的发展轨迹，下降了 7.88%。2005—2008 年整体生态宜居水平在相对高位 0.2807—0.3234 波动，2009—2010 年下降到相对低位（0.2807-0.2874），在 2011 年后下降到 2014 年的 0.2493，2015 年反弹到 0.2621。结合主要指标可以得出，公共配套供给的紧张、环境空气污染和国土开发强度较大是影响长三角城市群生态宜居变化的主要原因。

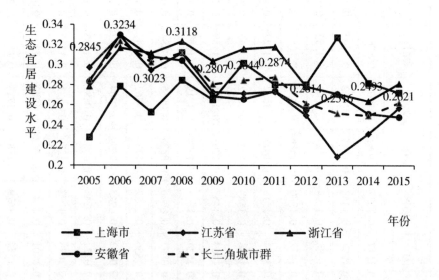

图 10-2　长三角城市群四大板块生态宜居水平的变化轨迹

表 10-5 呈现了长三角城市群生态宜居发展水平评价结果及排名情况。2005—2015 年上海市、浙江省生态宜居水平整体分别上升 19.45%、上升 0.92%，江苏省和安徽省分别下降 13.62% 和 12.50%。省级行政区域生态宜业水平均值排名由高到低分别是浙江省（0.2965）、安徽省（0.2780）、上海市（0.2775）、江苏省（0.2724），除浙江省的生态宜居发展水平较高之外，其他三

个省（市）的生态宜居水平较为相近。将长三角城市群生态宜居发展水平五等分法划分（依次为：0.1690—0.2154、0.2155—0.0.2618、0.2619—0.3082、0.3083—0.3546、0.3547—0.4010）。从 2005 年到 2015 年评价城市处于较高等级部分逐渐减少，表明长三角城市群生态宜居发展水平逐渐降低。2005 年评价值处于最高等级的有宣城市、南通市、池州市、安庆市、南通市、扬州市、南京市、舟山市、湖州市、铜陵市、安庆市等城市，到 2014—2015 年最高、次高等级无一城市，整体表现出生态宜居区域不平衡，长三角城市群中部地区、西南地区和北部地区生态宜居水平高于西北地区现象。

从 2005—2015 年 11 年间城市评价值来看，评价均值超过长三角城市群生态宜居均值的城市依次是舟山市（0.3608）、宣城市（0.3256）、池州市（0.3253）、湖州市（0.3208）、台州市（0.3196）、铜陵市（0.3049）、安庆市（0.3048）、南通市（0.3009）、金华市（0.2980）、杭州市（0.2875）、南京市（0.2861）、苏州市（0.2855）、宁波市（0.2826），其中包括浙江省的 6 个地市，安徽省的 4 个地市，江苏省的 3 个地市；低于长三角城市群平均值的城市依次是扬州市（0.2783）、上海市（0.2775）、绍兴市（0.2751）、芜湖市（0.2744）、盐城市（0.2715）、镇江市（0.2643）、泰州市（0.2639）、无锡市（0.2595）、滁州市（0.2568）、常州市（0.2413）、嘉兴市（0.2275）、马鞍山市（0.2263）、合肥市（0.2062），其中除上海市直辖市外，还有江苏省的 6 个地市，安徽省的 3 个地市，浙江省的 2 个地市。生态宜居评价较低的城市与经济、人口规模较低分布基本一致，说明居民倾向于在生态宜居程度较高地市定居。

11 年间取得显著成效的城市依次是嘉兴市（23.13%）、上海市（19.45%）、合肥市（10.05%）、苏州市（9.95%）、金华市（5.60%）、杭州市（4.38%）、台州市（4.25%）、滁州市（3.52%）、马鞍山市（1.46%）。结合指标层评价结果可以得出，生活水平和公共配套的增加是嘉兴市、上海市、合肥市、苏州市、杭州市等城市生态宜居水平进步的主要原因，金华市、台州市、滁州市、马鞍山市生态宜居水平主要得益于美丽家园建设的成就。11 年间评价值有所下降的城市依次是铜陵市（-32.48%）、宣城市（-23.89%）、扬州市（-21.12%）、南京市（-20.97%）、镇江市（-20.46%）、安庆市（-19.14%）、无锡市（-18.11%）、盐城市（-15.18%）、南通市（-14.73%）、泰州市（-14.45%）、池州市（-12.18%）、芜湖市（-9.14%）、宁波市（-7.84%）、湖州市（-6.89%）、舟山市（-4.01%）、绍兴市（-2.55%）、常州市（-0.68%），导致这些城市生态宜居程度较低的主要原因是居民生活水平提升相对滞后、公共配套仍然紧张。环境污染的集中爆发也是生态宜居水平下降的重要原因。

表 10-5　长三角城市群生态宜居水平评价结果

地区	2005	2006	2007	2008	2009	2010	2011	2012	2013	2014	2015	平均	均值排序
上海市	0.2279	0.2785	0.2529	0.2845	0.2652	0.3015	0.2803	0.2803	0.3272	0.2817	0.2723	0.2775	15/Ⅲ
南京市	0.3203	0.3582	0.3207	0.3419	0.2826	0.3108	0.2935	0.2640	0.2102	0.1920	0.2531	0.2861	11
无锡市	0.2703	0.3268	0.3198	0.3097	0.2533	0.2543	0.2588	0.2652	0.1688	0.2067	0.2213	0.2595	21
常州市	0.2452	0.2884	0.2421	0.2783	0.2412	0.2422	0.2582	0.2161	0.1923	0.2064	0.2436	0.2413	23
南通市	0.3346	0.3132	0.3244	0.3472	0.3075	0.3231	0.2991	0.2878	0.2183	0.2696	0.2853	0.3009	8
苏州市	0.2562	0.3443	0.2740	0.3046	0.2866	0.3006	0.2962	0.2656	0.2647	0.2665	0.2816	0.2855	12
盐城市	0.3143	0.3449	0.2945	0.2961	0.2759	0.2342	0.2429	0.2417	0.2278	0.2473	0.2666	0.2715	18
扬州市	0.3222	0.2938	0.2987	0.3320	0.2933	0.2874	0.2759	0.2350	0.2029	0.2657	0.2542	0.2783	14
泰州市	0.3061	0.3438	0.2830	0.2813	0.2618	0.2651	0.2576	0.2305	0.1983	0.2139	0.2619	0.2639	20
镇江市	0.3066	0.3433	0.2953	0.3133	0.2550	0.2239	0.2774	0.2416	0.1938	0.2128	0.2439	0.2643	19
江苏省	0.2973	0.3285	0.2947	0.3116	0.2730	0.2713	0.2733	0.2497	0.2086	0.2312	0.2568	0.2724	Ⅳ
杭州市	0.2635	0.2817	0.3230	0.2932	0.3048	0.3441	0.3197	0.2762	0.2386	0.2424	0.2751	0.2875	10
宁波市	0.2912	0.3346	0.2944	0.3054	0.2851	0.2975	0.2768	0.2503	0.2460	0.2587	0.2684	0.2826	13
嘉兴市	0.1983	0.2642	0.2358	0.2736	0.2299	0.2172	0.2423	0.1999	0.1856	0.2110	0.2442	0.2275	24
湖州市	0.3171	0.3261	0.3453	0.3651	0.3452	0.3564	0.3402	0.3121	0.2501	0.2758	0.2952	0.3208	4

续表

地区	2005	2006	2007	2008	2009	2010	2011	2012	2013	2014	2015	平均	均值排序
绍兴市	0.2742	0.3187	0.2874	0.3010	0.2821	0.2805	0.2784	0.2404	0.2471	0.2486	0.2672	0.2751	16
金华市	0.2777	0.3155	0.2907	0.3107	0.2889	0.2994	0.3594	0.2808	0.3031	0.2586	0.2932	0.2980	9
台州市	0.2861	0.3525	0.3328	0.3481	0.3212	0.3320	0.3311	0.2999	0.3164	0.2969	0.2982	0.3196	5
舟山市	0.3198	0.3418	0.3813	0.3883	0.3703	0.3990	0.3936	0.3664	0.3827	0.3182	0.3070	0.3608	1
浙江省	0.2785	0.3169	0.3114	0.3232	0.3034	0.3157	0.3177	0.2782	0.2712	0.2638	0.2811	0.2965	I
合肥市	0.2024	0.2738	0.2286	0.2069	0.2081	0.1999	0.1764	0.1798	0.1834	0.1857	0.2228	0.2062	26
芜湖市	0.2654	0.3124	0.3182	0.3121	0.2883	0.3019	0.2631	0.2400	0.2589	0.2176	0.2411	0.2744	17
铜陵市	0.3181	0.3645	0.3233	0.3140	0.3075	0.3194	0.3259	0.2947	0.3232	0.2481	0.2148	0.3049	6
安庆市	0.3295	0.3616	0.3544	0.3464	0.3024	0.3041	0.2552	0.2738	0.2731	0.2857	0.2664	0.3048	7
马鞍山市	0.2285	0.2716	0.2154	0.2367	0.2243	0.1727	0.2474	0.2302	0.2133	0.2170	0.2318	0.2263	25
滁州市	0.2392	0.2940	0.2537	0.2596	0.2241	0.2238	0.2815	0.2514	0.2860	0.2634	0.2476	0.2568	22
池州市	0.3287	0.3665	0.4007	0.3865	0.2864	0.2832	0.3130	0.2934	0.3233	0.3082	0.2887	0.3253	3
宣城市	0.3541	0.3931	0.3686	0.3707	0.3076	0.3206	0.3280	0.2801	0.3060	0.2829	0.2695	0.3256	2
安徽省	0.2832	0.3297	0.3079	0.3041	0.2686	0.2657	0.2738	0.2554	0.2709	0.2511	0.2478	0.2780	II
长三角	0.2845	0.3234	0.3023	0.3118	0.2807	0.2844	0.2874	0.2614	0.2516	0.2493	0.2621	0.2817	—

第四节　长三角城市群宜业与生态宜居融合
协同发展水平

长三角城市群宜业与生态宜居是否存在协同融合发展的趋势？哪些年份的哪些城市宜业滞后于生态宜居？哪些年份的哪些城市生态宜居滞后于宜业？①

一、耦合协同测度模型

测度均衡度、融合度、协调度的方法主要有离差系数、距离协调度、隶属函数、引力模型、基尼系数法等方面。容量耦合模型广泛运用于经济社会与资源环境系统、地区发展、产业结构的协同、均衡、融合分析②。借鉴物理学中的容量耦合模型，设宜业与生态宜居测度值为 YY_{ik} 和 $STYJ_{ik}$ 。

耦合协同度公式为：$C_{ik} = \dfrac{2\sqrt{YY_{ik} \times STYJ_{ik}}}{YY_{ik} + STYJ_{ik}}$

系统内部协同由子系统耦合关系和系统发展水平影响，可根据子系统耦合协同度测度和子系统发展水平共同计算生成。设宜业与生态宜居耦合协同度为 C_{ik} ，协同发展度为 DS_{ik} 。

融合协同发展度公式为：$DS_{ik} = \sqrt{C_{ik} \times T_{ik}}$

考虑到各年指标值及生态宜居和宜业相对生态宜居宜业重要性存在差异，按照上文分别测算宜业和生态宜居的方法，将宜业和生态宜居看作一个系统，求得长三角城市群各年份 26 个城市生态宜居宜业总体水平，分别将其作为各评价对象所评价年份的 T_{ik} 值。

二、宜业与生态宜居的融合协同发展水平

表 10-6 呈现了长三角城市群 2005—2015 年宜业与生态宜居融合协同评价结果。2005—2015 年长三角城市群宜业与生态宜居融合协同发展水平评价值介

①　张欢，汤尚颖，耿志润. 长三角城市群宜业与生态宜居协同融合发展水平、动态轨迹及其收敛性 [J]. 数量经济技术经济研究，2019，36（02）：3-23.
②　白俊红，蒋伏心. 协同创新、空间关联与区域创新绩效 [J]. 经济研究，2015，50（07）：174-187.

于 0.2992—0.6045，标准差为 0.0642，整体上升了 10.20%，呈现"高→低→高→高"的发展轨迹。2005 年融合协同度评价值为 0.4517，下降到 2007 年的 0.4267，后上涨到 2008—2010 年的中高位区间（0.437—0.441），2011 年年虽有 2013 年的小幅回弹，但总体处于上涨趋势，2015 年上涨达到 0.4978 的高位。

表 10-6 所示城市宜业与生态宜居融合协同发展均值排名依次是苏州市、南京市、上海市、无锡市、南通市、镇江市、杭州市、扬州市、舟山市、常州市、湖州市、泰州市、铜陵市、宁波市、绍兴市、台州市、金华市、盐城市、芜湖市、嘉兴市、宣城市、马鞍山市、合肥市、池州市、滁州市、安庆市。省域宜业与生态宜居融合协同发展均值排名依次是上海市、江苏省、浙江省和安徽省，这 4 个省域评价均值分别为 0.5240、0.5015、0.4585、0.3920 和 0.4555，与宜业发展水平排序基本一致。这 4 个省域单元 11 年里评价值上涨依次为江苏省（23.39%）、浙江省（10.96%）上海市（8.76%）、安徽省（3.12%）。

2005—2015 年融合协同发展水平取得显著进步的城市依次为滁州市（31.38%）、嘉兴市（30.76%）、泰州市（24.98%）、常州市（24.01%）、南通市（21.82%）、镇江市（21.73%）、金华市（20.16%）、池州市（19.50%）、绍兴市（14.49%）、盐城市（13.01%）、合肥市（11.39%）、湖州市（11.12%）、宁波市（10.45%）、扬州市（6.62%）、杭州市（6.48%）、无锡市（5.10%）、舟山市（4.54%）、芜湖市（4.43%），融合协同发展水平有所退步的城市依次是铜陵市（-22.71%）、台州市（-4.79%）、安庆市（-3.24%）、南京市（-1.48%）、宣城市（-0.66%）、马鞍山市（-0.52%）。

将长三角城市群宜业与生态宜居融合协同的五等分划分（依次为：0.2990-0.3600、0.3601-0.4212、0.4213-0.4823、0.4824-0.3601、0.3602-0.4212）。2005—2015 年评价城市处于较高等级部分逐渐增多，表明长三角城市群宜业与生态宜居协同发展程度逐渐增强。其中，苏州市、南京市、上海市、杭州市、南通市、扬州市、无锡市等城市多数各年份处于第一和第二等级，嘉兴市和安徽省各市长期处于第三、第四等级，同长三角城市群宜业与生态宜居的综合发展水平分布一致。长三角城市群宜业与生态宜居协同融合发展呈现出"东部、中部高—西部、南部、北部低"的显著特征，上海市、江苏省宜业与生态宜居的协同发展度优于安徽省和浙江省，这与长三角城市群经济社会发展水平相一致，表明长三角城市群宜业与生态宜居的协同发展存在空间集聚现象。

表10-6　宜业与生态宜居的融合协同发展水平评价结果

地区	2005	2006	2007	2008	2009	2010	2011	2012	2013	2014	2015	均值	均值排序
上海市	0.4951	0.5004	0.4840	0.5084	0.5107	0.5272	0.5214	0.5409	0.5732	0.5530	0.5384	0.5240	3/Ⅰ
南京市	0.5543	0.5459	0.5341	0.5561	0.5232	0.5334	0.5484	0.5395	0.4767	0.4745	0.5461	0.5356	2
无锡市	0.5033	0.5154	0.5296	0.5201	0.5001	0.4968	0.5304	0.5359	0.4495	0.5072	0.5290	0.5171	4
常州市	0.4519	0.4539	0.4366	0.4735	0.4756	0.4700	0.5167	0.4948	0.4786	0.5122	0.5604	0.4892	10
南通市	0.4839	0.4221	0.4398	0.4759	0.4835	0.5079	0.5207	0.5398	0.4864	0.5641	0.5895	0.5092	5
苏州市	0.4899	0.5291	0.4950	0.5261	0.5404	0.5528	0.5759	0.5656	0.5767	0.5909	0.6045	0.5529	1
盐城市	0.4449	0.4077	0.3748	0.3767	0.3996	0.3767	0.4148	0.4401	0.4382	0.4666	0.5028	0.4283	18
扬州市	0.5073	0.4316	0.4311	0.4702	0.4916	0.5082	0.5281	0.4967	0.4706	0.5502	0.5408	0.5001	8
泰州市	0.4551	0.4392	0.4118	0.4179	0.4387	0.4558	0.4778	0.4809	0.4695	0.5022	0.5687	0.4747	12
镇江市	0.4765	0.4814	0.4686	0.4884	0.4733	0.4420	0.5312	0.5267	0.4844	0.5248	0.5800	0.5075	6
江苏省	0.4852	0.4696	0.4580	0.4783	0.4807	0.4826	0.5160	0.5133	0.4812	0.5214	0.5580	0.5016	Ⅱ
杭州市	0.5030	0.4728	0.4994	0.4778	0.5054	0.5128	0.5154	0.4989	0.4749	0.4914	0.5356	0.5015	7
宁波市	0.4707	0.4610	0.4368	0.4412	0.4550	0.4459	0.4507	0.4481	0.4688	0.4853	0.5199	0.4652	14
嘉兴市	0.3816	0.4102	0.3894	0.4169	0.4081	0.3796	0.4213	0.4024	0.4038	0.4416	0.4989	0.4168	20
湖州市	0.4728	0.4357	0.4517	0.4604	0.4692	0.4662	0.4845	0.4829	0.4450	0.4926	0.5253	0.4754	11

续表

地区	2005	2006	2007	2008	2009	2010	2011	2012	2013	2014	2015	均值	均值排序
绍兴市	0.4470	0.4392	0.4176	0.4302	0.4355	0.4240	0.4453	0.4336	0.4500	0.4771	0.5117	0.4495	15
金华市	0.4109	0.4007	0.3823	0.4093	0.4087	0.4112	0.4639	0.4294	0.4617	0.4496	0.4937	0.4315	17
台州市	0.4693	0.4601	0.4298	0.4245	0.4171	0.4159	0.4233	0.4158	0.4388	0.4404	0.4468	0.4364	16
舟山市	0.4810	0.4482	0.4747	0.4631	0.4851	0.4883	0.5154	0.5069	0.5277	0.4894	0.5029	0.4916	9
浙江省	0.4545	0.4410	0.4352	0.4404	0.4480	0.4430	0.4650	0.4522	0.4588	0.4709	0.5044	0.4585	III
合肥市	0.3916	0.4085	0.3637	0.3627	0.3823	0.3623	0.3320	0.3654	0.3689	0.3892	0.4362	0.3804	23
芜湖市	0.4290	0.4298	0.4324	0.4265	0.4557	0.4215	0.3919	0.3951	0.4166	0.4105	0.4480	0.4261	19
铜陵市	0.5077	0.4788	0.4439	0.4574	0.4928	0.4687	0.4780	0.4821	0.4952	0.4481	0.3924	0.4699	13
安庆市	0.3801	0.3414	0.3565	0.3463	0.3164	0.3226	0.3004	0.3260	0.3187	0.3541	0.3678	0.3411	26
马鞍山市	0.4312	0.4216	0.3662	0.3808	0.3941	0.3285	0.3912	0.3921	0.3765	0.4078	0.4289	0.3936	22
滁州市	0.3170	0.3392	0.3042	0.3099	0.2992	0.2998	0.3594	0.3650	0.3953	0.4074	0.4165	0.3488	25
池州市	0.3632	0.3302	0.3414	0.3616	0.3258	0.3158	0.3583	0.3785	0.3887	0.4189	0.4340	0.3704	24
宣城市	0.4271	0.4077	0.3989	0.4024	0.3967	0.3791	0.4009	0.3865	0.4027	0.4047	0.4243	0.4059	21
安徽省	0.4059	0.3947	0.3759	0.3810	0.3829	0.3623	0.3765	0.3863	0.3953	0.4051	0.4185	0.3920	IV
长三角	0.4517	0.4389	0.4267	0.4379	0.4417	0.4351	0.4576	0.4565	0.4514	0.4713	0.4978	0.4555	—

三、宜业与生态宜居融合发展的滞后关系

表 10-7 显现了长三角城市群宜业与生态宜居的融合发展程度及滞后关系。2005—2015 年，长三角城市群宜业建设整体滞后于生态宜居建设。2001 年后长三角城市群生态宜居滞后于宜业的城市开始出现。2011 年无锡市和常州市生态宜居滞后于宜业，占城市数量的 7.69%。2012 年增加到 9 个城市，占城市数量的 34.62%，包括中心城市南京市，江苏省整体出现生态宜居滞后于宜业现象。2013 年增加到 10 个城市，占城市数量的 38.46%。2014 年增加到 11 个城市，占城市数量的 42.31%，中心城市增加了合肥市。2015 年减少到 9 个城市，占城市数量的 34.62%，中心城市只有南京市。造成这种变化的主要原因是 2011 年后长三角城市群城市化加快，人口和国内生产总值规模在江苏省和合肥市、杭州市等城市持续增加，公共配套资源供给日趋紧张，房价快速上涨。这期间，污染加剧也是导致 2011 年后长三角城市群部分城市宜居建设滞后于宜业建设的重要原因。

以 2015 年为例，长三角城市群宜业与生态宜居协同发展城市可以分为四大类：

第 I 类：宜业建设滞后于生态宜居建设，且宜业与生态宜居融合协同发展水平高于平均水平的省市。盐城市、舟山市、绍兴市、宁波市、湖州市、杭州市、上海市 7 个城市及浙江省整体呈现宜业滞后于生态宜居建设现象。其中，上海市、杭州市得益于其良好的城市教育医疗公共配套和不断改善的生态环境质量，生态宜居评价值略高于宜业评价值。

第 II 类：宜业建设滞后于生态宜居建设，且宜业与生态宜居融合协同发展水平低于平均水平的省市。金华市、芜湖市、台州市、合肥市、池州市、马鞍山市、宣城市、滁州市、铜陵市、安庆市 10 个城市和安徽省整体呈现宜业滞后于生态宜居建设现象。发挥这类城市和安徽省生态宜居优势，继续提高其经济社会发展水平，以增强其宜业水平。

第 III 类：生态宜居建设滞后于宜业建设，且宜业与生态宜居协同发展水平高于平均水平的省市。无锡市、扬州市、南京市、常州市、泰州市、镇江市、南通市、苏州市和江苏省整体呈现生态宜居滞后于宜业现象。发挥这类城市经济社会建设的优势和地区辐射带动优势，提高居民生活水平与公共配套，创导和推进绿色低碳的生活方式，建设美丽家园。

表 10-7 长三角城市群宜业与生态宜居融合发展程度及其滞后关系

类型　年份	宜业滞后于生态宜居		生态宜居滞后于宜业	
	第Ⅰ类：融合协同发展水平高于平均水平	第Ⅱ类：融合协同发展水平低于平均水平	第Ⅲ类：融合协同发展水平高于平均水平	第Ⅳ类：融合协同发展水平低于平均水平
2005	常州市,浙江省,泰州市,台州市,宁波市,湖州市,江苏省,舟山市,镇江市,南通市,上海市,杭州市,无锡市,扬州市,铜陵市,南京市	绍兴市,盐城市,马鞍山市,芜湖市,宣城市,金华市,安徽省,合肥市,嘉兴市,安庆市,池州市,滁州市		
2006	绍兴市,泰州市,浙江省,舟山市,常州市,台州市,宁波市,江苏省,杭州市,铜陵市,镇江市,上海市,无锡市,苏州市,南京市	湖州市,扬州市,芜湖市,南通市,马鞍山市,嘉兴市,合肥市,盐城市,宣城市,金华市,安徽省,安庆市,滁州市,池州市		
2007	台州市,扬州市,湖州市,浙江省,常州市,宁波市,南通市,铜陵市,江苏省,舟山市,镇江市,上海市,杭州市,无锡市,南京市	绍兴市,泰州市,宣城市,嘉兴市,金华市,安徽省,盐城市,马鞍山市,合肥市,安庆市,池州市,滁州市		
2008	浙江省,宁波市,湖州市,舟山市,铜陵市,南通市,杭州市,江苏省,扬州市,镇江市,上海市,无锡市,苏州市,南京市	绍兴市,芜湖市,台州市,泰州市,安徽省,嘉兴市,金华市,宣城市,盐城市,马鞍山市,安庆市,合肥市,池州市,滁州市		

续表

类型 年份	宜业滞后于生态宜居		生态宜居滞后于宜业	
	第Ⅰ类：融合协同发展水平高于平均水平	第Ⅱ类：融合协同发展水平低于平均水平	第Ⅲ类：融合协同发展水平高于平均水平	第Ⅳ类：融合协同发展水平低于平均水平
2009	浙江省、宁波市、芜湖市、湖州市、镇江市、常州市、江苏省、南通市、舟山市、扬州市、铜陵市、无锡市、上海市、南京市、苏州市	泰州市、绍兴市、台州市、金华市、嘉兴市、盐城市、宣城市、马鞍山市、安徽省、合肥市、池州市、安庆市、滁州市		
2010	镇江市、浙江省、宁波市、泰州市、湖州市、铜陵市、常州市、江苏省、舟山市、无锡市、南通市、扬州市、上海市、杭州市、南京市、苏州市	绍兴市、芜湖市、台州市、金华市、嘉兴市、宣城市、盐城市、合肥市、安徽省、马鞍山市、池州市、安庆市、滁州市		
2011	金华市、浙江省、泰州市、铜陵市、湖州市、杭州市、舟山市、江苏省、南通市、上海市、扬州市、镇江市、南京市、苏州市	宁波市、绍兴市、台州市、嘉兴市、盐城市、宣城市、芜湖市、马鞍山市、安徽省、滁州市、池州市、合肥市、安庆市	无锡市、常州市	
2012	铜陵市、湖州市、杭州市、舟山市、南通市、上海市	浙江省、宁波市、盐城市、绍兴市、芜湖市、马鞍山市、金华市、台州市、宣城市、池州市、安徽省、滁州市、安庆市	泰州市、常州市、扬州市、无锡市、江苏省、镇江市、南京市、苏州市	嘉兴市、合肥市

续表

年份 \ 类型	宜业滞后于生态宜居		生态宜居滞后于宜业	
	第Ⅰ类：融合协同发展水平高于平均水平	第Ⅱ类：融合协同发展水平低于平均水平	第Ⅲ类：融合协同发展水平高于平均水平	第Ⅳ类：融合协同发展水平低于平均水平
2013	浙江省、金华市、宁波市、杭州市、铜陵市、舟山市、上海市	绍兴市、湖州市、台州市、盐城市、芜湖市、宣城市、滁州市、安徽省、池州市、马鞍山市、安庆市	泰州市、扬州市、南京市、常州市、江苏省、镇江市、南通市、苏州市	无锡市、嘉兴市、合肥市
2014	绍兴市、宁波市、舟山市、浙江省、杭州市、上海市	浙江省、盐城市、金华市、铜陵市、台州市、池州市、芜湖市、马鞍山市、滁州市、安徽省、宣城市、安庆市	南京市、杭州市、泰州市、无锡市、常州市、江苏省、镇江市、扬州市、南通市、苏州市	嘉兴市、合肥市
2015	盐城市、舟山市、浙江省、绍兴市、宁波市、湖州市、杭州市、上海市	金华市、芜湖市、台州市、合肥市、池州市、马鞍山市、宣城市、安徽省、滁州市、铜陵市、安庆市	无锡市、扬州市、江苏省、镇江市、常州市、泰州市、南通市、苏州市	嘉兴市

注：按照滞后水平从小到大排列。

第Ⅳ类：生态宜居建设滞后于宜业建设，宜业与生态宜居融合协同发展水平低于平均水平的省市。这类城市只有嘉兴市，嘉兴市近几年经济社会发展较快，城市宜业建设取得一定成就，但也出现了较为严重的生态环境问题，制约了城市生态宜居建设。

第五节 长三角城市群宜业与生态宜居建设的收敛性检验

长三角城市群生态宜居相对于宜业呈现下降趋势。这种趋势是否表明宜业与生态宜居具有收敛性特征或均衡化发展趋势？如果存在，这种收敛性在城市间、省域间如何表现？

一、收敛性分析

检验收敛性的方法主要有β统计收敛、λ统计收敛、一致统计收敛等方法。单位根检验是检验收敛性广为使用的方法，大多采用埃文斯（Evans）和卡拉斯（Karras）① 所提出的单位根检验方法。收敛性的随机定义认为，经济体1，经济体2，……，经济体N称为收敛的，如存在共同的趋势α_i和固定的参数μ_i，…，μ_N满足：

$$\lim_{s \to \infty} E_t(y_{n,\,t+s} - \alpha_{t+s}) = \mu_n, \ n = 1, \ \cdots, \ N$$

其中，s表示经过时间，$y_{n,\,t}$是地区n在t时刻的变量值，α_t是所有地区共同趋势，μ_n是常量。参数μ_n决定了地区n的平行变动水平，只有在非常特殊情况下，所有地区变量值完全相同时这个参数为零，此时所有地区将收敛到相同的变动途径。

收敛性假说成立时有下列条件：$\lim_{s \to \infty} E_t(y_{t+s} - y_{t+s}) = \mu_n$

当且仅当$E_t(y_t - y_t)$稳定且有无条件均值μ_n时成立。其收敛性条件也可表示为动态过程。

$$y_{n,\,t} = \varphi_n + \rho y_{n,\,t-1} + \varepsilon_{n,\,t}$$

---

① EVANS P, KARRAS G. Convergence Revisited [J]. Journal of Monetary Economics, 1996, 37 (2)：249-265.

其中，$\varepsilon_{n,t}$ 独立同分布且有 $\varepsilon_{n,t} \to N(0, \sigma_\varepsilon^2)$，$\varphi_n$ 是常量，当 $|\rho|$ <1 时，变量是稳定的。检验结果若存在单位根则认为是发散的，反之，若不存在单位根即平稳，表明是收敛的。

本研究用收敛的定义指出地区间的宜业与生态宜居评价值的差异将会随着时间趋于无穷而接近于 0，即完全趋同，但在短期内会服从期望为零且方差有限的平稳过程。如果地区 i 的宜业和生态宜居评价值差异与地区 j 的宜业和生态宜居评价值差异存在收敛关系，又由于评价值的取值范围为 [0，1]，那么表示两者的宜业与生态宜居评价值差值将以向量 [1，-1] 的形式协整。因此，收敛可以看作受约束的共同趋势。为了验证地区间宜业与生态宜居评价值趋同性的差异，采取面板数据单位根检验的工具来进行验证①，证明各地区间宜业与生态宜居评价值的差值是否存在着绝对收敛现象，并进一步通过单变量单位根检验方法分市区对各地区宜业与生态宜居评价值的差值进行收敛性分析，其模型构建如式：

$$y_{it} - y_t = \alpha_i + \gamma t + \beta_i(y_{it-1} - y_{t-1}) + \sum_{k=1}^{Ki} A_{ik}(y_{it-k} - y_{t-k}) + \varepsilon_{it}$$

其中 y_{it} 是第 i 个地区第 t 年宜业与生态宜居评价值差值，$\bar{y}_t$ 是第 t 年长三角城市群地区宜业与生态宜居评价值差值的均值。由于 α_i 和 A_{ik} 是参数，使得 $\sum_{k=1}^{Ki} A_{ik} L^i$ 的所有根都处于单位圆之外，L 为滞后算子，同时假定单位的数量 N 趋于无穷大时，上式中的所有 ε 在各个单位之间均不相关。因此随机收敛的检验也就是检验 $y_{it} - y_t$ 是否平稳。如果 $y_{it} - y_t$ 为平稳序列，则外部的冲击效应会随着时间推进逐步消失，即 n 个单位具有共同的发展趋势，具有随机收敛性。反之，若 $y_{it} - y_t$ 为非平稳序列，则外部的冲击效应会产生持久的影响，使得 y_{it} 偏离共同的趋势。

二、检验结果

按照崔仁（Choi）提出的单位根检验收敛性的分析方法②，本书选用 Fisher-ADF 检验、IPS 检验、Hadri 检验三种不同的单位根检验方法，若 ADF 检验、IPS 检验均拒绝原假设，且 Hadri 检验未拒绝原假设，则可以认为所有序列均为平稳随机过程，即变量之间具有随机收敛的趋势。表 10-8 呈现了长三角城

---

① 刘华军，杜广杰. 中国经济发展的地区差距与随机收敛检验—基于 2000~2013 年 DMSP/OLS 夜间灯光数据 [J]. 数量经济技术经济研究，2017，34 (10)：43-59.

② CHOI C Y. A Variable Addition Panel Test for Stationarity and Confirmatory Abalysis [R]. Mimeo Department of Economics，University of New Hampshire，2002.

市群全域和江苏省、浙江省和安徽省宜业与生态宜居的全局收敛性检验结果①。结果表明：长三角、江苏省、浙江省和安徽省的宜业与生态宜居评价值的差值在 ADF 检验，IPS 检验中均不能拒绝原假设，而在 Hadri 检验中拒绝了原假设，即面板中存在单位根，不服从平稳过程，可以认为在 2005—2015 年长三角城市群地区全局的宜业与生态宜居评价值的差值是不符合绝对收敛假说的，即江苏省、浙江省、安徽省三省宜业与生态宜居不呈全局收敛性趋势，表现出分异性特征。

表 10-8　全局收敛检验结果

地区	ADF 检验	Prob	IPS 检验	Prob.	Hadri 检验	Prob.
长三角	40.4710	0.8770	1.4306	0.9237	8.2646	0.0000
江苏省	3.2479	0.9997	2.3230	0.9899	5.0803	0.0000
浙江省	10.8431	0.8191	0.8742	0.8090	3.3039	0.0005
安徽省	12.7471	0.6912	0.4917	0.6885	4.5703	0.0000

为增加检验结果的稳健性，对面板中序列进行绝对 β 收敛检验来进一步验证结论，结果见表 10-9。由表可以看出，整个长三角地区的回归系数的显著性概率为 0.3314，远大于 0.1，说明收敛的假设不能被接受。其中江苏省、浙江省的回归系数均不显著，收敛的假设不能被接受。而安徽省虽然回归系数为 -0.2252<0，但其显著性概率为 0.1322>0.1，因此也不能接受收敛的假设。因此长三角地区、江苏省、浙江省、安徽省宜业与宜居均没有明显的收敛迹象，与利用面板单位根检验方法所得出的结论相一致。

表 10-9　绝对 β 收敛检验

参数	长三角	江苏省	浙江省	安徽省
β	9.5786 (0.3314)	0.004 (0.2226)	0.1095 (0.2015)	-0.2252 (0.1322)
常数项 α	-1.7361 (0.1458)	0.1072 (0.0008)	0.0998 (0.0011)	0.1447 (0.0021)

---

① 由于上海市作为直辖市与省域单元不同，具有特殊性，且研究中所获数据为上海市的时间序列数据而非分县区的面板数据，因此我们将其收敛性检验放在市域单元，采用单变量单位根检验方法，未在全域和省域单元探讨。

参数	长三角	江苏省	浙江省	安徽省
调整后 R2	−0.0001	0.0900	0.1312	0.2252
F	0.9770	1.7913	2.0569	3.0344

注：括号内数字表示显著性概率。

　　是否存在某些城市相对于长三角地区呈收敛趋势？进一步利用 ADF、PP、KPSS 等单变量单位根检验方法，考察长三角城市群 26 个城市宜业与生态宜居评价值差值的随机收敛趋势。表 10-10 呈现了长三角城市群 26 个城市宜业与生态宜居的收敛性检验结果，根据 ADF 检验的结果，在 26 个城市样本中，仅有 3 个市区的序列拒绝了存在单位根的原假设，其中在 1% 的显著水平下，上海市拒绝了存在单位根的原假设；在 5% 的显著水平下，马鞍山市拒绝了存在单位根的原假设；在 10% 的显著水平下，台州市拒绝了存在单位根的原假设。其他 23 个市的宜业与生态宜居评价值差值序列均接受了存在单位根的原假设。又根据 PP 检验的结果，在所有 26 个城市样本中，依旧只有上海市、马鞍山市和台州市 3 个市的序列拒绝了原假设，其中在 1% 的显著水平下，上海市拒绝了存在单位根的原假设；在 5% 的显著水平下，马鞍山市拒绝了存在单位根的原假设；在 10% 的显著水平下，台州市拒绝了存在单位根的原假设。根据 KPSS 的检验结果，在 26 个城市样本中，共有 19 个市拒绝了平稳性的原假设，有 7 个市接受了原假设，其中包括上海市、杭州市、嘉兴市、湖州市、泰州市、舟山市、马鞍山市。综上可见，在全局性随机发散的前提下，仍旧存在部分地区的宜业与生态宜居评价值差值呈随机收敛的趋势，全局性随机发散并未否定存在收敛子集的可能。

　　全局收敛检验结果表明江苏省、浙江省、安徽省三省整体内部的宜业与宜居评价值的差值均不呈收敛趋势，进而检验各省份部分城市是否可构成收敛子集。通过全子集路径的方法来识别地区内的收敛俱乐部。依次从江苏省选择 8 个市组成新的集合并验证其收敛性；若不为收敛，则继续选择 8 个市构成集合再次验证其收敛性，以上过程将持续进行直到发现某一子集呈随机收敛趋势。为了增加结果的稳健性，我们依旧采取 ADF 检验、IPS 检验、Hadri 检验三种方法进行检验。

　　表 10-11、表 10-12、表 10-13 呈现了江苏省、浙江省、安徽省随机收敛俱乐部检验结果。从检验结果来看，江苏省、浙江省和安徽省内部分城市构成的集

表10-10　单变量单位根检验

地区	ADF	PP	KPSS	地区	ADF	PP	KPSS
上海市	-5.8088***	-7.7824***	0.1229	湖州市	-0.3062	-0.4869	0.3348
南京市	-0.8246	-0.6657	0.4199*	绍兴市	-0.5680	-0.4276	0.3982*
无锡市	-0.7293	-0.7293	0.4180*	金华市	-1.6288	-1.6165	0.3719*
常州市	-0.7991	-0.6092	0.4228*	台州市	-2.9502*	-2.9261*	0.2061
南通市	-0.3727	-0.3180	0.4264*	舟山市	-0.8914	-1.1266	0.2584
苏州市	-0.7506	-1.1969	0.4058*	合肥市	-1.6148	-1.7015	0.3617*
盐城市	-0.5425	-0.4531	0.4268*	芜湖市	-0.9418	-0.9170	0.3733*
扬州市	-0.5297	-0.5297	0.4140*	铜陵市	-1.1824	-1.1824	0.4540*
泰州市	-0.5752	-0.5752	0.4412*	安庆市	-0.4710	-0.3344	0.4162*
镇江市	-0.5060	-0.2180	0.4528*	马鞍山市	-3.5209***	-3.5209***	0.2426
杭州市	-1.5485	-1.2054	0.2801	滁州市	-1.5577	-1.5402	0.4367*
宁波市	-0.1323	-0.3779	0.4106*	池州市	-0.7406	-0.7389	0.3940*
嘉兴市	-1.3109	-1.4351	0.3437	宣城市	-0.5649	-0.2025	0.4503*

注：*、**、***分别表示在10%、5%、1%的水平下显著。

表 10-11 江苏省随机收敛俱乐部检验结果

地区	ADF	IPS	Hadri	地区	ADF	IPS	Hadri
J1	0.9997	0.9936	0.0000	J5=J4-南通市	0.9974	0.9722	0.0000
J2=J1-南京市	0.9998	0.9919	0.0000	J6=J5-苏州市	0.9948	0.9691	0.0001
J3=J2-无锡市	0.9996	0.9889	0.0000	J7=J6-盐城市	0.9849	0.9474	0.0008
J4=J3-常州市	0.9992	0.9858	0.0000	J8=J7-扬州市	0.9534	0.9062	0.0039

注:J1 包括南京市、无锡市、常州市、南通市、苏州市、盐城市、扬州市、泰州市、镇江市。

表 10-12 浙江省随机收敛俱乐部检验结果

地区	ADF	IPS	Hadri	地区	ADF	IPS	Hadri
Z1	0.8191	0.8090	0.0005	Z5=Z4-湖州市	0.4511	0.4957	0.0130
Z2=Z1-杭州市	0.8103	0.8343	0.0006	Z6=Z5-绍兴市	0.2800	0.2963	0.0872
Z3=Z2-宁波市	0.6909	0.7055	0.0028	Z7=Z6-金华市	0.2151	0.2843	0.2397
Z4=Z3-嘉兴市	0.6239	0.6944	0.0062	Z8=Z7-台州市	0.6883	0.6307	0.0937

注:Z1 包括杭州市、宁波市、嘉兴市、湖州市、绍兴市、金华市、台州市、舟山市。

表10-13　安徽省随机收敛俱乐部检验结果

地区	ADF	IPS	Hadri	地区	ADF	IPS	Hadri
A1	0.6912	0.6885	0.0000	A5=A4-安庆市	0.3206	0.4294	0.0004
A2=A1-合肥市	0.6778	0.7144	0.0000	A6=A5-马鞍山市	0.8848	0.8214	0.0015
A3=A2-芜湖市	0.6516	0.5746	0.0000	A7=A6-滁州市	0.9354	0.8779	0.0081
A4=A3-铜陵市	0.4793	0.6132	0.0000	A8=A7-池州市			

注：A1包括合肥市、芜湖市、铜陵市、安庆市、马鞍山市、滁州市、池州市、宣城市。

合中，均没有同时满足 ADF 检验、IPS 检验拒绝原假设且 Hadri 检验未拒绝原假设的集合，即均不存在随机收敛子集。表明长三角城市群内部地区间不存在宜业与生态宜居的收敛性特征，存在分异化特征。

第六节　长三角城市群宜业与生态宜居融合协同发展的主要结论与对策建议

一、主要结论

第一，长三角城市群 2005—2015 年宜业建设取得显著成效，呈现"高→低→高"发展轨迹，呈现东部、北部高和西部、南部低的集聚特征，上海市和江苏省宜业建设水平整体高于浙江省和安徽省。宜业建设取得显著成效的城市依次是镇江市、泰州市、南通市、滁州市、池州市、常州市、盐城市、扬州市、嘉兴市、苏州市、金华市、无锡市、绍兴市、湖州市、宁波市、宣城市、南京市、芜湖市、安庆市、舟山市、合肥市、杭州市，宜业建设有所下降的城市依次是台州市、铜陵市、马鞍山市、上海市。

第二，长三角城市群 2005—2015 年生态宜居水平整体下降，呈现"高→低→低"发展轨迹，呈现生态宜居建设南部和西部高于东部和北部的集聚特征，浙江省和安徽省生态宜居建设水平整体高于上海市和江苏省。生态宜居建设取得显著成效的城市依次是嘉兴市、上海市、合肥市、苏州市、金华市、杭州市、台州市、滁州市、马鞍山市，有所下降的城市依次是铜陵市、宣城市、扬州市、南京市、镇江市、安庆市、无锡市、盐城市、南通市、泰州市、池州市、芜湖市、宁波市、湖州市、舟山市、绍兴市、常州市。

第三，长三角城市群 2005—2015 年宜业与生态宜居融合协同发展取得显著成效，呈现"高→低→高→高"的发展轨迹，呈现出东部、中部高，西部、南部、北部低的空间集聚特征，依次排名为上海市、江苏省、浙江省和安徽省。二者融合协同发展显著进步的城市依次为滁州市、嘉兴市、泰州市、常州市、南通市、镇江市、金华市、池州市、江苏省、绍兴市、盐城市、合肥市、湖州市、宁波市、扬州市、杭州市、无锡市、舟山市、芜湖市，有所退步的城市依次是铜陵市、台州市、安庆市、南京市、宣城市、马鞍山市。

第四，整体来看，长三角城市群 2005—2015 年宜业建设仍然滞后于生态宜居建设。从 2011 年起，无锡市和常州市生态宜居滞后于宜业；泰州市、扬州市、镇江市、南京市、苏州市、嘉兴市 5 市和江苏省整体从 2012 年起生态宜居滞后于宜业，合肥市在 2012—2014 年生态宜居滞后于宜业，南通市在 2013—2015 年生态宜居滞后于宜业，杭州市在 2014 年生态宜居滞后于宜业。2011—2015 年，长三角城市群生态宜居滞后于宜业的城市数量分别为 2、9、10、11、9，占城市数量的 7.69%、34.62%、38.46%、42.31%。

第五，2005—2015 年，省域单元中江苏省、浙江省、安徽省宜业与生态宜居面板存在单位根，表明这 3 个省域单元不呈全局收敛性趋势，具有分散性和分异性发展特征。在 26 个市域单元中，除上海市、马鞍山市和台州市不存在单位根检验，宜业建设与生态宜居建设具有收敛性特征和均衡化发展趋势，其余 23 个市域单元均存在单位根，具有分散性和分异特征。江苏省、浙江省、安徽省均不存在随机收敛子集，表明不具备内部分区收敛性特征。

二、对策建议

第一，在宜业建设方面，突出加强浙江省和安徽省的宜业建设，发挥苏州市、无锡市、南京市、常州市、上海市、镇江市、扬州市、杭州市、南通市、泰州市、宁波市、嘉兴市等城市高质量发展的带动作用，通过优化产业结构，提高工业效率、投资效率和科技产业发展水平等方法，提升绍兴市、铜陵市、湖州市、合肥市、马鞍山市、盐城市、舟山市、芜湖市、金华市、台州市、宣城市、滁州市、池州市、安庆市等城市的经济社会发展水平和潜力。突出控制上海市、杭州市、南京市、苏州市等中心城市房价的过快上涨，降低就业和工作压力。提升就业的市场化水平和就业保障程度，打造人才集聚"谷地"。

第二，在生态宜居建设方面，突出加强江苏省的生态宜居建设，利用好舟山市、宣城市、池州市、湖州市、台州市、铜陵市、安庆市、南通市、金华市、杭州市、南京市、苏州市、宁波市生态资源优势，吸纳域内上海市、杭州市、苏州市、南京市等中心城市的人口和产业，平衡好域内资源环境承载压力。着力解决扬州市、上海市、绍兴市、芜湖市、盐城市、镇江市、泰州市、无锡市、滁州市、常州市、嘉兴市、马鞍山市、合肥市社会公共配套与教育、医疗等公共资源紧张和环境污染问题，通过供给侧改革、增加社会公共配套和教育、医疗等公共资源。切实加强对水、土壤、大气集中连片污染的治理，突出改善生态环境质量，倡导和形成绿色低碳循环的生活方式，促进生态文明和美丽中国建设。

第三，推进宜业与生态宜居融合协同发展，作为长三角城市群一体化的重要内容和关键环节。借鉴上海市内各地区和江苏省内各地级市之间宜业与生态宜居协同发展经验，突出加强安徽省内各地级市和浙江省内各地级市宜业与生态宜居的融合协同发展。发挥苏州市、南京市、上海市、无锡市、南通市、镇江市、杭州市、扬州市、舟山市、常州市、湖州市、泰州市、铜陵市、宁波市宜业与生态宜居融合协同发展的空间带动作用，积极构造长三角城市群大中小城市协同发展框架，通过文化交流、产业分工、人口与资金流动等方式，促进绍兴市、台州市、金华市、盐城市、芜湖市、嘉兴市、宣城市、马鞍山市、合肥市、池州市、滁州市、安庆市宜业与生态宜居融合协同发展。

第四，借鉴上海市、台州市、马鞍山市三个城市宜业与生态宜居均衡发展经验，推动浙江省和安徽省内绍兴市、宁波市、舟山市、湖州市、盐城市、金华市、铜陵市、池州市、芜湖市、滁州市、宣城市、安庆市宜业建设，补齐南京市、杭州市、泰州市、无锡市、常州市、镇江市、扬州市、南通市、苏州市、嘉兴市、合肥市生态宜居建设短板。以省内经济带、都市圈和大中型城市为支点，优化整合工业项目和投资，吸引人口到域内支点城市和卫星城市就业，将长三角城市群打造成宜业与生态宜居均衡发展的集聚中心。

専題二

京津冀城市群大气污染排放总量与强度的影响因素与协同减排

　　京津冀城市群是我国北方重要的经济核心区，包括北京市、天津市以及河北省的保定市、唐山市、廊坊市、秦皇岛市、张家口市、承德市、石家庄市、沧州市、邯郸市、邢台市、衡水市等 11 个地级市。2015 年 6 月，中共中央、国务院印发的《京津冀协同发展规划纲要》中提出要打造以北京为中心的世界级城市群，形成一核—双城、三轴—四区、多节点—两翼的空间一体化发展格局，重点实现交通、环保、产业一体化。

　　表 11-1 为京津冀城市群 2017 年发展的基本情况。截至 2017 年，从整体上来看，京津冀城市群的经济、产业、交通一体化发展迅速，取得显著的成效。具体来看，京津冀城市群的城镇化率为 64.9%，高于全国 58.52% 的水平，处在城镇化发展水平的中后期阶段；经济总量为 80580.45 亿元，占全国经济总量近 10%，成为推动我国社会经济发展的重要动力；第三产业占比显著高于第二产业，并超过全国水平，这表明京津冀城市群的整体产业结构已处在最优水平；建成区路网密度为 6.84 千米/平方千米，略低于全国 7.04 的水平，这说明京津冀城市群交通网络的建设接近全国平均水平，交通一体化水平较高；建成区绿化覆盖率为 51.34%，高于全国 40.91% 的水平，这表明京津冀城市群的绿化水平领先全国，十分注重城市的生态环境建设。但是，随着京津冀城市群社会经济的快速发展，人口和工业的大规模集聚，导致资源能源的大量消耗，城市空间的无序开发导致通勤距离增加，使大气污染物大规模排放，由此引发了长时期、大范围的雾霾天气，从而严重阻碍了京津冀城市群协同一体化发展。截至 2017 年，京津冀城市群整体环境空气质量综合指数为 6.28，显著高于全国 4.89 的水平，特别是天津市和河北省内多数地级市的环境空气质量综合指数显著高于北京 5.87 的水平，这表明京津冀城市群的大气环境质量依然不容乐观，城市群内部空气质量存在较大差距，环保一体化的建设任重而道远。

表 11-1　2017 年京津冀城市群发展基本情况

地区	城镇化率（%）	人口密度（人/平方公里）	国内生产总值（亿元）	三次产业占比（%）	环境空气质量综合指数	建成区绿化率（%）	建成区路网密度（公里/平方公里）	城市建设用地占市区面积比重（%）
全国	58.52	2477	827121.7	7.9：40.5：51.6	4.89	40.91	7.04	2.5
京津冀	64.9	535.61	80580.45	4.2：35.7：60.05	6.28	51.34	6.84	6.0
北京市	86.50	1144	28014.94	0.4：19.0：80.6	5.87	48.42	5.70	8.93
天津市	82.93	3276	18549.19	1.2：40.8：58.0	6.53	36.72	7.83	8.38
河北省	55.01	2675	34016.32	9.2：46.6：44.2	6.49	38.17	7.01	4.2
其中:保定市	50.88	4795	3227.3	11.7：45.7：42.6	8.32	42.88	6.68	7.13
唐山市	61.64	1455	7106.1	8.5：57.4：34.1	7.97	40.79	6.40	5.03
廊坊市	58.50	1959	2880.6	6.5：43.8：49.7	6.61	46.22	7.44	23.63
秦皇岛市	57.88	3792	1506.01	13.3：34.6：52.1	5.86	40.24	6.56	2.29
张家口市	55.92	2593	1555.6	18.1：35.2：46.7	4.18	38.56	6.73	2.29
承德市	49	817	1618.6	15.6：46.1：38.3	4.86	43.65	4.53	5.75
石家庄市	61.64	5473	6460.9	7.4：45.1：47.5	8.72	44.42	7.40	11.85
沧州市	51.33	3395	3816.9	8.1：49.9：42.0	6.89	37.36	5.04	45.36
邯郸市	55.31	3606	3666.3	11.1：48.6：40.3	8.64	44.71	8.67	6.52
邢台市	51.57	8461	2236.36	12.2：47.9：39.9	8.57	43.25	5.67	0.83
衡水市	50.6	1603	1550.1	11.9：46.2：41.9	7.29	40.23	7.83	4.57

数据来源：2018《中国城市建设统计年鉴》、各省市统计公报、《中国生态环境状况公报》。

第一节 问题的提出与研究现状

一、问题的提出

（一）京津冀城市群空气质量正在好转，部分城市间仍存在较大差距

图 11-1 为 2013—2017 年京津冀城市群 AQI（空气质量指数）的变化趋势特征图。从图中可以看出，整体上，京津冀城市群的环境空气质量综合指数呈现出反复上升的趋势特征。具体来看，分为三个阶段：2013—2014 年，呈现出加速上升趋势，并在 2014 年达到峰值；2014—2016 年，出现持续下降的特征，并在 2016 年回到 2013 年的水平上；2016—2017 年又呈现出小幅回升的趋势特征。2016 年之前，内部各城市间的空气质量存在较大差距，但是在 2016—2017 年期间，这种差距逐渐缩小，但河北省多数城市的空气质量依然低于北京和天津。

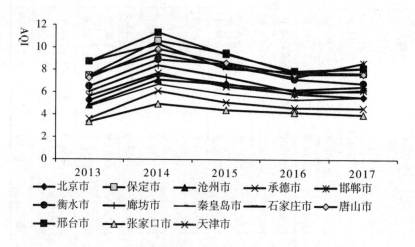

图 11-1　2013—2017 京津冀城市群空气质量变化趋势

数据来源：北京历年生态环境统计公报、天津历年生态环境统计公报、河北历年生态环境统计公报。

（二）京津冀城市群大气污染排放强度控制成效明显，但总量控制难度较大

从图 11-2 到图 11-7 可以看出，京津冀地区单位国内生产总值大气污染物

排放量总体上呈下滑趋势，特别是二氧化硫和氮氧化物的排放强度在 2010 年之后正逐渐将至 0，这表明京津冀城市群各城市大气污染排放强度成效十分显著，在经济增长的同时注重对大气污染排放物的总量控制。

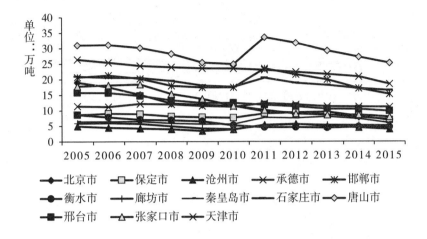

图 11-2　京津冀地区二氧化硫排放量

数据来源：北京历年生态环境统计公报、天津历年生态环境统计公报、河北历年生态环境统计公报。

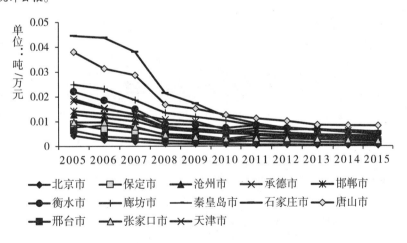

图 11-3　京津冀地区单位国内生产总值二氧化硫排放量

数据来源：北京历年生态环境统计公报、天津历年生态环境统计公报、河北历年生态环境统计公报。

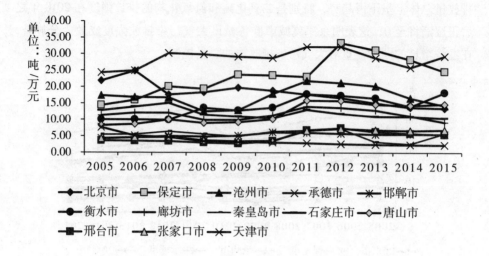

图 11-4　京津冀地区氮氧化物排放量

数据来源：北京历年生态环境统计公报、天津历年生态环境统计公报、河北历年生态环境统计公报。

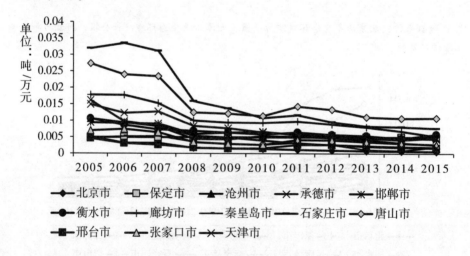

图 11-5　京津冀地区单位国内生产总值氮氧化物排放量

数据来源：北京历年生态环境统计公报、天津历年生态环境统计公报、河北历年生态环境统计公报。

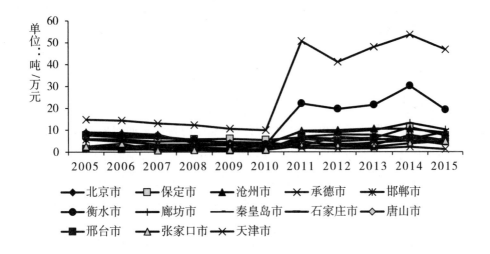

图 11-6 京津冀地区工业废气排放量

数据来源：北京历年生态环境统计公报、天津历年生态环境统计公报、河北历年生态环境统计公报。

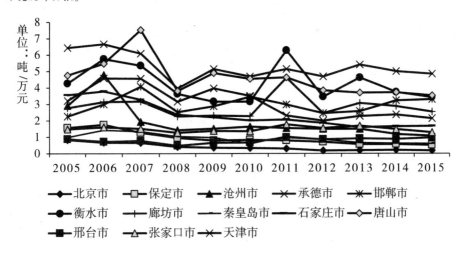

图 11-7 京津冀地区单位国内生产总值工业废气排放量

数据来源：北京历年生态环境统计公报、天津历年生态环境统计公报、河北历年生态环境统计公报。

综上所述，近年来，京津冀城市群空气质量有所提升，但大气污染排放总量依然较大，不同规模、等级城市间的大气污染排放总量也存在较大的差距。

因此，对京津冀城市群大气污染的时空特征、影响因素及协同治理情景进行研究，对降低大气污染排放总量，提升其整体空气质量具有重要的现实意义。

二、研究现状

（一）国内外城市群大气污染相关研究

考虑到城市群非行政单元和大气污染外部性的特征，如何界定大气污染问题的治理责任以及如何制定相关政策，成为城市群大气污染防治的重点和难点问题。针对这一问题，国内外学者们主要从大气污染的影响因素、时空演化规律和政府合作治理方面进行研究，以下将从这三个方面对现有学者的研究进行总结。

1. 城市群大气污染影响因素研究

城市群是城市化和工业化发展到中后期阶段的产物，是推动一个国家经济发展的主体①。美国纽约城市群、英国伦敦都市区、日本东京都市圈等，都是在工业化和城市化中、后期阶段诞生的城市群。这些城市群虽然推动了经济的高速发展，但也成为大气污染严重的地区，如20世纪50—90年代，洛杉矶的光化学烟雾事件、伦敦雾事件等，自此，学者们开始对大气污染的影响因素进行研究。经济增长和环境污染之间的关系一直是学者们研究的重点方向，但长期以来，学者们并未得出一致的结论。初期国外学者经过研究发现，经济增长和环境污染之间呈现出倒U型发展关系②，后经过学者们进一步研究发现，经济增长与环境污染之间的关系可能由于研究区域和选取环境污染物指标的不同呈现出线性、正U型、N型、倒N型的关系③。

由于大气污染受多种因素的影响，学者们进一步又从影响经济增长的相关因素出发，来深入研究二者之间的关系。大气污染不仅受经济总量的单一影响，人口因素、工业结构、资本存量等因素都会对一个经济体的环境质量产生重要

① 姚士谋，陈振光，叶高斌，等. 中国城市群基本概念的再认知 [J]. 城市观察，2015（01）：73-82.
② GROSSMAN G M, KRUEGER A B. Economic Growth and the Environment [J]. Social Science Electronic Publishing, 1994, 110 (2)：353-377. 未找到
③ POUMANYVONG P, KANEKO S. Does urbanization lead to less energy use and lower CO2 emissions? A cross-country analysis [J]. Ecological Economics, 2010, 70 (2)：434-444.

影响①。针对这一问题，有学者提出了分解方程式解释环境污染主要由经济总量、产业结构、技术水平三个因素同时决定，即规模效应、结构效应与技术效应②。此外，还有学者将环境政策、财政政策及交通因素考虑在内，多数研究发现环境、财政等政策性因素对大气污染的影响较为显著，而交通对城市大气污染的影响存在一定的区域差异。结合英美等发达国家的雾霾治理经验，发现其主要通过立法、能源结构调整、建立区域联防联控机制、建立污染物排放标准及建立有效的管理机制，减少煤炭消耗，改善能源结构，并及时预防机动车污染等措施来提升空气质量。

2. 城市群大气污染时空特征研究

由于大气污染所具有的外部性特征，及其所特有的空间传输性强的特点，导致大气污染问题存在显著的区域性差异，近年来，学者们对于大气污染的空间分布特征及其变化规律十分关注。多数学者主要利用地理统计方法对大气污染的空间分布特征及其变化规律进行研究，并结合研究结论提出城市群的大气污染的防治应分区治理。例如，波琳娜（Paulina）对美国纽约城市群 2002—2011 年发电、石油、天然气开采部门的大气污染排放进行研究，发现不同城市地区不同部门大气污染排放存在空间异质性，节能减排政策的有效实施需考虑各地区间的差异③。王军锋等人研究了中国 30 个省份的 CO_2 和 SO_2 排放协同性与空间特征，发现不同省份的大气污染物排放存在显著的空间协同性，且这种协同性存在显著的空间差异，为地区协同减排政策的制定提供了有效的依据④。齐红倩等人探讨了中国 30 个省份的工业 SO_2 排放的区域差异，发现中国工业大气污染物排放存在显著的空间差异，各省份应该依据这些差异合理分配减排任务，并依据各区域的经济状况制定不同的治理政策⑤。孙丹对京津冀、长三角、珠三角、成渝、长中游等五大跨区域型城市群 96 个城市 2015 年的空气质量指数

① 王兴杰，谢高地，岳书平. 经济增长和人口集聚对城市环境空气质量的影响及区域分异——以第一阶段实施新空气质量标准的 74 个城市为例 [J]. 经济地理，2015，35（02）：71-76+91.

② COPEL B R, Taylor M S. Trade, Growth, and the Environment [J]. Social Science Electronic Publishing, 2003, 42（1）：7-71.

③ JARAMILLO P, MULLER N Z. Air pollution emissions and damages from energy production in the U. S.：2002–2011 [J]. Energy Policy, 2016, 90：202-211.

④ 王军锋，贺姝峒，李淑文，等. 我国省级温室气体和大气污染排放协同性及空间差异性研究——基于 ESDA-GWR 方法 [J]. 生态经济，2017，33（07）：156-160+221.

⑤ 齐红倩，王志涛. 我国污染排放差异变化及其收入分区治理对策 [J]. 数量经济技术经济研究，2015，32（12）：57-72+141.

以及 PM 2.5、PM 10、SO_2、CO、NO_2、O_3等 6 种分项污染物的时空分布特征进行研究，发现城市雾霾污染之间存在普遍的动态关联且呈现出联系紧密、稳定性强、带有明显特征的多线程复杂网络结构形态，指出城市群大气污染要实施多种大气污染物的分区治理[①]。

3. 城市群大气污染政府合作治理研究

除对大气污染的影响因素和分布规律进行研究外，也有学者从大气污染治理的政府合作角度探讨了城市群大气污染的治理模式，多数研究表明加强政府间的合作，形成区域间大气污染联防联控的体制机制是跨区域大气污染治理的关键[②]。大气污染的负外部性特征和较强的区域传输特点，导致污染的范围和治理的责任难以划分，再加上城市群非行政单位的特殊属性，各区域政府间的利益博弈导致其大气污染难以治理。根据大气环境的公共物品属性和跨区域大气污染较强空间传输的特点，实施区域内不同行政区联合防治。

(二) 京津冀城市群大气污染相关研究

京津冀城市群作为我国大气污染问题十分突出的地区，自 2013 年大范围、持续性的雾霾事件爆发以来，引起了学术界的广泛关注，近 10 年来有关京津冀大气污染问题的研究主要集中在空气质量、工业大气污染物排放、治理效率三个不同方面。

从空气质量角度，学者们主要以空气质量指数和主要大气污染物浓度（PM 2.5、PM 10等）作为研究对象，且以单一污染物为研究对象重点关注其时空分布特征和影响因素，多数研究发现京津冀城市群空气质量及主要大气污染物浓度呈现出显著的区域性和季节性差异，但对于影响因素，由于研究对象的不同，学者们未能得出一致的研究结论[③④]。

从工业大气污染排放角度，当前，有关京津冀工业大气污染排放问题主要以工业 SO_2为重点研究对象，重点关注京津冀城市群及其周边地区工业发展所造

---

① 孙丹，杜吴鹏，高庆先，等.2001 年至 2010 年中国三大城市群中几个典型城市的 API 变化特征 [J]. 资源科学，2012，34 (08)：1401-1407.

② 王振波，梁龙武，林雄斌，等. 京津冀城市群空气污染的模式总结与治理效果评估 [J]. 环境科学，2017，38 (10)：4005-4014.

③ 刘海猛，方创琳，黄解军，等. 京津冀城市群大气污染的时空特征与影响因素解析 [J]. 地理学报，2018，73 (01)：177-191.

④ WANG Y, LIU H, MAO G, et al. Inter-regional and sectoral linkage analysis of air pollution in Beijing - Tianjin - Hebei (Jing-Jin-Ji) urban agglomeration of China [J]. Journal of Cleaner Production, 2017, 165: 1436-1444.

成的大气污染排放的时空特征及二者之间的相互作用关系。安树伟探讨了京津冀地区 SO_2 的排放总量的空间分布特征，发现河北省的 SO_2 排放量最高，能源消费总量过高和北京市向河北省的产业转移是造成这一现象的主要原因①。张伟等人研究了京津冀城市群工业源污染排放的空间集聚特征，工业源大气污染排放主要集中在唐山市、天津市、邯郸市和石家庄市。马丽等人分析了 2003—2014 年京津冀地区工业规模与工业 SO_2 和烟尘排放之间的关系，发现京津冀大部分地市已经实现了工业 SO_2 排放的绝对脱钩，但工业烟粉尘排放尚未实现完全脱钩，技术进步是减排的主要贡献因素，工业结构调整的作用次之②。

从治理效率角度，有关京津冀地区大气污染减排效率主要体现在两个方面：一是有关大气污染排放效率的研究，学者们主要以工业大气污染排放物及二氧化碳为研究对象，对京津冀地区大气污染排放效率进行测度，研究发现京津冀地区各城市大气污染排放效率存在较大差距，且不同的大气污染排放物在相同城市的减排效率存在差异③④。二是有关大气环境效率及其影响因素的研究，学者们主要以 PM 2.5 为大气污染的代理变量，对京津冀城市群大气环境效率及其影响因素进行测度，研究发现京津冀地区城市间的大气环境效率同样存在较大的差异，经济增长是提升京津冀大气环境效率的主要因素⑤。

三、本专题研究的主要内容

鉴于京津冀城市群在我国经济社会发展格局中的重要地位，本专题试图测度京津冀城市群 2005—2016 年大气污染排放总量的区域差异特征，探究不同种类、不同规模城市大气污染物排放的减排效率及关键影响因素，为推进京津冀城市群大气污染减排治理、推进城市群高质量发展提供依据和参考。

---

① 安树伟，郁鹏，母爱英. 基于污染物排放的京津冀大气污染治理研究 [J]. 城市与环境研究，2016 (02)：17-30.
② 张伟，张杰，汪峰，等. 京津冀工业源大气污染排放空间集聚特征分析 [J]. 城市发展研究，2017, 24 (09)：81-87.
③ 蒋姝睿，谭雪，石磊，等. 京津冀大气污染传输通道城市的工业大气污染排放效率分析-基于三阶段 DEA 方法 [J]. 干旱区资源与环境，2019, 33 (06)：141-149.
④ 冯冬，李健. 京津冀区域城市二氧化碳排放效率及减排潜力研究 [J]. 资源科学，2017, 39 (05)：978-986.
⑤ 陈国鹰，郑姝慧，张爱国，等. 京津冀城市群大气环境效率研究 [J]. 资源开发与市场，2019, 35 (01)：50-56.

第二节 京津冀城市群大气污染物排放总量区域差异与影响因素

自"大气十条"颁布以来，北京市、天津市、河北省分别出台大气污染防治条例，均指出要由大气污染物浓度控制转变为浓度与大气污染排放总量的双重控制，这是京津冀城市群大气污染防治的主线。京津冀城市群是我国烟粉尘、SO_2、NO_x（氮氧化物）等多种大气污染大规模、集中交织污染严重的地区。当前，北京市、天津市、石家庄市分别承载了京津冀城市群大约20%、14%、10%的人口和36%、22%、8%的国内生产总值，三座中心城市排放了京津冀城市群大约31.21%的SO_2、35.94%的NO_x和21.08%的烟粉尘。治理京津冀城市群大气污染，需以北京市、天津市、石家庄市等大型城市为重中之重。由于京津冀城市群各城市间的社会经济发展存在显著差异，要实现减排任务的合理分配必须考虑这些差异。本章将京津冀城市群分为省域、大型规模以上城市、中小型城市，以京津冀城市群 SO_2、NO_x、烟粉尘三类大气污染物排放总量为研究对象，利用区域差异分析法、探索性空间分析法和 LMDI 因素分解法对 2005—2016 年京津冀城市群不同规模等级城市三种大气污染物排放总量的时空差异特征和影响因素进行分析，以期为实现京津冀城市群多种大气污染物的协同减排提供科学参考。

一、研究对象与分组

依据国务院 2014 年发布的《关于调整城市规模划分标准》文件中城市规模分类标准，将京津冀城市群划分为特大型城市以上、大型城市、中小型城市三组样本（如表 11-2 所示）来研究不同规模、等级城市 2005—2016 年烟粉尘、SO_2、NO_x 三类污染物的排放总量、治理效率及其影响因素，结合研究结论，从而为京津冀城市群大气污染的精准防治提供更加全面的参考。

表 11-2 京津冀城市群城市分组

分类	省份/城市
第一组：3 个省域组	北京市、天津市、河北省（河北省仅研究京津冀城市群河北省所涉的 11 地市）

分类	省份/城市
第二组：4个大型城市组	石家庄市、唐山市、邯郸市、保定市
第三组：7个中小城市组	张家口市、承德市、沧州市、衡水市、邢台、秦皇岛市6个中等城市和小型城市廊坊市

注：数据来自2017年《中国城市统计年鉴》，京津冀城市群13个地级市涉及超大型城市北京市（1879.6万）1个（城区人口1000万以上）、特大型城市天津市（719.2万）1个（城区人口500万~1000万），Ⅱ型大城市4个石家庄市（264.1万）、唐山市（193.98万）、邯郸市（171.69万）、保定市（142.67万）（100万~300万），中等城市6个张家口市（95.64万）、承德市（53.36万）、沧州市（54.52万）、衡水市（55.78万）、邢台市（89.03万）、秦皇岛市（97.66万）（50万~100万），Ⅰ型小型城市1个廊坊市（47.6万）（20万~50万）。

二、研究模型

（一）区域差异分析法

学术界大多采用基尼系数、变异系数等方法进行区域差异的研究，主要探究区域差异程度和离散程度。本书运用变异系数法来测度京津冀城市群三种大气污染物排放量在不同规模城市的相对差异程度，计算公式如下：

$$CV = \frac{\sqrt{\dfrac{\sum\limits_{i=1}^{n} (Y_i - \bar{Y})^2}{n-1}}}{\bar{Y}}$$

上式中CV为变异系数，CV值越大表明区域大气污染排放差异越大，各城市间的大气污染减排协同性越低；Y_i为某尺度第i个行政单元的某种大气污染物排放量，n为某尺度下对应行政单元个数，$\bar{Y}$为某尺度n个行政单元某种大气污染物的平均排放量。

（二）探索性空间分析法

该方法包括全局空间自相关和局部空间自相关两种类型，全局空间自相关用Global Moran's I指数进行检验，主要用来描述某个参数的均值在整个研究区域的总体变化情况；局部空间自相关则反映一个区域某一单元与邻近单元上同一研究现象的相关程度，通常使用Moran散点图来描述，用来反映低值和高值在空间上的集聚和离散程度①。Moran's I 指数公式如下：

1. 全局 Moran's I 指数：

$$I = \frac{n \sum_i \sum_j W_{ij}(X_j - \bar{X})(X_j - \bar{X})}{\sum_i (X_i - \bar{X})^2 \sum_i \sum_j W_{ij}}$$

2. 局部 Moran's I 指数：

$$I = \frac{n(X_i - \bar{X})^2 \sum_j W_{ij}(X_j - \bar{X})}{\sum_i (X_i - \bar{X})^2}$$

式中 n 为研究区内城市总数；X_i 和 X_j 为城市 i 和城市 j 的排放量；$\bar{X}$ 是排放量的平均值；W_{ij} 为空间权重矩阵，由于京津冀城市群地理 13 个辖区的地理边界不规则、接邻区域复杂，故本书采用 Queen 邻接权重矩阵。Moran's I 指数的取值范围为 [-1, 1]。I>0，说明存在空间正自相关，即高值聚集在高值附近，低值聚集在低值附近；I<0，表明存在空间负相关关系，即高值寄居在低值附近，出现空间分异的特征。I 值的绝对值越大表明空间相关性越强。

（三）LMDI 因素分解法

LMDI 分解法由日本学者茅阳一（Yoichi Kaya）提出，昂（Ang）进一步提出对数平均迪式分解法。由于在分解的过程中不会产生残差项，结论较其他分解方法更为精确，因而被广泛应用于驱动因子的分析方面。当前，LMDI 分解法已被广泛运用到环境污染、能源等领域的因素分解研究之中，作为解释环境污染排放和能源消耗的依据②。Kaya 将二氧化碳排放的驱动因素分解为人口扩张、能源利用和经济发展水平。基于 Kaya 的研究，借鉴 Kaya 等式，本书将大气污染排放总量分解为人口规模、经济规模、产业结构、技术改善、能源利用效率五个因素：

$$P^t = \sum_i^n P_i^t = \sum_i^n Q_i^t \times \frac{Y_i^t}{Q_i^t} \times \frac{G_i^t}{Y_i^t} \times \frac{E_i^t}{G_i^t} \times \frac{P_i^t}{E_i^t} = Q_{pop,\,i} \times A_{eco,\,i} \times I_{str,\,i} \times T_{tech,\,i} \times S_{enef,\,i}$$

① ANSELIN L, BERA A K, FLORAX R, et al. Simple diagnostic tests for spatial dependence [J]. Regional Science and Urban Economics, 1996, 26 (1)：77-104.
② 马丽. 基于 LMDI 的中国工业污染排放变化影响因素分析 [J]. 地理研究, 2016, 35 (10)：1857-1868.

三、指标选取与数据来源

（一）指标选取

在 LMDI 分解公式中 n 表示城市数量，模型中其他各指标表示为：

1. 主要污染物指标

P^t 为 t 时期大气污染物排放总量，分别表示为 SO_2、NO_X、烟粉尘排放量；P_i^t 表示 t 时期 i 城市大气污染物排放总量。

2. 城市规模（人口效应）指标

Q_i^t 为 t 时期 i 城市人口数量，由于户籍人口不能全面反映城市人口总体水平，本书选取城市常住人口来反映城市人口规模。$Q_{pop,i}$ 为 t 时期 i 城市常住人口数量，代表 t 时期 i 城市的人口效应。

3. 经济规模效应指标

Y_i^t 表示 t 时期 i 城市的地区生产总值；$A_{eco,i} = \dfrac{Y_i^t}{Q_i^t}$ 为 t 时期 i 地区的人均国内生产总值，代表 t 时期 i 城市的经济规模效应；

4. 产业结构效应

G_i^t 为 t 时期 i 城市的工业生产总值；$I_{str,i} = \dfrac{G_i^t}{Y_i^t}$ 为 t 时期 i 城市工业生产总值占地区生产总值的比重，这一指标用于反映地区经济发展对工业的依赖程度，体现结构变化对大气污染排放量的影响。

5. 技术水平效应

$T_{tech,i} = \dfrac{E_i^t}{G_i^t}$ 为 t 时期 i 城市单位工业产值的能源消耗总量，代表了技术水平效应。E_i^t 为 t 时期 i 城市的能源消费总量，G_i^t 为 t 时期 i 城市的工业生产总值。

6. 能源效率效应

E_i^t 为 t 时期 i 城市的能源消费总量。$S_{enef,i} = \dfrac{P_i^t}{E_i^t}$ 表示 t 时期 i 城市单位能源消费量的大气污染物排放量，反映能源利用效率。陈文英等人认为，煤炭消费对中国 SO_2 和烟粉尘的排放影响分别达到 90% 和 70%，是造成大气污染的主要能源，这一比值越低，反映单位能源消费的大气污染排放量越少，代表能源利用效率越高①。

进一步利用昂（Ang，2004）提出的对数平迪指数分解法进行推导，得出各因素对在［t-1，t］时期内对大气污染排放量的贡献程度，公式如下：

$$\Delta P_{pop} = \frac{P_i^{t} - P_i^{t-1}}{\ln P_i^{t} - \ln P_i^{t-1}} \times \ln \frac{Q_{pop,\,i}^{t}}{Q_{pop,\,i}^{t-1}}$$

$$\Delta P_{eco} = \frac{P_i^{t} - P_i^{t-1}}{\ln P_i^{t} - \ln P_i^{t-1}} \times \ln \frac{A_{eco,\,i}^{t}}{A_{eco,\,i}^{t-1}}$$

$$\Delta P_{str} = \frac{P_i^{t} - P_i^{t-1}}{\ln P_i^{t} - \ln P_i^{t-1}} \times \ln \frac{I_{str,\,i}^{t}}{I_{str,\,i}^{t-1}}$$

$$\Delta P_{tech} = \frac{P_i^{t} - P_i^{t-1}}{\ln P_i^{t} - \ln P_i^{t-1}} \times \ln \frac{T_{tech,\,i}^{t}}{T_{tech,\,i}^{t-1}}$$

$$\Delta P_{enef} = \frac{P_i^{t} - P_i^{t-1}}{\ln P_i^{t} - \ln P_i^{t-1}} \times \ln \frac{S_{enef,\,i}^{t}}{S_{enef,\,i}^{t-1}}$$

上式分别代表人口效应（ΔP_{pop}）、经济规模效应（ΔP_{eco}）、产业结构效应（ΔP_{str}）、技术改善效应（ΔP_{tech}）以及能源效率效应（ΔP_{enef}）对于三种大气污染物排放量的贡献量。其中，正值代表该项指标的增加对排放量有增加的作用，负值则代表该指标的增加对于排放量有抑制作用。

（二）数据来源

本研究选取 2005—2016 年京津冀城市群共 13 个城市（北京市、天津市、石家庄市、唐山市、秦皇岛市、邯郸市、邢台市、保定市、张家口市、承德市、沧州市、廊坊市、衡水市）作为样本进行研究。SO_2、NO_x（氮氧化物）、烟粉尘排放量、能源消费总量数据来自 2006—2017 年各省市统计年鉴、环境质量状况公报；城市常住人口来自 2006—2017 年各省市统计年鉴；各地区生产总值，工业生产总值来自 2006—2017 年《中国城市统计年鉴》。

四、结果分析

（一）大气污染物排放的区域差异特征

1. 时间变化差异

从图 11-8 所揭示的京津冀城市群大气污染物排放总量的时间变化特征上

---

① CHEN W, XU R. Clean coal technology development in China [J]. Energy Policy, 2010, 38 (5): 2123-2130.

看，总体上，三种大气污染物的排放总量均呈现出波动下降的趋势特征。具体来讲，比较这一时期能源消耗总量变化，京津冀城市群三类污染物排放存在三个区间：

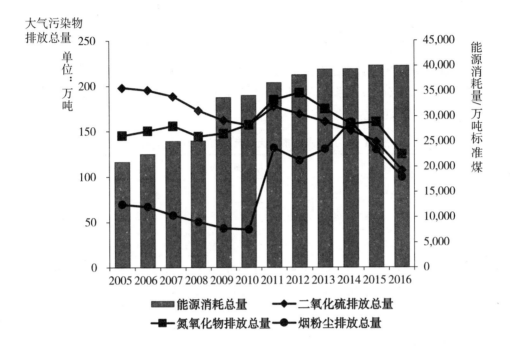

图 11-8 京津冀城市群能源消耗总量与主要大气污染物排放总量变化

第一区间是 2005—2010 年总量减排区间，这一时期京津冀城市群节能减排成效突出，SO_2 排放总量呈现出大幅下降的趋势，烟粉尘的排放总量出现小幅下降，NO_x 排放总量存在小幅波动，减排效果无显著变化。

第二区间是 2010—2012 年反复上升区间，这一时期京津冀城市群城镇化加速发展和美国次债危机后大量基础设施建设的推进，京津冀城市群能源消费总量从 3.42 亿吨标准煤增长到 3.82 亿吨标准煤，京津冀城市群三类主要大气污染物排放快速增加。SO_2 排放总量呈现出先上升后下降的趋势特征，NO_x 排放总量呈现出加速上升的趋势，从 2010 年的 156.79 万吨上升到 2012 年的 192.38 万吨，达到近 10 年以来的峰值。2010—2014 年烟粉尘排放总量呈现出先上升后下降再上升的趋势特征，从 2010 年的 50 万吨上升到 2014 年的 150 万吨，达到峰值。

第三区间是 2013—2016 总量下降区间，这一时期的能源消耗量达到峰值，但三种污染物的排放总量显著下降，2013年，京津冀率先推行"煤改气"工程，受该政策的影响，京津冀能源结构的调整对大气污染起到了显著的减排作用。截至2016年，SO_2、NO_x、烟粉尘排放总量分别为107.1、124.71和99.55万吨，但NO_x排放总量相较于SO_2、烟粉尘的排放总量而言最大，仍处在高位水平上。

2. 地区排放差异

表11-3是运用变异系数法分别从省域、大型城市、中小城市3个维度对京津冀城市群（北京市、天津市、河北省11个城市）三种大气污染排放物的地区排放差异进行测算的结果。

表11-3　京津冀城市群大气污染物排放区域差异

年份	省域			大型城市			中小城市		
	C1	C2	C3	C1	C2	C3	C1	C2	C3
2005	0.5197	0.5628	0.6091	0.4527	0.5829	0.5746	0.4543	0.4470	0.6289
2006	0.5171	0.5819	0.5931	0.4406	0.5899	0.5938	0.2831	0.2990	0.4054
2007	0.5145	0.5819	0.6368	0.4371	0.6636	0.5978	0.2718	0.2848	0.3981
2008	0.5254	0.6065	0.6391	0.4475	0.6670	0.7923	0.2467	0.2298	0.4667
2009	0.5261	0.6248	0.6458	0.4198	0.6811	0.8892	0.2337	0.2076	0.4141
2010	0.5365	0.5992	0.6213	0.4181	0.5606	0.8146	0.2146	0.1714	0.3078
2011	0.5631	0.5475	0.8751	0.4659	0.5338	0.9685	0.1391	0.2470	0.2427
2012	0.5524	0.5864	0.8072	0.4510	0.5555	0.8829	0.1458	0.2580	0.3978
2013	0.5446	0.5932	0.8369	0.4189	0.6159	0.9255	0.1177	0.2529	0.3468
2014	0.5389	0.5839	0.8183	0.4448	0.6463	0.8807	0.1335	0.2450	0.3195
2015	0.5428	0.5694	0.8191	0.4716	0.5782	0.9952	0.1846	0.2696	0.3161
2016	0.5381	0.4960	0.9180	0.4789	0.4521	1.2524	0.2400	0.3069	0.3063

注：C1表示SO_2排放变异系数、C2表示NO_x排放变异系数、C3表示烟粉尘排放变异系数。

从省域层面上看，整体上，三种大气污染物排放总量变异系数的数值分布区间范围由大到小依次为：烟粉尘>NO_x>SO_2，这表明京津冀城市群各城市SO_2排放区域差异最小，协同减排最高，与之相反，烟粉尘的地区减排协同性最差，变异系数显著高于SO_2和NO_x。从时间变化上来看，SO_2排放变异系数呈现出小幅波动下降的趋势，NO_x 排放变异系数呈现出先上升后下降的趋势特征，自 2009 年达到最高值 0.6248 后持续下降，截至 2016 年，下降至 0.4960，降幅达 17%。烟粉尘排放的变异系数呈现出持续上升的特征，截至 2016 年，上升至 0.9180。以上分析表明，京津冀城市群全域内烟粉尘排放的区域差异显著高于 NO_x 和 SO_2，地区减排的协同性最低，且这种差异呈现出扩大的趋势特征；NO_x 排放的区域差异呈现出缩小的趋势，区域减排的协同性不断上升；SO_2 排放的区域差异最小，且始终维持在 [0.5171, 0.5631] 中等值域内，地区减排协同性相较于 NO_x 和烟粉尘排放量较为稳定。

从大型城市和中小型城市层面上看，由三类大气污染排放总量变异系数的数值分布区间范围上可以看出，整体上，中小型城市三类大气污染排放物变异系数的分布区间始终在 [0.1100, 0.6289] 的值域范围内，大型城市的分布区间在 [0.4189, 1.2524] 的高值区间范围，这表明，整体上大型城市大气污染排放物的区域差异显著高于中小型城市，地区减排协同性低于中小型城市。具体从不同大气污染排放物的变异系数的时间变化特征上看，大型城市和中型城市 SO_2 排放的变异系数均呈现出波动下降的趋势，这表明大型城市 SO_2 地区减排差异低于中小型城市且存在扩大的趋势；截至 2015 年，大型城市 NO_x 排放的变异系数出现大幅下降的趋势，与之相反，中小型城市存在小幅回升的特征，从 2015 年的 0.2696 上升至 2016 年的 0.3069，表明中小型城市 NO_x 排放的区域差异存在扩大趋势，地区减排协同性下降；大型城市烟粉尘排放的变异系数呈现出持续上升的趋势，截至 2016 年上升到 1.2524，呈现出较强的区域差异，但中小型城市烟粉尘排放量的变异系数却呈现出大幅下降的趋势特征，从 2005 年的 0.6289 下降至 2016 年的 0.3063，降幅达 50%，这表明中小型城市烟粉尘排放量的地区差异显著低于大型城市，城市间减排协同性较高。

3. 空间关系演化

表 11-4 是京津冀城市群 SO_2、NO_x、烟粉尘排放的全局 Moran's I 指数的测度结果。结果表明，2005、2010、2016 年 SO_2 排放的全局 Moran's I 指数均为负，P 值分别为 0.0600、0.0700、0.10000，均通过 10% 显著性检验，表明京津冀城市群 SO_2 排放在 2005、2010、2016 年呈现出较弱的负空间相关关系，Moran's I 指数呈现出先上升后下降的趋势，说明 SO_2 排放的空间关联性逐年降低，各城市排放区域传输影响逐年下降。NO_x 排放的 Moran's I 指数均为负，呈现出逐年上升的趋势，2005、2010、2016 年分别通过 10%、5% 的显著性检验，表明城市间 NO_x 排放的区域传输效应逐年增强。烟粉尘排放的 Moran's I 指数为负，但均未通过显著性检验，表明京津冀城市群各城市烟粉尘排放不存在空间相关关系，

各区域烟粉尘排放不受邻域的影响。

为进一步寻找重点控制区域，计算局部 Moran's I 指数来对京津冀城市群各城市间的大气污染排放空间关联效应进行检验，计算结果和全局 Moran's I 指数的计算结果一致，不再赘述。由于烟粉尘未通过空间相关性检验，因此，不再对烟粉尘的空间集聚特征进行分析。Moran 散点图分为四个象限：第一象限为 High-High（高高）集聚区，表示区域自身连同周边区域的某属性均处于较高水平，表示排放的热点区域；第三象限为 Low-Low（低低）集聚区，表示区域自身连同周边区域的某属性均处于较低水平，表示排放的冷点区；第二象限为 Low-High（低高）集聚区、第四象限为 High-Low（高低）集聚区，Low-High、High-Low 区域表示表示区域大气污染排放空间异质性突出，易产生大气污染的传输。图 11-9 和表 11-5、表 11-6 分别为京津冀城市群 2005、2010、2016 年 SO$_2$、NO$_x$ 排放量的 Moran 散点图及其动态变化表。结果显示，整体上，京津冀城市群 SO$_2$、NO$_x$ 排放量高低和低高集聚显著，低低和高高集聚并不显著，呈现出显著的空间分异特征。从时间序列角度上，两种大气污染排放物呈现出不同的空间变化差异：

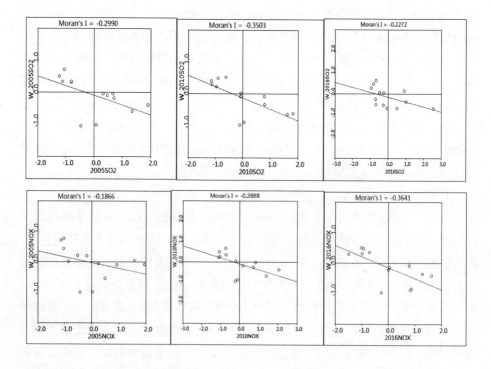

图 11-9 京津冀城市群 SO$_2$、NO$_x$ 排放量 Moran 散点图

表 11-4 京津冀城市群大气污染排放的全局 Moran'I 指数

年份	I			E(I)			Sd			p-value		
	SO₂	NOₓ	烟粉尘	SO₂	NOₓ	烟粉尘	SO₂	NOₓ	烟粉尘	SO₂	NOₓ	烟粉尘
2005	-0.299	-0.196	-0.166	-0.083	-0.083	-0.083	0.145	0.163	0.148	0.060	0.090	0.270
2010	-0.350	-0.288	-0.222	-0.083	-0.083	-0.083	0.1741	0.161	0.1397	0.070	0.080	0.180
2016	-0.227	-0.364	-0.136	-0.083	-0.098	-0.084	0.157	0.147	0.068	0.100	0.040	0.200

表 11-5 京津冀城市群 SO₂排放量 Moran 散点图动态变化表

年份	High-High	High-Low	Low-Low	Low-High
2005	—	北京市、天津市、唐山市、石家庄市、邯郸市、邢台市、张家口市	承德市	秦皇岛市、沧州市廊坊市、衡水市、保定市
2010	—	天津市、唐山市、石家庄市、邢台市、邯郸市	北京市、承德市	保定市、张家口市、秦皇岛市、沧州市、廊坊市、衡水市
2016	邯郸市	石家庄市、邢台市、唐山市	天津市、北京市、承德市、张家口市	廊坊市、保定市、秦皇岛市、衡水市、沧州市

表 11-6　京津冀城市群 NO$_x$ 排放量 Moran 散点图动态变化表

年份	High-High	High-Low	Low-Low	Low-High
2005	北京市	天津市、唐山市、张家口市、石家庄市、邢台市	承德市	保定市、邯郸市、廊坊市、沧州市、秦皇岛市、衡水市
2010	—	北京市、天津市、唐山市、石家庄市、邯郸市、	邢台市、承德市	保定市、张家口市、衡水市、廊坊市、沧州市、秦皇岛市
2016	—	北京市、天津市、唐山市、邯郸市、石家庄市、张家口市、承德市	邢台市	廊坊市、保定市、秦皇岛市、衡水市、沧州市

（1）SO_2 排放量由 High-Low 集聚逐步向 Low-Low 和 Low-High 集聚变化，出现从高排放区向低排放区转移的趋势。截至 2016 年，邯郸移至 High-High 排放区，石家庄市、邢台市、唐山市位于 High-Low 排放区，承德市始终处在 Low-Low 排放区，天津市、北京市、张家口市由 High-Low 排放区位移至 Low-Low 排放区，保定市、廊坊市、秦皇岛市、沧州市、衡水市位于 Low-High 排放区，形成了自北向南排放量逐步降低的变化趋势。北京市、天津市作为京津冀城市群大气污染治理的主导城市，率先推行大气污染防治行动计划，近年来，积极推行"煤改气"工程，进行产业结构调整，实行清洁生产技术，SO_2 排放量显著下降。石家庄市、邯郸市、邢台市、唐山市是河北省重工业的主要集聚地，也是承接北京市、天津市产业转移的主要地区，是京津冀城市群 SO_2 排放量的高值聚集区。

（2）NO_x 排放量由 Low-High 集聚向 High-Low 集聚变化，出现从低排放区向高排放区转移的趋势。北京市、天津市、唐山市、石家庄市等大型城市均处在改制排放区，截至 2016 年，部分中小型城市移至高排放区，如张家口市、承德市。可见大型城市是京津冀城市群 NO_x 排放的热点城市。除燃煤导致 NO_x 排放量的增加外，机动车尾气排放也是导致 NO_x 排放量上升的重要来源[1]。人口数量的激增引发城市规模的不断扩张，职住分离造成通勤距离的增加，使人们选择私家车出行，进而造成交通拥堵，导致 NO_x 在大型城市大量排放[2]。

（二）LMDI 驱动因素分解结果

1. 京津冀城市群大气污染排放总量因素分解

表 11-7 为京津冀城市群 2005—2016 年 SO_2、NO_x、烟粉尘排放总量的 LMDI 分解结果。结果显示，2005—2016 年，京津冀城市群 SO_2 排放量下降了 90.95 万吨。其中，人口扩张、经济增长是 SO_2 增排的主导因素，分别导致 SO_2 排放量增加了 27.2572 万吨和 227.4288 万吨，但从时间序列角度上看，人口扩张对 SO_2 的增排效应正逐年降低，经济增长对 SO_2 的增排效应存在波动上升的特征，在 2008 年达到峰值 60.4052 万吨后迅速下降，到 2016 年由出现回弹，上升至 20.1113 万吨。

---

① 郑晓霞，李令军，赵文吉，等. 京津冀地区大气 NO_2 污染特征研究［J］. 生态环境学报，2014，23（12）：1938-1945.

② 王金南，陈罕立. 中国大城市：阻击氮氧化物污染迫在眉睫［J］. 环境经济，2004（07）：36-40.

表 11-7　京津冀城市群大气污染排放总量影响因素分解结果

单位:万吨

	年份	人口效应	经济规模效应	产业结构效应	技术改善效应	能源效率效应	排放量变化量
SO_2	2005—2006	3.8259	30.8494	2.2291	-20.5663	-19.0136	-2.6754
	2006—2007	4.4843	23.1938	-10.3188	2.8225	-26.8916	-6.7098
	2007—2008	3.7187	60.4052	-16.2546	-47.3767	-16.1742	-15.6816
	2008—2009	2.0314	11.4418	-10.3118	-1.2001	-12.8277	-10.8663
	2009—2010	4.4804	22.9665	5.5408	-28.3438	-9.9729	-5.3290
	2010—2011	2.2779	25.4790	6.5062	-20.6464	6.9402	20.5569
	2011—2012	3.6687	12.5735	-2.3485	-7.0812	-14.9354	-8.1229
	2012—2013	1.7778	8.7540	-3.1313	-6.5395	-9.5283	-8.6674
	2013—2014	2.2730	4.2351	-4.1544	-1.7803	-10.3084	-9.7351
	2014—2015	-2.8777	7.4192	-9.9844	6.6728	-13.5092	-12.2794
	2015—2016	1.5970	20.1113	-18.0779	-3.6102	-31.4602	-31.4400
	2005—2016	27.2572	227.4288	-60.3057	-127.6490	-157.6814	-90.9500

续表

	年份	人口效应	经济规模效应	产业结构效应	技术改善效应	能源效率效应	排放量变化量
NOx	2005—2006	3.0340	25.6519	-1.3298	-14.1541	-8.0505	5.1516
	2006—2007	3.4739	18.4782	-8.8520	2.0900	-9.7571	5.4331
	2007—2008	3.1078	50.2423	-15.5282	-36.6884	-12.6124	-11.4789
	2008—2009	2.0787	10.6000	-7.4990	-2.3664	0.4472	3.2605
	2009—2010	4.9456	20.8759	5.0619	-27.5649	6.2793	9.5977
	2010—2011	2.5012	26.4086	5.1137	-20.5909	14.1214	27.5539
	2011—2012	4.0775	13.3623	-1.9007	-8.1943	2.0883	9.4332
	2012—2013	2.9159	9.8874	-3.0884	-5.7323	-23.4248	-19.4421
	2013—2014	2.6148	5.1498	-4.1416	-2.5408	-17.8926	-16.8104
	2014—2015	-3.0528	8.4573	-11.1874	7.5315	0.5291	2.2777
	2015—2016	1.8126	20.3982	-18.3738	-3.6513	-35.7204	-35.5347
	2005—2016	27.5092	209.5121	-61.7252	-111.8619	-83.9925	-20.5584

续表

年份	人口效应	经济规模效应	产业结构效应	技术改善效应	能源效率效应	排放量变化量	
2005—2006	1.3908	10.4792	1.9681	-7.9951	-8.2932	-2.4504	
2006—2007	0.9643	7.7617	-5.6356	3.3652	-15.8755	-9.4199	
2007—2008	1.0877	17.5401	-4.4233	-13.8657	-7.5554	-7.2166	
2008—2009	0.5775	3.1285	-2.3994	-0.6338	-7.7361	-7.0634	
2009—2010	1.2378	5.9210	1.4534	-8.1696	-1.7899	-1.3472	烟粉尘
2010—2011	0.7777	12.2078	2.3276	-9.2225	83.8222	89.9129	
2011—2012	2.9197	7.5380	-1.7998	-4.7145	-17.6078	-13.6644	
2012—2013	1.4389	4.9326	-1.8497	-3.1944	10.9331	12.2606	
2013—2014	1.8599	2.3379	-3.7285	-0.8423	30.1252	29.7521	
2014—2015	-3.1941	6.2357	-11.6921	9.4297	-31.2138	-30.4347	
2015—2016	1.3370	21.5873	-17.8691	-4.2931	-30.9488	-30.1867	
2005—2016	10.3973	99.6698	-43.6485	-40.1363	3.8601	30.1424	

产业结构、技术改善、能源效应是 SO_2 减排的主导因素，分别导致 SO_2 排放量减少了 60.3057、127.6490、157.6814 万吨，可以看出能源效率相较于技术改善、产业结构而言对 SO_2 的减排效应最强，是减排最主导的因素。从时间序列角度，产业结构、能源效率效应对 SO_2 的减排效应持续上升，技术改善的减排效应存在下降的趋势。

2005—2016 年，京津冀城市群 NO_x 排放量下降了 20.5584 万吨。人口扩张、经济增长仍然是 NO_x 排放量增加的主导因素，对 NO_x 排放的贡献量分别为 27.5092、209.5121 万吨。从时间序列角度，人口扩张对 NO_x 的增排效应逐年降低，与之相反，经济增长对 SO_2 的增排效应则存在波动上升的趋势。产业结构、技术改善、能源效率对 NO_x 排放具有减排效应，从贡献量上来看，技术改善对 NO_x 的减排效应最强，能源效应其次，产业结构最低，表明技术改善是 NO_x 减排的主导因素。从时间序列角度上看，产业结构、能源效率的减排效应呈现出波动上升的特征，技术改善则存在波动下降的特征。

2005—2016 年，烟粉尘排放量增长了 30.1424 万吨。人口扩张和经济增长对烟粉尘排放具有显著的增排效应，分别对烟粉尘排放量增加了 10.3973、99.6698 万吨。产业结构、技术改善是烟粉尘减排的主导因素，其中，产业结构对烟粉尘减排的贡献量显著高于技术改善，分别导致烟粉尘排放量减少了 43.6485、40.1363 万吨。但从时间序列角度，产业结构的减排效应波动上升，技术改善的减排效应波动下降。能源效率导致烟粉尘排放量增加了 3.8601 万吨，贡献量最小，但从时间序列角度，能源效率减排效应从近年来开始凸显，在 2015、2016 年的减排贡献量分别达到 31.2138、30.9488 万吨。

2. 各城市大气污染物排放总量因素分解

下文中更详细探究京津冀城市群各城市三种大气污染物排放量的主要驱动因素，利用 LMDI 计算各指标分别对各城市 2005—2016 年 SO_2、NO_x、烟粉尘排放量的贡献量（见图 11-10、图 11-11、图 11-12）。

图 11-10 为京津冀城市群 2005—2016 年各规模城市 SO_2 排放量的 LMDI 分解结果。结果显示：①经济增长是各城市 SO_2 排放量增加的主导因素。北京市经济增长对 SO_2 排放的贡献量，相较于天津市和河北省大型规模城市而言相对较低。大型规模城市中，唐山市的经济增长对 SO_2 排放的贡献量最高，石家庄市、邯郸市其次，保定市最低；中小型城市中，除沧州市、廊坊市、衡水市的贡献量较低以外，其他城市的贡献量均较高，接近石家庄市、邯郸市大型城市的贡献量。②人口增长对京津冀城市群各城市 SO_2 排放存在增排效应，大型规模以上城市的人口增长对 SO_2 的增排效应显著高于中小型城市。如北京市、天津市、石

家庄市、唐山市、邯郸市的人口增长对 SO_2 排放的贡献量显著高于秦皇岛市、邢台市、张家口市等中小型城市。③产业结构调整对京津冀城市群各城市 SO_2 排放均具有减排效应，但就其贡献量而言存在显著区域差异。北京市、天津市产业结构调整对 SO_2 减排的贡献量显著高于其他城市；河北省内大型城市产业结构减排的贡献量相较于中小型城市而言相对较小，表明近 10 年来，河北省大型城市产业结构调整力度低于中小型城市。④技术进步对京津冀城市群 SO_2 排放具有减排效应。就其贡献量而言，河北省内大型城市（除保定市外）显著高于其他城市，表明技术进步是大型城市 SO_2 减排的主导因素。⑤能源效率是京津冀城市群各城市 SO_2 减排的主导因素。北京市、天津市、石家庄市等大型规模以上城市（除保定市外）的减排贡献量显著高于中小型城市；中小型城市中邢台市、张家口市、承德市的减排贡献量显著高于其他城市。

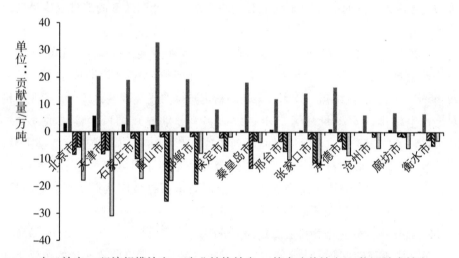

图 11-10　2005—2016 年各城市 SO_2 分解因素贡献量

图 11-11 为京津冀城市群 2005—2016 年各规模城市 NO_x 排放的 LMDI 分解结果。结果显示：①经济增长仍旧是各城市 NO_x 排放增加的主导因素。北京市、天津市、石家庄市、唐山市、邯郸市大型规模以上城市的增排贡献量高于中小型城市，但二者之间的差距较小，中小型城市中有 2/3 数量的城市贡献量仅次于石家庄市等大型城市，存在趋同特征。②人口增长对 NO_x 存在增排效应，北京市、天津市的增排贡献量显著高于其他城市。河北省中，大型城市（除保定外），人口增排贡献量高于中小型城市。表明人口规模的大小与 NO_x 排放之间存

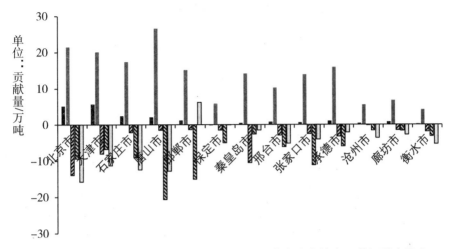

■人口效应 ■经济规模效应 ▨产业结构效应 ◨技术改善效应 □能源效率效应

图 11-11 2005—2016 年各城市 NO_X 分解因素贡献量

在显著的正相关关系。③各城市产业结构调整对 NO_X 存在减排效应。其中，北京市、天津市的减排贡献量显著高于河北省其他城市（除秦皇岛外）；河北省内多数中小型城市的产业结构调整减排贡献量高于大型城市。表明近 10 年来，中小型城市产业结构调整成为 NO_X 减排的主导因素之一。④技术改善对各城市 NO_X 排放具有显著的减排效应，这种减排效应在大型城市规模以上城市比较显著，部分中小型城市的技术改善效应逐渐凸显，如张家口市、承德市、邢台市。这些城市分别靠近北京市、石家庄市大型规模以上城市，受其技术转移的辐射带动作用，减排作用凸显。⑤京津冀城市群各城市能源效率对 NO_X 排放存在减排效应。北京市、天津市、石家庄市、唐山市大型规模以上城市的贡献量显著高于中小型城市。

图 11-12 为京津冀城市群 2005—2016 年各规模城市烟粉尘排放量的 LMDI 分解结果，报告结果显示：①经济增长依然是各城市烟粉尘排放量增长的主导因素，这种增排效应在大型规模以上城市显著高于中小型城市，特别是唐山市，显著高于其他城市。②各城市人口规模对烟粉尘排放具有增排效应。北京市、天津市、石家庄市、唐山市、邯郸市大型规模以上城市的增排贡献量显著高于中小型城市。③各城市产业结构调整对烟粉尘排放存在减排效应，北京市、天津市产业结构调整对烟粉尘排放存在显著的减排效应，贡献量显著高于其他城市。河北省内除唐山市、秦皇岛市、邢台市的贡献量较大外，其他城市的贡献

量均较小。④技术改善对京津冀城市群各城市烟粉尘排放量存在减排效应。北京市、天津市、石家庄市、唐山市、邯郸市大型规模以上城市的贡献量显著高

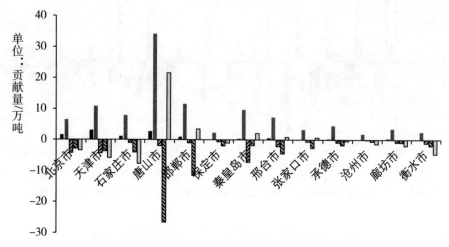

图11-12 2005—2016年各城市烟粉尘分解因素贡献量

于中小型城市。⑤能源效率效应对京津冀城市群各城市烟粉尘贡献量存在"正—负"交替的特征。北京市、天津市能源效率对烟粉尘排放存在减排效应。河北省内，大型城市中，除唐山市、邯郸市存在增排效应外，其他城市均为减排效应；中小型城市中除秦皇岛市、邢台市、张家口市存在增排效应外，其他城市均为减排效应。

第三节 京津冀城市群大气污染物减排效率评价与影响因素

经过近10年的大气污染治理，京津冀城市群大气污染的减排效率如何？各规模、等级城市减排效率是否存在差异？影响各城市减排效率的关键影响因素是什么？厘清这些问题对提升京津冀城市群整体减排效率具有重要的现实意义。本章在考虑技术异质性的前提下，基于共同前沿理论，结合 SBM-Undesirable 模型对京津冀城市群不同规模、等级城市的减排效率进行测度，进一步利用技术

落差比和减排效率分解模型对减排非效率的影响因素做进一步分析，从而发现不同城市间的减排效率差异和造成各城市减排非效率的关键影响因素，为京津冀城市群整体减排效率的提升提供科学参考。

一、研究模型

（一）共同前沿 SBM-Undesirable 模型

本书借鉴奥唐纳（O'Donnell）等人共同前沿理论框架和托恩（Tone）提出的 SBM-Undesirable 模型，基于投入角度、规模报酬不变的 SBM-Undesirable 模型构建共同前沿和群组前沿下的效率测度模型：

假设有 N 个决策单元（城市数量），A 个投入变量，B 个期望产出，U 个非期望产出变量，设 $x \in M^A$，$y \in M^B$，$c \in M^U$ 为投入、期望产出、非期望产出的要素变量，定义矩阵 $X = [x_1, x_2, \ldots, x_N] \in M^{A \times N}$，$Y = [y_1, y_2, \cdots, y_N] \in M^{B \times N}$，$C = [c_1, c_2, \ldots, c_N] \in M^{U \times N}$，假设 $X > 0$，$Y > 0$，$C > 0$。依据技术的异质性将所有决策单元划分为 J 组，第 j 个组中城市数量为 N_j，则 $\sum_{i=1}^{j} N_i - N$。基于全要素生产函数框架构造生产技术的群组前沿（T^j）和共同前沿（T^{meta}），其中，共同前沿下生产可能性技术集是群组前沿下生产可能性技术集的包络线 $T^{meta} = \{T^1 \cup T^2 \cup \ldots \cup T^j\}$，即将群组前沿面进行包络形成一个新的生产前沿面为共同前沿，代表了整体最佳的潜在技术效率，如下所示：

$$T^j = \begin{cases} (x, y, c) : \sum_{n=1}^{N} \lambda_n x_{an} \leq x_a, \sum_{n=1}^{N} \lambda_n y_{bn} \leq y_b, \sum_{n=1}^{N} \lambda_n c_{in} \leq c_i \\ \lambda_n \geq 0, a = 1, 2, \ldots A, b = 1, 2, \ldots B, i = 1, 2, \ldots U, n = 1, 2, \ldots N \end{cases}$$

$$T^{meta} =$$

$$\begin{cases} (x, y, c) : \sum_{j=1}^{j} \sum_{n=1}^{N} \lambda_n^j x_{an} \leq x_a, \sum_{j=1}^{j} \sum_{n=1}^{N} \lambda_n^j y_{bn} \leq y_b, \sum_{j=1}^{j} \sum_{n=1}^{N} \lambda_n^j c_{in} \leq c_i \\ \lambda_n^j \geq 0, a = 1, 2, \ldots A, b = 1, 2, \ldots B, i = 1, 2, \ldots U, n = 1, 2, \ldots N, j = 1, 2, \ldots J \end{cases}$$

式中，T^j 和 T^{meta} 应满足以下性质：对任一群组 j，若 $(x, y, c) \in T^j$，则 $(x, y, c) \in T^{meta}$；若 $(x, y, c) \in T^{meta}$，当 $J \geq 1$ 时，则有 $(x, y, c) \in T^j$，$T^{meta} = \{T^1 \cup T^2 \cup \ldots \cup T^j\}$。$\lambda_n$，$\lambda_n^j$ 分别表示群组前沿和共同前沿下相对于被评价决策单元而重新构造的一个有效决策单元组合中第 n 个决策单元的组合比例。本书基于投入角度和规模报酬不变的 SBM-Undesirable 模型对共同前沿理论框架下的群组前沿及共同前沿效率进行测度，如下式所示：

$$\rho^j = \begin{cases} \min \dfrac{1-\dfrac{1}{A}\sum_{a=1}^{A}\dfrac{s_{a0}^x}{x_{a0}}}{1+\dfrac{1}{B+U}\left(\sum_{b=1}^{B}\dfrac{s_{b0}^y}{y_{b0}}+\sum_{i=1}^{U}\dfrac{s_{i0}^c}{c_{i0}}\right)} \\ \sum_{n=1}^{N^j}\lambda_n x_{an}+s_{a0}^x=x_{a0}, \quad \sum_{n=1}^{N^j}\lambda_n y_{bn}-s_{b0}^y=y_{b0}, \quad \sum_{n=1}^{N^j}\lambda_n c_{in}+s_{i0}^c=c_{i0}, \quad \lambda_n, \ s_{a0}^x, \ s_{b0}^y, \ s_{i0}^c \geq 0 \end{cases}$$

$$\rho^{meta} = $$

$$\begin{cases} \min \dfrac{1-\dfrac{1}{A}\sum_{a=1}^{A}\dfrac{s_{a0}^x}{x_{a0}}}{1+\dfrac{1}{B+U}\left(\sum_{b=1}^{B}\dfrac{s_{b0}^y}{y_{b0}}+\sum_{i=1}^{U}\dfrac{s_{i0}^c}{c_{i0}}\right)} \\ \sum_{j=1}^{j}\sum_{n=1}^{N^j}\lambda_n^j x_{an}+s_{a0}^x=x_{a0}, \quad \sum_{j=1}^{j}\sum_{n=1}^{N^j}\lambda_n^j y_{bn}-s_{b0}^y=y_{b0}, \quad \sum_{j=1}^{j}\sum_{n=1}^{N^j}\lambda_n^j c_{in}+s_{i0}^c=c_{i0}, \quad \lambda_n^j, \ s_{a0}^x, \ s_{b0}^y, \ s_{i0}^c \geq 0 \end{cases}$$

ρ^j ρ^{meta} 分别指大气污染减排潜力的比例或国内生产总值增长潜力的比例，可以用来表示减排非效率，剔除非效率项即可得出真实效率值。s_{a0}^x、s_{b0}^y、s_{i0}^c 分别表示投入、期望产出、非期望产出的松弛变量，当且仅当三者为 0 时，即 $\rho = 1$，达到最高效率。由于 SBM 模型测度的结果中，最大值为 1，因此，群组前沿和共同前沿的减排真实效率值分别为 GEE $= 1-\rho^j$，MEE $= 1-\rho^{meta}$，GEE，MEE $\in$ [0，1]，越趋近于 1，表示各城市在相应前沿下的减排效率越高，即减排提升的空间越低。

（二）排放技术落差比

由共同前沿 SBM-Undesirable 模型测度出群组前沿和共同前沿下的效率值后，为了测量群组前沿和共同前沿之间的差距，沿用奥唐纳（O'Donnell）的技术落差比算法，得出第 j 个群组第 n 个城市的技术落差比率，如下式所示。

$$TGR_n^j = \frac{MEE_n^j}{GEE_n^j}$$

群组前沿参照的是该群组的最优技术，而共同前沿参照的是整个研究区域的最优技术，即群组前沿的生产技术集是共同前沿生产技术子集，故 MEE $\leq$ GEE 总是存在，技术落差比率的范围是（0，1]。当 TGR 越接近于 1 时，表示两种前沿测量的减排效率接近，反之表示两种前沿下的减排效率差异越大，这从侧面反映了减排技术的区域差异程度。

（三）减排非效率分解模型

通过对两种前沿下的减排效率测度以及技术落差比率的测度，反映出技术异质下各城市减排效率的差异，但造成这种差异的原因是什么还需进一步研究。将减排非效率（MIT）进一步分解为技术的非效率（TGI）和管理非效率（GMI），通过这种分解可以进一步明确不同群组大气污染减排非效率的制约因素，为科学、精准制定减排政策提供更深层次的依据。如下式所示：

$$MI\ T_n^j = TG\ I_n^j + GM\ I_n^j$$

$$TG\ I_n^j = GE\ E_n^j(1 - TG\ R_n^j) = \rho_n^{meta} - \rho_n^j$$

$$GM\ I_n^j = 1 - GE\ E_n^j = \rho_n^j$$

二、研究对象分组、指标选取与数据来源

（一）研究对象分组

共同前沿理论中最关键的是如何对研究对象进行分组，现有研究中并未形成统一的划分标准，现有多数研究将地理位置作为依据对研究对象进行分组。例如，吴东贤（Dong-hyun Oh）[1] 将技术异质性纳入 Malmquist-Luenberger 生产率增长指数中，并依据地理位置作为技术异质性的标准（认为地区国家间的地理亲密度越高，其具有相同或相似的技术水平）将全球 46 个国家划分为美洲、亚洲、欧洲，并将 CO_2 作为非期望产出，研究了共同前沿和群组前沿下各区域和全球生产技术前沿的差异，发现欧洲处在世界技术前沿领先水平上。李胜文等人将地理位置作为技术异质性标准，认为地理位置是影响技术扩散速度的主要原因，而由此导致不同地理位置的技术水平与效率存在差异，将中国划分为东、中、西部三个区域，探讨了不同区域的技术效率差距，发现中部技术效率最高，其次是西部和东部[2]。考虑到构成城市群的基本单元的是不同规模等级的城市，依据地理位置为标准并不能准确地表示技术的异质性，结合学者王业强等人[3]的研究结论，发现城市行政级别和规模等级不同会形成一个相应的技术梯度，从而造成技术效率不同，据此，本书将京津冀城市群按照城市行政级别和城市规模划分为省域、大型城市、中小型城市三组，如表 11-8 所示。

（二）指标选取

1. 投入指标

参照现有学者测度污染排放效率选取的投入指标，发现多数学者在柯布-道

---

① OH D H metafrontier approach for measuring an environmentally sensitive productivity growth index [J]. Energy Economics, 2010, 32 (1): 146-157.

② 李胜文，李大胜，邱俊杰，等. 中西部效率低于东部吗？——基于技术集差异和共同前沿生产函数的分析 [J]. 经济学（季刊），2013, 12 (03): 777-798.

③ 王业强，朱春筱. 大城市效率锁定的环境效应及其政策选择 [J]. 城市与环境研究，2017 (01): 42-59.

格拉斯生产函数的基础上选取资本、劳动力、能源消耗作为投入指标①②。此外，土地要素是支撑城市发展的重要因素，多有生产、生活活动均依托于土地，同时城市土地的开发利用也造成了污染物的大量排放，城市空间的无序开发也对城市空气质量产生了严重的负面影响③。因此，土地要素投入在推动经济增长的同时也是引发大气污染的主要原因。同时，有学者将创新要素作为投入纳入环境效率测度模型中，例如，黄永春等人将 R&D 投入作为创新要素纳入投入指标，测度了中国全要素框架下的环境效率，发现创新要素的利用不足，会造成环境效率下降④。结合现有研究，本书选取资本、劳动力、能源消耗、土地、创新要素作为投入变量。相关要素的代理变量如表 11-8 所示：

土地要素的代理变量用建设用地面积表示，这主要是由于城市所有生产、生活活动均要以建设用地为依托；资本存量选取固定资产投资总额作为代理变量，需要对其按可比价格折算并折旧处理，本书选取永续盘存法，结合单豪杰⑤的折旧方法（以 2005 年为基期计算相应数据）和折旧率对固定资产投资总额数据进行处理，得出实际固定资产投资总额；劳动力要素选取年末从业人员作为代理变量；能源消耗选取能源消费总量作为代理变量；创新要素，鉴于地级市 R&D 数据的可得性，本书选取科学事业费用支出，作为创新要素的代理变量。

表 11-8　投入产出指标变量选取

指标	名称	变量
投入指标	土地 资本存量	建设用地面积/万平方千米 固定资产投资总额/亿元
	劳动力	年末从业人员/万人
	能源消耗 创新	能源消费总量/万吨标煤 科学事业费用支出/万元

① WATANABE M, TANAKA K. Efficiency analysis of Chinese industry：A directional distance function approach [J]. Energy Policy, 2007, 35 (12)：6323-6331.

② HANG Y, SUN J, WANG Q, et al. Measuring energy inefficiency with undesirable outputs and technology heterogeneity in Chinese cities [J]. Economic Modelling, 2015, 49：46-52.

③ 秦蒙，刘修岩，仝怡婷. 蔓延的城市空间是否加重了雾霾污染——来自中国 PM2.5 数据的经验分析 [J]. 财贸经济, 2016 (11)：146-160.

④ 黄永春，石秋平. 中国区域环境效率与环境全要素的研究——基于包含 R&D 投入的 SBM 模型的分析 [J]. 中国人口·资源与环境, 2015, 25 (12)：25-34.

⑤ 单豪杰. 中国资本存量 K 的再估算：1952～2006 年 [J]. 数量经济技术经济研究, 2008, 25 (10)：17-31.

指标	名称	变量
期望产出	经济增长	国内生产总值/亿元
非期望产出	SO_2（二氧化硫）	SO_2 排放总量/万吨
	NO_x（氮氧化物）	NO_x 排放总量/万吨
	烟粉尘	烟粉尘排放总量/万吨

2. 产出指标

考虑环境因素后的效率测度，其产出指标的选取则包含两类，经济产出和环境产出，也可以称作期望产出和非期望产出。经济产出，学者们主要选取国内生产总值作为代理变量。对于环境产出，现有研究存在三种做法：第一，选取单一污染物作为环境产出的代理变量[1]；第二，选取多种污染物作为其代理变量；第三，利用综合加权法将各类污染物赋予权重形成污染物综合指数[2][3]。本书参考现有研究选取经济增长作为经济产出，选取国内生产总值作为其代理变量，为剔除价格因素的影响，以 2005 年为基期计算平减指数对其进行折算，得出实际国内生产总值。SO_2、NO_x、烟粉尘是形成雾霾的主要污染物，且其具有不同的来源，结合本书的研究目标，选取 SO_2、NO_x、烟粉尘排放总量作为环境产出，即非期望产出。

（三）数据来源

本研究选取 2005—2016 年京津冀城市群共 13 个城市（北京市、天津市、石家庄市、唐山市、秦皇岛市、邯郸市、邢台市、保定市、张家口市、承德市、沧州市、廊坊市、衡水市）作为样本进行研究。为统一数据，固定资产投资总额、年末从业人员、国内生产总值、科学事业费用支出来自《中国城市统计年鉴》，建设用地面积来自《中国城市建设统计年鉴》，能源消费总量数据来自各省市 2006—2017 年的统计年鉴，SO_2 排放总量、NO_x 排放总量、烟粉尘排放总量来自各省市统计年鉴及环境质量状况公报。各变量描述性统计如表 11-9 所示。

---

① ZHANG N, CHOI Y. Environmental energy efficiency of China's regional economies: A non-oriented slacks-based measure analysis [J]. The Social Science Journal, 2013, 50 (2): 225-234.

② 孟庆春, 黄伟东, 戎晓霞. 灰霾环境下能源效率测算与节能减排潜力分析——基于多非期望产出的 NH-DEA 模型 [J]. 中国管理科学, 2016, 24 (08): 53-61.

③ 原毅军, 郭丽丽, 任焕焕. 基于复合污染指数的省级环境技术效率测算 [J]. 中国人口·资源与环境, 2011, 21 (10): 167-172.

三、结果分析

（一）大气污染减排效率及技术落差

表11-10呈现了2005—2016年共同前沿、群组前沿下京津冀城市群SO_2、NO_x、烟粉尘三种不同大气污染物的减排效率（MEE、GEE）及技术落差（TGR）的均值。从全域来看，效率最高的城市有北京市、唐山市、沧州市，效率最低的则有邯郸市、张家口市、承德市，区域间差异性比较明显。

在共同技术前沿下，三种大气污染物在省域组的减排效率均值均高于0.80，表明如采用潜在的最优生产技术，省域组还有20%左右的提升空间。其中，北京市在两种前沿面下的减排效率值均为1，表明北京市已处在京津冀城市群减排效率的最优前沿面上，其减排技术水平代表了京津冀城市群内的最高水平。这说明城镇化进入发展后期，经济的发展以及技术的进步将会促进污染物排放的降低。在大型城市组中，SO_2和NO_x的减排效率均接近0.80，而烟粉尘的减排效率均值则达到0.948，处于三个分组中领先地位。这说明大型城市组是城市群烟粉尘减排的最优区域。

对比而言，在群组技术前沿下三种污染物在所有组别中的减排效率明显高于共同前沿下的减排效率。这表明在省域组和大型城市组内部的大气污染物减排技术较接近，在地区现有技术水准上的改善潜力空间偏小，但离城市群潜在最优技术水平仍有一定差距。无论在哪种技术前沿下，三种污染物的减排效率在中小型城市组均表现不佳，改善潜力巨大。需要注意的是，北京市、唐山市和沧州市三个城市在两种前沿面下的减排效率值均为1，表明这三个城市已处在京津冀城市群三种大气污染物减排效率的最优前沿面上，其减排技术水平代表了京津冀城市群内的最高水平。

共同技术落差率（TGR）反映了特定群组技术水平与潜在共同前沿技术水平之间的缺口，其值越大，表示该群组的实际技术水平越接近共同前沿最优技术水平。由表可知，三大群组的TGR均值从高到低的排列依次是中小城市组、省域组和大型城市组。其中，中小城市组的TGR平均值都高于0.950，表明这些城市的大气污染减排表现较好，群组前沿下的大气污染减排技术均接近这些城市的潜在最优减排技术。但就减排效率值而言，相较于省域和大型城市而言偏低。

表 11-9　2005—2016 年投入产出变量描述性统计

地区		指标	变量	均值	标准差	最小值	最大值
省域		土地	建设用地面积/万平方千米	248.42	374.88	34.66	1586.39
		资本存量	固定资产投资总额/亿元	7891.08	9118.29	468.68	44484.74
		劳动力	年末从业人员/万人	193.42	302.44	33.34	1729.07
		能源消耗	能源消费总量/万吨标煤	2708.82	2693.90	264.87	8322.44
		创新	科学事业费用支出/万元	162794.10	485263.80	569	2877956
		经济增长	国内生产总值/亿元	1769.09	2118.34	300.62	9869.21
		SO_2(二氧化硫)	SO_2 排放总量/万吨	12.67	7.50	3.30	33.65
		NO_x(氮氧化物)	NO_x 排放总量/万吨	12.15	7.79	1.78	33.42
		烟粉尘	烟粉尘排放总量/万吨	7.04	9.26	0.52	53.60
大型城市		土地	建设用地面积/万平方千米	168.17	51.32	83.71	265.81
		资本存量	固定资产投资总额/亿元	7715.51	4993.49	1577.29	20353.35
		劳动力	年末从业人员/万人	128.82	28.82	93.70	206.85
		能源消耗	能源消费总量/万吨标煤	4272.96	2672.44	472.52	8322.44
		创新	科学事业费用支出/万元	25209.81	23579.6	1223	96324
		经济增长	国内生产总值/亿元	1619.74	524.16	936.49	2603.77
		SO_2(二氧化硫)	SO_2 排放总量/万吨	18.48	7.61	5.78	33.65
		NO_x(氮氧化物)	NO_x 排放总量/万吨	16.05	8.59	2.66	32.16
		烟粉尘	烟粉尘排放总量/万吨	13.36	14.45	1.21	53.60

续表

地区	指标	变量	均值	标准差	最小值	最大值
中小型城市	土地	建设用地面积/万平方千米	66.11	22.45	34.66	132.19
	资本存量	固定资产投资总额/亿元	3375.62	2344.49	468.68	11803.95
	劳动力	年末从业人员/万人	62.70	17.93	33.34	97.29
	能源消耗	能源消费总量/万吨标煤	776.20	311.55	264.87	1417.95
	创新	科学事业费用支出/万元	6765.85	7498.61	569	41606
	经济增长	国内生产总值/亿元	630.13	224.44	300.62	1204.46
	SO_2(二氧化硫)	SO_2排放总量/万吨	8.18	3.77	3.47	18.43
	NO_x(氮氧化物)	NO_x排放总量/万吨	7.64	3.96	1.78	15.85
	烟粉尘	烟粉尘排放总量/万吨	3.73	2.61	0.52	13.15

表 11-10 共同前沿、群组前沿下不同规模城市大气污染减排效率及技术落差

分组	城市名称	MEE			GEE			TGR		
		SO_2	NO_x	烟粉尘	SO_2	NO_x	烟粉尘	SO_2	NO_x	烟粉尘
省域	北京市	1	1	1	1	1	1	1	1	1
	天津市	0.828	0.771	0.731	0.934	0.941	0.933	0.887	0.819	0.784
	河北省	0.754	0.739	0.748	0.833	0.821	0.833	0.906	0.900	0.898
	均值	0.861	0.837	0.826	0.922	0.921	0.922	0.933	0.908	0.896
大型城市	石家庄市	0.852	0.851	1	1	1	1	0.852	0.851	1
	唐山市	1	1	1	1	1	1	1	1	1
	邯郸市	0.343	0.370	0.792	0.800	0.844	0.792	0.429	0.438	1
	保定市	0.950	0.954	1	0.950	1	1	0.950	0.954	1
	均值	0.786	0.794	0.948	0.950	0.961	0.948	0.828	0.826	1
中小型城市	秦皇岛市	0.921	0.906	0.894	0.921	0.906	0.894	1	1	1
	邢台市	0.821	0.782	0.729	0.821	0.782	0.729	1	1	1
	张家口市	0.535	0.450	0.600	0.628	0.573	0.637	0.853	0.785	0.942
	承德市	0.196	0.171	0.325	0.206	0.174	0.326	0.950	0.986	0.997
	沧州市	1	1	1	1	1	1	1	1	1
	廊坊市	0.787	0.756	0.789	0.787	0.756	0.789	1	1	1
	衡水市	0.894	0.889	0.860	1	1	1	0.894	0.889	0.860
	均值	0.736	0.708	0.742	0.766	0.742	0.768	0.961	0.954	0.967

（二）大气污染减排效率动态变化特征

图 11-13、11-14、11-15 显示了群组前沿下京津冀城市群各分组区域 2005—2016 年 SO_2、NO_x、烟粉尘大气污染排放物的减排效率的动态变化特征。从具体污染物来看，2005—2016 年京津冀城市群内不同污染物的减排效率波动幅度及变化趋势存在明显差距。值得注意的是，北京市一直处于三种大气污染物减排效率的最高位置，体现了其优秀的减排技术水平。

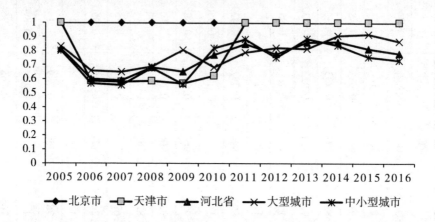

图 11-13　2005—2016 年京津冀城市群 SO_2 污染物减排效率的时间变化趋势

对于 SO_2 而言，其减排效率整体呈现出先下降后上升的变化趋势，2010 年是一个明显的转折点。这可能是因为早期大力发展重工业导致污染物的大量排放，给该地区的生态环境造成了严重的破坏，而生态文明建设的提出以及京津冀大气污染联防联控的战略行动的全面实施，促使各个城市开始进行产业结构、能源结构的调整，降低污染物的排放。因此，在十二五期间，SO_2 的减排效率迅速上升，并保持持续提升的良好态势。

2005—2016 年，NO_x 和烟粉尘的减排效率呈现出相似的变化趋势。除开北京市和天津市两座城市，这两种空气污染物的减排效率在其他城市于 2005 年出现大幅下降，随后在 2006 年又开始波动上涨，表明突出的空气污染问题推动各个城市提升关于 NO_x 和烟粉尘的减排技术，减少污染物的排放。在具体城市中，2016 年天津市的 NO_x 和烟粉尘减排效率变化幅度最大，二者的峰谷差值分别达到 0.59 和 0.72。从天津市在 2016 年的减排效率测度结果中的松弛变量来看，除国内生产总值未产生冗余外，其他投入和非期望产出均发生了大量冗余。由于 2016 年是"十三五规划"的开局之年，也是大气污染防治攻坚战略的深化之年，天津市为保持经济增长和大气污染防治协调发展，加大投入力度，而过度的投入可能会造成资源的浪费、冗余，进而降低减排效率。

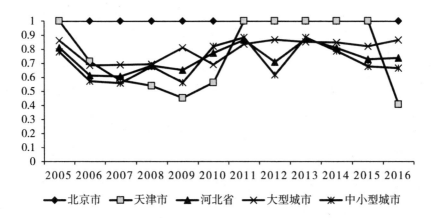

图 11-14　2005—2016 年京津冀城市群 NO_x 减排效率的时间变化趋势

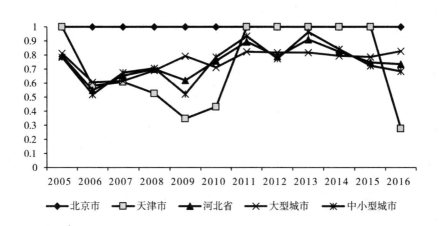

图 11-15　2005—2016 年京津冀城市群烟粉尘减排效率的时间变化趋势

（三）大气污染减排效率损失影响因素分析

上文中对群组前沿和共同前沿下的效率值和技术落差进行测算及其动态变化特征进行分析，发现京津冀城市群多数城市大气污染存在减排非效率，为深入挖掘引起减排非效率的原因，依据减排非效率分解模型计算出各区域的技术非效率（TGI）和管理非效率（GMI）。本书选取京津冀城市群 2005、2008、2012、2016 年对 SO_2、NO_x、烟粉尘的技术非效率（TGI）和管理非效率（GMI）进行计算，并得出其减排非效率项（MIT），结果如表 11-11、表 11-12、表 11-13 所示。

表 11-11　SO_2减排效率损失及非效率分解结果

	2005			2008			2012			2016		
	TGI	GMI	MIT	TGI	GMI	MIT	TGI	GMI	MIT	TGI	GMI	MIT
北京市	0	0	0	0	0	0	0	0	0	0	0	0
天津市	0	0	0	0.414	0	0.414	0	0	0	0	0	0
河北省	0.070	0.118	0.188	0.114	0.205	0.319	0.065	0.158	0.222	0.083	0.136	0.219
均值	0.023	0.039	0.063	0.176	0.068	0.245	0.022	0.053	0.074	0.028	0.045	0.073
石家庄市	0	0	0	0	0	0	0	0	0	0	0	0
唐山市	0	0	0	0	0	0	0	0	0	0	0	0
邯郸市	0.096	0.572	0.668	0.743	0	0.743	0.711	0	0.711	0.535	0	0.535
保定市	0	0	0	0.510	0	0.510	0	0	0	0	0	0
均值	0.024	0.143	0.167	0.313	0	0.313	0.178	0	0.178	0.134	0	0.134
秦皇岛市	0	0	0	0	0	0	0	0.457	0.457	0	0.230	0.230
邢台市	0	0	0	0	0.886	0.886	0	0.461	0.461	0	0.503	0.503
张家口市	0	0	0	0	0.867	0.867	0	0.799	0.799	0.379	0	0.379
承德市	0.066	0.731	0.797	0	0	0	0	0	0	0	0.764	0.764
沧州市	0	0	0	0	0.504	0.504	0	0.018	0.018	0	0	0
廊坊市	0	0	0	0	0	0	0	0	0	0	0	0
衡水市	0.603	0	0.603	0	0	0	0	0	0	0	0	0
均值	0.095	0.104	0.200	0	0.322	0.322	0	0.248	0.248	0.054	0.214	0.268

表 11-12 NOₓ减排效率损失及非效率分解结果

	2005			2008			2012			2016		
	TGI	GMI	MIT	TGI	GMI	MIT	TGI	GMI	MIT	TGI	GMI	MIT
北京市	0	0	0	0	0	0	0	0	0	0	0	0
天津市	0	0	0	0.461	0	0.461	0	0	0	0.109	0.702	0.811
河北省	0.079	0.110	0.189	0.111	0.205	0.316	0.048	0.244	0.292	0.116	0.146	0.261
均值	0.026	0.037	0.063	0.191	0.068	0.259	0.016	0.081	0.097	0.075	0.283	0.357
石家庄市	0	0	0	0	0	0	0	0	0	0	0	0
唐山市	0	0	0	0	0	0	0	0	0	0	0	0
邯郸市	0.151	0.399	0.550	0.747	0	0.747	0.529	0	0.529	0.538	0	0.538
保定市	0	0	0	0.476	0	0.476	0	0	0	0	0	0
均值	0.038	0.100	0.137	0.306	0	0.306	0.132	0	0.132	0.134	0	0.134
秦皇岛市	0	0	0	0	0	0	0	0	0	0	0.431	0.431
邢台市	0	0	0	0	0	0	0	0.734	0.734	0	0.402	0.402
张家口市	0	0	0	0	0.886	0.886	0	0.763	0.763	0.734	0	0.734
承德市	0.011	0.811	0.822	0	0.867	0.867	0	0.799	0.799	0	0.768	0.768
沧州市	0	0	0	0	0	0	0	0	0	0	0	0
廊坊市	0	0	0	0	0.504	0.504	0	0.384	0.384	0	0	0
衡水市	0.704	0	0.704	0	0	0	0	0	0	0	0	0
均值	0.102	0.116	0.218	0	0.322	0.322	0	0.383	0.383	0.105	0.229	0.334

表 11-13　烟粉尘减排效率损失及非效率分解结果

	2005			2008			2012			2016		
	TGI	GMI	MIT	TGI	GMI	MIT	TGI	GMI	MIT	TGI	GMI	MIT
北京市	0	0	0	0	0	0	0	0	0	0	0	0
天津市	0	0	0	0.473	0	0.473	0	0	0	0.083	0.806	0.888
河北省	0.088	0.118	0.206	0.113	0.187	0.300	0.067	0.143	0.210	0.072	0.191	0.264
均值	0.029	0.039	0.069	0.195	0.062	0.258	0.022	0.048	0.070	0.052	0.332	0.384
石家庄市	0	0	0	0	0	0	0	0	0	0	0	0
唐山市	0	0	0	0	0	0	0	0	0	0	0	0
邯郸市	0.142	0.615	0.756	0.816	0	0.816	0.732	0	0.732	0.694	0	0.694
保定市	0	0	0	0.423	0	0.423	0	0	0	0	0	0
均值	0.035	0.154	0.189	0.310	0	0.310	0.183	0	0.183	0.174	0	0.174
秦皇岛市	0	0	0	0	0	0	0	0	0	0	0.769	0.769
邢台市	0	0	0	0	0	0	0	0.784	0.784	0	0.712	0.712
张家口市	0.003	0.686	0.689	0	0.815	0.815	0	0.516	0.516	0.103	0	0.103
承德市	0	0	0	0	0.880	0.880	0	0.276	0.276	0	0.624	0.624
沧州市	0	0	0	0	0	0	0	0	0	0	0	0
廊坊市	0	0	0	0	0.363	0.363	0	0	0	0	0	0
衡水市	0.824	0	0.824	0	0	0	0	0	0	0	0	0
均值	0.118	0.098	0.216	0	0.294	0.294	0	0.225	0.225	0.015	0.301	0.315

从京津冀城市群来看，不同城市群的空气污染物减排效率损失存在很大差异，最小值为 0，而最大值达到 0.886，北京市、石家庄市和沧州市不存在减排非效率。从三大城市分组来看，中小城市组减排效率损失最大且呈现出逐年增加的发展态势，其主要原因是管理非效率。这说明中小城市未来应该重点强化空气污染物减排政策的制定、落实与监管，提升管理的有效性。大型城市的三种空气污染物减排非效率呈现出先上升后下降的发展趋势，于 2008 年达到最大总损失 0.929。而导致这一发展特征的原因在于，初期大气污染治理相关政策及监督机构的出现促使大气污染减排效率有所提升，但落后的减排技术无法完全应对复杂的空气污染物；后期，各地政府不断加大资金和技术投入，增强信息共享，显著提升了空气污染物减排技术。在省域分组方面，三种空气污染物的减排总损失呈"N"型发展趋势，在 2005—2008 年由 0.195 增加至 0.762，而后减少并于 2012 年降至 0.241，2013 年后减排损失又开始增加，截至 2016 年达到 0.814。这一发展过程中，管理非效率始终占据了主导位置，空气污染物减排配套政策不完善、落实与监管力度不够。

对于具体污染物而言，SO_2 的减排损失呈现出先上升后下降的趋势特征。其中，SO_2 在大型城市及中小城市中的减排损失大于省域组城市。这可能是由于省域组的城镇化水平更高，经济发展水平处于领先地位，各种高素质人才、新兴产业都集聚于此，减排技术显著高于其他城市；同时，完善的政府部门及众多的民间组织推动了各种减排政策的出台及落实。与减排效率结果相似，NO_x 和烟粉尘的减排非效率也呈现出相同的发展趋势，即"N"型发展特征。受城市建设、经济发展等多种因素的影响，NO_x 和烟粉尘在大型城市及中小城市中的减排损失大于省域组城市。

第四节　京津冀城市群大气污染减排协同政策梳理及本研究对策建议

结合第二节和第三节的研究内容，发现京津冀城市群大气污染物排放呈现出区域性和复合性特点，不同规模城市影响不同大气污染物的排放，其治理效率也存在差异。面对这些差异，本专题将提出推动京津冀城市群大气污染协同减排治理的对策建议。

一、现有京津冀城市群大气污染减排协同防治政策体系梳理

表11-14 是对国家各部委发布的有关京津冀城市群大气污染减排政策防治政策体系的梳理。

表11-14 国家部委关于京津冀大气污染减排防治政策体系一览表

提出单位	具体政策	相关文件及发布时间
原生态环境部	以科学发展观为指导，以改善空气质量为目的，以增强区域环境保护合力为主线，以全面削减大气污染物排放为手段，建立统一规划、统一监测、统一监管、统一评估、统一协调的区域大气污染联防联控工作机制，扎实做好大气污染防治工作。	《关于推进大气污染联防联控工作改善区域空气环境质量的指导意见》（2010年5月11日）
中共中央国务院	到2017年，京津冀、长三角、珠三角等区域细颗粒物浓度分别下降25%、20%、15%左右，其中北京市细颗粒物年均浓度控制在60微克/立方米左右。	《大气污染防治行动计划》（2013年9月）
北京市第十四届人民代表大会第2次会议通过	以改善空气质量为目标，以实施大气污染物排放总量减排为主线，以控制 PM2.5 污染为重点，由注重末端治理向注重源头治理转变，由浓度控制为主向浓度与总量控制并重转变，由注重企业治理向企业治理与区域、行业治理并重转变。	《北京市大气污染防治条例》（2014年1月22日）
天津市第十六届人民代表大会第3次会议通过	大气污染共同防治，重点大气污染物总量控制，高污染燃料污染防治，机动车、船舶排气污染防治，挥发性有机物、废气、粉尘和恶臭污染防治，扬尘污染防治，重污染预警与应急，区域大气污染防治协作，法律责任。	《天津市大气污染防治条例》（2015年1月30日）
河北省第十二届人民代表大会第四次会议通过	实行政府目标责任制、城市设高污染燃料禁燃区、重点大气污染物排放总量控制制度，逐步削减重点大气污染物排放总量；结合经济社会发展水平、环境质量状况、产业结构，将重点大气污染物排放总量控制指标，分解落实到设区的市、县人民政府。	《河北省大气污染防治条例》（2016年1月13日）

提出单位	具体政策	相关文件及发布时间
全国人民代表大会常务委员会第十六次会议	重点区域大气污染联合防治，国务院环境保护主管部门根据主体功能区划、区域大气环境质量状况和大气污染传输扩散规律，划定国家大气污染防治重点区域，重点区域按照统一规划、统一标准、统一检测、统一防治措施，开展大气污染联防联控，落实大气污染防治目标责任。	《中华人民共和国大气污染防治法》修订方案（2015 年 8 月 29 日）
中共中央、国务院	围绕疏解北京非首都功能，在京津冀交通一体化、环境保护、产业升级转移等重点领域率先取得突破，环保一体化中提出要加快建立京津冀城市群大气污染联防联控体制机制。	《京津冀城市群协同发展规划纲要》（2015 年 6 月）
原生态环境部联合北京市、天津市、河北省人民政府	牢固树立创新、协调、绿色、开放、共享的发展理念，牢牢把握首都区战略定位，坚持突出重点、补齐短板，进一步落实大气污染防治责任，强化本区环境精细化管理，以超常规的措施和力度，集中利用两年时间，不折不扣完成党中央、国务院、市政府确定的各项大气污染防治任务，为建设国际一流的和谐宜居之都提供有利环境支撑。	《京津冀大气污染防治强化措施（2016—2017 年）》（2016 年 7 月 1 日）
原生态环境部、国家发改委	"2+26"城市以改善区域环境空气质量为核心，以减少重污染天气为重点，多措并举强化秋冬季大气污染防治，全面降低区域污染排放负荷。	《京津冀及周边地区 2017 年大气污染防治工作方案》（2017 年 2 月 17 日）
生态环境部、发改委等	坚持标本兼治，突出重点难点，积极有效推进散煤治理；推进精准治污，强化科技支撑，因地制宜实施"一市一策"；实施"一厂一策"管理，推进产业转型升级；加强区域应急联动。强化压力传导，持续推进强化监督定点帮扶工作，实行量化问责，完善监管机制，层层压实责任。	《京津冀及周边地区 2019—2020 年秋冬季大气污染综合治理攻坚行动方案》（2019 年 10 月 11 日）

（一）跨域协同治理机制初步形成

目前，京津冀城市群应对大气污染建立的职能部门之间的联动应急协调机制，存在实际运行不畅的现象，机制执行缺乏实质性举措，应急工作形式大于内容，需要继续深化跨区域协同治理机制。首先，局限于传统属地治污思想的影响，这种立足于本行政区划，着眼于局部的治理方式，无法从根本上解决大气跨界污染问题。其次，从协同治理机制看，京津冀三地各项治理措施和规章制度没有形成统一的标准，而各地的治理压力不同，也导致具体的排放控制标准存在差异性，监测技术与信息共享不到位，导致协同治理的长效机制不完善，没有形成合力。最后，协同治理的法律法规支撑有待进一步完善。自2013年以来，尽管出台了一系列大气污染防治措施，也不断加强组织领导，提升领导规格，但由于大部分文件是为适应某一阶段的特殊要求而制定的政策，并没有形成正式的法律条文，也没有相关法律法规为协同治理提供强制性的制度保障。

（二）协同治理的有效联动积极探索

协同治理不仅要求区域内政府间要加强合作，还要求专门的协同治理机构和社会公共治理机构，从这点上看，京津冀协同治理机制还处于发展阶段。当前，京津冀城市群已形成由七省八部委主导的大气污染防治协作小组和由院士领衔的区域大气污染防治专家委员会，协作小组主要是通过参与制定大气污染防治的有关方案与政策，组织大气污染联防联控的有关会议来协调区域治理，为京津冀城市群大气污染协同防治提供了有效的支撑。但是协作小组大部分是通过商讨的形式来进行决策，主要对重大活动或某段时期的活动来制定措施，缺乏统一的顶层设计和长效机制，同时，协同治理主体之间的责任不清晰，缺乏有效的制约机制，这些也暴露了协作小组权限的局限性。

二、本研究对策建议

（一）加快建立减排任务合理分配的体制机制，形成以政府为主导的大气污染物排污权交易机制

京津冀城市群不同规模城市间不同大气污染排放物的排放总量存在较大差异，应该加快建立减排任务合理分配的体制机制，形成以政府为主导的大气污染物排污权交易机制，促进责任减排制度的落实。北京市、天津市等大型规模以上城市 SO_2 排放的区域差异小于中小型城市，NO_x、烟粉尘排放的区域差异显著高于中小型城市。未来应重点加强对北京市、天津市、石家庄市、唐山市、邯郸市的 NO_x 和烟粉尘减排任务的分配和对邢台市、衡水市、沧州市等中小型城市 SO_2 减排任务的分配。同时，SO_2、NO_x 排放存在高排放区与低排放区相邻的特征，应该警惕高排放区向低排放区转移，加强两个地区的区域联防联控体

系的建立，防止形成新的排放热点。

（二）积极发展绿色经济，降低经济发展过程中的废气排放量，提高经济发展的质量

经济增长是京津冀城市群大气污染排放增加的主导因素，其减排效应呈现出反复上升的趋势特征，产业结构调整、技术改善、能源利用效率是京津冀城市群三类大气污染物减排的主导因素，且产业结构调整和能源利用效率减排的效果趋于上升趋势，技术改善存在下降的趋势。因此，在未来京津冀城市群减排的过程中，应该积极发展绿色经济，降低经济发展过程中的废气排放量，提高经济发展的质量；继续加快产业结构调整和能源结构的改善，将产业结构和能源结构的稳步调整作为减排的重要途径；技术改善应引起重视，在工业发展过程中，在燃煤技术上的改进有待加强，在燃煤过程中大气污染物排放有待减少。

（三）重点并持续加强产业结构、技术进步和能源结构改善政策的实施，针对不同大气污染排放物的减排实施有差别的减排政策，并形成南北部大气污染减排防控区

SO_2 的减排应该重点提升能源利用效率，加强能源结构的调整，促进"煤改气"工程的全面实施；NO_x 减排应重点加强技术改善，加强燃煤技术的改进，走清洁煤道路实现煤炭的清洁利用；烟粉尘减排应重点进行产业结构调整，改造火电厂，更新燃煤工业锅炉等。同时，北部应形成以北京市、天津市为核心的大气污染减排防控区域，在南部形成以石家庄市、邢台市、邯郸市为核心的大气污染排放防控区域，从而加强大型城市与中小型城市间的合作与交流，从而实现京津冀城市群大气污染的全面减排。

（四）完善区域法律法规保障机制，对减排标准进行统一

京津冀各城市应该形成完善的法律规章制度，对大气污染减排的法律法规保障机制进行完善，对减排的标准进行统一，不仅可以提高生态环境部门的权威性，而且还能有效降低环境执法的成本。需要树立环保的法制思维，需要构建完善、统一的法律法规体系。着手制订《京津冀区域清洁空气条例》或出台《京津冀区域环境保护条例》。同时，要规范化、透明化执法。要在不断健全区域大气污染联防联控法律法规政策体系的基础上，持续推动全覆盖、常态化的中央环保督察，严格依法行政，依法治理，改善环保执法细节。

（五）大型规模以上城市应该更有针对性地提升不同大气污染物的减排效率

天津市应重点强化 NO_x、烟粉尘的治理效率，加强两种大气污染物的监测

以及防治政策的制定、实施和监管，重点提升管理效率；大型城市应该着重强化技术效率的提升，大型城市应重点关注 SO_2、NO_x 的减排效率提升，继续加强产业结构、能源结构的调整，重点关注邯郸市，加强石家庄市、唐山市、保定市和邯郸市之间的合作与交流，特别是要以唐山市为模范标准，深入学习其减排治理经验，强化对 SO_2、NO_x 的治理，重点提升两种污染物的减排效率。

（六）中小型城市应该全面加强减排效率的提升，重点提升其管理效率

中小型城市应该重点提升整体减排效率，以沧州市为模范标准，深入学习其大气污染减排的治理模式；加强对三种大气污染物的监测，制定防治政策，提高大气污染物的排放标准，并严格限制污染企业的进入，实施严格的准入政策；同时，加强与石家庄市、唐山市、保定市、北京市、天津市等大型规模以上城市的技术合作与交流，深入学习其大气污染治理模式，促进管理效率和技术效率的全面提升。

专题三

珠三角城市群国土空间协同开发优化的水平与协同发展影响因素

　　珠三角城市群地处我国"一带一路"东南，坐落于国家"两横三纵"的城市化格局优化开发和重点开发区域，辖大陆地区 15 个城市，加上中国香港特别行政区、澳门特别行政区，共 17 个城市，国土面积约 5.6 万平方千米（见图 12-1 和表 12-1）。截至 2018 年底，总人口约 8105.15 万人，约占全国总人口的 6%，地区生产总值约为 8.81 万亿元，约占全国生产总值的 10%。珠三角城市群是我国改革开放的桥头堡，在我国社会主义现代化、新型城镇化和全方位对外开放格局中有着举足轻重的地位。

　　表 12-1 为珠三角城市群 2018 年经济社会发展的基本情况。截至 2018 年，从整体上来看，珠三角城市群的经济发展迅速，城市建设取得显著的成效。具体来看，珠三角城市群的城镇化率为 68.37%，高于全国 59.58% 的水平，处在城镇化发展水平的中后期阶段；经济总量为 8.81 万亿元，占全国经济总量近 10%，成为推动我国社会经济发展的重要动力；大部分城市第三产业占比高于第二产业，并超过全国水平，这表明珠三角城市群的整体产业结构基本处在最优水平。

　　城镇化进程的加快对城市国土空间开发具有显著影响，建设用地的扩张、人口的大量涌入、资源环境的开发等因素会限制城市经济社会发展能力。因此，本章将对珠三角城市群 2005—2018 年国土空间的开发水平、时空特征、协同水平及影响因素进行研究，厘清珠三角城市群内部不同城市国土空间开发利用现状及城市间国土空间开发利用的差异，旨在为珠三角城市群国土空间的优化开发、城市群协同发展提供科学参考。

　　鉴于珠三角城市群在我国经济社会发展格局中的重要地位，本专题试图测度珠三角城市群 2011—2018 年生产空间、生活空间及生态空间的开发利用水平，描述三者融合协同发展水平的变化轨迹和空间集聚特征，揭示三者均衡发展状态，为推进珠三角城市群"三生空间"建设、优化城市空间开发格局提供依据和参考。

表 12-1　2018年珠三角城市群发展基本情况

地区	建成区面积（平方公里）	总人口（万人）	国内生产总值（亿元）	人均国内生产总值（元）	三次产业占比（%）	城镇化率（%）	人口密度（人/平方公里）
全国	58455.66	139538.00	896915.60	64644.00	7.2：40.7：52.2	59.58	148
广东省	5911.05	11346.00	97277.77	86412.00	4.0：41.8：54.2	70.70	631.30
珠三角城市群	4517.16	8105.15	88083.36	108675.79	1.6：41.7：56.8	68.37	1794.37
其中：广州市	1263.34	1490.44	22859.35	155491.00	1.0：27.3：71.7	86.38	2055.99
深圳市	925.20	1302.66	24221.98	189568.00	0.1：41.1：58.8	99.75	6521.55
珠海市	141.31	189.11	2914.74	159428.00	1.7：49.2：49.1	90.08	1089.05
佛山市	158.91	790.57	9935.88	127691.00	1.5：56.5：42.0	94.98	2081.70
东莞市	988.89	839.22	8278.59	98939.00	0.3：48.6：51.1	91.02	3411.35
中山市	150.19	331.00	3632.70	110585.00	1.7：49.0：49.3	88.35	1855.72
江门市	154.50	459.82	2900.41	63328.00	7.0：48.5：44.5	66.50	483.67
肇庆市	120.86	415.17	2201.80	53267.00	15.8：35.2：49.0	47.76	278.80
惠州市	269.95	483.00	4103.05	85418.00	4.3：52.7：43.0	70.76	425.65
清远市	74.51	387.40	1565.19	40476.00	14.8：34.7：50.5	52.00	203.51
云浮市	29.28	252.69	849.13	33747.00	18.2：37.8：44.0	42.24	324.58

续表

地区	建成区面积（平方公里）	总人口（万人）	国内生产总值（亿元）	人均国内生产总值（元）	三次产业占比（%）	城镇化率（%）	人口密度（人/平方公里）
韶关市	105.08	299.76	1343.91	44971.00	11.6 : 33.5 : 54.9	56.49	162.80
汕尾市	31.03	299.36	920.32	30825.00	14.5 : 44.2 : 41.3	55.15	631.00
河源市	39.28	309.39	1006.00	32530.00	10.7 : 38.3 : 51.0	45.25	197.65
阳江市	64.83	255.56	1350.31	52969.00	16.2 : 34.4 : 49.4	52.61	321.22

数据来源：中国统计年鉴、广东省统计年鉴及各地级市统计年鉴。由于统计口径差异，本章暂时没有计算中国香港特别行政区和中国澳门特别行政区相关数据。

第一节　问题的提出与研究现状

一、珠三角城市群经济社会发展取得巨大成就

经济实力雄厚。依托国内政策支持及广阔的市场，深化对外开放，借助澳门、香港积极引入国外资金及产业，建设现代化经济发展体系，珠三角城市群迅速发展成为中国特大城市群之一，也成为最具活力、创新力的经济中心地区之一。目前，珠三角城市群产业体系较完备，集群优势明显，已初步形成了以战略新兴产业为先导、先进制造业会和现代服务业为主体的产业结构。2018 年珠三角城市群经济总量为 8.81 万亿元，产业之比为 1.6∶41.7∶56.8。其中，高新技术制造业的增加值为 1.52 万亿元，对珠三角城市群经济的贡献为 17.31%。

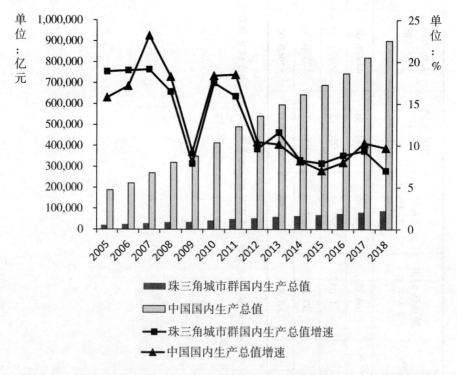

图 12-1　2005—2018 年珠三角城市群国内生产总值及中国国内生产总值变化趋势

数据来源：2019 年中国统计年鉴和广东统计年鉴。

　　人民生活水平提高。珠三角城市群居民收入保持了快速增长，消费水平明显提高。2018 年，珠三角城市群人均国内生产总值达到 10.87 万元，较 2010 年显著增长了 90.66%，人均消费支出为 3.73 万元，较 2010 年显著提升 83.81%，年增长达到 10.48%。就业是保障和提高人民生活水平的重要方面。多年来，珠三角城市群坚持把就业放在更加突出位置，深入实施积极的就业政策。2018 年，珠三角城市群城乡就业人数达到 5122.91 万人，比 2010 年增加 618.39 万人，年增长率达到 1.53%。同时，珠三角城市群养老医疗保障水平不断提高。2018 年，全国城镇职工基本养老保险达到 5555.32 万人，比 2010 年增加 2921.53 万人，年增长率达到 12.32%；2018 年，珠三角城市群每万人拥有 27 名医生，较 2010 年增长 53.62%，医疗资源逐渐丰富，人们身体健康有了更全面的保障，居民生活质量明显改善。

　　城市建设较完善。2018 年末，珠三角城市群常住人口城镇化率达到 69.28%，比 1949 年末提高 46.74 个百分点，年均提高 0.71 个百分点。总体上看，珠三角城市群的城镇化经历了探索发展、快速发展和提质发展的过程。2018 年底，广东公路总里程 21.77 万千米，其中高速公路里程达 9003 千米、铁路营业总里程达 4630 千米、民航航线里程达 277.49 万千米；深圳港、广州港集装箱吞吐量均进入世界前十。在推进大湾区建设、打造国际化城市群的关键时期，珠三角城市群区域内建立了完善的城际交通运输体系，持续推进珠三角城市群各城市融入

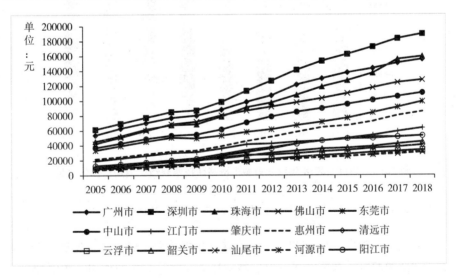

图 12-2　2005—2018 年珠三角城市群 15 个城市人均国内生产总值变化趋势

数据来源：2019 年中国统计年鉴和广东统计年鉴。

"1 小时生活圈"；2017 年，随着港珠澳大桥的建成，粤港澳实现了直接的互通互联，促进了宜居宜业宜游的优质生活圈的建设；同时，区域内众多卫星新城、公共基础服务设施沿着主要发展轴和城市交通轴进行建设，城市建设进入优化阶段。创新要素集聚。科技体制改革与经济体制改革相辅相成，互为支撑。珠三角城市群科技力量结构和布局得到优化的同时，科技对经济社会发展的贡献也大幅提升。2018 年，珠三角城市群高技术制造业增加值为 1.52 万亿元，比2011 年增长 7169.29 亿元，实现年均增长 1024.18 亿元。随着高新技术制造业企业数的增加，企业创新投入力度不断增强。2018 年，企业 R&D 人员数突破70 万大关，为 76.96 万人，较 2010 增长 121.39%；R&D 经费内部支出实现2043.36 亿元，较 2010 增长 198.78%。与此同时，创新成果也随之快速增长，2018 年珠三角城市群新产品销售收入实现 3.80 万亿元。同时，广东省积极打造高新技术产业开发区，壮大高新技术产业、提升创新能力，整合或托管区位相邻、产业相近、分布零散的产业园区和镇街，强化辐射带动作用。

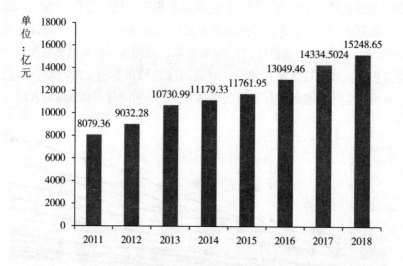

图 12-3　2011—2018 年珠三角城市群高新技术制造业增加值变化趋势

数据来源：2019 年广东统计年鉴和 2019 年各城市统计年鉴。

国际化水平领先。自 1949 年以来，珠三角城市群金融业迅速发展，充分发挥金融在资源配置、调节经济、促进经济社会发展等方面的作用。2018 年珠三角 15 个城市的金融业增加值达到 7271.19 万元，较 2010 年增长 4605.66 万元，年增长率达到 19.20%。有数据显示，从 2006 年起，广东金融业增加值总量连续在全国保持首位。改革开放初期，广东充分利用优势地理条件，加快与港澳及邻近地区贸易，对外贸易优势明显。中国加入世贸组织后，广州市、深圳市等城市积极开发新兴市场，对外贸易总额不断攀升。党的十八大以来，广东继续加快粤港澳合作进程，推进大湾区城市群建设，并积极推动与"一带一路"沿线国家的务实合作。数据显示，2018 年珠三角城市群出口总额达到 6514.29 亿美元，比 2010 年增长 44.18%，2010 年、2018 年珠三角城市群出口总额占全省出口总额的比重分别达到 99.70% 和 96.83%。

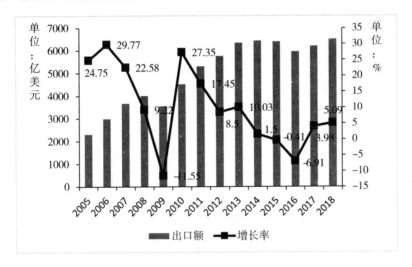

图 12-4 2005—2018 年珠三角城市群对外出口额及其增长率变化趋势

数据来源：2006—2019 年广东统计年鉴及各城市统计年鉴。

二、问题的提出

珠三角地区作为中国改革开放的率先试点地区，依靠国家政策优势，充分利用国内外资源，成功实现经济发展的转型升级，成为我国经济社会发展的中心区域，对全国经济发展格局产生着深刻的影响。但在珠三角城市群扩张的过程中，国土空间的利用与开发问题逐渐凸显出来，并成为制约珠三角城市群发展的重要影响因素，其主要表现在以下几个方面：

产业结构不合理，经济增长新动力有待增强。2018 年，珠三角城市群实现国内生产总值 8.81 万亿元，较上年增长 6.98%，增速放缓。同时，珠三角城市群国内生产总值占据全国国内生产总值的 9.78%，所占份额较上一年减少 0.25 个百分点。据《粤港澳大湾区年鉴》，2018 年珠三角城市群的第一、第二、第三产业比重为 1.56∶41.66∶56.78，其中，轻重工业总产值分别达到了 3.60 万亿元、7.67 万亿元，重工业产值高出轻工业 1.13 倍。从工业结构来看，传统制造业仍在第二产业中占据主体地位，对农业的带动、反哺作用十分有限；第三产业中新兴及高科技产业所占的比重较小，传统服务行业仍为发展主流，制约着产业结构的调整升级。虽然珠三角城市群的工业结构逐渐趋向均衡发展，但重工业仍占据了工业发展的主导地位，限制了珠三角地区城市经济向高质量发展转变。

珠江三角洲地区内部发展差距较大，城市间协同性不强。珠三角城市群区域发展差距在不同阶段呈现不同特征，总的来看，当前区域发展差距明显小于城市群成立初期，但城市间仍存在较大发展差距。2018 年，珠三角城市群中人均地区生产总值最高城市深圳市（18.96 万元）与最低城市汕尾市（3.08 万元）的比值为 5.04，这说明珠三角城市群内各城市之间的经济社会发展水平悬殊较大，城市间发展不协调。2018 年，珠江三角洲东部和南部地区人均地区生产总值分别增长 8.2% 和 8.5%，北部和西部地区分别增长 7.2% 和 6.1%，东部、南部地区经济增长明显快于西部、北部地区，其中，人均地区生产总值较上一年增长最快的城市为东莞市（8.33%），增长速度最慢的城市为阳江市（2.41%），地区间经济社会发展协调性有待提升。

资源能源约束趋紧，生态环境压力日益增大。能源是社会经济发展的重要基础，经济的快速发展也需要强大的能源提供充足"燃料"。据《新中国成立70 周年广东经济社会发展成就系列报告之六》数据显示，2018 年，广东发电量 4572.42 亿千瓦时，居全国第四位；全社会用电量 6323.35 亿千瓦时，居全国第一位，广东已成为全国电力生产量和消费量最大的地区之一。城市的盲目扩张、人口的大量涌入以及资源使用效率低下等问题导致珠三角城市圈环境压力日益增大。就水环境而言，2018 年，珠三角城市群污水排放量就达到 95.89 亿吨，占全省的 83.81%。城市生活垃圾、垃圾填埋产生的有机物质成为水污染的主要贡献者，跨区污染问题突出，跨市河流边界水质较差。截至 2018 年底，珠三角城市群区域内平均森林覆盖率达到 51.29%，略高于广东省整体森林覆盖率51.26%。该年，珠三角城市群共有 282-346 天的空气质量达到标准，较去年有所下降，空气中的 SO_2、NO_2、PM 10、PM 2.5 浓度均较去年有不同幅度的上升，城市群内部大气环境问题较突出。

2019 年 2 月，中共中央、国务院印发的《粤港澳大湾区发展规划纲要》（本章后文简称《纲要》）明确指出，积极调整产业结构，构建具有国际竞争力的现代产业体系；加快基础设施建设，提高人们生活质量；加强环境保护和治理，打造生态防护屏障，进一步推进生态文明建设。珠三角城市群作为改革开放先行试验区，对带动沿海地区发展、加强中国城市群建设具有重要意义，但珠三角城市群内人口密度大、资源数量不足，区内差异凸显，亟须重组"三生空间"发展秩序，优化国土空间。鉴于此，本章以珠三角城市群 15 个地级市为研究对象，以"三生空间"理论为指导，通过测算 2011—2018 年珠三角城市群 15 个地级市"三生空间"开发水平并进行空间对比和时序分析，借助相关计量模型充分揭示珠三角城市群"三生空间"协同过程的影响因素，以期为珠三角城市群可持续发展与国土空间优化布局提供理论指导和科学依据。

三、研究现状

（一）空间分类

关于空间功能分类体系的研究，张红旗等人将土地分为生活用地、生产用地、生态用地①。在国土空间内涵及分类体系方面，国内学者也进行了较为广泛而全面的研究，如国家发改委国土地区研究所课题小组对我国主体功能区划分及其分类政策进行了初步研究②，扈万泰等人对"三生空间"的概念及特征进行分析③，刘继来等人探究了"三生空间"的理论内涵，并揭示了中国"三生空间"的格局及变化特征④，刘春芳等人探讨三生行为与"三生空间"的理论关联，构建基于居民行为的"三生空间"优化分析框架⑤。

"三生空间"具有浓厚的中国色彩，属于国内专有学术和政策的共识，尚未在国外形成系统的研究。在生产空间方面，国外学者多侧重于研究土地的生产效率、时空变化及驱动因素。埃里克·卢（Erik Louw）等人分析了空间生产力的概念，并认为空间生产率受城市化率、制造业就业率在工业区的比例和土地

---

① 张红旗，许尔琪，朱会义. 中国"三生用地"分类及其空间格局 [J]. 资源科学，2015，37（07）：1332-1338.

② 国家发展改革委宏观经济研究院国土地区研究所课题组，高国力. 我国主体功能区划分及其分类政策初步研究 [J]. 宏观经济研究，2007（04）：3-10.

③ 扈万泰，王力国，舒沐晖. 城乡规划编制中的"三生空间"划定思考 [J]. 城市规划，2016，40（05）：21-26+53.

④ 刘继来，刘彦随，李裕瑞. 中国"三生空间"分类评价与时空格局分析 [J]. 地理学报，2017，72（07）：1290-1304.

⑤ 刘春芳，王奕璇，何瑞东，等. 基于居民行为的三生空间识别与优化分析框架 [J]. 自然资源学报，2019，34（10）：2113-2122.

开发政策的影响①。与国内类似，国外学者对于生活空间的研究多从城市宜居性入手。如米勒（Miller）等从运输政策和规划角度，构建和应用定量宜居性和可持续性指标的框架②；阿潘·保罗（Arpan Paul）和索伊·森（Soy Sen）对印度加尔各答都市区的宜居性进行了评价③。

（二）空间评价

在学术研究方面，国外学者目前没有对"三生空间"进行系统界定及综合分析，主要研究体现在对土地利用和绿色空间的分析。自国家推进生态文明建设，重视国土空间开发利用，国内学者也从多个角度测度不同地区国土空间开发利用水平：第一个角度是利用空间技术测算不同区域国土空间土地面积利用的变化。如唐常春等人利用 GIS 空间聚类方法动态评估了长江流域不同地区的开发强度和潜力④。第二个角度是基于生态环境承载力研究地区国土空间开发利用水平。沈春竹等人测算了江苏省各地基于资源环境承载力与开发建设适宜性的可承载国土开发强度⑤。

2012 年，党的十八大报告提出"促进生产空间集约高效、生活空间宜居适度、生态空间山清水秀"的开发要求，许多学者基于"三生空间"，构建适宜性评价指标体系，综合测度地区国土空间开发利用水平及空间的耦合性。李秋颖等人构建了国土空间利用质量综合评价指数及其子系统利用质量指数⑥；吴艳娟等人从土地资源的三生功能出发，提出了基于"三生空间"的城市国土空间

① LOUW E, VAN DER KRABBEN E, VAN AMSTERDAM H. The Spatial Productivity of Industrial Land [J]. Regional Studies, 2012, 46 (1)：137-147.

② MILLER HJ, WITLOX F, TRIBBY CP. Developing context-sensitive livability indicators for transportation planning：a measurement framework [J]. Journal of transport geography, 2013, 26：51-64.

③ PAUL A, SEN J. Livability assessment within a metropolis based on the impact of integrated urban geographic factors (IUGFs) on clustering urban centers of Kolkata [J]. Cities, 2018, 74：142-150.

④ 唐常春，孙威. 长江流域国土空间开发适宜性综合评价 [J]. 地理学报，2012, 67 (12)：1587-1598.

⑤ 沈春竹，谭琦川，王丹阳，等. 基于资源环境承载力与开发建设适宜性的国土开发强度研究——以江苏省为例 [J]. 长江流域资源与环境，2019, 28 (06)：1276-1286.

⑥ 李秋颖，方创琳，王少剑. 中国省级国土空间利用质量评价：基于"三生"空间视角 [J]. 地域研究与开发，2016, 35 (05)：163-169.

开发建设适宜性评价框架，定量评估了宁波市国土空间开发建设适宜性①；纪学朋等人从自然环境、经济社会、海洋功能三个维度构建适宜性评价指标体系，对辽宁省的国土空间开发建设适宜性进行评价与分析②。

（三）空间优化

基于前期学者对国土空间基本内涵、分类体系、功能识别等方面的研究，当前学者进一步加强对国土空间开发建设的研究，优化国土空间格局。土地利用一直是国外研究的热点问题，部分学者采用线性规划与 GIS 相结合、理想点法与 GIS 技术相结合和加权叠加分析等方法，进行了土地适宜性评价。

改革开放以后，国外国土空间开发理论和优化方法开始传入，逐渐地国内关于国土空间开发利用的相关研究活跃起来。早期的代表思想有：吴传钧所提出的"人地关系"③ 地域系统思想、陆大道所提出的"点—轴"④ 开发思想。20 世纪 90 年代以后，国土空间优化布局理论的研究开始进一步细化，肖金成和欧阳慧提出国土空间优化的基本思路——打造发展轴、发展城市群、培育增长极、构建经济区、建设区域性中心城市、强化粮食能源和生态安全保障等⑤；樊杰从国土空间规划的作用及存在问题入手，认为经济布局、优化土地利用结构仍是近期国土空间规划的核心内容⑥。针对国土空间格局优化的研究主要体现在以下几个方面：第一，通过调节人口集聚优化城市空间。孙三百等人通过研究城市规模对城市居民幸福感的影响，提出引导移民在空间上实现理性选择，形成合理城市体系的结构⑦。第二，通过优化产业结构和布局提高国土空间的开发建设水平。余建辉等认为产业空间配置是在"三区三线"划分基础上进一

---

① 吴艳娟，杨艳昭，杨玲，等. 基于"三生空间"的城市国土空间开发建设适宜性评价——以宁波市为例 [J]. 资源科学，2016，38（11）：2072-2081.

② 纪学朋，黄贤金，陈逸，等. 基于陆海统筹视角的国土空间开发建设适宜性评价——以辽宁省为例 [J]. 自然资源学报，2019，34（03）：451-463.

③ 吴传钧. 论地理学的研究核心——人地关系地域系统 [J]. 经济地理，1991（03）：1-6.

④ 陆大道. 关于"点-轴"空间结构系统的形成机理分析 [J]. 地理科学，2002（01）：1-6.

⑤ 肖金成，欧阳慧. 优化国土空间开发格局研究 [J]. 经济学动态，2012（05）：18-23.

⑥ 樊杰. 主体功能区战略与优化国土空间开发格局 [J]. 中国科学院院刊，2013，28（02）：193-206.

⑦ 孙三百，黄薇，洪俊杰，等. 城市规模、幸福感与移民空间优化 [J]. 经济研究，2014，49（01）：97-111.

步明确地域功能、引导地域功能格局优化的必要步骤①。第三，通过提高资源利用水平、加强环境保护实现国土空间的优化。高吉喜和陈圣宾基于生态承载力约束提出了国土开发格局优化对策②。众多学者通过总结新中国成立后国土空间开发格局演变的过程，分析国土空间开发格局的现状和问题，提出促进国土空间开发格局优化调整的政策建议。

第二节 珠三角城市群国土空间开发水平的测度及其空间差异分析

一、珠三角城市群"三生空间"识别及指标体系的构建

基于"三生空间"视角研究珠三角城市群国土空间开发水平、时空分布差异，需要构建能较为全面反映珠三角城市群"三生空间"开发现状和发展趋势的评价指标体系，国内外有关国土空间及"三生空间"的研究成果及相关指标体系的构建经验，可为本书指标体系的构建提供简介和思路。

（一）"三生空间"识别

国土空间是经济社会发展的载体，是人们生存和发展的依托，地尽其利、地尽其用是空间资源优化配置的核心。按照国土空间利用类型的主要功能分类，一般可以划分为生产、生活和生态三大空间③。

人们在一定区域内从事生产活动所形成的特定的功能区就是"生产空间"，它包括一切为人类提供物质产品生产、运输与商贸、文化与公共服务等生产经营活动的空间载体，以承载工业生产和服务功能为主，主要涉及工业、物流仓储和商业商务服务用地。所谓"生活空间"就是人们日常进行居住、消费和休闲娱乐所使用的空间场所，它为人们生活提供必要的空间条件。"生态空间"是为城市发展与人们生活提供生态产品和生态服务的区域场所，主要涉及森林、

---

① 余建辉, 李佳洺, 张文忠, 等. 国土空间规划: 产业空间配置类单幅总图的研制 [J]. 地理研究, 2019, 38 (10): 2486-2495.

② 高吉喜, 陈圣宾. 依据生态承载力 优化国土空间开发格局 [J]. 环境保护, 2014, 42 (24): 12-18.

③ 朱媛媛, 余斌, 曾菊新, 等. 国家限制开发区"生产—生活—生态"空间的优化——以湖北省五峰县为例 [J]. 经济地理, 2015, 35 (04): 26-32.

草地、湿地等国土空间。生态空间虽然不能直接为人类提供物质产品，但作为保障城市生态安全、提升居民生活质量不可或缺的组成部分，它为人类的生存发展提供各种所必需的生态产品。

生产空间、生活空间、生态空间之间具有辩证关系。三者既相互独立，又相互联系、相互影响，并在对立与统一中互相作用，推动着彼此的发展。其中，生态空间是根本，为生产空间、生活空间提供资源保障，对生产、生活的发展规模和方向起到约束作用，若生态空间恶化，生产空间和生活空间的发展都将受到限制；生产空间是基础，它影响着生活空间和生态空间的发展状况，为二者的发展提供所必需的物质基础，是实现生活宜居、生态绿色的经济保障；生活空间是结果，积极提高生产空间集约度、增加生态空间绿色度，有利于提高生活空间的宜居性，满足人们日常生活的物质和精神所需。

（二）指标体系构建的原则

基于科学性、全面性、层次性、可比性、操作性原则，本书参考国内外相关文献，从"三生空间"开发利用水平出发，构建了珠三角城市群"三生空间"即生产、生活、生态三系统综合评价指标体系，以期科学、合理地评估地区国土空间开发水平，发现地区国土空间开发存在的问题，并有针对性地提出对策建议，实现优化国土空间开发格局，提高土地资源利用效率，促进国民经济健康发展的目的。

（三）生产空间现代高效评价指标体系的构建

学术界对生产空间的单独研究较少，主要集中在对土地的生产效率研究。一是对工业土地的生产效率研究，二是对农业土地的生产效率研究。国内众多学者对国土空间或者"三生空间"评价构建了较为丰富的评价指标体系，其中关于生产空间的评价指标体系成果丰富。李广东和方创琳提出生产与健康物质供给生产、原材料生产功能、能源矿产生产功能及间接生产功能4大类，综合测度城市生产空间功能；同年，吴艳娟将生产空间分为农业生产空间和工业生产空间；刘继来等人从生产用地、半生产用地和弱生产用地三个角度测度土地利用效率；王成和唐宁选取人均耕地面积、人均粮食产量、农业商品产值3个指标来表征乡村农业生产功能[①]；李欣等人构建了包括粮食单产、土地垦殖率、

---

① 王成，唐宁. 重庆市乡村三生空间功能耦合协调的时空特征与格局演化［J］. 地理研究，2018，37（06）：1100-1114.

表 12-2　生产空间现代高效评价指标体系

指标说明	具体指标	统计/测算方式	指标属性
经济效率水平	人均国内生产总值	统计指标	正指标
产业现代化水平	第三产业占国内生产总值比重	统计指标	正指标
	高新技术产业增加值占国内生产总值比重	高新技术产业增加值/国内生产总值	正指标
	规模以上工业企业产值占工业产值比重	规模以上工业企业产值/工业产值	正指标
知识技术积累水平	社会 R&D 经费支出占国内生产总值比重	社会 R&D 经费支出/国内生产总值	正指标
	每万人当年专利批准数量	年批准专利总数/年末常住人口	正指标
投资效率	固定资产投资拉动国内生产总值增长系数	统计指标	正指标
	单位建成区面积第二、第三产业增加值占比	第二、第三产业增加值/建成区面积	正指标
资源集约使用水平	单位国内生产总值能耗	统计指标	负指标
	万元工业增加值用水量	统计指标	负指标
	万元工业增加值用电量	统计指标	负指标
	万元工业增加值污水排放量	工业污水排放总量/万元工业增加值	负指标
	一般工业固体废弃物综合利用率	统计指标	正指标

注：统计指标是指官方各类年鉴、公报发布的指标，下同。

334

地均工业生产总值、财政贡献率、产业结构及经济密度在内的生产功能评价指标①；魏小芳等人从农业生产、非农业生产和经济发展水平分析长江上游城市群的国土空间的生产功能②。

2012 年，党的十八大报告明确提出"促进生产空间集约高效"的发展方向，学者构建生产空间评价指标也多从集约高效这一评价角度展开，然而 2017年党的十九大报告提出"我国经济已由高速增长阶段转向高质量发展阶段，正处在转变发展方式、优化经济结构、转换增长动力的攻关期，建设现代化经济体系是跨越关口的迫切要求和我国发展的战略目标"，2019 年 2 月中共中央、国务院印发的《粤港澳大湾区发展规划纲要》明确提出构建结构科学、集约高效的大湾区发展格局。因此，之前学者构建的评价指标体系已经不能完全满足社会发展的需要，需要基于以前的研究成果构建顺应社会发展趋势、响应国家战略布局的新的评价指标体系。

珠三角城市群是中国改革开放的试点区域，也是我国特大城市群之一，得益于地理位置及国家政策，该地区工业结构较合理，生产效率和科技发展水平较高，经济发展水平领先于其他地区。人均国内生产总值充分反映了地区的经济效率水平及质量，是衡量地区经济水平的重要指标。产业结构是地区经济发展的重要约束性因素，为实现地区经济高质量现代化发展，必须要转变地区经济发展结构，促进产业结构现代化。本书选取第三产业占国内生产总值比重、高新技术产业增加值占国内生产总值比重以及规模以上工业企业增加值占工业总产值比重来测度地区工业布局，反映产业结构的现代化水平。

根据发达国家工业化后期经济增长的经验可知，知识进展对经济增长的重要性逐步超过劳动力投入和资本积累，同时经过研发投入和新技术的出现及市场化能有效地提升技术知识。因此，本书选取社会 R&D 经费支出占国内生产总值比重表现地区研发投入，选取每万人当年专利批准数量表现新技术的出现。AK 模型 $Y = AK$ 显示，投资率的提高能够促进经济增长，而各个国家经济增长的实证也说明投资对经济的拉动作用，本书选取固定资产投资拉动国内生产总值增长系数来表现地区的投资效率。自然资源是经济和社会发展的主要因素之一。

党的十九大报告提出："形成节约资源和保护环境的空间格局、产业结构、生产方式"。为了实现地区经济健康发展，提高生产过程中资源利用效率，本书

---

① 李欣，方斌，殷如梦，等. 江苏省县域"三生"功能时空变化及协同/权衡关系［J］. 自然资源学报，2019，34（11）：2363-2377.

② 魏小芳，赵宇鸾，李秀彬，等. 基于"三生功能"的长江上游城市群国土空间特征及其优化［J］. 长江流域资源与环境，2019，28（05）：1070-1079.

选取单位建成区面积第二、第三产业增加值占比、单位国内生产总值能耗、万元工业增加值用水量、万元工业增加值用电量、万元工业增加值污水排放量以及一般工业固体废弃物综合利用率来测度地区生产过程中资源集约使用水平。

（四）生活空间健康宜居评价指标体系的构建

任致远从城市经济发展水平、城市基础设施、城市社会发展、城市文化建设、城市环境质量等五个方面构建城市宜居度综合评价体系①；中国城市科学研究会提出社会文明度、经济富裕度、环境优美度、资源承载度、生活便宜度、公共安全度来衡量城市宜居度；李丽萍从经济发展度、社会和谐度、文化丰厚度、生活舒适度、景观宜人度、公共安全度这六个方面，测度城市宜居度②；李嘉菲构建了包括人文环境、安全环境、生活环境、经济环境、生态环境在内的城市宜居评价体系③。综合已有研究可以看出，学者围绕城市宜居度构建了较为丰富的评价指标体系。虽然2012年党的十八大报告明确指出生活空间"宜居适度"的发展方向，但是，随着经济水平的发展，人民生活所需的物质条件已经得到极大满足，在此基础上，人们开始追求更加简约、更加健康的生活环境和生活方式。因此，本书在已有研究的基础上，提出生产空间健康宜居的发展方向，增加对城市生活空间健康度的衡量。

生活空间的健康宜居状况可以通过其安全保障、便捷舒适、环境友好等来体现。其中，安全保障是城市生活空间发展品质的奠基之石，便捷舒适是城市生活空间发展成果的外在表现，环境友好则是城市生活空间实现可持续发展的内在要求。根据诺瑟姆的城镇化理论，人口城镇化率能够反映城镇化阶段。城镇化发展水平越高，越能吸引周边农村地区和周边城镇的人口集聚于此。收入是消费的基础和前提，而消费又将反作用于经济，促进经济增长，本书选取人均储蓄存款余额、人均可支配收入和居民消费水平来反映人们的收入和消费情况。压力是一把双刃剑，适度的心理压力有利于人的进步和发展，但超过了人的承受能力，则将危害人的身心健康。中国人追求"耕者有其田，居者有其屋"，房子在中国人的生活中占据了很重要的角色，本书选取可支配收入房价比反映房价带给人们的压力。就业是民生之本，本书选取全社会从业人员占总人口比重来反映城市社会劳动力市场的饱和度。社会公共服务反映一地政府为社

① 任致远. 关于宜居城市的拙见 [J]. 城市发展研究, 2005 (04): 33-36.
② 李丽萍, 郭宝华. 关于宜居城市的理论探讨 [J]. 城市发展研究, 2006 (02): 76-80.
③ 李嘉菲, 李雪铭. 城市宜居性居民满意度评价——以大连市为例 [J]. 云南地理环境研究, 2008 (04): 77-83.

会生产生活创造良好环境的水平，本书选取人均公园绿地面积、每万人拥有教师数和每万人拥有医生数来测度城市提供社会公共服务的能力和水平。城市的环境承载力有限，采取绿色的生活方式，不仅能节约资源，更能创造一个绿色的公共空间，提高人们生活环境质量。人均公共交通客运量、人均用水量和人均水电量可以用来反映人们的生活方式，同时，这些指标也可以从侧面反映出人们的环境保护意识。

表 12-3　生活空间健康宜居评价指标体系

指标说明	具体指标	统计/测算方式	指标属性
城市化水平	城镇化率	统计指标	正指标
居民生活水平	人均储蓄存款余额	统计指标	正指标
	人均可支配收入	统计指标	正指标
	居民消费水平	统计指标	正指标
居民生活压力	可支配收入房价比	年末商品房均价/可支配收入	负指标
	全社会从业人员占总人口比重	全社会从业人员/年末常住人口	负指标
公共服务	人均公园绿地面积	统计指标	正指标
	每万人拥有教师数	统计指标	正指标
	每万人拥有医生数	统计指标	正指标
绿色生活	人均公共交通客运量	统计指标	正指标
	人均用水量	统计指标	负指标
	人均用电量	统计指标	负指标

（五）生态空间山清水秀评价指标体系的构建

国内关于生态空间评价主要从生态文明建设和环境承载力两方面展开。关于生态文明建设程度评价，2008 年 7 月，中央编译局发布中国首个"生态文明建设（城镇）指标体系"，包含资源节约、生态安全、环境友好和制度保障四个子系统；关于环境承载力评价，董文等人把资源环境承载力的评价指标体系分为五类，包括大气、水、土地、能源和生态要素①；刘佳等人构建了由资源、生

---

① 董文，张新，池天河. 我国省级主体功能区划的资源环境承载力指标体系与评价方法 [J]. 地球信息科学学报，2011，13（02）：177-183.

态、经济、社会四个承载子系统构成的滨海旅游环境承载力评价体系①；雷勋平等人从经济子系统、资源子系统和环境子系统3个子系统构建区域资源环境承载力评价体系②。本书综合众多学者的研究，借鉴各类研究指标，结合珠三角城市群生态空间发展现状，构建了珠三角城市群生态空间山清水秀评价指标体系。

表 12-4　生态空间山清水秀评价指标体系

指标说明	具体指标	统计/测算方式	指标属性
生态资源禀赋	森林覆盖率	统计指标	正指标
	建成区绿地覆盖率	统计指标	正指标
城市建设强度	城市建设用地占市区面积比重	建设用地/市区面积	负指标
水环境质量	水功能区水质达标率	统计指标	正指标
	入河污水排放量占水资源比重	入河污水排放量/水资源总量	负指标
声环境质量	城区环境噪音平均值	统计指标	负指标
大气环境质量	城市环境空气二氧化氮浓度	统计指标	负指标
	城市环境空气二氧化硫浓度	统计指标	负指标
	城市环境空气可吸入颗粒物浓度	统计指标	负指标
生态环境治理	污水集中处理率	统计指标	正指标
	城市生活垃圾无害化处理	统计指标	正指标

伴随社会经济快速发展，城市生态环境对经济发展和人类居住的影响逐渐受到关注。同时，随着城市建成区面积的不断扩大，城市生态空间成为一种稀

---

① 刘佳，于水仙，王佳. 滨海旅游环境承载力评价与量化测度研究——以山东半岛蓝色经济区为例 [J]. 中国人口·资源与环境，2012，22（09）：163-170.

② 雷勋平，邱广华. 基于熵权 TOPSIS 模型的区域资源环境承载力评价实证研究 [J]. 环境科学学报，2016，36（01）：314-323.

缺资源。生态空间是生产空间和生活空间的保障。生态资源禀赋是一地的生态环境发展保障与潜力所在，本书森林覆盖率衡量城市生态保障能力，可以反映一个地区的生态的自净能力，而建成区绿地覆盖率则可以反映出地区保护生态环境所取得的成果。选取水功能区水质达标率和入河污水排放量占水资源比重来测度城市的水环境质量，选取城区环境噪音平均值来测度声环境质量，选取城市环境空气二氧化氮浓度、城市环境空气二氧化硫浓度和城市环境空气可吸入颗粒物浓度来测度城市的大气环境质量。本书选取污水集中处理率和城市生活垃圾无害化处理反映城市环境治理水平、生态文明建设程度。

二、评价模型与数据来源

（一）数据来源

本书以广州市、深圳市、珠海市、佛山市、东莞市、中山市、江门市、肇庆市、惠州市、清远市、云浮市、韶关市、河源市、汕尾市、阳江市等 15 个城市为样本。数据主要来源于 2012—2019 年的《中国城市统计年鉴》《中国能源统计年鉴》《中国环境年鉴》《粤港澳大湾区年鉴》；2012—2019 年的《广东省统计年鉴》，2011—2018 年的《广东省环境质量公报》《广东省水资源公报》；各地级市 2012—2019 年的统计年鉴，2011—2018 年的各类公报。部分缺失数据经过计算所得。

（二）综合评价方法

1. 数据标准化

在进行数据分析之前，首先对数据进行标准化处理，以消除指标间量纲和数量级存在的巨大差异，本书运用极差标准化方法对原始数据进行无量纲化处理。具体计算公式如下：

$$正指标：U_{mnt} = \frac{x_{mnt} - min\{x_{mnt}\}}{max\{x_{mnt}\} - min\{x_{mnt}\}}$$

$$负指标：U_{mnt} = \frac{max\{x_{mnt}\} - x_{mnt}}{max\{x_{mnt}\} - min\{x_{mnt}\}}$$

其中 m 为具体指标，n 为城市序号，t 为年份，x_{mnt} 表示 t 年第 n 个城市第 m 项指标的观测值。

2. 确定指标权重

熵值法是综合利用模糊综合评价矩阵和各因素输出信息熵来确定各因素权重系数的一种简单有效的方法，有效剔除了由于主观原因而产生的误差。由于信息熵的计算涉及自然对数，熵值法要求模糊综合评价矩阵指标为大于 0 的实数，考虑到本书各指标最不优值的标准化值为 0，所以在为指标赋权前，将所有指标标准化值向右平移 1 单位长度。使用熵值法进行赋权的具体步骤如下所示：

向右平移 1 个单位后的标准化值：

$$U'_{mnt} = U_{mnt} + 1$$

第 t 年 m 指标下第 n 个被评价对象的指标标准化值的比重：

$$P_{mnt} = \frac{U'_{mnt}}{\sum_n^{15} U'_{mnt}} (t = 2011,\ \cdots,\ 2018)$$

第 t 年 m 指标的信息熵：

$$e_{mt} = -\frac{1}{ln15} \sum_{n=1}^{15} (P_{mnt} ln\, P_{mnt})$$

第 t 年 m 指标的权重：

$$V_{mt} = \frac{1 - e_{mt}}{\sum_{m=1}^{36} (1 - e_{mt})}$$

3. 各地区"三生空间"水平得分计算

采用线性加权方法计算"三生空间"水平得分。首先假定生产、生活、生态空间三个系统的综合评价函数分别为 $f(x)$，$g(y)$，$h(z)$，T 为珠三角城市群"三生空间"综合评价得分。具体计算公式如下：

$$F(X) = \sum V_{mt} U'_{mnt}$$

$$T = \alpha f(x) + \beta g(y) + \theta h(z)$$

上式中，T 为珠三角城市群"三生空间"综合评价指数，α、β、θ 均为待定权数。由于生产、生活、生态三大空间对珠三角城市群"三生空间"协同融合发展水平的影响几乎同等重要，因此设权重为 $\alpha = \beta = \theta = 1/3$。

（三）区域差异分析方法

为进一步分析各地区发展差异，本书采用泰尔指数衡量珠三角城市群"三生空间"发展区域差异及其变动。设定 U_i 表示第 i 个城市的"三生空间"综合利用得分，n 为城市数量，$T_i = \dfrac{U_i}{\sum U_i}$ 为第 i 个城市"三生空间"综合利用得分占珠三角城市群的比重，$T_b = \sum_b T_i$，$T_m = \sum_m T_i$ 和 $T_z = \sum_z T_i$ 分别为粤北、粤西、粤东和珠三角地区"三生空间"综合利用得分占珠三角城市群的比重，n_b，n_m 和 n_z 分别为粤北、粤西、粤东和珠三角地区的城市数，则可以计算粤北、粤西、粤东和珠三角地区四大地区的泰尔指数 J_b 、 J_m 、 J_z 和四大区域的区内差异和区间差异 J_r 、 J_j ，以及珠三角城市群"三生空间"利用水平总体差异 J 。具体计算步骤如下：

1. 区内差异（ J_r ）

$$J_b = \sum_{i=1}^{n_b} \left(\frac{T_i}{T_b} \right) ln \left(\frac{n_b T_i}{T_b} \right)$$

$$J_m = \sum_{i=1}^{n_m} \left(\frac{T_i}{T_m} \right) ln \left(\frac{n_m T_i}{T_m} \right)$$

$$J_z = \sum_{i=1}^{n_z} \left(\frac{T_i}{T_z} \right) ln \left(\frac{n_z T_i}{T_z} \right)$$

$$J_r = T_b J_b + T_m J_m + T_z J_z = \sum_{i=1}^{n_b} T_i ln \left(\frac{n_b T_i}{T_b} \right) + \sum_{i=1}^{n_m} T_i ln \left(\frac{n_m T_i}{T_m} \right) + \sum_{i=1}^{n_z} T_i ln \left(\frac{n_z T_i}{T_z} \right)$$

2. 区间差异（ J_j ）

$$J_j = T_b ln \left(T_b \frac{n}{n_b} \right) + T_m ln \left(T_m \frac{n}{n_m} \right) + T_z ln \left(T_z \frac{n}{n_z} \right)$$

3. 总体差异（ J ）

$$J = J_r + J_j$$

三、综合评价结果

由图 12-5 可知，2011—2018 年珠三角城市群内各地市生产空间的发展水平差异较大，整体呈波动上升趋势，但各个城市的变化趋势基本一致。2011—2013 年，除江门市和清远市，其余城市均呈现出先增长后下降的特点，其中河源市在 2012 年增长最为明显，增速达到 6.73%；2013—2015 年，所有城市的生产空间利用水平均有所提高，这一时期，珠三角城市群经济得到较大的提升，其中，云浮市和河源市增长较明显，分别增长 13.19% 和 10.37%；2015—2018 年，各城市生产空间开发利用水平波动变化，并在 2015 年出现大幅下降。

从平均水平来看，深圳市（0.656）、珠海市（0.599）、东莞市（0.572）、佛山市（0.569）、惠州市（0.558）、中山市（0.555）、广州市（0.552）等七个城市的生产空间发展水平均高于珠三角城市群整体平均水平（0.526），这类城市属于珠三角城市群最初规划城市，地区经济发展水平较高，工业结构布局较合理，保持了良好的城市发展潜力；汕尾市（0.520）、江门市（0.512）、肇庆市（0.489）、清远市（0.479）、河源市（0.473）、韶关市（0.463）、阳江市（0.444）、云浮市（0.443）等八个城市的生产空间发展水平落后于珠三角城市

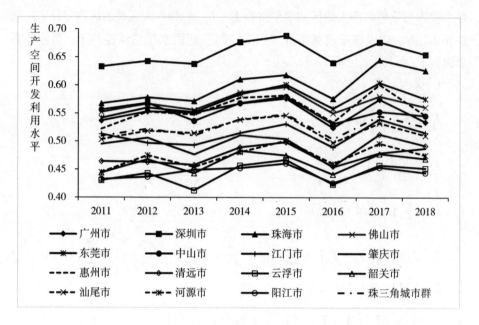

图 12-5　2011—2018 年珠三角城市群生产空间开发利用水平得分

群整体平均水平，城市生产能力仍具有较大的提升空间。从具体城市得分来看，深圳市和珠海市的生产空间得分情况较好，长期处于城市群中的领先地位，产业结构较合理，经济发展水平较高；韶关市、阳江市和云浮市的生产空间得分情况较差，城市经济发展水平较低，产业结构亟待完善；其余十个城市的生产空间得分集中于 0.5-0.6，经济发展水平接近，生产能力稳定。

　　由图 12-6 可知，珠三角城市群生活空间开发利用水平具有阶段性特征。2011—2015 年，珠三角地区 15 个城市均呈波动变化，城市内部水平变化差异较大。在 2013 年，除清远市实现增长，其余城市生活空间得分均下降，其中广州市下降幅度最大，减少 0.05；2015 年以后，珠三角城市群生活空间开发利用得分呈波动上升趋势，其中珠海市、深圳市、韶关市、佛山市、惠州市和江门市生活空间开发利用水平得到极大提升。

　　从整体来看，珠三角城市群 15 个城市生活空间发展水平差异较大。广州市（0.637）、珠海市（0.632）、深圳市（0.616）、中山市（0.579）、佛山市（0.579）、东莞市（0.568）、惠州市（0.549）和江门市（0.543）的生活空间发展水平高于珠三角城市群整体平均水平（0.538），该类城市经济发展水平较高，基础配套设施完善，人们生活的幸福感和获得感不断增强。其中，珠海市人民生活水平显著提高，2018 年该市的生活空间得分较 2011 年增长了 10%；广

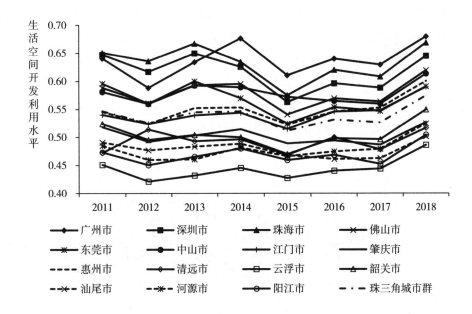

图 12-6　2011—2018 年珠三角城市群生活空间开发利用水平得分

州市和中山市的生活空间舒适度水平则有所下降，2018 年两市的生活空间得分
分别较 2011 年下降了 0.45%、1.86%。韶关市（0.505）、肇庆市（0.503）、清
远市（0.492）、汕尾市（0.479）、河源市（0.479）、阳江市（0.469）和云浮
市（0.443）等城市的生活空间发展水平落后于珠三角城市群整体平均水平。其
中，清远市和河源市的生活空间水平有所提升，2018 年两个城市的生活空间得
分较 2011 年分别提升了 6.05%、6.71%，人们生活水平得到改善；肇庆市的生
活空间水平下降显著，2018 年该市的生活空间得分较 2011 年下降了 1.47%；汕
尾市和阳江市的生活空间得分情况变化不大，生活空间水平整体保持稳定发展。
该类城市住房紧张、交通拥堵、环境污染等城市问题突出，城市建设不够合理
完善，需加强城市规划，完善公共基础设计配套，推进生态文明建设，加强美
丽家园建设。

　　由图 12-7 可知，珠三角城市群内各城市的生态空间发展存在差距，但整体
差异较小。在 2011 年—2018 年期间，珠三角城市群各城市生态空间开发利用水
平波动变化幅度较大，各个城市生态空间发展不稳定。2018 年，除惠州市和阳
江市，其余城市生态空间得分均较 2011 年有所下降。

　　从平均水平来看，河源市（0.481）、惠州市（0.465）、珠海市（0.458）、清
远市（0.439）、汕尾市（0.436）、韶关市（0.435）、云浮市（0.433）和深圳市

（0.429）等 8 个城市的生态空间发展水平均高于珠三角城市群整体平均水平（0.427），该类城市生态资源较丰富，城市环境治理效果较好，生态环境质量高。江门市（0.424）、肇庆市（0.413）、中山市（0.412）、广州市（0.407）、阳江市（0.406）、佛山市（0.400）和东莞市（0.374）等 7 个城市的生态空间发展水平均低于珠三角城市群整体平均水平，该类城市由于资源禀赋不足、污染严重及治理不及时等因素，导致城市生态环境质量较差。

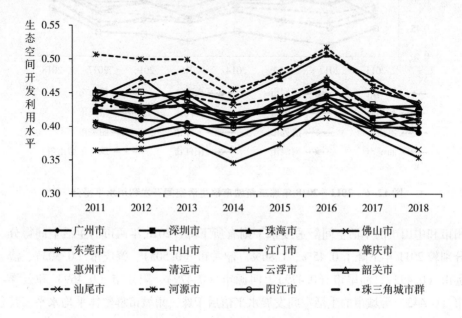

图 12-7　2011—2018 年珠三角城市群生态空间开发利用水平得分

根据图中各城市生态空间得分变化情况，可以将 15 个地级市分为三类：第一类为河源市、惠州市和珠海市，这三市的生态空间利用质量最好，位于地区发展前三名，其主要原因是由于这三市森林、绿地等自然资源丰富，生态环境状况良好，加之产业结构中依赖高耗能、高污染的工业企业占比较小，经济结构日益合理，服务业、旅游业等第三产业发展迅速，生产空间的发展给生态空间带来的压力较小；第二类包括佛山市和东莞市，这些城市的生态空间得分较低，在珠三角城市群中排名靠后，其主要原因是因为该类城市城镇化水平和经济发展速度较快，商业、工业、生活用地需求较大，城市生产和人民生活对地方生态环境的破坏程度较大；第三类则是剩下的 10 个城市，这些城市的生态空间利用质量与河源市、惠州市、珠海市相比都存在了一定的差距，造成这种差异的原因众多，既包括地理位置和环境方面存在的差异，也包括经济发展水平和产业结构的差异。

由图 12-8 可知，珠三角城市群各地市"三生空间"的综合得分差异较小。2011—2018 年，除中山市、肇庆市、汕尾市和河源市之外，珠三角城市群各城市"三生空间"综合得分整体呈缓慢增长趋势，这一时期，各个城市生产、生活、生态空间的利用水平均有所发展，国土空间开发利用得到一定优化。

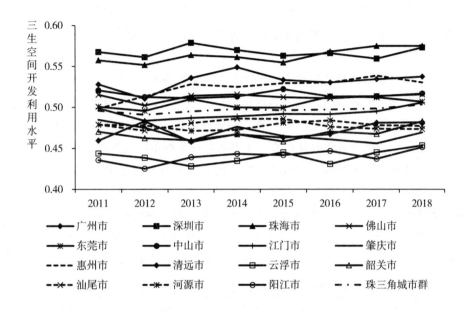

图 12-8 2011—2018 年珠三角城市群"三生空间"开发利用水平综合得分

深圳市（0.567）、珠海市（0.563）、广州市（0.532）、惠州市（0.524）、中山市（0.515）、佛山市（0.512）和东莞市（0.505）等市"三生空间"综合得分长期高于珠三角城市群整体平均水平（0.497），而江门市（0.493）、汕尾市（0.478）、河源市（0.478）、清远市（0.470）、肇庆市（0.468）、韶关市（0.467）、阳江市（0.440）和云浮市（0.440）等城市则长期处于低于珠三角城市群整体平均水平的状态。其中惠州市、清远市、阳江市、珠海市等城市"三生空间"的得分提高明显，2018 年这些城市的"三生空间"综合得分较2011 年分别增长了 6.37%、4.84%、3.67% 和 3.10%；肇庆市、汕尾市、中山市和河源市等城市"三生空间"综合得分则出现了明显的退步，2018 年这些城市"三生空间"的综合得分分别较 2011 年下降了 3.25%、1.14%、0.81% 和 0.32%。

从图中的折线分布情况，可以将 15 个地级市生产空间发展水平划分为四类，第一类是由深圳市和珠海市组成的"三生空间"利用程度较高的城市，两市"三生空间"综合得分长期高于其他城市，国土空间利用水平较高；第二类是由广州市、惠州市、中山市、佛山市和东莞市等城市组成的"三生空间"中等利用水平城市，国土空间开发利用格局存在缺陷；第三类则是由江门市、汕尾市、河源市、清远市、肇庆市和韶关市等城市组成的生产空间利用水平较低的城市；第四类是阳江市和云浮市，该市"三生空间"综合利用水平长期低于其他城市利用水平，国土空间开发利用格局不协调，亟待优化。

四、珠三角城市群"三生空间"综合水平差异分析

珠三角城市群各城市之间及各城市内部"三生空间"利用水平存在着显著的差异，而这种差异会严重影响到珠三角城市群国土空间的开发利用状况。根据地理位置、指数计算等具体因素，本书将珠三角城市群各城市分为四大区域，即粤北、粤西、粤东和珠三角地区。粤北包括清远市和韶关市；粤西地区包括云浮市和阳江市；粤东地区包括河源市和汕尾市；珠三角地区包括广州市、深圳市、佛山市、东莞市、中山市、珠海市、江门市、肇庆市和惠州市。为比较广东省四大区域"三生空间"利用水平，计算出 2011 年、2015 年和 2018 年各地区及珠三角城市群"三生空间"利用水平平均值，见表 12-5。

表 12-5　2011、2015、2018 年各地区"三生空间"利用水平平均得分

年份	粤北地区	粤西地区	粤东地区	珠三角地区	珠三角城市群
2011	0.4649	0.4396	0.4788	0.5191	0.4959
2015	0.4728	0.4317	0.4747	0.5118	0.4964
2018	0.4589	0.4335	0.4761	0.5209	0.5033

从四大区域"三生空间"利用水平而言，各地区"三生空间"利用水平存在差异。2011 年—2015 年和 2018 年，珠三角地区"三生空间"利用水平最高，始终高于珠三角城市群，高于粤北、粤东和粤西地区。粤北和粤东地区"三生空间"利用水平居中，介于粤西和珠三角地区之间，且两地区之间"三生空间"利用水平相近。粤西地区"三生空间"利用水平最低，始终低于其他地区。

从四大区域"三生空间"利用水平增长速度来看，2011 年—2015 年期间，粤北、粤西、粤东和珠三角地区"三生空间"利用水平年均增长率分别为 0.42%、-0.45%、-0.35% 和 0.03%。在此期间，粤北地区"三生空间"利用水平增长速度最快，珠三角地区次之，粤西和粤东地区则出现了负增长。而在 2015—2018 年，四大区域"三生空间"利用水平年均增长率分别为 -0.97%、

0.14%、0.10%和0.59%，珠三角地区"三生空间"利用水平增长速度最快，
粤东地区次之，粤北和粤西地区则出现负增长。与前一阶段（2011—2015年）
相比，珠三角地区和粤东地区"三生空间"利用水平有所增长，而粤北和粤西
地区则有所下降。

根据公式来诠释珠三角城市群"三生空间"综合得分地区差距的形成根源，
将地区总体差距分为地区之间差距和地区内部差距，并衡量二者对总体差距的
贡献率，计算结果如表12-6所示。

表12-6 2011—2018年珠三角城市群四大区域"三生空间"综合得分泰尔指数

年份	总体差距	地区内部差距		地区之间差距	
		数值	贡献率（%）	数值	贡献率（%）
2011	0.0027	0.0008	30.20	0.0019	69.80
2012	0.0026	0.0009	34.53	0.0017	65.47
2013	0.0037	0.0014	37.34	0.0023	62.66
2014	0.0031	0.0011	34.92	0.0020	65.08
2015	0.0028	0.0010	35.47	0.0018	64.53
2016	0.0031	0.0012	38.58	0.0019	61.42
2017	0.0032	0.0014	41.07	0.0019	58.93
2018	0.0027	0.0011	41.22	0.0016	58.78
均值	0.0030	0.0011	36.79	0.0019	63.21

珠三角城市群"三生空间"综合得分地区差异呈现出先增大后缩小的特点。
2011年—2013年间，反映地区差异的泰尔指数由0.0027增加到0.0037，表明
这一阶段珠三角城市群"三生空间"开发利用水平的地区差异在逐步扩大。
2013年—2018年，反映地区差异的泰尔指数由0.0037减小为0.0027，表明在
此期间珠三角城市群"三生空间"开发利用水平的地区差异在缩小。但是从整
体而言，2011—2018年珠三角城市群"三生空间"开发利用水平的泰尔指数整
体偏低，地区间差异偏小。

从泰尔指数的分解结果来看，研究期内四大地区之间的差距贡献率较高，
达到63.21%，地区内部的差距贡献率为36.79%，即地区内部的差距和地区之
间的差距共同导致了珠三角城市群"三生空间"开发利用水平地区差距的形成，
其中地区之间的差距是主要根源。从动态变化趋势来看，地区之间差距贡献率
大致呈倒"N"型变化趋势，从2011年的69.80%降至2013年的62.66%，后升

至 2012 年的 65.08%，再降至 2018 年的 58.78%；而地区内部差距贡献率则刚好相反，大体呈"N"型变化特征，从 2011 年的 30.20% 先升至 2013 年的 37.34%，后降至 2014 年的 34.92%，再升至 2018 年的 41.22%。但就贡献率而言，地区之间差距始终是地区差距形成的主导因素。这说明为了最大限度地缩小珠三角城市群"三生空间"开发利用水平的总体差距，应将缩小地区之间差距作为重点，同时密切关注地区内部差距的演变。

第三节　珠三角城市群国土空间开发协同水平的测度

一、模型与方法

耦合协调理论是可持续发展理论的细化和具体化，耦合协调可拆分为"耦合"和"协调"两个不同的概念。耦合协调是在科学发展的指导下，系统内部各要素之间由无序到有序，由简单到复杂，由低级到高级向理想状态演化的过程。要素之间相互作用、协调发展能产生整体功能大于部分功能之和的协同效应。为了反映城市群内部生产空间、生活空间、生态空间三者之间的开发保护水平，本节采用耦合协调度模型分析 2011 年—2018 年这 8 年以来珠三角城市群的变化情况，确定协调程度。

（1）本书通过借鉴物理学中的耦合模型，综合多位学者研究成果，将生产、生活、生态三空间的耦合度模型定义为：

$$c = \left\{ \frac{f(x) \times g(y) \times h(z)}{\left[\dfrac{f(x) + g(y) + h(z)}{3} \right]^{\wedge}3} \right\}^{\frac{1}{3}}$$

公式中，f（x），g（y），h（z）分别为生产、生活、生态空间三个系统的综合评价得分。

（2）耦合协调度模型为：

$$T = \alpha f(x) + \beta g(y) + \theta h(z)$$

$$D = \sqrt{C \times T}$$

借鉴王毅[①]等人的研究结果，将耦合协调度划分为以下十个等级。

---

① 王毅，丁正山，余茂军，等. 基于耦合模型的现代服务业与城市化协调关系量化分析——以江苏省常熟市为例 [J]. 地理研究，2015，34（01）：97-108.

表 12-7 耦合协调度等级表

编号	协调度区间	协调等级	编号	协调度区间	协调等级
1	0.00-0.10	极度失衡	6	0.51-0.60	勉强协调
2	0.11-0.20	严重失衡	7	0.61-0.70	初级协调
3	0.21-0.30	中度失衡	8	0.71-0.80	中级协调
4	0.31-0.40	轻度失衡	9	0.81-0.90	高级协调
5	0.41-0.50	濒临失衡	10	0.91-1.00	优质协调

二、珠三角城市群"三生空间"耦合协调水平测度

图 12-9 展示了珠三角城市群 15 个城市 2011 年—2018 年生产、生态、生活三大空间耦合协调水平的变化趋势。从整体来看，珠三角城市群的耦合协调度在 0.65-0.75 之间波动，即在初级协调和中级协调状态上下波动，各城市的耦合协调度水平存在一定差距。深圳市（0.747，耦合协调度，下同）、珠海市（0.747）、广州市（0.723）、惠州市（0.722）、中山市（0.714）和佛山市（0.710）等城市的耦合协调度水平长期高于珠三角城市群的平均水平（0.702），其中，深圳市和珠海市生产、生活、生态三种土地空间利用水平较高，系统间的耦合协调较强，长期处于珠三角城市"三生空间"耦合协调度排名前列；东莞市（0.703）和江门市（0.700）的耦合协调度始终围绕城市群平均水平上下波动，而河源市（0.691）、汕尾市（0.691）、清远市（0.685）、肇庆市（0.683）、韶关市（0.683）、云浮市（0.663）和阳江市（0.663）等城市的耦合协调度水平则长期低于城市群平均水平。

从各城市的耦合协调度变化趋势来看，2011 年—2012 年，除惠州市和清远市"三生空间"的耦合协调度有所增长，生产、生活、生态三个系统之间发挥着越来越大的互动作用，其余城市均呈下降趋势；2012 年—2018 年，各城市"三生空间"开发利用耦合协调度呈波动增长趋势，但增长的速度趋缓。具体来看，云浮市、清远市、韶关市、东莞市、深圳市等城市的耦合协调度水平波动程度较大，峰谷差值均超过 0.015；佛山市的耦合协调度水平波动程度较小，峰谷差值为 0.002；其余城市生产、生活、生态三个系统之间的耦合协调保持较稳定的发展。

2011 年—2018 年，珠三角城市群"三生空间"的耦合协调度大部分位于 0.61-0.70 之间，城市群内的耦合协调度差异波动缩小，这说明珠三角城市群长期处在初级协调的状态下，生产空间、生活空间以及生态空间三个空间之间的

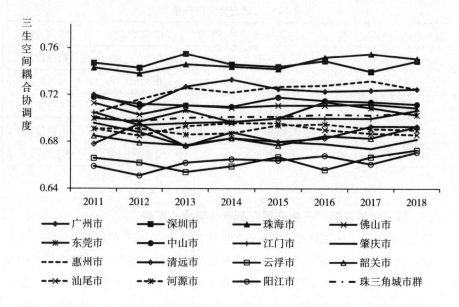

图 12-9　2011—2018 年珠三角城市群"三生空间"开发利用耦合协调度趋势图

协同水平较低，各个空间系统的协调度不高。

三、珠三角城市群"三生空间"协调发展模式划分

（一）生产领先—生态滞后型

这一类型包括深圳市、珠海市、东莞市和佛山市。该类型城市的特点主要是发展时间较早，拥有较强的经济实力和成熟的产业结构，城市经济发展水平较高，人民生活水平较高。在发展的过程中主要的问题是生态环境保护与经济发展之间的矛盾，生态环境恶劣仍是实现"三生空间"耦合协调发展的主要障碍。

（二）生活领先—生态滞后型

这一类型城市包括广州市、中山市和江门市。该类型城市由于经济发展水平较高，拥有较完善的城市基础设施和社会保障体系，教育、医疗、交通等社会事业完备，人民生活水平较高。在发展的过程中主要的问题是人口与资源之间的矛盾，大量人口的涌入导致城市环境承载力迅速下降，阻碍了"三生空间"的协调开发和利用。

（三）生态领先—生产滞后型

这一类型的城市包括清远市和云浮市，其特点是生产空间开发利用水平较

高，经济发展与环境保护的矛盾缓和。该类型城市产业结构基本实现转型升级，在环境的保护方面取得了很好的成绩。但由于城市的区位优势、经济优势，吸引了大量的外来人口，给生活空间带来了较大的压力，进而造成了"三生空间"之间的不协调。

（四）生态领先—生活滞后型

从结果来看，这个类型包括惠州市、汕尾市、河源市和韶关市。该类型城市属于经济发展和产业结构较为落后的地区，生产空间利用水平偏低。由于高耗能、高污染的企业较少，对地区生态环境的破坏程度较小。加之自身生态资源禀赋较丰富和产业结构的转型升级，使得生态空间的保护与利用处于较高的水平，这也就导致了"三生空间"之间的不协调。

（五）"三生空间"全面滞后型

从上文的分析来看，该类型的城市包括江门市、肇庆市和阳江市，这些地区自然资源禀赋一般，生产能力不足，人民生活水平偏低。在"三生空间"耦合协调推进的过程中，空间开发利用水平均有限。

第四节　珠三角城市群国土空间开发协同水平的地区差异与时空变迁

一、研究方法和数据来源

（一）数据来源

本书以广州市、深圳市、珠海市、佛山市、东莞市、中山市、江门市、肇庆市、惠州市、清远市、云浮市、韶关市、河源市、汕尾市、阳江市这 15 个城市为样本。数据主要来源于 2012—2019 年的《中国城市统计年鉴》《中国能源统计年鉴》《中国环境年鉴》《粤港澳大湾区年鉴》；2012—2019 年的《广东省统计年鉴》，2012—2019 年的《广东省环境质量公报》《广东省水资源公报》；各地级市 2012—2019 年的统计年鉴，2011—2018 年的各类公报。

（二）研究方法

利用 Moran's I 指数测度珠三角城市群"三生空间"水平的全局空间自相关程度，采用 Lisa 集聚图进一步分析珠三角城市群"三生空间"的局部自相关性及空间集聚情况。

全局莫兰指数（Global Moran's I）计算表达式为：

$$I = \frac{\sum\limits_{m=1}^{k} \sum\limits_{n=1}^{l} V_{mn}(X_m - \bar{X})(X_n - \bar{X})}{S^2 \sum\limits_{m=1}^{k} \sum\limits_{n=1}^{l} V_{mn}}$$

其中，X_m 为地区 m 的观测值，X_n 为地区 n 的观测值，$\bar{X}$ 为所有区域观测值的平均值，k 为指标个数，l 为地区个数，V_{mn} 为空间权重矩阵，S^2 表示样本方差。全局莫兰指数的取值范围为$-1 \leq I \leq 1$。若 I 的值越接近 1（或-1），则表示地区间空间正（负）相关性越强；当 $I = 0$ 时，地区间不具有任何空间自相关性。

局部莫兰指数（Local Moran's I）计算表达式为：

$$I = \frac{(X_m - \bar{X})}{S^2} \sum\limits_{n=1}^{l} V_{mn}(X_m - \bar{X})$$

其中，X_m 为指标 m 的观测值，$\bar{X}$ 为所有区域观测值的平均值，l 为地区个数，V_{mn} 为空间权重矩阵，S^2 表示样本方差。

二、珠三角城市群"三生空间"耦合协调度时间差异

2011 年珠三角城市群"三生空间"开发利用耦合协调度的平均值为 0.701，其中观测值最高的城市是深圳市，为 0.747，珠海市和广州市分别以 0.743、0.720 紧跟其后；最低的城市是阳江市，仅为 0.659，深圳市与阳江市的差值为 0.088。清远市、云浮市的"三生空间"开发利用耦合协调度也排在倒数，分别为 0.678、0.666。

表 12-8　2011—2018 年珠三角城市群"三生空间"开发利用耦合协调度

城市	2011	2012	2013	2014	2015	2016	2017	2018	均值
广州市	0.720	0.709	0.727	0.733	0.725	0.723	0.724	0.725	0.723
深圳市	0.747	0.743	0.755	0.746	0.744	0.749	0.740	0.749	0.747
珠海市	0.743	0.738	0.746	0.744	0.742	0.752	0.755	0.751	0.747
佛山市	0.713	0.703	0.711	0.709	0.711	0.711	0.712	0.709	0.710
东莞市	0.700	0.697	0.707	0.697	0.700	0.714	0.709	0.703	0.703
中山市	0.718	0.712	0.711	0.710	0.718	0.715	0.714	0.712	0.714
惠州市	0.705	0.694	0.696	0.697	0.700	0.700	0.700	0.707	0.700
江门市	0.696	0.688	0.676	0.688	0.680	0.678	0.674	0.682	0.683

城市	2011	2012	2013	2014	2015	2016	2017	2018	均值
肇庆市	0.704	0.716	0.726	0.722	0.727	0.728	0.732	0.725	0.722
清远市	0.678	0.695	0.676	0.683	0.680	0.683	0.693	0.693	0.685
云浮市	0.666	0.662	0.654	0.659	0.667	0.656	0.667	0.673	0.663
韶关市	0.685	0.679	0.677	0.683	0.677	0.685	0.683	0.693	0.683
河源市	0.691	0.685	0.693	0.696	0.696	0.690	0.687	0.686	0.691
汕尾市	0.691	0.691	0.686	0.687	0.694	0.695	0.691	0.690	0.691
阳江市	0.659	0.651	0.662	0.665	0.664	0.668	0.661	0.671	0.663
珠三角城市群	0.701	0.698	0.700	0.701	0.701	0.703	0.703	0.705	0.702

2015 年珠三角城市"三生空间"开发利用耦合协调度的平均值达到 0.701，深圳市、珠海市、惠州市和广州市的"三生空间"开发利用耦合协调度领先，其值分别为 0.744、0.742、0.727、0.725；阳江市依然是"三生空间"开发利用耦合协调度最低的城市，为 0.664。深圳市和阳江市的差值缩小为 0.08，城市间差异有所缩小。

2018 年珠三角城市"三生空间"开发利用耦合协调度的平均值为 0.705。珠海市成为珠三角城市群中"三生空间"开发利用耦合协调度最高的城市，上升为 0.751，珠海市、惠州市和广州市分别以 0.751、0.725、0.725 居于前列。"三生空间"开发利用耦合协调度排在倒数的三个城市是肇庆市、清远市、云浮市，其值分别为 0.682、0.673、0.671。

从 2011、2015、2018 这三年来看，深圳市、珠海市一直名列前茅。而阳江市的"三生空间"开发利用水平一直偏低。总体来看，珠三角城市群 15 个地级市"三生空间"开发利用水平不断提高，呈缓慢上升趋势，其中深圳市长期为珠三角城市群"三生空间"开发利用水平的最高值，其周边城市的"三生空间"开发利用水平综合得分也较高。而清远市、云浮市、韶关市、河源市、汕尾市、阳江市等 6 个城市的"三生空间"开发利用水平始终排在倒数。这是因为深圳市作为中国实行改革开放伟大战略的经济特区之一，综合实力强劲，城市基础设施完善，经济文化较发达、信息化水平较高，吸引着人口和资源的集聚，政府及人们重视生态环境质量，环境治理和保护加强。广州市、珠海市、佛山市、东莞市、中山市、江门市、肇庆市、惠州市等城市作为珠三角城市群最初规划城市，凭借国家的大力支持，经济实现快速发展，城市建设不断完善，生产、生活和生态均优于广东省其他城市，而清远市、云浮市、韶关市、河源市、汕尾市、阳江市等城市作为后发城市，基础比较薄弱，"三生空间"发展不均衡。

三、珠三角城市群"三生空间"耦合协调度空间分异研究

运用 ArcGIS 软件，分别对 2011、2015、2018 年的"三生空间"耦合协调度用自然断裂法进行空间可视化，如图 12-10。2011 年，珠三角城市群"三生空间"耦合协调度呈环状分布，以东莞市为核心向外扩散，其中"三生空间"耦合协调处于中级协调的城市有 7 个而初级协调的有 8 个，后者占到了总数的 53.3%。虽然东莞市处于核心地区，但东莞市"三生空间"开发利用耦合协调处于初级协调；中级协调城市主要分布在东莞市周边，具体包括广州市、深圳市、珠海市、佛山市、中山市、江门市和惠州市；在最外环区域，汕尾市、河源市、韶关市、清远市、肇庆市、云浮市和阳江市等城市呈初级协调状态。除东莞市，"三生空间"耦合协调度高值主要分布在珠三角地区，与城市经济发展水平相符合，这说明经济发展水平较高的城市"三生空间"开发利用综合水平也较高。2015 年，珠三角城市群"三生空间"的耦合协调度仍呈环状分布。但相较于 2011 年，江门市"三生空间"耦合协调由中级协调降为初级协调，其余城市"三生空间"耦合协调度保持不变。从 2018 年的分布图来看，江门市和东莞市"三生空间"耦合协调水平有所上升，均呈中级协调，其余城市耦合协调水平保持不变。总体看来，珠三角城市群"三生空间"耦合协调的分布特征呈现出"南高北低"的分布特征，并有由珠三角地区向外逐步扩散的趋势。

四、珠三角城市群"三生空间"综合开发利用水平空间关联性分析

（一）全局空间自相关分析

由于珠三角城市群 15 个城市地理边界不规则，邻接区域复杂，因此，本节采用 Open GeoDa 软件生成基于 Rook Contiguity（共边相邻）的邻接矩阵，计算出珠三角城市群"三生空间"耦合协调度的莫兰指数。表列出了 2011—2018 年珠三角城市群"三生空间"耦合协调度全局 Moran's I 指数的测度值和 Z 得分以及相应 p 值。

如表 12-9 所示，2011—2018 这 8 年，珠三角城市群各年份的莫兰指数 Z 值均大于 2 表明通过了 Z 值检验，各年份的 Z 值也通过了 5% 的显著性水平检验。

珠三角城市群2011—2018各个年份的Moran's I指数值均为正值，说明珠三角城市群"三生空间"耦合协调水平在空间与相邻的市域具有正相关性，在全局上表现出较为强烈的空间依赖性，表明珠三角城市群"三生空间"耦合协调水平在空间上具有集聚现象，即"三生空间"耦合协调水平高的珠三角地区和"三生空间"耦合协调水平低的粤东、粤西、粤北地区呈现出两极集聚。

表12-9　2011—2018年珠三角城市群"三生空间"耦合协调度全局莫兰指数

年份	2011	2012	2013	2014	2015	2016	2017	2018	均值
Moran's I	0.4606	0.3951	0.5294	0.4485	0.5269	0.5240	0.4146	0.3400	0.4549
Z得分	2.8241	2.5368	3.1449	2.7671	3.1115	3.1337	2.5406	2.1786	2.7797
P值	0.006	0.01	0.002	0.007	0.005	0.002	0.011	0.022	0.0081

从发展趋势看，珠三角城市群"三生空间"的全局莫兰指数大致可以分为两个阶段：第一个阶段是2005年—2015年呈波动上升趋势。在这段时期内，珠三角城市群各城市"三生空间"发展水平的空间自相关性处在不稳定发展状态，但总体处在正的空间自相关性水平下，空间相关性逐步增强；第二个阶段是2015年—2018年呈下降趋势。珠三角城市群各城市的"三生空间"发展水平正的空间自相关性在逐渐减弱，即各个城市的"三生空间"发展水平出现不均衡的现象，空间聚集趋势不是很强。

总体来看，珠三角城市群"三生空间"发展水平的空间自相关性始终为正值，存在空间集聚的积极效应。

（二）局部空间自相关分析

为进一步考察珠三角城市群各城市"三生空间"发展水平的空间自相关性，本节运用GeoDa软件计算2011年—2018年珠三角城市群生态宜居宜业水平的局部Moran's I指数。计算结果显示，局域Moran's I指数结果与全局Moran's I指数一致，均通过5%的显著性检验，这说明珠三角城市群"三生空间"综合利用水平的局域空间自相关显著，出现空间集聚现象。

进一步，本书利用ArcGIS软件和GeoDa软件对珠三角城市群2011年—2018年"三生空间"耦合协调度LISA集聚图进行了绘制，见图12-11。

LISA集聚图可以很直观地反映出珠三角城市群"三生空间"耦合协调水平在各地级市及其周边城市间的分布集聚程度。由图可知，呈现Low-Low聚集关系的地区主要分布在云浮市和阳江市地区，表明自2011年以来，云浮市、阳江市及其周边地区的"三生空间"发展水平都较低。其主要原因可能在于这些地区的经济发展水平偏低，同时也受到工业结构、环境污染等其他因素影响，"三生空间"协调性水平不高；呈现 Low-High 聚集关系的地区主要分布在东莞市，表明该市"三生空间"发展水平低于周边城市。其主要原因可能在于东莞工业、制造业较发达，人口密度大、城市交通拥堵、环境污染较严重等因素导致该城市的"三生空间"发展水平较低，对周边城市的辐射作用不强；呈现 High-High 聚集关系的地区主要分布在广州市、深圳市、珠海市、佛山市、中山市等城市，表明这些城市及其周边城市的"三生空间"发展水平都较高，较合理的生产结构、绿色的生产生活方式及良好的生态环境等因素都可能在不同程度上促进了这些区域"三生空间"的发展。

整体来说，2005 年—2016 年珠三角城市群各城市的"三生空间"开发保护水平 High-High 集聚、Low-Low 集聚现象显著，High-Low、Low-High 集聚现象并不显著。从颜色的分布来看，Low-Low 集聚的分布区主要是集中在粤西地区，而 High-High 集聚的分布区主要集中在珠三角地区，"三生空间"发展水平空间分布呈现"西低中高"的分布特征，造成这种空间分布的主要原因是珠三角城市群地区各城市经济发展水平的不平衡。

第五节　珠三角城市群国土空间开发协同发展主要结论与对策建议

当前，面对资源要素趋紧、城镇化快速推进，加强地区国土空间开发优化，实现地区生产、生活、生态高质量发展，对促进城市群建设具有重要意义。本书通过解释"三生空间"的定义，构建了珠三角城市群"三生空间"开发利用水平综合评价指标体系，对珠三角城市群 2011 年至 2018 年"三生空间"开发利用水平及其耦合协调度进行了总体描述，并通过 ArcGIS 软件和 GeoDa 软件对珠三角城市群"三生空间"利用的耦合协调度进行了时间、空间分析，以及运用 Tobit 模型对影响珠三角城市群"三生空间"利用耦合协调度的因素进行了分析，得出以下基本结论和相关对策建议。

一、主要结论

评价期内，珠三角城市群生产空间现代高效评价结果依次是：深圳市、珠海市、东莞市、佛山市、惠州市、中山市、广州市、汕尾市、江门市、肇庆市、清远市、河源市、韶关市、阳江市、云浮市；生活空间健康宜居评价结果依次是：广州市、珠海市、深圳市、中山市、佛山市、东莞市、惠州市、江门市、韶关市、肇庆市、清远市、汕尾市、河源市、阳江市、云浮市；生态空间山清水秀评价结果依次是：河源市、惠州市、珠海市、清远市、汕尾市、韶关市、云浮市、深圳市、江门市、肇庆市、中山市、广州市、阳江市、佛山市、东莞市。"三生空间"开发的综合评价结果依次是：深圳市、珠海市、广州市、惠州市、中山市、佛山市、东莞市、江门市、汕尾市、河源市、清远市、肇庆市、韶关市、阳江市、云浮市。

由珠三角城市群各城市"三生空间"耦合协调度分析可知，珠三角城市群各城市的生产空间、生活空间和生态空间三大系统缓慢向有序发展，但整体耦合协调水平较低，以初级协调和中级协调为主。其中，广州市、深圳市、珠海市、佛山市、东莞市、中山市、惠州市和肇庆市等 8 市均为中级协调，江门市、清远市、云浮市、韶关市、河源市、汕尾市和阳江市等 7 市均为初级协调。从耦合协调度的时序变化上来看，各城市"三生空间"耦合协调水平处在一个持续稳定增长的态势，其中惠州市增长幅度最大，8 年间耦合协调度上升了 0.021，年增长率达到 37.7%。

从耦合协调水平空间差异的分析来看，首先是全局空间自相关，在 2011 年—2018 年间，珠三角城市群各城市"三生空间"耦合协调度都存在着显著的空间正相关，说明耦合协调水平较高或者较低的区域在空间上均具有较为明显的集聚特征。从局部空间自相关来看，2011 年—2018 年间局域 Moran's I 指数结果与全局 Moran's I 指数一致，均通过显著性检验，局域空间自相关显著，出现空间集聚现象；从 LISA 集聚图分析，粤西地区呈现出显著的 Low-Low 集聚现象，珠三角地区呈现出显著的 High-High 集聚现象，珠三角城市群整体呈现出"西低中高"的分布特征。

二、对策建议

为了贯彻国家发展战略，打造世界级城市群，珠三角城市群应立足于区域发展现状，积极促进生产空间、生活空间和生态空间的协调融合发展，从整体出发，抓住城市发展短板，实现城市内部国土空间优化，加强地区协作，实现城市间国土空间协同优化，从而带动珠三角城市群一体化高质量发展。

（一）城市内部国土空间优化

广州市、深圳市和珠海市不能盲目扩大生产规模，单纯追求经济发展的规模与速度，要调整优化产业结构，实现经济社会的高质量、高水平发展，打造国际化大城市。同时，三个城市也要积极解决城市建设过程中所出现的住房紧张、交通拥堵、公共资源分配不均等社会问题，减轻城市环境压力，改善生态环境，打造宜居城市，提升人们的幸福感和获得感。此外，广州市、深圳市和珠海市要积极利用区位优势，充分发挥大城市的辐射带动作用，带动周边城市的发展。

东莞市、佛山市和中山市的生产空间得分较高，生态空间得分较低，系统间的协调水平有待提高。三个城市要持续加大科技投入，积极调整和升级产业结构，保持在生产空间方面的优势。同时，东莞市、佛山市和中山市需立足城市发展定位，大力发展教育，培养高科技人才，改善就业环境，引进高素质劳动力，建设现代化工业体系，实现产业结构的转型和升级。同时应加大环境保护宣传和环境政策的执行力度，加强监管，提高人们的环保意识。

惠州市生产空间、生活空间和生态空间的开发利用水平均较高，其中生态空间开发利用水平优于其他空间，"三生空间"的耦合协调水平较高。该市应利用区位优势和自然资源优势，在保护生态环境的前提下，继续深化生产、生活、生态三系统协同融合发展机制建设，实施创新驱动战略，调整产业结构，加强交通等基础设施建设，推进生态文明建设，进一步促进"三生空间"协同融合发展。

江门市、肇庆市和阳江市的"三生空间"开发利用水平偏低，生产、生活、生态三系统的协同融合发展水平不高。生态资源禀赋在短时间内不易改变，该类城市应以经济建设为中心，加强基础设施建设，积极承接转出产业，打造新型产业基地。

河源市、清远市、汕尾市、韶关市和云浮市等城市"三生空间"的发展水平较为接近，生态空间发展水平较高，但是生产空间和生活空间的发展水平均低于珠三角城市群的平均水平，生产、生活、生态三系统的协同融合发展水平不高。由于这些城市的发展起步时间晚于珠三角地区，城镇化建设还不完善，人们生产、生活对城市生态环境的破坏程度小，加之地区生态资源丰富，城市生态环境质量较好。基于这个发展现状，河源市、清远市、汕尾市、韶关市和云浮市应继续加强生态环境保护，发展生态服务业和旅游业，将生态资源转化为经济资源。同时这些城市应积极发挥城市的地理位置优势，加强交通设施建设，进行招商引资，承接由中心城市所转出的产业，提高经济发展水平，增加人们的收入，提高居民的消费水平。

（二）城市间国土空间协同优化

各地应正确认识生产空间、生活空间和生态空间三者之间的关系，积极响应国家政策，统筹优化生态保护红线、永久基本农田、城镇开发边界以及各类海域保护线划定成果，明确省域重点发展地区，构建生态廊道和生态网络。

加强政府间协作，提升珠三角城市群整体协同融合关联效应。各地政府应树立正确的政绩观，不断健全政绩评估体制，改变现有的"唯国内生产总值论"的政绩评估体制。同时各地应建立健全信息共享平台机制，加强地区间信息交流，建立不同层次的区域合作发展模式，扩大合作规模，提高合作效益。

加强"广佛肇、深莞惠、珠江中"三个都市圈的建设，打破行政区划所带来的限制，发挥广州市、深圳市、珠海市等中心城市的辐射作用，带动周边卫星城市发展，逐步实现三大都市圈内外部协调发展，从而带动珠三角城市群实现一体化高质量发展。

珠三角城市群要积极利用国家政策，探索协同融合发展新模式，加强珠三角城市群与港澳之间的各方面合作，同时珠三角城市群要利用地理位置优势，深化对外开放，促进劳动力、技术、资本等生产生活要素自由有序的流动，为珠三角城市群发展提供新动能。

参考文献

［1］刘洁，姜丰，钱春丽. 京津冀协调发展的系统研究［J］. 中国软科学，2020（04）.

［2］张莅黎，赵果庆，吴雪萍. 中国城镇化的经济增长与收敛双重效应——基于2000与2010年中国1968个县份空间数据检验［J］. 中国软科学，2019（01）.

［3］桑锦龙. 持续深化新时代京津冀教育协同发展［J］. 教育研究，2019，40（12）.

［4］马燕坤，张雪领. 中国城市群产业分工的影响因素及发展对策［J］. 区域经济评论，2019（06）.

［5］娄峰，侯慧丽. 基于国家主体功能区规划的人口空间分布预测和建议［J］. 中国人口·资源与环境，2012，22（11）.

［6］游士兵，苏正华，王婧.“点—轴系统”与城市空间扩展理论在经济增长中引擎作用实证研究［J］. 中国软科学，2015（04）.

［7］李云燕，王立华，殷晨曦. 大气重污染预警区域联防联控协作体系构建——以京津冀地区为例［J］. 中国环境管理，2018，10（02）.

［8］汪伟全. 空气污染的跨域合作治理研究——以北京地区为例［J］. 公共管理学报，2014，11（01）.

［9］张明军，汪伟全. 论和谐地方政府间关系的构建：基于府际治理的新视角［J］. 中国行政管理，2007（11）.

［10］李远，赵景柱，严岩，等. 生态补偿及其相关概念辨析［J］. 环境保护，2009（12）.

［11］郑云辰，葛颜祥，接玉梅，等. 流域多元化生态补偿分析框架：补偿主体视角［J］. 中国人口·资源与环境，2019，29（07）.

［12］王玉明，王沛雯. 城市群横向生态补偿机制的构建［J］. 哈尔滨工业

大学学报（社会科学版），2017，19（01）.

[13] 郑克强，徐丽媛. 生态补偿式扶贫的合作博弈分析 [J]. 江西社会科学，2014，34（08）.

[14] 刘广明，尤晓娜. 京津冀流域区际生态补偿模式检讨与优化 [J]. 河北学刊，2019，39（06）.

[15] 徐丽媛. 试论赣江流域生态补偿机制的建立 [J]. 江西社会科学，2011，31（10）.

[16] 萧代基，刘莹，洪鸣丰. 水权交易比率制度的设计与模拟 [J]. 经济研究，2004（06）.

[17] 舒小林，黄明刚. 生态文明视角下欠发达地区生态旅游发展模式及驱动机制研究——以贵州省为例 [J]. 生态经济，2013（11）.

[18] 赵成. 论我国环境管理体制中存在的主要问题及其完善 [J]. 中国矿业大学学报（社会科学版），2012，14（02）.

[19] 沈晓悦. 创新我国环境管理体制的思考 [C] //中国环境科学学会. 2007中国环境科学学会学术年会优秀论文集（下卷）. 中国环境科学学会，2007.

[20] 马永欢，刘清春. 对我国自然资源产权制度建设的战略思考 [J]. 中国科学院院刊，2015，30（04）.

[21] 刊评. 履职尽责做好国土空间用途管制 [J]. 中国国土资源经济，2018，31（10）.

[22] 马永欢，黄宝荣，陈静，等. 荷兰兰斯塔德地区空间规划对我国国土规划的启示 [J]. 世界地理研究，2015，24（01）.

[23] 何金祥. 简论澳大利亚国土资源管理的发展趋势（下）[J]. 国土资源情报，2009（06）.

[24] 汪毅，何淼. 新时期国土空间用途管制制度体系构建的几点建议 [J]. 城市发展研究，2020，27（02）.

[25] 吴传清，黄磊. 长江经济带绿色发展的难点与推进路径研究 [J]. 南开学报（哲学社会科学版），2017（03）.

[26] 刘洋，隋吉林，杨美琼，等. 新型城镇化进程中的城市环境文化传承方略 [J]. 环境保护，2014，42（07）.

[27] 刘惠敏. 长江三角洲城市群综合承载力的时空分异研究 [J]. 中国软科学，2011（10）.

[28] 张炜，蒲丽娟. 武汉城市圈经济一体化发展现状与策略分析 [J]. 长

江论坛，2013（03）.

［29］王玉明. 北美五大湖区城市群环境合作治理的经验［J］. 四川行政学院学报，2016（06）.

［30］潘芳，田爽. 美国东北部大西洋沿岸城市群发展的经验与启示［J］. 前线，2018（02）.

［31］吴湘玲，叶汉雄. 国外湖泊水污染跨域治理的经验与启示［J］. 中共贵州省委党校学报，2013（05）.

［32］张欢，钱程. 着力解决特大超大城市资源环境问题［N］，中国社会科学报，2018-12-27.

［33］王凯，周密. 日本首都圈协同发展及对京津冀都市圈发展的启示［J］. 现代日本经济，2015（01）.

［34］彭宇光. 广西北部湾城市群市场一体化水平研究［J］. 经济研究参考，2019（24）.

［35］彭向刚. 多源流模型视角下城市治理的政策议程设置——以非首都功能疏解为例［J］. 学术研究，2020（03）.

［36］李月娥. 淮海经济区与京津冀、长三角、粤港澳城市群比较研究［J］. 淮海文汇，2020（01）.

［37］崔建刚，孙宁华，李子联. 长三角与"一轴两翼"的空间关联、溢出效应和融合发展［J］. 南通大学学报（社会科学版），2020，36（02）.

［38］肖金成，马燕坤，洪晗. 我国区域合作的实践与模式研究［J］. 经济研究参考，2020（04）.

［39］褚敏，乔军华，杨朝军. 长三角城市群的协同创新发展战略研究［J］. 现代管理科学，2018（03）.

［40］李子联，朱江丽. 收入分配与汇率变动——基于制度内生性视角的解释［J］. 世界经济研究，2015（12）.

［41］郑思齐，徐杨菲，张晓楠，等. "职住平衡指数"的构建与空间差异性研究：以北京市为例［J］. 清华大学学报（自然科学版），2015，55（04）.

［42］张文忠. 城市内部居住环境评价的指标体系和方法［J］. 地理科学，2007（01）.

［43］宋永昌，戚仁海，由文辉，等. 生态城市的指标体系与评价方法［J］. 城市环境与城市生态，1999（05）.

［44］吴琼，王如松，李宏卿，等. 生态城市指标体系与评价方法［J］. 生态学报，2005（08）.

[45] 张亚斌，黄吉林，曾铮. 城市群、"圈层"经济与产业结构升级——基于经济地理学理论视角的分析 [J]. 中国工业经济，2006 (12).

[46] 方创琳，关兴良. 中国城市群投入产出效率的综合测度与空间分异 [J]. 地理学报，2011，66 (08).

[47] 徐现祥，李郇. 市场一体化与区域协调发展 [J]. 经济研究，2005 (12).

[48] 柴攀峰，黄中伟. 基于协同发展的长三角城市群空间格局研究 [J]. 经济地理，2014，34 (06).

[49] 朱火云，丁煜，王翻羽. 中国就业质量及地区差异研究 [J]. 西北人口，2014，35 (02).

[50] 孔微巍，廉永生，张敬信. 我国劳动力就业质量测度与地区差异分析——基于各省市2005—2014年面板数据的实证分析 [J]. 哈尔滨商业大学学报（社会科学版），2017 (06).

[51] 卢庆芳，彭伟辉. 中国城市"宜居、宜业、宜商"评价体系研究——以四川省为例 [J]. 四川师范大学学报（社会科学版），2018，45 (03).

[52] 张欢，江芬，王永卿，等. 长三角城市群生态宜居宜业水平的时空差异与分布特征 [J]，中国人口·资源与环境，2018，28 (11).

[53] 吴良镛. 人居环境科学导论 [M]. 北京：中国建设工业出版社，2001.

[54] 韩骥，袁坤，黄鲁霞，等. 全球城市宜居性评价及发展趋势预测——以上海市为例 [J]. 华东师范大学学报（自然科学版），2017 (01).

[55] 张志斌，巨继龙，陈志杰. 兰州城市宜居性评价及其空间特征 [J]. 生态学报，2014，34 (21).

[56] 王小双，张雪花，雷喆. 天津市生态宜居城市建设指标与评价研究 [J]. 中国人口·资源与环境，2013，23 (S1).

[57] 张欢，汤尚颖，耿志润. 长三角城市群宜业与生态宜居协同融合发展水平、动态轨迹及其收敛性 [J]. 数量经济技术经济研究，2019，36 (02).

[58] 白俊红，蒋伏心. 协同创新、空间关联与区域创新绩效 [J]. 经济研究，2015，50 (07).

[59] 刘华军，杜广杰. 中国经济发展的地区差距与随机收敛检验——基于2000—2013年 DMSP/OLS 夜间灯光数据 [J]. 数量经济技术经济研究，2017，34 (10).

[60] 刘亦文，文晓茜，胡宗义. 中国污染物排放的地区差异及收敛性研究

[J]. 数量经济技术经济研究, 2016, 33 (04).

[61] 姚士谋, 陈振光, 叶高斌, 等. 中国城市群基本概念的再认知 [J]. 城市观察, 2015 (01).

[62] 段博川, 孙祥栋. 城镇化进程与环境污染关系的门槛面板分析 [J]. 统计与决策, 2016 (22).

[63] 王兴杰, 谢高地, 岳书平. 经济增长和人口集聚对城市环境空气质量的影响及区域分异——以第一阶段实施新空气质量标准的74个城市为例 [J]. 经济地理, 2015, 35 (02).

[64] 王军锋, 贺姝峒, 李淑文, 等. 中国省级温室气体和大气污染排放协同性及空间差异性研究——基于 ESDA-GWR 方法 [J]. 生态经济, 2017, 33 (07).

[65] 齐红倩, 王志涛. 中国污染排放差异变化及其收入分区治理对策 [J]. 数量经济技术经济研究, 2015, 32 (12).

[66] 孙丹, 杜吴鹏, 高庆先, 等. 2001 年至 2010 年中国三大城市群中几个典型城市的 API 变化特征 [J]. 资源科学, 2012, 34 (08).

[67] 王冰, 贺璇. 中国城市大气污染治理概论 [J]. 城市问题, 2014 (12).

[68] 王振波, 梁龙武, 林雄斌, 等. 京津冀城市群空气污染的模式总结与治理效果评估 [J]. 环境科学, 2017, 38 (10).

[69] 杨治坤. 区域大气污染府际合作治理: 理论证成和实践探讨 [J]. 时代法学, 2018, 16 (01).

[70] 刘海猛, 方创琳, 黄解军, 等. 京津冀城市群大气污染的时空特征与影响因素解析 [J]. 地理学报, 2018, 73 (01).

[71] 安树伟, 郁鹏, 母爱英. 基于污染物排放的京津冀大气污染治理研究 [J]. 城市与环境研究, 2016 (02).

[72] 张伟, 张杰, 汪峰, 等. 京津冀工业源大气污染排放空间集聚特征分析 [J]. 城市发展研究, 2017, 24 (09).

[73] 蒋姝睿, 谭雪, 石磊, 等. 京津冀大气污染传输通道城市的工业大气污染排放效率分析-基于三阶段 DEA 方法 [J]. 干旱区资源与环境, 2019, 33 (06).

[74] 冯冬, 李健. 京津冀区域城市二氧化碳排放效率及减排潜力研究 [J]. 资源科学, 2017, 39 (05).

[75] 陈国鹰, 郑姝慧, 张爱国, 等. 京津冀城市群大气环境效率研究

[J]. 资源开发与市场, 2019, 35 (01).

[76] 马丽. 基于 LMDI 的中国工业污染排放变化影响因素分析 [J]. 地理研究, 2016, 35 (10).

[77] 郑晓霞, 李令军, 赵文吉, 等. 京津冀地区大气 NO_ 2 污染特征研究 [J]. 生态环境学报, 2014, 23 (12).

[78] 王金南, 陈罕立. 中国大城市: 阻击 NOX 污染迫在眉睫 [J]. 环境经济, 2004 (07).

[79] 李胜文, 李大胜, 邱俊杰, 等. 中西部效率低于东部吗? ——基于技术集差异和共同前沿生产函数的分析 [J]. 经济学 (季刊), 2013, 12 (03).

[80] 方创琳, 王振波, 马海涛. 中国城市群形成发育规律的理论认知与地理学贡献 [J]. 地理学报, 2018, 73 (04).

[81] 王业强, 朱春筱. 大城市效率锁定的环境效应及其政策选择 [J]. 城市与环境研究, 2017 (01).

[82] 秦蒙, 刘修岩, 仝怡婷. 蔓延的城市空间是否加重了雾霾污染——来自中国 PM2.5 数据的经验分析 [J]. 财贸经济, 2016 (11).

[83] 黄永春, 石秋平. 中国区域环境效率与环境全要素的研究——基于包含 R&D 投入的 SBM 模型的分析 [J]. 中国人口·资源与环境, 2015, 25 (12).

[84] 单豪杰. 中国资本存量 K 的再估算: 1952—2006 年 [J]. 数量经济技术经济研究, 2008, 25 (10).

[85] 孟庆春, 黄伟东, 戎晓霞. 灰霾环境下能源效率测算与节能减排潜力分析——基于多非期望产出的 NH-DEA 模型 [J]. 中国管理科学, 2016, 24 (08).

[86] 原毅军, 郭丽丽, 任焕焕. 基于复合污染指数的省级环境技术效率测算 [J]. 中国人口·资源与环境, 2011, 21 (10).

[87] 戴尔阜, 吴绍洪. 土地持续利用研究进展 [J]. 地理科学进展, 2004 (01).

[88] 李广东, 方创琳. 城市生态—生产—生活空间功能定量识别与分析 [J]. 地理学报, 2016, 71 (01).

[89] 刘平辉, 郝晋珉. 土地利用分类系统的新模式——依据土地利用的产业结构而进行划分的探讨 [J]. 中国土地科学, 2003 (01).

[90] 岳健, 张雪梅. 关于我国土地利用分类问题的讨论 [J]. 干旱区地理, 2003 (01).

[91] 周宝同. 土地资源可持续利用基本理论探讨 [J]. 西南师范大学学报

（自然科学版），2004（02）.

[92] 陈婧，史培军. 土地利用功能分类探讨 [J]. 北京师范大学学报（自然科学版），2005（05）.

[93] 张红旗，许尔琪，朱会义. 中国"三生用地"分类及其空间格局 [J]. 资源科学，2015，37（07）.

[94] 国家发展改革委宏观经济研究院国土地区研究所课题组，高国力. 我国主体功能区划分及其分类政策初步研究 [J]. 宏观经济研究，2007（04）.

[95] 扈万泰，王力国，舒沐晖. 城乡规划编制中的"三生空间"划定思考 [J]. 城市规划，2016，40（05）.

[96] 詹运洲，李艳. 特大城市城乡生态空间规划方法及实施机制思考 [J]. 城市规划学刊，2011（02）.

[97] 唐常春，孙威. 长江流域国土空间开发适宜性综合评价 [J]. 地理学报，2012，67（12）.

[98] 岳文泽，代子伟，高佳斌，等. 面向省级国土空间规划的资源环境承载力评价思考 [J]. 中国土地科学，2018，32（12）.

[99] 沈春竹，谭琦川，王丹阳，等. 基于资源环境承载力与开发建设适宜性的国土开发强度研究——以江苏省为例 [J]. 长江流域资源与环境，2019，28（06）.

[100] 李秋颖，方创琳，王少剑. 中国省级国土空间利用质量评价：基于"三生"空间视角 [J]. 地域研究与开发，2016，35（05）.

[101] 吴艳娟，杨艳昭，杨玲，等. 基于"三生空间"的城市国土空间开发建设适宜性评价——以宁波市为例 [J]. 资源科学，2016，38（11）.

[102] 纪学朋，黄贤金，陈逸，等. 基于陆海统筹视角的国土空间开发建设适宜性评价——以辽宁省为例 [J]. 自然资源学报，2019，34（03）.

[103] 吴传钧. 论地理学的研究核心——人地关系地域系统 [J]. 经济地理，1991（03）.

[104] 陆大道. 关于"点—轴"空间结构系统的形成机理分析 [J]. 地理科学，2002（01）.

[105] 肖金成，欧阳慧. 优化国土空间开发格局研究 [J]. 经济学动态，2012（05）.

[106] 樊杰. 主体功能区战略与优化国土空间开发格局 [J]. 中国科学院院刊，2013，28（02）.

[107] 孙三百，黄薇，洪俊杰，等. 城市规模、幸福感与移民空间优化

[J]. 经济研究, 2014, 49 (01).

[108] 余建辉, 李佳洺, 张文忠, 等. 国土空间规划: 产业空间配置类单幅总图的研制 [J]. 地理研究, 2019, 38 (10).

[109] 高吉喜, 陈圣宾. 依据生态承载力 优化国土空间开发格局 [J]. 环境保护, 2014, 42 (24).

[110] 朱媛媛, 余斌, 曾菊新, 等. 国家限制开发区 "生产—生活—生态" 空间的优化——以湖北省五峰县为例 [J]. 经济地理, 2015, 35 (04).

[111] 王成, 唐宁. 重庆市乡村三生空间功能耦合协调的时空特征与格局演化 [J]. 地理研究, 2018, 37 (06).

[112] 李欣, 方斌, 殷如梦, 等. 江苏省县域 "三生" 功能时空变化及协同/权衡关系 [J]. 自然资源学报, 2019, 34 (11).

[113] 魏小芳, 赵宇鸾, 李秀彬, 等. 基于 "三生功能" 的长江上游城市群国土空间特征及其优化 [J]. 长江流域资源与环境, 2019, 28 (05).

[114] 任致远. 关于宜居城市的拙见 [J]. 城市发展研究, 2005 (04).

[115] 李丽萍, 郭宝华. 关于宜居城市的理论探讨 [J]. 城市发展研究, 2006 (02).

[116] 李嘉菲, 李雪铭. 城市宜居性居民满意度评价——以大连市为例 [J]. 云南地理环境研究, 2008 (04).

[117] 董文, 张新, 池天河. 我国省级主体功能区划的资源环境承载力指标体系与评价方法 [J]. 地球信息科学学报, 2011, 13 (02).

[118] 刘佳, 于水仙, 王佳. 滨海旅游环境承载力评价与量化测度研究——以山东半岛蓝色经济区为例 [J]. 中国人口·资源与环境, 2012, 22 (09).

[119] 雷勋平, 邱广华. 基于熵权 TOPSIS 模型的区域资源环境承载力评价实证研究 [J]. 环境科学学报, 2016, 36 (01).

[120] 王毅, 丁正山, 余茂军, 等. 基于耦合模型的现代服务业与城市化协调关系量化分析——以江苏省常熟市为例 [J]. 地理研究, 2015, 34 (01).

[121] 陈彦光. 基于 Moran 统计量的空间自相关理论发展和方法改进 [J]. 地理研究, 2009, 28 (06).

[122] 刘继来, 刘彦随, 李裕瑞. 中国 "三生空间" 分类评价与时空格局分析 [J]. 地理学报, 2017, 72 (07).

[123] 刘春芳, 王奕璇, 何瑞东, 等. 基于居民行为的三生空间识别与优化分析框架 [J]. 自然资源学报, 2019, 34 (10).

[124] MCCANN E J. Inequality and politics in the creative city-region: Questions of livability and state strategy [J]. International Journal of Urban and Regional Research, 2007, 31 (1).

[125] WHEELER C H. Search, sorting, and urban agglomeration [J]. Journal of Labor Economics, 2001, 19 (4).

[126] ACS Z J, ARMINGTON C. Employment growth and entrepreneurial activity in cities [J]. Regional Studies, 2004, 38 (8).

[127] MEIJERS E. Polycentric urban regions and the quest for synergy: Is a network of cities more than the sum of the parts? [J]. Urban Studies, 2005, 42 (4).

[128] EVANS P, KARRAS G. Convergence Revisited [J]. Journal of Monetary Economics, 1996, 37 (2).

[129] CHOI C Y. A Variable Addition Panel Test for Stationarity and Confirmatory Abalysis [R]. Mimeo Department of Economics, University of New Hampshire, 2002.

[130] GROSSMAN G M, KRUEGER A B. Economic Growth and the Environment [J]. Social Science Electronic Publishing, 1994, 110 (2).

[131] PHETKEO P, SHINJI K. Does urbanization lead to less energy use and lower CO_2 emissions? A cross-country analysis [J]. Ecological Economics, 2010, 70 (2).

[132] COPEL B R, Taylor M S. Trade, Growth, and the Environment [J]. Social Science Electronic Publishing, 2003, 42 (1).

[133] PAULINA J, NICHOLAS Z. M. Air pollution emissions and damages from energy production in the U. S.: 2002 - 2011 [J]. Energy Policy, 2016, 12 (35).

[134] WANG Y, LIU H. W, MAO G. Z, et al. Inter-regional and sectoral linkage analysis of air pollution in Beijing - Tianjin - Hebei (Jing-Jin-Ji) urban agglomeration of China [J]. Journal of Cleaner Production, 2017, 165 (7).

[135] LUC A, ANIL K B. Raymond Florax. Simple diagnostic tests for spatial dependence [J]. Regional Science and Urban Economics, 1996, 26 (1).

[136] CHIU C, LIOU J, WU P, et al. Decomposition of the environmental inefficiency of the meta-frontier with undesirable output [J]. Energy Economics, 2012, 34 (5).

[137] DONG-HYUM O. A metafrontier approach for measuring an environmen-

tally sensitive productivity growth index [J]. Energy Economics, 2009, 32 (1).

[138] CHEN Y, XU R. Clean coal technology development in China [J] Energy Policy, 2010, 38 (5).

[139] MICHIO W, KATSUYA T. Efficiency analysis of Chinese industry: A directional distance function approach [J]. Energy Policy, 2007, 35 (12), 6323-6331.

[140] HANG Y, SUN J S, WANG Q W, et al. Measuring energy inefficiency with undesirable outputs and technology heterogeneity in Chinese cities [J]. Economic Modelling, 2015, 49 (8).

[141] ZHANG N, YONGROK C. Environmental energy efficiency of China's regional economies: A non-oriented slacks-based measure analysis [J]. The Social Science Journal, 2013, 50 (2).

[142] LAMBIN E F, TURNER B L, GEIST H J, et al. The causes of land-use and land-cover change: moving beyond the myths [J]. Global Environmental Change-Human and Policy Dimensions, 2001, 11 (4).

[143] KHORSANDI N. Evaluation of Land Use to Decrease Soil Erosion and Increase Income [J]. Polish Journal of Environment Studies, 2014, 23 (4).

[144] AHMAD N S B N, MUSTAFA F B. Analysis of land use changes of Negeri Sembilan using Geographic Information System (GIS) [J]. Geography Malaysian Journal of Society & Space, 2019, 15 (1).

[145] AROWOLO A. O, DENG X Z. Land use/land cover change and statistical modelling of cultivated land change drivers in Nigeria [J]. Regional Environmental Change, 2018, 18 (1).

[146] LOUW E, VAN DER KRABBEN E, VAN AMSTERDAM H. The Spatial Productivity of Industrial Land [J]. Regional Studies, 2012, 46 (1).

[147] HASHIMOTO A, KODAMA M. Has livability of Japan gotten better for 1956—1990? A DEA approach [J]. Social Indicatora Research, 1997, 40 (3).

[148] MILLER HJ, WITLOX F, TRIBBY CP. Developing context-sensitive livability indicators for transportation planning: a measurement framework [J]. Journal of Transport Geography, 2013, 26.

[149] ARPAN P, JOY S. Livability assessment within a metropolis based on the impact of integrated urban geographic factors (IUGFs) on clustering urban centers of Kolkata [J]. Cities, 2018, 74.